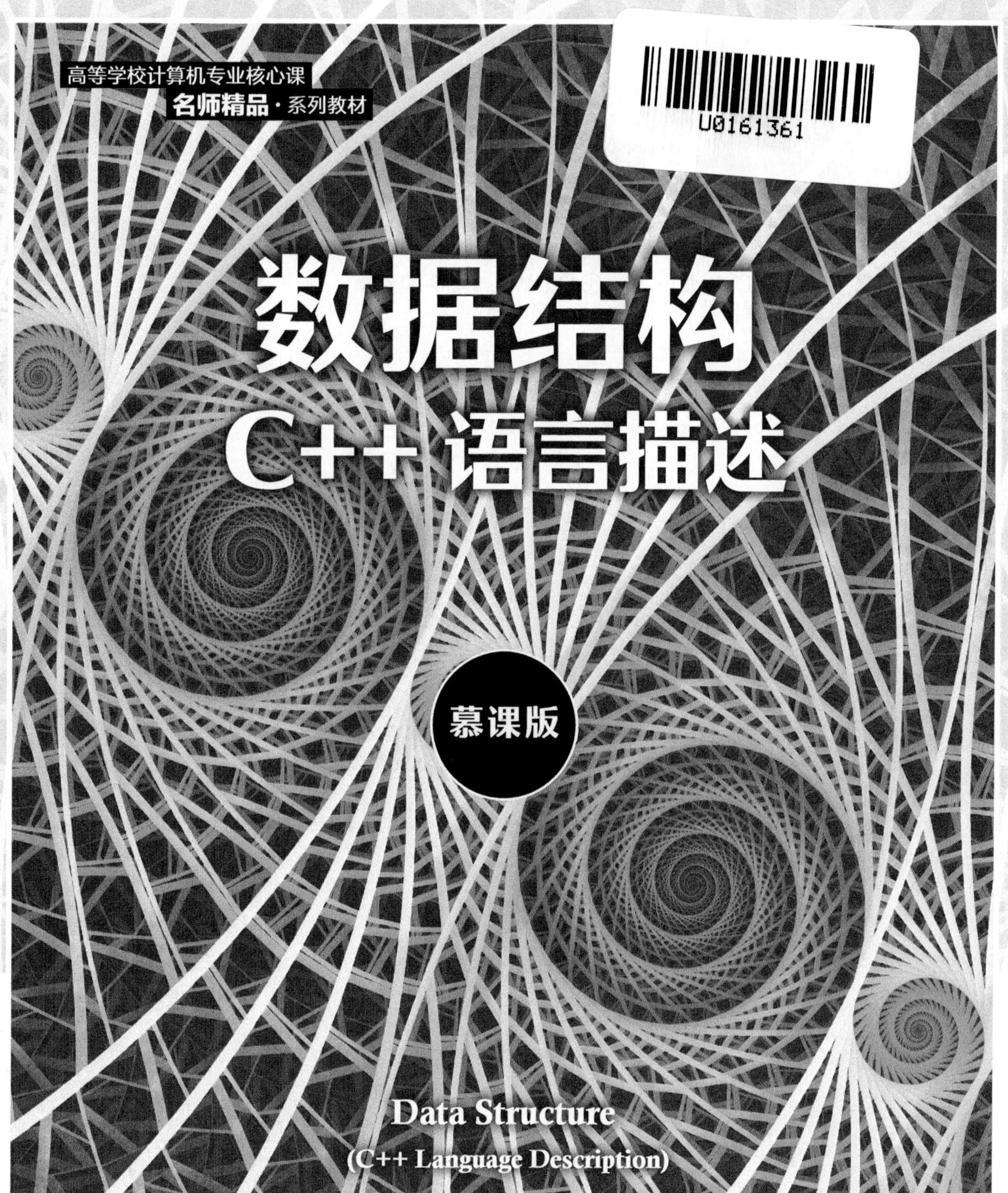

张同珍 ◉ 编著

人民邮电出版社
北京

图书在版编目（CIP）数据

数据结构 : C++语言描述 : 慕课版 / 张同珍编著
. -- 北京 : 人民邮电出版社, 2022.1
高等学校计算机专业核心课名师精品系列教材
ISBN 978-7-115-56985-1

Ⅰ. ①数… Ⅱ. ①张… Ⅲ. ①数据结构－高等学校－教材②C++语言－程序设计－高等学校－教材 Ⅳ. ①TP311.12②TP312

中国版本图书馆CIP数据核字(2021)第144803号

内 容 提 要

本书在选材与编排上，贴近当前普通高等院校“数据结构”课程的现状和发展趋势，突出实用性和应用性，符合全国硕士研究生入学考试大纲的要求。本书采用 C++语言作为数据结构和算法的描述语言，内容丰富、难度适中、深入浅出、讲解详尽、表现形式多样。全书共 7 章，主要内容包括绪论、线性表、栈和队列、树和二叉树、图、查找、排序等。

本书既可以作为高等院校“数据结构”课程的教材，也可以作为全国硕士研究生入学考试的参考书，还可以作为工程技术人员和计算机爱好者的参考书。

◆ 编　　著　张同珍
责任编辑　许金霞
责任印制　王　郁　陈　犇
◆ 人民邮电出版社出版发行　　北京市丰台区成寿寺路 11 号
邮编　100164　　电子邮件　315@ptpress.com.cn
网址　https://www.ptpress.com.cn
北京九州迅驰传媒文化有限公司印刷
◆ 开本：787×1092　1/16
印张：16.5　　2022 年 1 月第 1 版
字数：433 千字　　2025 年 1 月北京第 4 次印刷

定价：59.80 元

读者服务热线：(010)81055256　印装质量热线：(010)81055316
反盗版热线：(010)81055315
广告经营许可证：京东市监广登字 20170147 号

前言

PREFACE

“数据结构”在高校课程体系中占据着重要的地位，是计算机专业的核心基础课程，也是电子信息类学科的核心基础课程。大多数高校在计算机及相关专业硕士研究生入学考试专业课的科目设置中，将“数据结构”列为必考科目。目前大多数高校的“新工科”平台课程体系中也将“数据结构”列为必修课程。

通过对“程序设计”课程的学习，读者初步掌握了程序设计思想与方法，能够解决一些日常生活、学习、生产实践中遇到的数值和非数值性问题。但现实中遇到的问题往往涉及的数据量大且数据间关系纷繁复杂，读者会觉得已学的知识不够用。如何将这些问题中数据及数据间的关系抽象出来并在内存中进行存储？如何在所选择的存储方式下设计合适的算法解决各类问题？以及这些问题解决方法的性能优劣评判，将是“数据结构”这门课程要解决的问题。

本书特点

1．系统梳理知识脉络，注重算法本质的分析

按照“关系的定义、关系的基本操作、数据的存储、基本操作算法的设计和分析、典型应用”五个阶段系统梳理各类数据结构，有利于读者理解和掌握数据结构的理论基础。在算法分析中，注重分析算法的本质，有利于读者深入理解算法的原理，并具备解决问题的能力。

2．契合新工科的教学需求，强化应用C++语言编程的能力

针对新工科平台，C++程序设计课程内容有所删减的实际情况，本书去除了C++操作符重载、继承、多态等内容，只涉及C++类的概念、const 描述机制、数据类型泛化机制-类模板和异常处理的手段。书中算法均使用 C++语言描述，各种数据结构均采用面向对象的方法进行设计，并提供了所有算法的实现程序和测试程序代码。通过对程序的运行过程和结果分析，读者可快速提高应用 C++语言进行程序设计的能力。

3．独创算法口诀与方法，使算法的设计与实现有章可循

基于多年的教学经验，作者总结了一套独特的学习方法，如算法设计的“摆龙门阵法”和保证算法完整性的“五步口诀法”等。通过算法口诀与方法，可帮助读者轻松掌握算法设计的规律，并快速书写完整的算法实现代码，提高读者的算法设计能力与实践能力。

4．配套资源丰富，课后习题难度分级，巩固课堂所学

本书图文并茂，通过大量图例解释抽象的概念，同时对核心知识点进行易错点分析，对重要的概念和算法录制了慕课视频讲解，旨在帮助读者更加全面地理解抽象的概念和算法。课后习题按照难易程度分级，以便读者巩固课堂所学。习题序号后的*越多表示该题目难度越大，无*表示该题目较为简单。

教学指南

本书根据数据间关系的复杂度，由简入繁编排内容。全书共七章，主要包括绪论、线性结构、树、图、集合结构四个部分。其中，绪论是全书理论基础的概述，线性结构除了常规的线性表，还有两个特例——栈和队列，是算法中最常用的数据结构，所以单列一章。之后两种非线性结构——树和图，各为一章。集合结构因为算法效率所需存储表示用到了线性结构和树，所以放在了最后讨论。在集合结构中，数据的查询、检索是最频繁的操作，而排序又能提高对数据的检索效率，因此集合结构由查找、排序两章构成。

本书涵盖了数据结构的核心内容，同时符合全国硕士研究生入学考试大纲的要求。本书满足普通高校“新工科”平台课程体系中“数据结构”课程 48 学时的教学需求。同时，本书目录中以*号标识的内容，为在核心内容的基础上扩展的内容，多为某种数据结构的典型应用，与其他内容相对独立，可满足计算机专业“数据结构”课程 64 学时的教学要求。相应教学学时安排如下。

章	章名	48 学时安排/学时	64 学时安排/学时
第 1 章	绪论	5	5
第 2 章	线性表	5	5
第 3 章	栈和队列	5	5
第 4 章	树（和二叉树）	10	15
第 5 章	图	7	12
第 6 章	查找	10	14
第 7 章	排序	6	8
合计/学时		48	64

教学资源下载

与本书配套的 PPT 课件、教学大纲、教学案例、源代码等资源，读者可在人邮教育社区（www.ryjiaoyu.com）下载。

慕课视频学习

对于慕课视频，读者可扫描下方二维码或登录人邮学院（www.rymooc.com）查找“数据结构（C++语言描述）”课程观看视频。

编者

2021 年 9 月

目录

CONTENTS

第 7 章

排序

第 1 章

绪论

数据是外界信息进入计算机，并被计算机程序处理的符号。**数据元素**是数据的基本单位，通常简称为元素。如有一组存储在内存中的整数，这组整数是数据，数据中的每一个整数是数据元素；再如内存中有一组学生信息，每个学生信息是一个结构类型数据，包含了学号、姓名、年龄等字段，那么这组学生信息是数据，每一个学生信息是数据元素。

1.1 数据结构的定义

数据结构是指有限个类型相同且相互之间具有一定关系的数据元素组成的集合。“数据结构”课程的研究对象是相同类型的一组元素之间的关系（逻辑结构）和关系操作、元素和关系在内存中的存储（物理结构）、在各种存储方式下关系操作的实现，以及每种数据结构在现实生活中的典型应用。

数据结构的定义

1.1.1 数据的逻辑结构

数据的逻辑结构是指类型相同的一组元素和元素间的关系。根据不同的元素关系，逻辑结构可以分为以下 4 种。

（1）集合关系：元素间呈现松散关系。结构中不同元素除了同属于一个集合，相互间无其他制约关系。如同班级中同学间的关系。

（2）线性关系：元素间呈现你先我后的顺序，是一种一对一的关系。如队列中元素间的关系。除了队首，每个元素有唯一的直接前驱元素（以下简称前驱）；除了队尾，每个元素有唯一的直接后继元素（以下简称后继）。

（3）树形关系：元素间呈现一对多的关系。如家谱中成员间的关系，一个人可以有多个孩子，却只能有一个父亲。如果把父亲看作前驱、孩子看作后继，那么树中每个元素可以有多个后继；除了根，每个元素有唯一的前驱。

（4）图关系：元素间呈现多对多的关系。如城市间通过飞机航线形成的关系，例如上海、北京、西安 3 个城市中，任何两个城市间都有直飞航线。如果相互有直飞航线的两个城市互相视为前驱、后继，那么每个元素可以有多个前驱，也可以有多个后继。

上述 4 种关系如图 1-1 所示。

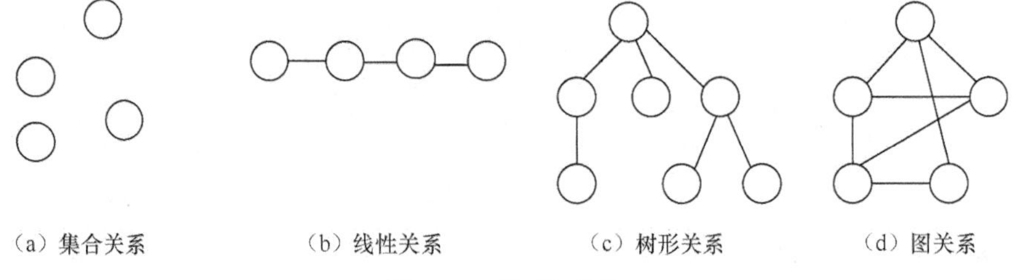

（a）集合关系　（b）线性关系　（c）树形关系　（d）图关系

图 1-1　各种元素关系

线性关系、树形关系、图关系相应地使用线性结构、树形结构和图结构来解决；集合关系因其元素关系极为松散，可以结合实际情况和处理方法效率要求，借助其他几种结构来处理。如为了便于在集合中查找，后面会利用树形结构对集合进行处理。

逻辑结构通常可以用二元组描述：Data_Struct=(D,R)，其中 D 是元素集合，R 是关系集合。例如整数 1～10 组成的有序集就是一个线性结构，它可表示为：

$D=\{x \mid 1 \leqslant x \leqslant 10, x \in N\}$，$R=\{<x_1,x_2>| x_1 \in D, x_2 \in D\}$。其中 $<x_1,x_2>$ 表示一个有序偶，即 x_1 和 x_2 有顺序关系，x_1 是直接前驱，x_2 是直接后继。

关系操作（或称**基本操作**）是具有某种关系的数据在生活实践中表现出的几种功能相对独立

的数据处理（操作）。它和数据的逻辑结构紧密相关，来源于现实生活中关系自身的特点。无论哪种逻辑结构，基本操作都可分为五大类：构造类、属性类、数据操纵类、遍历类和典型应用类。

（1）构造类：在内存中建立这种数据结构。如一个队列，有存储空间，无或有若干元素。

（2）属性类：对元素及元素之间关系的各类查询。属于“东瞧瞧、西看看”，不影响元素值及元素关系。如在线性结构中查询值为 *X* 的元素是否存在，队列中队首是谁。

（3）数据操纵类：对元素或元素关系有改变的操作。如插入或删除某个元素，一般修改可以视作在同一位置上先删除一个旧元素再插入一个新元素，因此不再讨论修改。

（4）遍历类：对结构中的每个元素访问且只访问一遍。因其重要且有时又较复杂，常常是其他操作的基础，如遍历树结构、图结构中的元素，所以特意把遍历操作从属性类中单独拿出来研究。

（5）典型应用类：每种结构独特的应用。不同结构的典型应用各不相同，如线性结构可以解决队列问题、图结构可以解决两个城市间最短路径问题。

数据的逻辑结构连同基本操作组成**抽象数据类型**（Abstract Data Type，ADT）。抽象数据类型和在计算机内数据的表示、数据处理的实现方法完全无关，只和现实生活中数据自身的逻辑特征相关。在讨论完数据的逻辑结构和基本运算之后，就可以给出其抽象数据类型的描述了。ADT 的描述可以看作分析逻辑结构和基本运算后的劳动成果。ADT 的描述可以用自然语言，也可以用伪代码。其内容包含元素集合、元素关系、基本操作。基本操作表明了现实生活中这种结构的一个个基本的问题，它须给出明确的已知条件和结果要求。基本操作的具体实现依赖于数据和数据的关系在内存中如何存储，在逻辑结构分析阶段因还不知道存储方式，所以此时不需要也无法进一步考虑基本操作如何实现。

1.1.2 数据的存储结构

数据的存储结构也称**物理结构**，是指数据结构在内存中的表示。数据要得到处理首先必须进入内存。内存中不仅要存储数据元素的值，还要存储元素间的关系。存储结构非常重要，任何一种数据结构基本操作的设计都取决于其逻辑结构，但基本操作的实现完全依赖其存储结构。元素及其关系在内存中用什么结构存储，其原则是存储方式要有利于基本操作的实现。

常见的存储方式有顺序存储和链式存储两种。

1．顺序存储

顺序存储是用一块连续的空间来存储数据，同时借助这组空间在地址上的邻接及有序性来存储元素之间的关系。顺序存储的结构以下称为**顺序结构**。高级编程语言中，定义数组可以实现连续空间的获取，帮助实现顺序结构。例如，可以在内存中使用一个数组来存储一个队列。当把队列中元素存储在数组中时，可以让队列中元素的先后顺序和数组下标的顺序一致，即把队列中的第一个元素存储在数组下标为 0 的分量中，队列中的第二个元素存储在数组下标为 1 的分量中，依此类推。

2．链式存储

链式存储是元素可以各自存储在独立的空间中，不要求不同数据存储的内存空间连续，元素间的关系附带存储在数据各自占据的独立空间中。数据结构的链式存储也称为**链式结构**。例如，队列用链式结构：先声明一个结构数据类型，结构类型的每个变量称作一个结点，结点中含有一个存储元素值的字段和一个指针字段。每个结点的指针字段存储队列中下一个元素结点的存储地址，即指向下一个结点。

1.1.3 基本操作的实现

存储数据及其关系就是为了处理。因此，当数据在内存中以某种结构存储后，就要研究这种数据结构基本操作的实现方法。基本操作的设计依赖于逻辑结构，而实现要依赖于物理结构。实现方法的设计以存储方法为基础。如果是顺序结构，操作实现就是对数组做各种不同的操作；如果是链式结构，操作实现就是对链表做各种不同的操作。同一种操作虽然在顺序结构和链式结构中的具体实现方法不同，但目标都要符合 ADT 中对基本操作定义的条件和结果。反之，如果某种存储方式下，基本操作不易实现，只能说明这种存储方式不好，可以考虑放弃这种存储方法。

1.1.4 典型应用

每一种数据结构都是对某一类现实问题的抽象，都对应着一些最适合解决的问题。如线性结构中的栈，可以解决高级编程语言程序编译中的符号匹配检查、表达式计算问题；图结构可以解决城市之间的最经济航线问题，还可以解决工程项目工期和项目关键活动问题。每一种数据结构都各自可以解决一些典型的应用问题。

1.2 算法及算法分析

1.2.1 算法及其要求

1．算法

数据结构除了研究元素及元素关系的存储，还研究在某种存储方式下基本操作的实现。例如，用数组存储的一组元素，如何进行追加、查找操作？设计好的具体的实现方法，就是算法。

算法

算法是解决一个具体问题的方法和步骤。算法具有以下 5 个特性。

（1）确定性：算法中的每一步都有确定的含义，没有二义性。

（2）有穷性：算法中的每一步都要在有限的时间内完成，整个算法必须在有限步之后完成。

（3）可行性：算法中的每一步都是经过有限次基本操作就可以完成的，每一步自身没有复杂的算法问题。

（4）有输入：根据问题需要，一个算法可以有零个或者若干个输入作为解决问题的已知条件。

（5）有输出：算法执行结束后，有零个或者若干个输出作为算法运行结果。

2．算法的要求

作为算法，通常还有以下 5 个方面的要求。

（1）正确性：准确反映并能满足具体问题的要求。具体说来，就是对于任意一个合法的输入，算法执行之后，应给出正确的结果。

（2）可读性：可供人们阅读的容易程度。可读性好的算法利于人们的阅读、理解、交流，也便于设计者进行调试和纠错。

（3）健壮性：对不同的输入要有相应的反应。如果输入的数据合法，就要有相应的输出；如果输入的数据不合法，也要有相应的响应处理，如输出错误原因提示等，而不是任由系统发出非法错误警告并终止程序执行。

（4）时间效率：算法的执行时间。该时间应能满足问题解决的时间容忍要求，如一些实时系统对处理时间有一个及时性反应的要求。如果有多个算法，执行时间越短，算法的时间效率越高。

（5）空间效率：算法执行期间所需要的最大内存空间。所需要的内存空间越少，空间效率越高。

特别注意：当设计算法时，人们总是习惯于从大脑的生活经验库中寻找方法，但生活中处理问题的方法并不都能转换为算法。换言之，算法的设计思路往往并不能从生活的经验中获得。

如上体育课时的排队问题。传统的方法是："前看看后看看，比我高的我移到他的前面，比我矮的站我前面"，这样几分钟后队伍就按照个头高矮排好了。这个方法按照算法的定义要求，显然有很多问题。首先是步骤模糊、不精确。要精确地理清并描述具体的方法、步骤似乎很难。如果一味地按照这个思维设计算法就会发现，生活中积累的这种处理问题的经验很难直接转换为一个算法。这就是为什么会出现"看别人的算法都懂，自己设计算法就不知道该怎么做了"，因为遇到问题时人们总是下意识地想到以往的处事经验，在此基础上找解决办法，可惜生活中积累的经验很多都不符合算法的基本要求。

在设计算法时，一般正确的做法是：首先将编程语言中提供的基本语句，如赋值、算术运算、比较运算、输入、输出、分支、循环、函数（递归）等语句熟知于心，然后以这些语句表达的基本操作为基本模块，设计解决问题的方法和步骤。

例如排序问题，既然有大小，就要有比较。基本语句中，比较是二元操作，那么两两比较就是基础，没有办法进行两个以上元素的一次性比较。大家回顾一下：冒泡排序方法是不是两两比较？找一个数组中的最大值是不是利用了两两比较？这些应用都利用基本语句进行两两比较、两两交换、反复循环，最终解决了问题。计算机的处理速度非常快，它也是通过反复做这些简单的工作来完成复杂的任务。这就是一种计算思维，人类在生活中并不这样处理问题。

1.2.2　时间复杂度的度量

算法的执行时间是指依据算法编制的程序运行时所消耗的时间，度量方法有运行后度量和运行前分析。运行后度量，指根据不同算法事先编制好的程序和同样的测试数据，在程序运行时借助机器的计时功能进行计时。当不同程序运行结束时，分别记录实际的运行时间并进行比较。运行前分析，指在算法设计好后，但还没有运行其实现程序前，根据几个方面的影响因素对算法的执行时间进行分析。前者运行时受不同软件环境影响，有时会掩盖一些算法的不足，因此一般采用运行前分析法。

算法的时间复杂度

分析时间复杂度时所要注意的影响因素如下。

（1）机器的运算速度。这里主要考虑计算机的主频和字长。主频是 CPU 内数字脉冲信号震荡的速度，一般来说，主频高则运算速度快。字长是运算器能够并行处理和存储器每次读写操作时能包含的二进制码的位数，如 16 位、32 位、64 位。一般来说，字长越长，处理速度越快，精确度越高。

（2）编译后代码的质量。高级语言编制的程序通常要进行编译，不同编译器往往采用不同的优化策略，这样便造成代码运行效率不同，也称代码质量不同。

（3）书写程序所用的语言。同样的算法，使用的编程语言越高级，实现的效率就越高，但执行的效率就越低。

（4）问题的规模和数据的分布。规模指问题涉及的数据量的大小，通常数据量越大效率越低，一旦数据量大到一定级别，可能就要用到大数据处理方法，如用分布式。数据的分布也对算法效率影响很大，如冒泡排序，主要由比较操作构成，当元素序列最初完全正序时，比较次数可以是 $n-1$；当元素序列最初完全逆序时，比较次数为 $n(n-1)/2$。

（5）算法采用的策略和方法。同一问题可以用不同的方法和策略来解决，算法设计常用的策略有迭代法、枚举法、贪心法、回溯法等，算法采用不同的方法、策略时消耗的时间可能不同。

在以上影响因素中，(1)～(4)都和软、硬件环境及问题本身特点有关。然而设计算法时，有时无从知晓将要使用的机器和数据的具体情况。因此，这里的时间消耗，主要是从算法的设计方案入手，即(5)是设计算法时需要特别考虑的。

为了量化算法时间效率，一般用估计算法的运行时间来度量，以此来比较采用不同策略的算法的优劣。理论上说，运行时间是算法实现中所有语句执行的时间总和。由于不同机型指令集不同，且不同指令执行时间也不同，所以估算算法运行时间非常困难。现在忽略其不同，将每一种基本语句都视作一个标准操作，使用算法中的标准操作（即基本语句）的执行次数来度量运行时间。基本语句执行次数越多，时间花费越多。语句执行次数称为**时间频度**。一般算法的时间频度和要处理的数据规模有关，故时间频度可以表示为数据规模 n 的函数 $T(n)$。

以下是一个累加器算法的时间频度计算：

```
s=0;
for (i=0; i<n; i++)
    s=s+i;
```

分析上面这段算法，语句 s=0 执行 1 次，i=0 执行 1 次，i<n 执行 n+1 次，i++执行 n 次，s=s+i 执行 n 次，共计执行标准操作 $3n+3$ 次。因此这段算法的时间频度为 $T(n)=3n+3$。

对于循环语句，需要计算实际运行的次数，而不是看语句书写的次数。

对于分支语句，按照执行语句多的那个分支计算。如：

```
if (n>0)
{   for (i=0; i<n; i++)
        cout<<i;
}
else
        cout<<"n<=0!";
```

语句的执行次数，在 $n>0$ 时的情况，为 $3n+3$ 次；在 $n<=0$ 时，为 1 次。时间频度为 $3n+3$。

数据规模很大时，算法消耗的时间会是怎样的走势？即运行时间随数据规模的变化规律是怎样的？这是算法时间复杂度所关心的。

如果当 n 趋于无穷时，$T(n)/f(n)$的极限为一个非零常数，则称 $O(f(n))$为算法的**渐进时间复杂度**，简称**时间复杂度**。这种形式称为**大 *O* 表示法**。

即 $\exists C$和N_0，$\forall n > N_0$，有 $T(n) \leqslant C*f(n)$，则 $O(f(n))$为算法的时间复杂度。

大 O 表示法中，O 是数量级 order 的首字母。它并不描述运行时间的精确值，只给出一个数量级。它表示：当问题规模很大时，算法运行时间的增长受限于哪一个数量级的函数。以后简称该数量级为**量阶**。

下面看一个例子：

$$T(n)=3n^2+2n+10$$
$$T(n) \leqslant 3n^2+2n^2+10n^2 \leqslant 15n^2$$

显然 $\exists N_0 = 1$，$C = 15$，$\forall n > N_0$ 时，有 $T(n) \leqslant 15n^2$，即 $f(n) = n^2$，算法的复杂度为 $O(n^2)$。

同理，当 $T(n)=3n+3$ 时，$T(n) \leqslant 6n$，时间复杂度为 $O(n)$。

$T(n)=3n+3$ 的时间复杂度和 $T(n)=n$ 的时间复杂度一样，都是 $O(n)$。这说明和数据规模 n 无关的常数项 3 不影响时间复杂度，最高次项 $3n$ 中的系数 3 也不起作用，因此在计算时间复杂度时，时间复杂度由一个时间频度函数中的最高次项决定，且不带系数。从这点也可以得知：如果语句的执行次数和数据规模 n 的变化没有关系，这样的语句可以不计入内。如上面累加器示例中的语句 s=0 和 i=0。一般来说，数据规模对执行语句的重复次数的影响都体现在循环语句中，而循环控制条件及循环变量的变化次数与循环体的执行次数接近一致，前两者的作用只是增加了 n 的系数，故只需要看循环体的执行次数。即在以上累加器的实例中，计算时间复杂度时，只要考虑循环体 s=s+i 的执行次数就可以了。

再看以下示例：

```
s=0;
for (i=0; i<n; i++)
    for (j=0; j<i; j++)
        {   s=s+i+j;
            cout<<s;
        }
```

这个内循环体（包括一对大括号内的两个语句）执行多少次呢？内循环体执行次数受外循环变量 i 值的控制，也就是说间接和问题规模 n 有关。这时内循环体执行次数为：

$$\sum_{i=0}^{n-1}\sum_{j=i}^{n-1}1 = \sum_{i=0}^{n-1}(n-i) = \frac{n(n+1)}{2}$$

时间复杂度为 $O(n^2)$。循环体内有两个语句，执行语句次数变为 $n(n+1)$，但这只是改变了时间频度函数的系数，不影响时间复杂度的结果，故循环体内的语句如果不再包含循环，具体条数也不用细算。

总结时间复杂度的计算方法：找到算法中和数据规模 n 有关的循环语句，计算循环体的执行次数获得时间频度函数。观察时间频度函数中关于 n 的最高次项，去掉其系数，即时间复杂度的大 O 表示。特殊地，如果算法中无执行次数和数据规模 n 的相关语句，即时间频度函数是一个常量，则时间复杂度为 $O(1)$。

常见算法的时间复杂度有常量阶 $O(1)$、对数阶 $O(\log_2 n)$、线性阶 $O(n)$、线性对数阶 $O(n\log_2 n)$、平方阶 $O(n^2)$、立方阶 $O(n^3)$、幂阶 $O(2^n)$、阶乘阶 $O(n!)$、N 幂阶 $O(n^N)$。按照这个顺序排列，时间效率由高到低。一般来说，到达立方阶之后，一旦数据规模大些，时间就已经是不能忍受了，是一个顽性算法了。从常量级到平方级，通常称为易性算法。

为了简化时间复杂度的计算，以下推出两个定理：

- **求和定理**：假定 $T1(n)$、$T2(n)$是程序 P1、P2 的运行时间，并且 $T1(n)$是 $O(f(n))$的，而 $T2(n)$是 $O(g(n))$的。那么，先运行 P1、再运行 P2 的总的运行时间是：$T1(n)+T2(n)=O(\mathrm{MAX}(f(n), g(n)))$。
- **求积定理**：如果 $T1(n)$和 $T2(n)$分别是 $O(f(n))$和 $O(g(n))$的运行时间，那么 $T1(n)\times T2(n)$是 $O(f(n)\times g(n))$的运行时间。

求和定理的物理意义非常明显，是把程序分为若干个串行的程序段，分别算出时间复杂度，然后取其最大值。

如程序段：

```
for (i=0; i<n; i++) a[i]=0;   //第一段
for (i=0; i<n; i++)   //第二段
    for (j=0; j<n; j++) a[i]= i+j;
```

该程序段由两个程序段组成。第一个程序段，时间复杂度为 $O(n)$；第二个程序段，时间复杂

度为 $O(n^2)$。根据求和定理，整段程序的时间复杂度为 $O(n^2)$。

求积定理的物理意义不那么明显，是指两段程序嵌套在一起的情况。如程序段：

```
for (i=0; i<n; i++)
    for (j=0; j<n; j++) a[i]=i+j;
```

该程序段包括内外两个循环嵌套，各自的运行时间相互独立，都是 $O(n)$。根据求积定理，整段程序的时间复杂度为 $O(n^2)$。

在循环嵌套时，特别注意内外循环次数不独立、相互制约的情况。如程序段：

```
for( inti=0; i<n; i++ )
    for( int j=i; j<n; j++ )
        cout << i*j << endl;
```

该程序段的内外循环次数相互制约，有一个处理方法：将外循环打开。当外层循环变量取一个值时，求内层的运算量，然后求和。这段程序，打开外循环得：$n+(n-1)+\cdots+1=n(n+1)/2$，时间复杂度为 $O(n^2)$，也可直接用 $\sum_{i=0}^{n-1}\sum_{j=i}^{n-1}1=\sum_{i=0}^{n-1}(n-i)=\dfrac{n(n+1)}{2}$，还可用求积公式，内外循环均为 $O(n)$，嵌套后为 $O(n\times n)$即 $O(n^2)$。

计算算法的时间复杂度，通常需要考虑三个方面：最好情况的时间复杂度、最坏情况的时间复杂度和平均情况的时间复杂度。对于一个算法，有了这三个指标值，就算对其时间效率有了一个全方位的了解。

1.2.3 空间复杂度的度量

算法的空间消耗包括三个方面：一是实现算法的程序本身需要占据存储空间；二是待处理的数据需要在内存中存储，占据一定的空间；三是在处理数据的过程中需要一些额外的辅助空间。通常一和二是不可避免的，在设计算法时主要关注额外的辅助空间。

算法的空间复杂度

渐进空间复杂度也称**空间复杂度**，和时间复杂度类似，是当数据规模 n 趋于无穷时使用辅助空间的量阶，计为 $S(n)=O(f(n))$。

分析以下两个实现数据序列逆置的算法程序示例：

```
int a[10]={1,6,2,5,8,9,5,4,3,12};
int t,i;
for (i=0; i<5; i++)
{   t=a[i];
    a[i]=a[10-i-1];
    a[10-i-1]=t;
}
```

这个例子中，为了完成 n=10 个元素的逆置，将 a[0]和 a[9]交换、a[1]和 a[8]交换，最后直到 a[4]和 a[5]交换。期间使用的辅助空间为一个变量 t，故其空间复杂度和元素个数没有关系，为 $O(1)$。算法的时间频度为 $n/2$，时间复杂度为 $O(n)$。

```
int a[10]={1,6,2,5,8,9,5,4,3,12},b[10];
int i;
for (i=0; i<10; i++)
    b[i] = a[10-i-1];
for (i=0; i<10; i++)
    a[i] = b[i];
```

这个例子中，为了完成 n 个元素的逆置，使用了具有 n 个元素空间的数组 b 作为辅助空间，最后也能完成逆置，但空间复杂度为 $O(n)$。算法的时间频度为 $2n$，时间复杂度为 $O(n)$。

一般来说，在内存足够大的情况下，算法更加注重时间效率，而忽略空间复杂度的计算；或者仅当算法的时间复杂度一致时才可能比较空间复杂度的优劣。

1.3 数据结构的 C++语言实现

数据结构是关于元素及元素间关系的分析、处理，原则上并不固定依赖于任何高级编程语言，因此有些数据结构书籍全部使用伪代码，在实际应用实现时再换成具体的高级编程语言。本书直接采用 C++语言描述，用 C++语言对算法进行编程，便于读者直接运行、验证和使用。以下对本书用到的部分 C++语法做个回顾。

1.3.1 面向对象

面向对象

C 语言是一种历史悠久且使用范围极广的编程语言。C++在 C 语言的基础上增加了面向对象的概念，是当前最常用的编程语言之一。相对于分析问题、存储数据、利用函数逐一对数据进行处理和依次调用的面向过程的方式，面向对象方法将数据和对数据的基本操作处理函数都封装在一个类中，分别成为一个类的属性和成员函数。整个类相当于定义了一个新的数据类型，然后根据具体问题建立该类的对象（即变量），通过对象调用合适的函数来解决实际问题。面向对象方法因在类中封装、隐藏了函数处理细节、利用继承增强了代码的复用、利用多态实现了函数统一形式调用下的代码多样化，因此面向对象方法成为目前的主流方法。下面对同一任务，分别使用面向过程、面向对象方法来求解，使读者感受两者在形式上的不同。

程序 1-1 和 1-2 完成了同样的任务，都是将 1～20 的奇数存入内存，然后在这组数中查找用户输入的任意一个整数并报告查找结果。程序 1-1 使用了面向过程的程序设计方法，而程序 1-2 使用了面向对象的程序设计方法。比较两个程序，可以看出：面向过程处理方法中数据和函数是相互独立的。设计程序时，根据具体的任务需求，将任务分成几个相对独立的子任务，分别编写函数，并设计、实现函数间的调用即可。所有函数都属于外部函数，彼此地位相等；在面向过程方法中，数据和处理数据的函数紧密相关，被封装在同一个类中。类中的成员函数和外部函数 main 地位不同，属于两个阶层。成员函数能访问私有的数据，而外部函数不能访问。外部函数将类作为一个工具，根据具体任务的需求，声明该类的对象，然后利用对象按需调用类中的成员函数。本书使用面向对象的程序设计方法。

程序 1-1 面向过程程序设计（main.cpp）。

```
#include <iostream>
using namespace std;

void setValue(int b[], int n);
void find(int b[], int n, int x);//在数组中查找 x

int main()
{   int data[10], a;

    setValue(data, 10);

    cout<<"a=";
    cin>>a;
```

```
    find(data,10,a);
    return 0;
}

void setValue(int b[], int n)
{
    for (int i=0; i<n; i++) //将 1，3，5…等奇数放入数组
        b[i]=2*i+1;
}

void find(int b[], int n, int x)
{
    int i;
    for (i=0; i<n; i++)
        if (b[i]==x) break;

    if (i==n)
        cout<<x<<" doesn't exist in the array!";
    else
        cout<<x<<" exists in the array!";
    cout<<endl;
}
```

程序 1-2 面向对象程序设计（main.cpp）。

```
#include <iostream>
using namespace std;

class arr
{   private:
            int *a;
            int maxSize, count;
    public:
            arr(int size);
            void append(int x);
            void find(int x);
            ~arr(){delete []a;};
};

arr::arr(int size)
{
    a=new int[size];
    maxSize=size;
    count=0;
}

void arr::append(int x)
{
    if (count==maxSize) return;
    a[count]=x;
    count++;
}

void arr::find(int x)
{
    int i;
    for (i=0; i<count; i++)
        if (a[i]==x) break;
    if (i==count)
        cout<<x<<" doesn't exist in the array!";
```

```
        else
            cout<<x<<" exists in the array!";
        cout<<endl;
}

int main()
{   arr obj(10);
    int a;

    for (int i=0; i<10; i++) //将 1，3，5…等奇数放入对象
        obj.append(2*i+1);

    cout<<"a=";
    cin>>a;

    obj.find(a);
    return 0;
}
```

1.3.2　泛型机制

数据结构研究的是具有一定关系且类型相同的一组元素。元素类型并不特指某种具体类型，如整型、字符型或者更加复杂的结构类型。无论是何种类型的元素，它们在关系、基本操作处理方法上是一样的。因此，本书在数据类型上使用了 C++的泛型机制，即每种数据类型都以类模板的方式来定义。在实际应用时，再根据问题要求实例化该泛型数据类型。程序 1-3 是泛化程序 1-2 类定义中数据类型后的结果。

泛型机制

特别注意的是：在一个类模板中，每个成员函数自动成为函数模板。因此，成员函数在类之外定义时，都要加上前缀 template <class elemType>，其中 elemType 为自定义标识符。函数在类名的使用上都要带后缀<elemType>。如，在函数实现定义时，函数头部 template <class elemType> void arr<elemType>::append(const elemType &x)中，注意前缀 template <class elemType>和紧跟着类名 arr 的后缀<elemType>的使用。

程序 1-3　面向对象程序设计+泛化数据类型+const &问题（main.cpp）。

```
#include <iostream>
using namespace std;

template <class elemType>
class arr
{   private:
        elemType *a;
        int maxSize, count;
    public:
        arr(int size);

        //参数前加 const，保护参数在函数执行中不被修改
        void append(const elemType &x);

        //参数表后加 const，保护调用函数的对象的值不被修改
        void find(const elemType &x)const;
        ~arr(){delete []a;};
};

template <class elemType> //类模板中成员函数自动为函数模板
```

```
arr<elemType>::arr(int size)
{
      a=new elemType[size];
      maxSize=size;
      count=0;
}

template <class elemType>
void arr<elemType>::append(const elemType &x)
{
      if (count==maxSize) return;
      a[count]=x;
      count++;
}

template <class elemType>
void arr<elemType>::find(const elemType &x) const
{
      int i;
      for (i=0; i<count; i++)
          if (a[i]==x) break;
      if (i==count)
          cout<<x<<" doesn't exist in the array!";
      else
          cout<<x<<" exists in the array!";
      cout<<endl;
}

int main()
{   arr<int> obj1(10); //<int>使类模板实例化
    const arr<int> obj2(20);

    int a;
    const int b=100;

    for (int i=0; i<10; i++) //将 1，3，5…等奇数放入对象
         obj1.append(2*i+1);

    cout<<"a=";
    cin>>a;

    cout<<"In obj1: ";
    obj1.find(a);
    cout<<"In obj1: ";
    obj1.find(b);

    cout<<"In obj2: ";
    obj2.find(a);
    return 0;
}
```

1.3.3 const 机制

const 机制

用 const 修饰变量，变量将变为常量。常量一般有初值，在常量的生命周期中，自始至终不得改变其值。在程序 1-3 中，可以看到本书中类定义时常见的两种 const 用法。

（1）函数 void find(const elemType &x)const 中修饰参数 x 的 const 和&组合。变量 x 用到的 const 修饰词，表明在函数的实现过程中参数 x 的值不需要改变。如函数 void f(const int x)，参数加了 const 后，编译器会在程序编译阶段帮助

程序检查函数实现代码中是否含有修改 x 值的语句，如果有就报错。所以，如果确认函数实现中不准备改变 x 的值，请养成加 const 的习惯。

如果 const 和&组合在一起，问题就复杂了。

函数 find 的原型，x 前带&符号，说明形参 x 不分配空间，是将来调用时实参的别名。如程序 1-3 中对它的调用 obj1.find(a)，形参 x 和实参 a 就共用了空间。一般来说，如果一个函数只是使用实参 a 的值，并不想改变实参 a 的值，这个&就没有必要用。但事实上这里最好使用&，原因在于：参数类型 elemType 是一种泛型类型，实例化时可能用到简单的固有数据类型。如程序 1-3 main 函数中的 arr<int> obj1(10)，elemType 实例化为简单的 int 类型。但也有可能用到复杂的、通过类自定义的数据类型。如用一个类定义的类型 A，语句是 arr<A> obj1(10)，这时如果函数 void find(elemType x)中 x 不带&符号，x 就要分配空间，继而引发 A 类复制构造函数的执行。这不仅要求 A 类要有正确的复制构造函数，而且多了函数的调用，性能也会下降。所以，凡是泛型参数，请养成加&的习惯，即变为 void find(elemType &x)。

当确定函数 void find(elemType &x)在函数实现中不准备改变 x 的值后，请再养成加 const 的习惯，变为：void find(const elemType &x)，即使用 const 和&组合。const 和&组合不仅节省了内存空间、提高了性能，还为常量符号或常量值做参数开了一扇窗。如程序 1-3 中的 obj1.find(b)，b 是常量对象符号。如果形参 x 因加&共用了 b 的空间，而又不加 const 的限制，通过修改 x 的值就能修改常量 b 的值，这将成为一个安全漏洞，系统在编译时会检查这点。只有&x 前加了 const，常量 b 做实参时，编译才能够通过。

总之，当使用泛型参数，而函数又不改变参数的值时，请使用 const 和&组合。

（2）函数 void find(const elemType &x)const 中参数表后 const 的用法。

参数表后的 const 是保护调用它的对象的值不被改变。在程序 1-3 中，语句 obj1.find(a)就是对象 obj1 调用了函数 find，这个 const 就是保护 obj1 的值。换言之，这个 const 保护了类的成员函数中 this 指针所指对象值不被改变。如果在定义类时，一个成员函数不准备改变调用它的对象的值，请养成在参数表后加 const 的习惯，这样就为常对象调用带 const 的成员函数开了一扇窗。如程序 1-3 中常对象 obj2 执行了语句 obj2.find(a)，如果没有函数参数表后带 const 的支持，对象 obj2 是不能调用这个函数的。常对象 obj2 只能调用参数表后带 const 的成员函数。

1.3.4 异常处理

异常处理

关于函数中错误的处理，可观察程序 1-4 中的函数 elemType fetch(int i) const。在函数的实现中，如果参数 i 给出的下标在数组的有效数据范围内，函数返回 a[i]；如果超出了有效范围，如下标为-1，函数就无法找到一个合适的返回值来呼应函数返回类型 elemType 的要求，即不知道 return 后面该写什么。因此，在程序 1-4 中只好用 exit(1)结束整个程序。虽然用 exit(1)可以结束整个程序，但一点小错误就结束了整个用户程序，让控制权回到系统手中，这确实不是一个好的处理办法。

程序 1-4 传统异常处理（main.cpp）。

```
#include <iostream>
#include <cstdlib>
using namespace std;
```

```
template <class elemType>
class arr
{   private:
            elemType *a;
            int maxSize, count;
    public:
            arr(int size);
            void append(const elemType &x);
            elemType fetch(int i) const;
            ~arr(){delete []a;};
};

template <class elemType> //类模板中成员函数自动为函数模板
arr<elemType>::arr(int size)
{
      a=new elemType[size];
      maxSize=size;
      count=0;
}

template <class elemType>
void arr<elemType>::append(const elemType &x)
{
      if (count==maxSize) return;
      a[count] = x;
      count++;
}

template <class elemType>
elemType arr<elemType>::fetch(int i) const
{
      if ((i<0)||(i>=count))
      {
            cout<<"index is out of bound!"<<endl;
            exit(1);
      }
      else
          return a[i];
}

int main()
{   arr<int> obj1(10); //<int>使得类模板实例化
    const arr<int> obj2(20);
    int i;

    for (int i=0; i<10; i++) //将 1，3，5…等奇数放入对象
            obj1.append(2*i+1);

    while (cin>>i)
            cout<<i<<":"<<obj1.fetch(i)<<endl;

    cout<<"Return to main, it is Over! "<<endl;
    return 0;
}
```

C++的异常处理机制给出了一种通用的方法。即无论返回什么类型，都可以用 throw 语句应对返回类型的要求，可参看程序 1-5。程序用类的方式预先定义了两种出错类型 tooSmall、tooBig，之后在 fetch 函数中，根据错误类型的不同分别抛出不同类型的对象。为了配合这个 throw，主调函数中用 try{}划定了监控范围，凡是在监控范围内抛出了表示错误的对象，try 后跟的 catch

就对抛出的对象的类型进行甄别、处理。这样做的好处是：抛出的对象不受函数返回类型的要求控制，突破了 fetch 函数返回类型的约束，而且又让控制权回到了用户程序手中。在程序运行结果中，可以看到 return to main 的输出。本书对错误的处理采用了 throw、try、catch 等异常处理机制。

程序 1-5　C++的异常处理（main.cpp）。

```
#include <iostream>
using namespace std;

class tooSmall{};
class tooBig{};

template <class elemType>
class arr
{   private:
            elemType *a;
            int maxSize, count;
    public:
            arr(int size);
            void append(const elemType &x);
            elemType fetch(int i) const;
            ~arr(){delete []a;};
};

template <class elemType> //类模板中成员函数自动为函数模板
arr<elemType>::arr(int size)
{
      a=new elemType[size];
      maxSize=size;
      count=0;
}

template <class elemType>
void arr<elemType>::append(const elemType &x)
{
      if (count==maxSize) return;
      a[count] =x;
      count++;
}

template <class elemType>
elemType arr<elemType>::fetch(int i) const
{
      if (i<0)
            throw tooSmall();
      if (i>=count)
            throw tooBig();
      else
          return a[i];
}

int main()
{   arr<int> obj1(10); //<int>使得类模板实例化
    const arr<int> obj2(20);
    int i;
```

```
    try {
      for (i=0; i<10; i++) //将 1，3，5…等奇数放入对象
            obj1.append(2*i+1);

      while (cin>>i)
            cout<<i<<":"<<obj1.fetch(i)<<endl;
    }
    catch (tooSmall){cout<<"index is too small!"<<endl;}
    catch (tooBig){cout<<"index is too big!"<<endl;}

    cout<<"Return to main, it is Over! "<<endl;
    return 0;
}
```

1.4 小结

数据元素及元素间的关系称作数据结构。数据结构研究具有某种制约关系的一组元素及元素间关系在内存中如何存储、在各种存储方式下关系操作如何实现以及各种数据结构的典型应用等问题。

具体研究分为逻辑结构及基本操作、物理结构、基本操作实现、典型应用 4 个方面。

在分析逻辑结构及基本操作时，要完全脱离计算机而仅仅依赖现实生活中的元素特征来分析元素、元素关系及基本操作，最后给出用伪代码描述的抽象数据类型。

在物理结构分析阶段，讨论元素及元素关系在内存中如何存储。存储可以分为顺序存储和链式存储，顺序存储使用一块连续的空间存储元素和元素之间的关系；链式存储使用各自独立的空间存储每个元素，并在每个独立的空间中附加字段以存储元素之间的关系。

在基本操作实现分析阶段，研究在各种存储方式下基本操作的实现方法和步骤，即算法。关于算法介绍了时间复杂度和空间复杂度的概念及计算方法，并以此为依据，对不同算法进行性能比较，并树立起算法优化的意识。

在典型应用阶段，给出所研究的数据结构最适合的实际应用问题。

1.5 习题

1．什么是数据结构？有几种典型的数据结构？

2．数据结构的研究对象是什么？

3．什么是逻辑结构和物理结构？

4．什么是抽象数据类型？可以用何种语言描述抽象数据类型？

5．数据基本操作的实现和逻辑结构、物理结构的关系是什么？

6．人们在现实生活中解决问题的方法和步骤都能称为算法吗？

7．继“程序设计”课程之后，学习数据结构对解决实际问题有什么帮助？

8．根据以下时间频度函数，分别给出相应的时间复杂度。

（1）$6x^2+3x+5$；（2）$2n\log_2 n+x^3$；（3）$3+7n^2$；（4）16。

9．设 n 是描述问题规模的非负整数，请分别给出下列程序片段的时间复杂度：

（1）
```
sum=0;
for (i=0; i<n; i++)
   for (j=0; j<n; j++)
      sum=sum+i*j;
```

（2）
```
sum=0;
for (i=1; i<n; i=2*i)
   for (j=0; j<n; j++)
      sum=sum+i*j;
```

（3）
```
x=1
while (x<n/2)
    x=2*x;
```

10．用递归方法计算 $n!$，并计算其时间频度函数和时间复杂度。

11．编程计算 S=1−2+3−4+5−6+⋯+N，N>0，要求分别用 $O(n)$、$O(1)$时间复杂度来实现。

12．已知一个整数序列，求其和最大的连续子序列。如整数序列{−3,7,−1,5,−6,4}的和最大的子序列为{7,−1,5}。要求：

（1）设计算法，要求算法的时间复杂度最多为 $O(n^2)$。

（2）优化设计的算法，要求算法的时间复杂度为 $O(n)$。

第2章 线性表

线性结构是一种简单、常见的数据结构，日常生活中我们经常遇到。如：体育课上学生排成的队列、食堂某个窗口等待买饭的学生排成的一队、教师讲台上的一摞作业本，都是具有线性关系的结构。

线性结构的定义：一组特征相同且数量有限的元素构成的集合。该集合可以为空，也可以不为空。当不为空时，有唯一一个元素被称为**首元素**，有唯一一个元素被称为**尾元素**。除了尾元素，每个元素有且仅有一个直接后继元素；除了首元素，每个元素有且仅有一个直接前驱元素。

常见的线性结构有：线性表(List)、时间有序表(Chronological Ordered List)、排序表(Sorted List)、频率有序表(Frequency Ordered List)等。其中**线性表**，是仅通过元素之间的相对位置来确定它们之间相互关系的线性结构。如元素序列 $a_1,a_2,a_3,\cdots,a_{n-1},a_n$，其中 n 为元素的个数，且 $n\geqslant 0$。在这个序列中，当 $n=5$ 时，a_1 是首元素，a_5 是尾元素，a_3 的直接前驱元素是 a_2，a_3 的直接后继元素是 a_4。时间有序表、排序表、频率有序表都可以看作线性表的推广。时间有序表是按照元素到达结构的时间先后，来确定元素之间关系的依据。如，在红灯前停下的一长串汽车，这些汽车构成了一个队列。其中最先到达的为首元素，最后到达的为尾元素；在离开时最先到达的汽车将最先离开、最后到达的将最后离开。后续将介绍的栈和队列都是时间有序表。排序表根据元素的关键字值来确定其间的关系，如元素按值从小到大排成的序列。频率有序表按照元素的使用频率确定它们之间的相互关系。其中线性表、栈和队列是最常用的三种线性结构，在线性结构部分重点加以讨论。排序表和频率有序表将放入以后各章中进行分析。

2.1　线性表的定义及 ADT

线性表是一种仅由元素的相互位置确定它们之间相互关系的线性结构，元素之间呈现出你先我后的关系。线性表可以从首元素开始用一个由自然数表示的序号来标识每个元素，这样每个元素的位置和元素的序号就是一一对应的。当在线性表中插入一个元素后，线性表的元素个数将随之增大，在插入位置之后的所有元素的序号也将增大 1；删除操作类似，只是序号减小 1。插入和删除可以在线性表的任何有效位置上进行：如插入可以在首元素和尾元素之间的任何位置上进行，也可插入在首元素之前或尾元素之后；删除可以针对首元素和尾元素之间的任何元素，包括首、尾元素。

线性表

线性表的**规模或长度**是指线性表中元素的个数。特别地：当元素的个数为零时，该线性表称为**空表**。ADT 2-1 给出了线性表 List 的抽象数据类型。抽象数据类型是对线性表逻辑结构和基本操作的描述，包括元素、元素之间的关系、日常生活中的各种基本操作 3 个部分，基本操作必须准确说明它需要满足的前提条件和得到的结果。

ADT 2-1　线性表 List 的 ADT。

数据: $\{ xi \mid xi \in ElemSet, i=1,2,3\cdots n, n > 0\}$ 或 Φ; ElemSet 为元素集合
关系: $\{<x_i,x_i+1> \mid x_i,x_i+1 \in ElemSet, i=1,2,3\cdots n-1\}$, x_1 为首元素，x_n 为尾元素
操作:

- initialize
  - 前提：无或指定 List 的规模
  - 结果：分配相应空间及初始化
- isEmpty
  - 前提：无
  - 结果：表 List 为空返回 true，否则返回 false
- isFull
  - 前提：无
  - 结果：表 List 为满返回 true，否则返回 false
- length
  - 前提：无
  - 结果：返回表 List 中的元素个数
- get
  - 前提：已知元素序号
  - 结果：如果该序号元素存在，则返回相应元素的数据值
- find
  - 前提：已知元素的数据值
  - 结果：查找成功，返回相应元素的序号，否则返回查找失败标志
- insert
  - 前提：已知待插入的元素及插入位置
  - 结果：如果插入位置合法，在指定位置插入该元素
- remove
  - 前提：已知被删元素的值
  - 结果：首先按值查找相应元素，查找成功则删除该元素
- clear
  - 前提：无
  - 结果：删除表 List 中的所有元素

一般情况下，ADT 中说明的操作，是这种数据结构常见的一些基本操作，其他相关应用的算法可以调用这些基本操作或者用这些基本操作的有序组合来实现，因此基本操作可视作基本构件。

常见的基本操作来源于生活中我们对这种结构的了解。基本操作可以分为五大类型：构造类、属性类、数据操纵类、遍历类和典型应用类，几乎每一种数据结构的基本操作都是根据这 5 种类别来定义的。ADT 2-1 中定义的基本操作中：initialize 属于构造类；isEmpty、length、isFull、get、find 属于属性类，就是东瞧瞧、西看看，不改变数据；insert、remove、clear 属于数据操纵类，对数据进行改变。对于不同的数据结构，各类操作的难易程度是不同的。如遍历类对于线性结构非常简单（对线性表来说，只要从首元素开始逐个访问每个元素直到尾元素，即可实现对线性表的遍历），因此可以看到 ADT 2-1 中没有定义遍历类操作。对树、图等非线性结构而言，遍历就有一定难度。

2.2 线性表的顺序存储结构

任何一种数据结构在内存中的存储通常都从两个角度来考虑：顺序存储和链式存储。在顺序存储中，元素存放在内存中一块连续的空间里。借助存储空间物理上的连续性，线性表中的元素可以按照其逻辑顺序依次存放，即元素存放的物理顺序和它的逻辑顺序是一致的。顺序存储的线性表称为**顺序表**。

线性表的顺序存储结构

2.2.1 顺序表

顺序表（Sequential List）需要存储器中的一块连续的空间。在高级编程语言的固有数据类型中，数组在存储器中就表现为一块连续的空间，因此用数组实现顺序表非常合适。数组中各元素的位置由其下标来表示，它同时也是相应元素的位置序号。我们可以将线性表的 n 个元素，按照序号次序放入下标为 0 到 $n-1$ 的数组元素中去，其特点为连续空间中存储位置的先后和顺序表中元素的先后一一对应。顺序表的存储映像如图 2-1 所示，其中 len 为元素个数，即顺序表长度；maxSize 为 len 的上界；而 initSize 为最大的存储空间数，即数组的大小。图 2-1 中用数组 elem 存储线性表，并且将下标为 0 的数组元素 elem[0]用于其他特殊用途，不用来存放顺序表中的元素，这样顺序表就可以从下标为 1 的数组元素开始连续存放元素。又因 maxSize=initSize-1，因此描述顺序表时，两种表示选择其一，如 maxSize，就可以了。顺序表及操作的定义见程序 2-1。

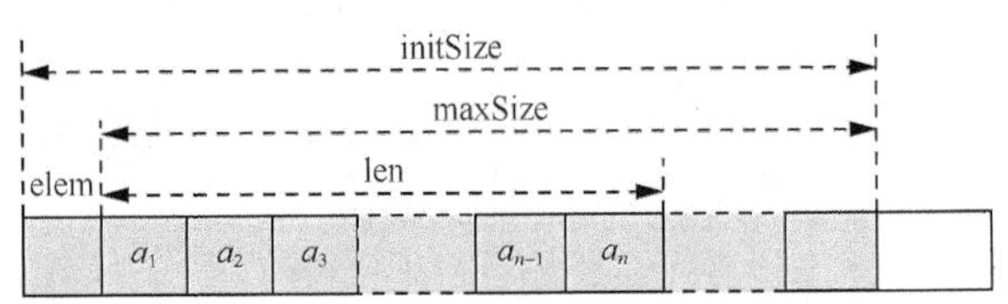

图 2-1　顺序表的存储映像

程序 2-1　顺序表 seqList 及操作的定义（seqList.h）。

```
#include <iostream>
#define INITSIZE 100
using namespace std;

class illegalSize{};
class outOfBound{};

template <class elemType>
class seqList
```

```
{     private:
          elemType *elem;         // 顺序表存储数组，存放实际的数据元素
          int len;                // 顺序表中的元素个数，亦称表的长度
          int maxSize;            // 顺序表最大可能的长度
          void doubleSpace();
      public:
          seqList(int size=INITSIZE); //初始化顺序表
          bool isEmpty()const { return ( len==0 ); }          //表为空返回 true，否则返回 false
          bool isFull()const { return (len==maxSize); }       //表为满返回 true，否则返回 false
          int length()const {return len;}   //表的长度，即实际存储元素的个数
          elemType get(int i )const;//返回第 i 个元素的值
          int find (const elemType &e )const;                 //返回值等于 e 的元素的序号，无则返回 0

          //在第 i 个位置上插入新的元素（值为 e）
          //使原来的第 i 个元素成为第 i+1 个元素
          void insert(int i, const elemType &e );
          void remove(int i, elemType &e );                   //若第 i 个元素存在，删除并将其值放入 e 指向的空间

          void clear() { len=0; }; //清除顺序表，使其成为空表
          ~seqList() { delete []elem; }; //释放表占用的动态数组
};
```

2.2.2　顺序表基本操作的实现

1．查找操作

顺序表的大部分函数都很简单，这里只选取具有代表性的几个函数加以分析和讨论。首先分析查找操作，即函数 find。如图 2-2 所示，注意数组元素 elem[0]并未存储顺序表 seqList 中的元素，我们一般把它用作**哨兵单元**，即查找前，将待查数据值 e（见函数 find 中的参数）放入该单元，然后从顺序表的尾元素开始逐个向前查找。这样即使在顺序表中找不到数据值为 e 的元素，也可以在下标为 0 的存储单元找到它，阻止了继续向前的查找，故称它为哨兵单元。图 2-2 的上半部分是成功查找的情况，在进行 4 次比较之后，在 elem[3]处找到了值为 e 的元素；图 2-2 的下半部分是查找失败的情况，在 elem[0]处找到了值为 e 的元素。综合查找失败和成功的情况可知：在数组 elem 中一定可以找到值为 e 的元素，只是有下标是否为 0 的区别。因此在函数 find 的 while 语句中，可以省略 $i \geqslant 1$ 的数组下标越界判断，一定程度上提高了程序运行的时间效率。

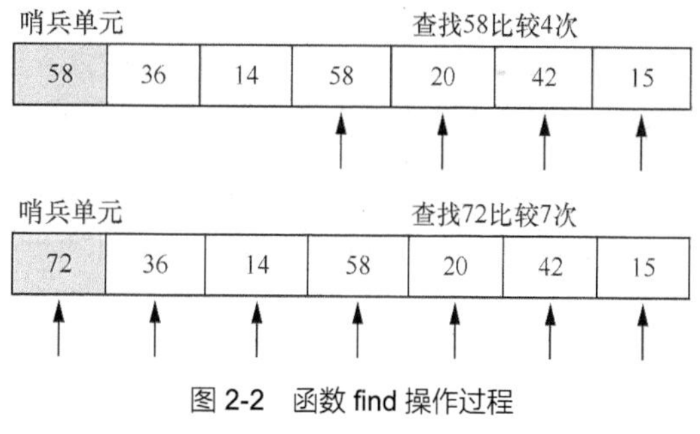

图 2-2　函数 find 操作过程

分析时间效率：主要的时间代价是进行查找时的比较次数。

在查找成功情况下，由于待查数据和元素比较是从尾元素开始的，依次逐步向前。如在图 2-2 中，查找 58 的过程中，待查数据分别经历了和 elem[6]、elem[5]、elem[4]、elem[3]（其值分别为 15、42、20、58）的比较，由于 elem[3]=58，比较成功，共比较了 4 次。一般情况下，对于待查数据值，如果和倒数第 1 个元素值相等（最好情况），需要 1 次比较；如果和倒数第 2 个元素值相等，需要 2 次比较；依次类推，和第 i 个元素值相等，需要 $n-i+1$ 次比较；……；最后如果和第 1 个元素值比较成功，需要 n 次比较（最差情况）。也就是说，可能的比较次数为从 1 到 n 之间的任何整数。假设每个元素被查找的概率相同，都是 $1/n$，查找成功时的平均比较次数可用求数学期望的方法计算出：

$$\frac{1}{n}\sum_{i=n}^{1}(n-i+1)=\frac{1}{n}\bullet\frac{n(n+1)}{2}=\frac{n+1}{2}$$

因此，查找成功时，时间复杂度最好是 $O(1)$，最差是 $O(n)$，平均为 $O(n)$。一般称其时间复杂度为 $O(n)$。

在查找不成功的情况下，因为预先将待查数据值放到了哨兵单元 elem[0] 中，当从表中最后一个元素开始向前比较了 n 次且值都不相等后，最后必然在哨兵单元和元素值比较成功，所以查找不成功时比较次数总是 n+1。如在图 2-2 中查找 72，在和 elem[6]，elem[5]，……，elem[1]（其值分别为 15、42、20、58、14、36）逐个比较，共计 6 次之后，仍然不成功，最后在哨兵位上和 72 再进行一次比较，结果值相等，此时比较次数是 7。因此，查找不成功时，时间复杂度为 $O(n)$。

总之，无论查找成功与否，平均情况下时间复杂度均为 $O(n)$。

以上的查找函数，基于一个先决条件，即顺序表中元素值各不相同。如果去掉这一条件，在查找成功的情况下，就可能有两个或两个以上的元素值都和待查数据值相等。那么查找算法将和上述函数 find 有所不同，大家可以将顺序表中元素值有重复的情况作为对 find 函数进行修改的练习，但函数的返回结果可能需要改成待查数据出现的次数。

2．插入操作

顺序表的插入操作，参见它的函数 insert。如图 2-3 所示，在顺序表中第 3 个位置上插入元素 9，原来的第 3 个及后续所有元素都需要向后移动，而且为了完好保存后续所有元素的值，移动必须从最后一个元素开始，依次向前，每个元素向后移动一个单元位置。从图中可以看出 15、42、20、58 分别依次向后移动了一个单元位置，共移动了 4 个元素。插入位置可以从 n+1 到 1，当插入位置为 n+1 时，即在尾部之后增加一个元素，此时仅需要移动 0 个元素；当插入位置为 n 时，需要移动 1 个元素；依次类推，当插入位置为 i 时，需要向后移动 $n+1-i$ 个元素；……；最后当插入位置为 1 时，需要向后移动 n 个元素。所以在 n+1 个位置上等概率插入的情况下，元素的平均移动次数为：

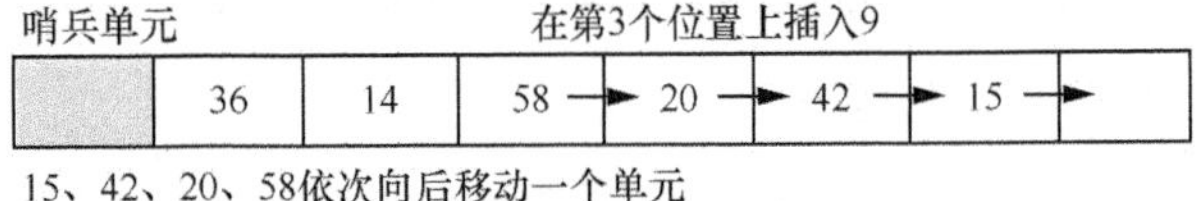

图 2-3　函数 insert 操作过程

$$\frac{1}{n+1}\sum_{i=n+1}^{1}(n+1-i)=\frac{1}{n+1}\bullet\frac{n(n+1)}{2}=\frac{n}{2}$$

在插入操作中，元素移动的次数是最主要的时间代价，因此在等概率情况下插入操作平均的时间复杂度为 $O(n)$。

顺序表是用数组实现的，数组的单元个数在创建数组时就确定了，这给插入操作带来了不便。因为，不停地插入新元素可能导致数组中的存储单元用尽，这时可以考虑先生成一个新的更大的数组，将原数组的所有元素都复制到新数组中来，然后就可以继续进行插入操作了，参见函数 doubleSpace。这种处理方法将保证在计算机系统还有连续存储空间可用的情况下，程序的运行不至于中断，因此更加合理。在时间复杂度计算上，对原来规模为 n 的空间，从空表开始第 n+1 次插入才会遇到一次 doubleSpace，此时数组中元素复制的次数为 n，这 n 次复制均摊到 n 次插入操作，每次插入操作只分到 1 次复制，因此在插入操作的时间复杂度计算中可以认为扩大空间这部分代码的时间消耗为 $O(1)$。有的文献上，将这种方法称为“**分期付款式**”法。按照加法定理，插入操作总的时间复杂度为 $O(n)$。

特别注意：为新元素移动元素位置时，切忌从插入位置开始往后移动。即图 2-3 中先将 58 后移一位，再将 20 后移一位，最后将 15 后移一位，似乎每个元素都后移了一位，但事实上这样做的结果是后面 4 个元素的值全部变成了 58。因此要特别注意，一定是最后一个元素先后移，然后依次前推。

3．删除操作

顺序表的删除操作，参见函数 remove。如图 2-4 所示，在第 i 个位置上删除一个元素，首先将该元素的值读出（可供主调函数使用），然后将该元素后所有元素都向前移动一个位置。为保证被删元素的所有后继元素的值不被更改，移动必须从该元素的直接后继元素开始，一直到最后一个元素，依次进行，共需要向前移动 $n-i$ 个元素。如图 2-4 所示，删除第 3 个元素（值为 58），待 58 读出后，20、42、15 依次向前移动 1 个单元位置，共移动了 3 次。通常情况下，位置 i 可以是 1 到 n 之间的任何整数。如果删除第 1 个元素，需要向前移动 $n-1$ 个元素；如果删除第 2 个元素，需要向前移动 $n-2$ 个元素；……；依次类推；如果删除第 i 个元素，则向前移动 $n-i$ 个元素。如果删除第 n 个元素，则向前移动 0 个元素。在各个元素被删除的概率相等的情况下，平均移动的次数为：

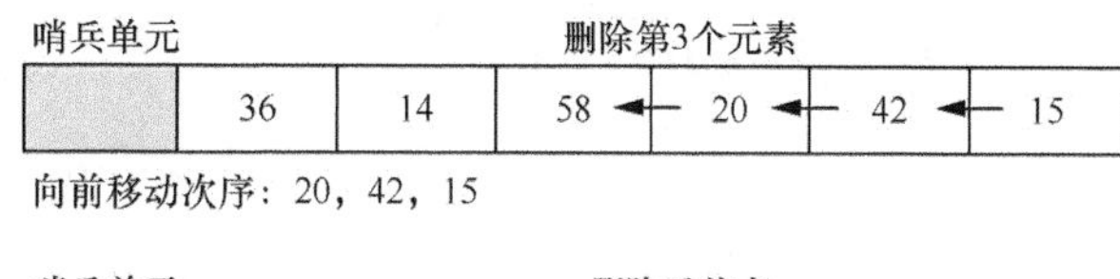

哨兵单元　　删除后状态

	36	14	20	42	15	15

图 2-4　函数 remove 操作过程

$$\frac{1}{n}\sum_{i=1}^{n}(n-i)=\frac{1}{n}\cdot\frac{n(n-1)}{2}=\frac{n-1}{2}$$

由于，元素移动的次数同样是删除操作最主要的时间代价，因此在等概率情况下，删除操作平均的时间复杂度为 $O(n)$。这里还须注意：这种移动实际上是把后面的数据向前复制，将元素 15 复制到 42 原来所在的存储单元后，出现了 2 个 15，当前元素个数 len 变为 5，将不包括第二个 15，第二个 15 被挡在有效范围之外，相当于被废弃掉了。

特别注意：当元素向前移动位置时，切忌从尾部位置开始往前移动。即图 2-4 中先将 15 前移一位，再将 42 前移一位，将 20 前移一位，似乎每个元素都前移了一位，但事实上这样做的结果是后面 3 个元素值全部变成了 15。因此要特别注意，一定是从前面的元素开始前移，然后依次后推。

顺序表基本操作的实现见程序 2-2。

程序 2-2　顺序表基本操作的实现（seqlist.h）。

```
template <class elemType>
seqList<elemType>::seqList(int size)//初始化顺序表
{
    elem=new elemType[size];//申请动态数组
    if (!elem) throw illegalSize();
    maxSize=size-1; //0 下标位置不放元素，用于查找时做哨兵位
    len=0;
}
template <class elemType>
void seqList<elemType>::doubleSpace()
{
    int i;
    elemType *tmp = new elemType[2*maxSize+1];
    if (!tmp) throw illegalSize();

    for (i=1; i<=len; i++)
        tmp[i]=elem[i];

    delete []elem;
    elem=tmp;
    maxSize=2*maxSize;
}
```

```
template <class elemType>
elemType seqList<elemType>::get(int i)const// 返回第 i 个元素的值
{
    if ((i<1)||(i>len)) throw outOfBound();
    return elem[i];
}

template <class elemType>
int seqList<elemType>::find (const elemType &e )const
// 返回值等于 e 的元素的序号，无则返回 0
{
    int i;
    elem[0] = e;   //哨兵位置为待查元素
    for (i=len; elem[i]!=e; i--);
    return i;
}

template <class elemType>
void seqList<elemType>::insert (int i, const elemType &e )
{
    int k;
    if ((i<1)||(i>len+1)) return; //插入位置越界
    if (len==maxSize) doubleSpace(); //空间满了，无法插入元素

    for (k=len+1; k>i; k--)
        elem[k]=elem[k-1];
    elem[i]=e;
    len++;
}

template <class elemType>
void seqList<elemType>::remove (int i, elemType &e )
{
    int k;
    if ((i<1)||(i>len)) return;
    e=elem[i];

    for (k=i; k<len; k++)
        elem[k]=elem[k+1];
    len--;
}
```

常见错误：

（1）混淆 len 和 maxSize 的含义，前者是实际元素的个数，后者是存储空间的大小，也是最多能存储多少元素的限制。

（2）insert 函数实现方法中忘记检查位置 i 的合理性，忘记检查表中是否有空间可以支持插入一个新的元素等，造成算法不完整。我们试着使用分析参数、空间检查、核心操作、对其他属性的影响、正确返回的 **“五步口诀法”**，就可以设计出一个相对完整的程序。

例 2-1 简单说明了顺序表的使用，也可以利用它测试以上基本操作的函数实现是否正确。在测试时，最好编写一个简单的应用，在该应用中尽量使得每一个成员函数都得到调用，以达到测试每一个函数的目的。

例 2-1：已知两个正整数集合，求其交集。算法实现见程序 2-3。

程序 2-3　求两个正整数集合的交集（main.cpp）。

```
#include <iostream>
#include "seqlist.h"
```

```
using namespace std;

//求两个正整数集合的交集
int main()
{
    seqList<int> list1(20), list2(20), list3(20);
     int i, j, x;
     int len1,len3;

    //输入第一个整数集合中的元素，输入零结束
    i=1;
    cout<<"输入第一个正整数集合，以零为结束标志：";
    cin>>x;

    while (x!=0)
    {
        list1.insert(i,x);
        i++;
        cin>>x;
    }

    //输入第二个整数集合中的元素，输入零结束
    i=1;
    cout<<"输入第一个正整数集合，以零为结束标志：";
    cin>>x;

    while (x!=0)
    {
        list2.insert(i,x);
        i++;
        cin>>x;
    }

    //求 list1 和 list2 的交集，将结果存入 list3
    len1=list1.length();
    j=1;
    for (i=1; i<=len1; i++)
    {
        x=list1.get(i);
        if (list2.find(x)!=0)
        {
            list3.insert(j,x);
            j++;
        }
    }

    //显示 list3 中的元素
    cout<<"两个集合的交集元素为：";
    len3=list3.length();
    for (i=1; i<=len3; i++)
    {
        x=list3.get(i);
        cout<<x<<" ";
    }
    cout<<endl;
    return 0;
}
```

2.3 线性表的链式存储结构

通过以上对顺序表插入、删除时间代价的分析，可以看出其时间代价是线性阶的，而且会引

起大量已存储元素的位置移动。因此对于有频繁插入或删除操作的序列来说，使用顺序表存储，并不是最合适的。能否改善这一点呢？答案是肯定的。采用链式存储结构存储线性表，能从根本上杜绝已存储元素在位置上的移动。

线性表的链式存储结构

在链式存储结构中，各个元素的物理存放位置在存储器中是任意的，不一定连续。元素间你先我后的线性关系需借助额外的信息来指示，通常使用的方法是在元素上附加指针。具体做法是：将每个元素放在一个独立的存储单元中，元素间的逻辑关系依靠存储单元中附加的指针来给出。这种采用链式存储结构存储的线性表，我们称之为**链表**。而对于存储单元中由元素值和指针组成的结构体变量（类的对象），以下称为**结点**。

初始化时，链表为空。每当有一个新的元素需要加入链表时，必须向系统动态申请一个结点所需的存储空间，可以将数据值存入结点，之后将该结点从逻辑上插入链表中。当需要删除一个结点时，首先将该结点从链表中取下，然后释放该结点所占用的空间。在C++语言中，new 语句和 delete 语句可以分别用来实现结点所用空间的动态申请和释放。

链表中结点的存储单元在物理位置上可以相邻，也可以不相邻，这由系统来决定，应用程序无法设定。线性表中某结点的直接后继结点可由本结点中存储的指针来指示，因此知道了线性表的第一个结点（即**首结点**）的存放地址后，就可以顺次找出线性表中的所有结点。

在具体实现时，通常在首结点之前额外增加一个相同类型的特殊结点，这个结点称为**头结点**，头结点并不存储线性表中的元素。同时，设置**头指针** head 来指向头结点。头结点的出现，使得在首结点位置上进行插入和删除与在其他结点位置上的操作完全一致，都是在某个结点之后进行，从而使插入和删除算法得到简化。

链表是由结点构成的。链表中的结点包含两部分：数据字段和指针字段。数据字段可以是任何类型的数据，这里仍然用 elemType 表示；指针字段用于存放其他相关结点的地址值。根据指针字段设定的不同，一般可将链表分成以下 3 种。

（1）单链表。

链表中每个结点只附加一个指针字段，如 next。next 指针指向它的直接后继结点，最后一个结点的 next 字段为空，这种链表称为单链表。稍作变化，使最后一个结点的 next 字段指向头结点，这种链表称为**单向循环链表**。

单链表存储映像如图 2-5 所示，其中符号∧为空，在 C++语言中用 NULL 表示。从单链表的存储映像图中可以体会到结点存储位置的随意性，结点间的线性关系全靠结点中的指针字段中的值来表示。为了更清楚地观察单链表中结点间的线性关系，图 2-6 给出了表示单链表结点间逻辑关系示意图。以后所有表示链表或链表操作的图，如果不加说明，均为逻辑关系示意图。

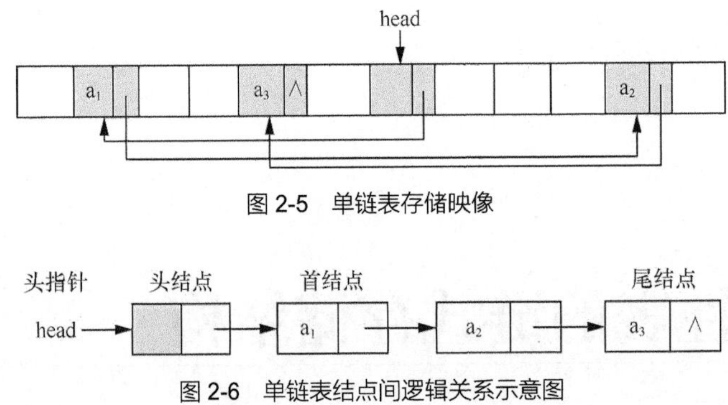

图 2-5　单链表存储映像

图 2-6　单链表结点间逻辑关系示意图

循环及双向链表

（2）双链表。

每个结点附加了两个指针字段，如 prior 和 next，其中 prior 字段给出直接前驱结点的地址，next 给出直接后继结点的地址。链表中除了有一个特殊的头结点，还有一个特殊的尾结点。头指针 head 指向头结点，也设置一个尾指针 tail 指向尾结点；头结点、尾结点都不存储实际的元素。尾结点中 next 字段为空，头结点中 prior 字段为空，这种形式的链表称为双链表。稍作变化，头结点中 prior 字段存储尾结点的地址，尾结点中 next 字段存储头结点的地址，这种链表称为**双向循环链表**。

双向链表和双向循环链的表示如图 2-7 所示，链表中存储了数据元素 a、b、c。

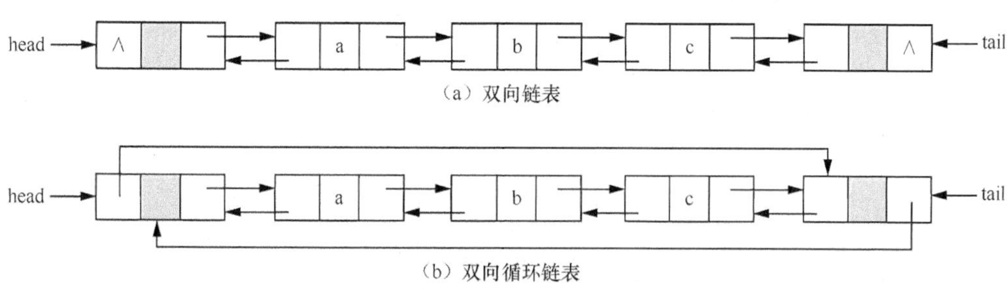

图 2-7　双向链表和双向循环链表

（3）空链表。

线性表中的元素都不存在，这种链表称为空链表。图 2-8 给出了单链表、双向循环链表为空时的情形。

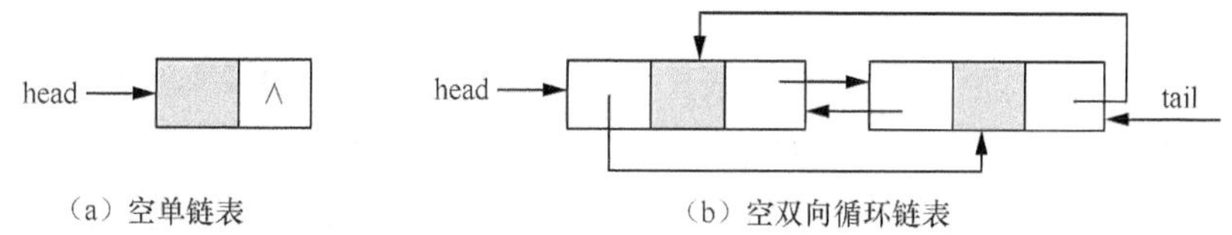

图 2-8　空链表

以上从一般意义上分析了链式结构的存储方法。在讨论链表时，我们将重点放在单链表的定义及实现上。循环链表、双向链表的定义和实现过程大部分是和单链表类似的。对于循环链表、双向链表，本书只重点介绍它们的特殊之处，并对它们进行简单分析。

2.3.1　单链表

单链表的特点是：它的任何一个结点都包含了一个存储元素数据值的字段和一个存储该结点的直接后继结点地址的指针字段。设计单链表时需要先设计一个结点类，该类的属性中包含数据字段和指针字段。对于一个单链表，通过图 2-6 可以看出，提供一个单链表只需要给出头结点的地址，即头指针。

单链表结点类定义、单链表类定义及单链表基本操作函数的声明参见程序 2-4。

程序 2-4 单链表（linkList.h）。

```
class outOfBound{};

template <class elemType>
class linkList; //类的前向说明
```

```
template <class elemType>
class node
{    friend class linkList<elemType>;
     private:
          elemType data;
          node *next;
     public:
          node():next(NULL){};
          node(const elemType &e, node *N=NULL)
          {    data=e; next=N; };
};

template <class elemType>
class linkList
{    private:
          node<elemType> *head;
     public:
          linkList();  //构造函数，建立一个空表
          bool isEmpty ()const; //表为空返回 true，否则返回 false
          bool isFull ()const {return false;}; //表为满返回 true，否则返回 false
          int length ()const;  //表的长度
          elemType get(int i)const;//返回第 i 个元素的值
          int find (const elemType &e )const; //返回值等于 e 的元素的序号，从第 1 个开始，无则返回 0
          void insert (int i, const elemType &e ); //在第 i 个位置上插入新的元素（值为 e）
          void remove (int i, elemType &e); //若第 i 个元素存在，删除并将其值放入 e 指向的空间
          void reverse(); //元素就地逆置
          void clear (); //清空表，使其为空表
          ~linkList();
};
```

需要再次强调的是：在用单链表表示线性表时，头指针 head 指向了头结点。头结点并不是线性表中的一部分，它的指针字段 next 给出了首结点的地址。线性表中最后一个结点的指针字段 next 的值为 NULL。在单链表中，顺着头指针 head，可以很方便地逐个访问单链表中的所有结点，如根据 head->next 就可以得到首结点的地址。

2.3.2 单链表基本操作的实现

在给出基本操作具体实现代码之前，我们首先分析在单链表中结点的插入和删除等基本操作。

1．插入操作

由于附加了一个特殊结点（头结点），因此在单链表中的任何位置上插入结点有一个共同之处：新插入结点前面都有一个结点。即便插入在首结点之前，也有一个头结点在其前面。值为 x 的元素要插入链表中某个结点（这里不妨用一个结点指针 p 指向它）之后，需要进行以下 3 步操作：

（1）在内存中创建新结点。

（2）将 x 写入新结点的 data 字段，并将 p 指针所指结点的下一个结点地址写入新结点的 next 字段，使 p 所指结点的下一个结点成为新结点的直接后继结点。

（3）将新结点地址写入 p 的 next 字段，使新结点成为 p 所指结点的直接后继结点。图 2-9 给出了在 A 元素之后插入元素 x 的全过程。

使用 C++语言实现的语句，如下所示。

```
tmp=new node<elemType>(); //此对空小括号因没有参数可以省掉
tmp->data=e;
tmp->next=p->next;
p->next=tmp;
```

或者：

```
tmp=new node<elemType>(e, p->next);
p->next=tmp;
```

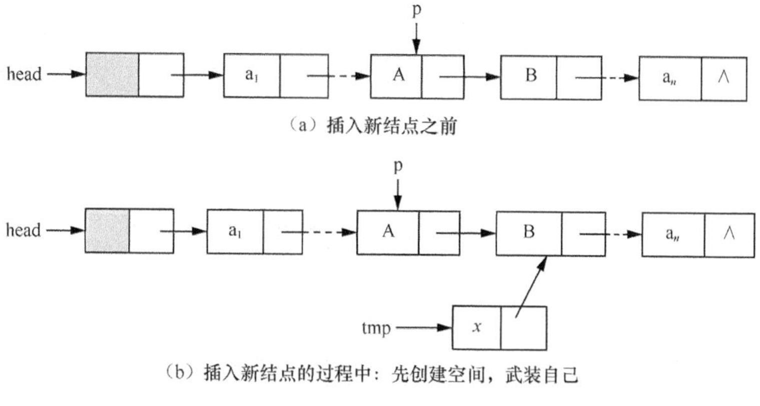

（a）插入新结点之前

（b）插入新结点的过程中：先创建空间，武装自己

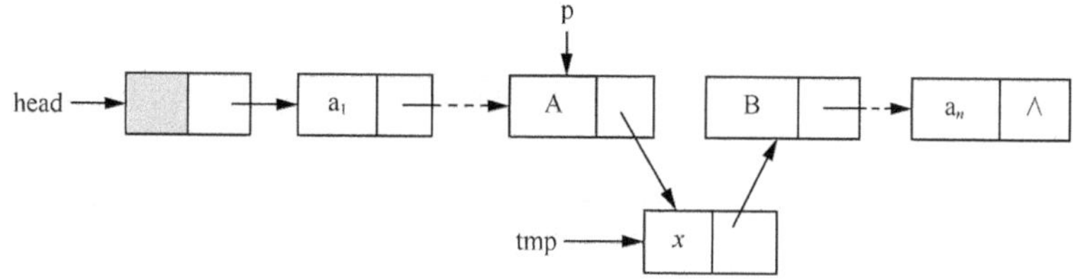

（c）插入新结点的过程中：新结点融入队伍中

图 2-9　插入操作

如果上面的语句顺序颠倒为“tmp=new node<elemType>();p->next=tmp; tmp->data=e; tmp->next=p->next;”，此时，指针 p 在执行完 p->next = tmp 时就不再记忆原本指向的结点，最后的 tmp->next=p->next 只能使得 tmp->next 指向 tmp 自己，无法正确完成插入的操作。

一般来说，保险的手法是：新插入的结点先武装好自己（给新插入的结点各个字段上都赋好值），再将新结点融入链表中，即遵循“先武装自己，再融入队伍”的原则。

特别地：欲将新结点插入在首结点前时，先让 p 指向头结点；欲将新结点插入尾部时，可以先让 p 指向最后一个结点。可以看出，无论新结点的插入位置在何处，都是将一个新结点插入在前面的结点之后，因此操作是类似的。

假如没有头结点，head 直接指向存储第一个元素的首结点，当有新结点要插入在首部位置时，head 则需要指向新结点，由此需要修改 head 指针，这显然和在其他位置上的插入处理不一样。这就是为什么要浪费一个结点的空间作为头结点，即简化插入算法。

可以看出，图 2-9 所示的插入操作完成之后，值为 A 的结点之后是值为 x 的新结点，而不再是值为 B 的结点。

2．删除操作

删除操作的完成方法是类似的。例如，欲删除指针 p 指向的结点的直接后继结点，即值为 x 的结点。删除后，值为 x 的结点的直接后继结点（值为 B）将成为指针 p 指向的结点的直接后继结点。可以用下述语句完成：

```
p->next=p->next->next;
```

该语句虽然完成了删除操作，相当于将值为 x 的结点旁路掉了。但是，并没有使计算机系统及时回收原本存储 x 的结点占用的空间，这会引起内存泄漏。为了能及时回收这些存储空间，可以设立一个指针 q，在旁路即在删除前先记住被删结点的地址。

```
node *q=p->next;
p->next = q->next;
delete q;
```

特别地，当要删除的结点是首结点时，先让 p 指向头结点，利用上面的语句也能准确地删除，不需另外一组操作。可以看出附加头结点对删除算法也可以起到简化作用。图 2-10 给出了删除元素 x 的全过程。

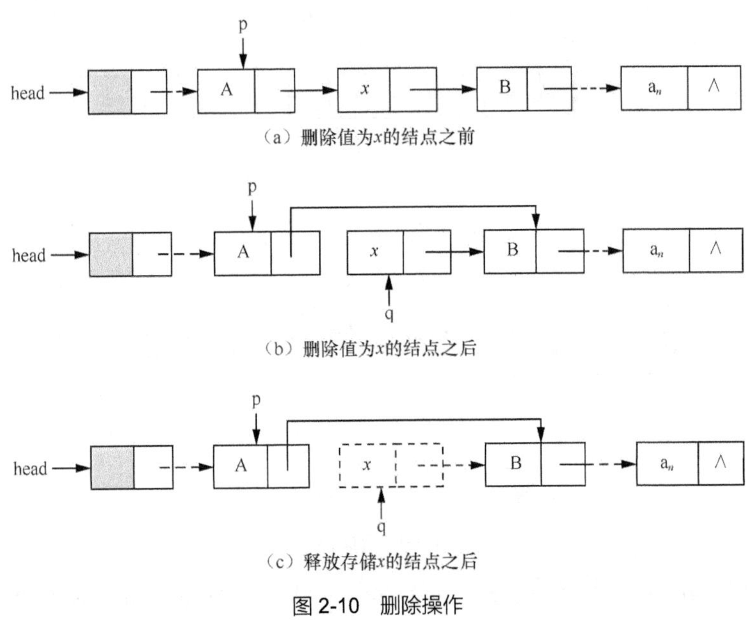

图 2-10 删除操作

可以看出，无论是插入还是删除，仅用几个语句便完成了相应的操作。在 p 已经指向前一个结点的条件下，它们的时间代价都是 $O(1)$。而要使 p 指向结点值为 x 的结点的前一结点，时间复杂度仍为 $O(n)$。但无论是插入还是删除都不再引起后面结点存储位置的移动，因此单链表通常用于有频繁插入和删除操作的线性结构。

3．查找操作

查找值为 x 的结点，单链表和顺序表的操作一样，时间复杂度也是 $O(n)$。但是，要使 p 指向第 k 个结点，即查找第 k（$1 \leqslant k \leqslant n$，$n$ 为结点个数）个结点，单链表在最坏情况下和平均情况下的时间代价都为 $O(n)$，这点比在顺序表中找第 k 个结点花费的代价 $O(1)$大。

4．其他基本操作

初始化后得到的单链表，如图 2-8（a）所示。单链表的成员函数 isFull 用于测试线性表是否满，因为每次只申请一个结点的空间，只要计算机系统有足够的内存，总是返回 false。另一个成员函数 isEmpty 测试线性表是否空，在仅有一个头结点时，返回 true。函数 clear 的作用是删除并释放整个单链表，结果使得单链表为空表。

程序 2-5 为单链表基本操作的实现。程序中涉及序号时，假定第 1 个元素就是首结点中存放的元素。

程序 2-5　单链表基本操作的实现（linkList.h）。

```
template <class elemType>
linkList<elemType>::linkList() //构造函数，建立一个空表
```

```
{
    head = new node<elemType>();
}

template <class elemType>
bool linkList<elemType>::isEmpty ()const //表为空返回 true，否则返回 false
{
    if (head->next==NULL) return true;
    return false;
}

template <class elemType>
int linkList<elemType>::length ()const //表的长度
{
    int count=0;
    node<elemType> *p;
    p=head->next;
    while(p)
    {
        count++;
        p=p->next;
    }
    return count;
}

template <class elemType>
elemType linkList<elemType>::get(int i )const    //返回第 i 个元素的值，首元素为第 1 个元素
{
    if (i<1) throw outOfBound();
    int j=1;
    node<elemType> *p = head->next;
    while (p&&j<i) {p=p->next; j++;}
    if (p) return p->data;
    else    throw outOfBound();//i 过大
}

//返回值等于 e 的元素的序号，从第 1 个开始，无则返回 0
template <class elemType>
int linkList<elemType>::find (const elemType &e )const
{
    int i=1;
    node<elemType> *p = head->next;

    while (p)
    {
        if (p->data==e) break;
        i++;
        p=p->next;
    }
    if (p) return i;
    return 0;
}

template <class elemType>
void linkList<elemType>::insert (int i, const elemType &e )   //在第 i 个位置上插入新的元素（值为 e）
{
    if (i<1) return;//参数 i 越界
    int j=0; node<elemType> *tmp,*p=head;

    while (p&&j<i-1)
    {   j++;
        p=p->next;
    }

    if (!p) return; //参数 i 越界
    tmp=new node<elemType>(e, p->next);
    p->next=tmp;
```

```
}

template <class elemType>
void linkList<elemType>::remove (int i, elemType &e)
//若第 i 个元素存在，删除并将其值放入 e 指向的空间
{
    if (i<1) return; //参数 i 越界
    int j=0;
    node<elemType> *tmp, *p=head;

    while (p && j<i-1)
    {
        j++;
        p=p->next;
    }

    if (!p && !p->next) return; //参数 i 越界
    tmp=p->next;
    p->next=tmp->next;
    e=tmp->data;
    delete tmp;
}

template <class elemType>
void linkList<elemType>::clear () //清空表，使其为空表
{
    node<elemType> *p,*q;

    p=head->next;
    head->next=NULL;

    while (p)
    {
        q=p->next;
        delete p;
        p=q;
    }
}

template <class elemType>
linkList<elemType>::~linkList()
{   clear();
    delete head;
}
```

分析函数 clear 操作实现代码，可以看出 p、q 指针像兄弟俩，一直保持一前一后，协同完成一个基本操作，这在链表操作中是一种非常常见的手法，俗称“兄弟协同”法。另外，在一个单链表中插入一个结点，如果不指定位置，插在首结点位置是最快的，时间和元素个数完全无关，效率为 $O(1)$。这种方法俗称“首席插入”，其语句序列为：

tmp = new node(x, head->next); head->next=tmp;或 head->next=new node(x, head->next);

下面观察程序 2-6，它利用上面的“兄弟协同”和“首席插入”的手法，简单地对一个单链表进行了就地逆置操作（在不改变元素存储地址的情况下，将单链表中元素的顺序倒过来）。

程序 2-6　单链表就地逆置操作的实现。

```
template <class elemType>
void linkList<elemType>::reverse()
{   node<elemType> *p,*q;   //兄弟俩协同
```

```
        p=head->next;     head->next = NULL;
        while (p)
        {   q=p->next;
            p->next=head->next; head->next=p; //首席插入
            p=q;
        }
    }
```

2.3.3　单向循环链表

在单链表的基础上，将最后一个结点的 next 指针指向头结点，而不是置空，这就形成了单向循环链表。它的优点是从表中任何一个结点出发，都可以顺着 next 指针方便地访问到链表中其他所有结点。带头结点的单向循环链表及空表的构造如图 2-11 所示。和单链表的操作类似，带头结点的单向循环链表的插入和删除操作比较简单，因为它统一了非空表和空表的两种情况。若当前结点的后继指针指向头结点，即：p->next = = head，则意味着当前结点为末结点。不带头结点的单向循环链表及空表的构造如图 2-12 所示，此时末结点的下一个结点是首结点，而不是头结点。通常，单向循环链表用不带头结点的情况居多。

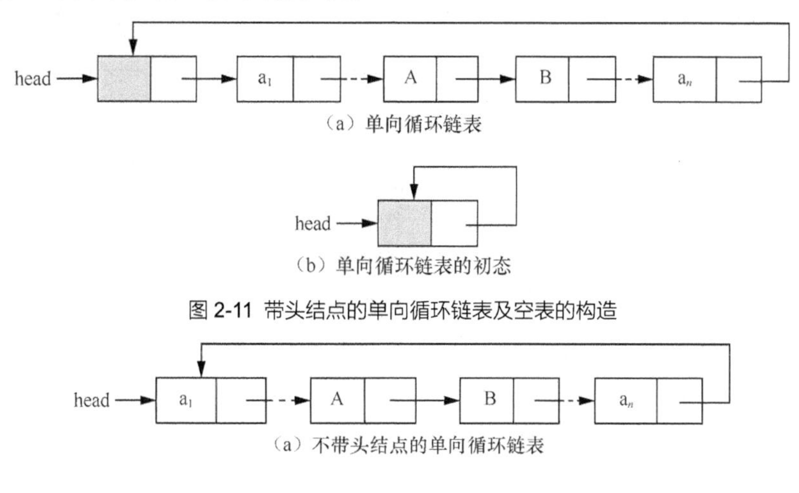

图 2-11　带头结点的单向循环链表及空表的构造

（a）不带头结点的单向循环链表

head ——▶ NULL

（b）不带头结点的单向循环链表的初始化：空表

图 2-12　不带头结点的单向循环链表及空表的构造

不带头结点的单向循环链表的插入和删除操作比较麻烦，因为插入和删除发生在首结点和末结点处时必须单独进行处理。例如，新结点插入在首结点之前的位置，必须先找到末结点，使末结点的 next 指针指向新结点，而新结点的 next 指针指向首结点才行，之后 head 指针被修改为指向新结点。但找到末结点的时间代价为 $O(n)$。这个时间可以缩短吗？在单向循环链表中取消首结点指针，设立末结点指针就能解决。使用末结点指针既能方便地找到链表的首部，又能方便地找到链表的末端，在首部和末端插入新结点也都很方便。单向循环链表类的具体设计和单链表是类似的。图 2-13 是用了一个尾结点指针替代头结点指针的情况。

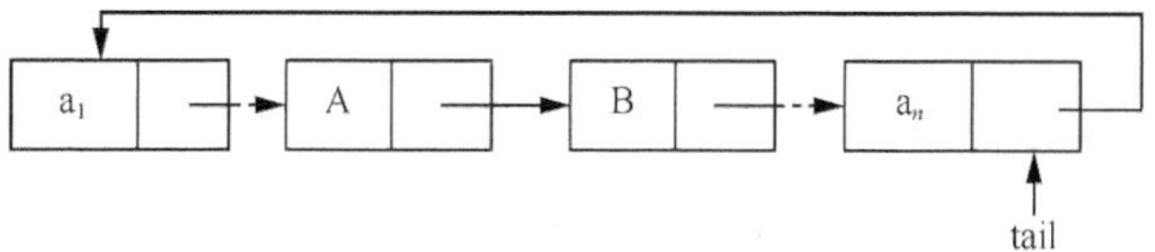

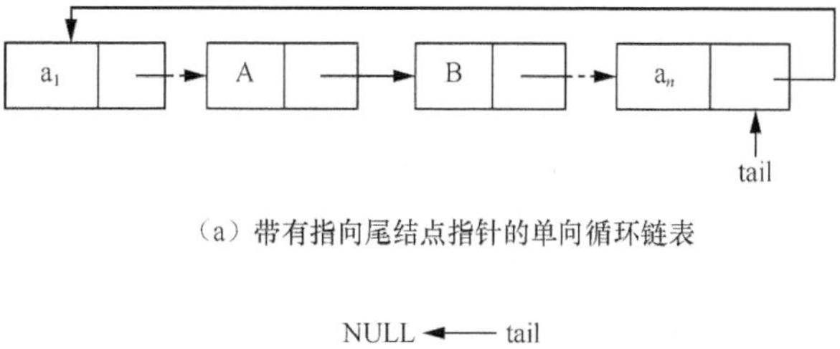

（a）带有指向尾结点指针的单向循环链表

NULL ◀—— tail

（b）带有指向尾结点指针的空的单向循环链表

图 2-13　带有指向尾结点指针的单向循环链表

2.3.4 双链表、双向循环链表

单链表和单向循环链表虽然可以方便地找到下一个结点，但是要想得到前一个结点并不方便，必须从头结点开始，逐个进行查找。这在经常需要寻找前驱结点的情况下，是非常麻烦的。解决这一问题的方法是在链表的结点中添加另一个指针字段 prior，用 prior 指出当前结点的直接前驱结点的地址。由此就可以借助指针 prior 和指针 next 在链表的前后两个方向上进行移动。带头结点的双链表的一种实现形式如图 2-14（a）所示，其中指针 head 和 tail 分别给出头结点和尾结点的地址。在双链表初始化时，应执行下列语句（如图 2-14（b）所示）：

```
head->next=tail;
head->prior=NULL;
tail->prior=head;
tail->next=NULL;
```

由于有效结点都位于头结点和尾结点之间，因此从尾结点出发向前遇到头结点，或者从头结点出发向后遇到尾结点，都意味着遍历的结束。

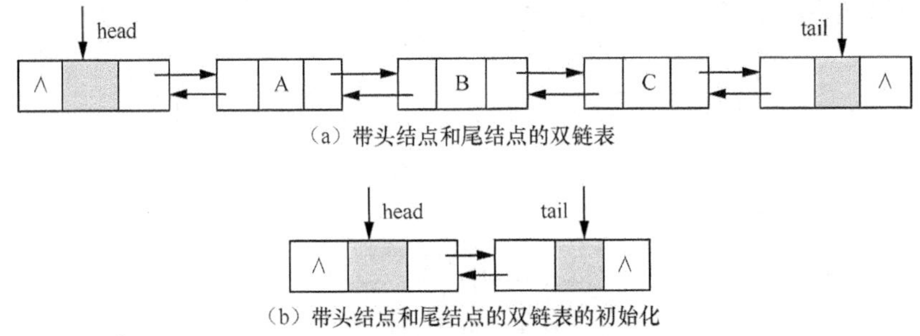

图 2-14 双链表的一种实现方案

双向循环链表可以看作两个单向循环链表的组合，它的一种实现形式如图 2-15 所示。图 2-15 中的链表不带头结点和尾结点。

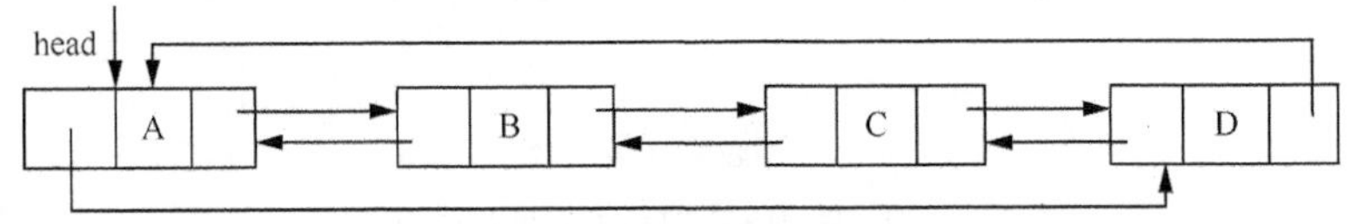

图 2-15 双向循环链表的一种实现方案

在双链表和双向循环链表中执行查找当前结点的直接前驱结点很方便，设 p 是指向当前结点的指针，p->prior 即前驱结点的地址。而且，下式成立：

```
p->prior->next= =p
p->next->prior= =p
```

在执行插入和删除操作时，由于每一个结点的直接前驱结点和直接后继结点的地址都可以方便地获得。因此，知道了结点的插入或被删结点的地址，便可以完成相应的操作。例如：将新结点插入在 p 结点之后的操作 insertAfter，可以使用下列的语句段完成：

```
node *tmp=new node()    //（1）创建新结点
tmp->data=x;                //（2）新结点先武装自己的 3 个字段
tmp->prior=p;
tmp->next=p->next;
//新结点加入链表队伍中
tmp->prior->next=tmp;       //（3）新结点的前驱结点的后继结点为新结点
tmp->next->prior=tmp;       //（4）新结点的后继结点的前驱结点为新结点
```

其实现过程，如图 2-16（a）所示，注意图中的（1）、（2）、（3）、（4）表示执行的次序，也可以是（1）、（2）、（4）、（3）。

由于删除操作是插入操作的逆运算，如图 2-16（b）所示。设值为 c 的结点是将要被删除的结点（由指针 p 指向它）。由于修改的指针涉及 p 所指结点的直接前驱结点和直接后继结点，而它们的地址可以很方便地从 p 所指结点的 prior、next 指针得到。因此，下列语句可以完成这个任务：

```
p->prior->next=p->next; // 重置结点 B 的后继结点指针
p->next->prior=p->prior; // 重置结点 D 的前驱结点指针
delete p;
```

除插入操作和删除操作，其他的操作和单链表及单向循环链表都是类似的。除了一些技术上的细节必须注意修改之外，还有一些区别要注意。如：指针多了一倍，其他大部分的操作可以对照单链表写出。另外，如果经常要求得到线性表中的第 1 到第 *n* 个结点（*n* 为结点总数），采用双向循环链表将使运行效率提高一倍。如图 2-15 所示的双向循环链表，若查找第 1 到第 *n*/2 个结点，可以从首结点开始沿着结点的 next 指针向后进行查找，查找次数为 1 到 *n*/2 次。如果，要查找第 (*n*+1)/2 到第 *n* 个结点，可以从末结点开始沿着结点的 prior 指针向前进行查找，查找次数也为 1 到 n/2 次，和原先的单链表相比节约了许多时间，但一个条件是要知道 *n*，可增加一个 length 属性。

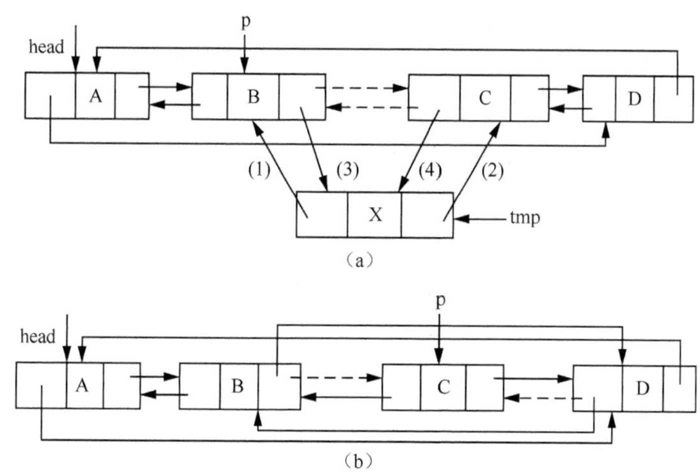

图 2-16　双向循环链表的插入、删除操作

常见错误：

（1）指针 p 未被初始化或者为空，读取其指向的字段如 p->data，这在循环中非常容易被忽略并出错。建议在用 p->前想一想，p 此时可能出现为空的情况吗？如果可能，可以在循环条件前加 if(p!=NULL)。如循环检查 p 所指的结点中值是否为 *x*，可以用 while (p && p->data!=x) p=p->next。按照逻辑运算短路的特点，判断 p 非空要放在条件表达式 p->data!=x 的前面，即这里 p 和 p->data!=x 不能调换前后位置。

（2）另外一种情况是 p 原本指向了一个结点，但其指向的结点空间已经释放，仍要读取其所指结点的字段。如“p=head; delete p; p=p->next;”，虽然经过 delete 后 p 的值不为空，后面的 p->next 也会出错，因为 p 指向的结点空间已经释放了，p->next 非法访问了不能访问的内存空间。

2.4 线性表的应用

2.4.1 一元多项式的加法

一元多项式中的各项，通常按照升幂排序。在数学上，一般表示为以下形式：

$$p_n(x) = p_0 + p_1x + p_2x^2 + \cdots + p_nx^n$$

在计算机内实现时，可以用线性表来表示，即 $p = (p_0, p_1, p_2, \cdots, p_n)$，其中结点 $p_i(0 \leqslant i \leqslant n)$表示幂为 i 的项的系数。从前面几节内容知道，线性表可以采用顺序结构或链式结构存储。下面分析这两种存储结构在实现一元多项式时的利弊。

一元多项式的加法

如果采用顺序结构存储，多项式中各系数依次存放到一个一维的数组中。一种处理方法是：为了表示系数和项的对应关系，i 次幂项的系数 p_i 存放在下标为 i 的数组分量中，即便 p_i 为 0，相应的数组分量也不能挪作他用。这样，一元多项式在计算机中的表示非常直观，而且当两个多项式相加时，只需将其相应的两个数组中下标相同的数组元素值相加，算法非常简单。但是，由于系数为 0 的项全部得以保留，当多项式中存在大量系数为 0 的项时，空间浪费很大。如 $1+3x^{100}$ 采用顺序存储，占用的数组元素个数多达 101 项，而实际有用的只有两项。

另一种处理方法是：只存储系数不为 0 的项，每一项除了存储它的系数，还要存储它的幂，两个多项式的加法处理起来比第一种方法复杂。

无论哪种方法，在多项式的项数动态增长时，都有可能因为预留空间不够而出现溢出问题，预留空间太大又会造成存储空间的浪费。

如果采用链式结构存储，每个结点存放一元多项式中一项的信息。信息包括该项的系数和幂，0 系数项不予存储。链式存储的好处是多项式的项数可以动态地增长，不存在溢出问题。

以下用一个单链表表示一元多项式。在存储实现时，按照幂由小到大的原则进行，这样该单链表便成为幂有序的单链表。链表中的结点，包含两个部分：数据部分和指针部分。数据部分又包含系数 coef 和幂 exp 两个字段，而指针部分 next 字段给出下一个结点的地址，如图 2-17 所示。

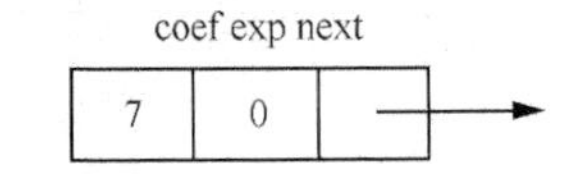

图 2-17 多项式中的结点结构 term

下面举例说明如何实现多项式的求和。假如有以下两个多项式：

$$A=7+3x+9x^8+5x^{17}$$

$$B=8x+22x^7-9x^8$$

其链式表示如图 2-18 所示。

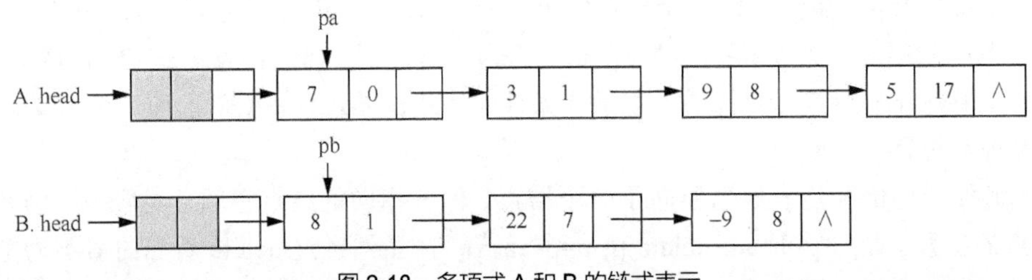

图 2-18 多项式 A 和 B 的链式表示

在表示多项式时，仍然采用带有头结点的单链表，如图 2-18 所示。初始时，用两个结点指针

pa 和 pb 分别指向多项式 A 和 B 的幂指数最小的结点。在二个多项式相加时，反复执行以下操作，直至其中一个单链表中的结点全部读取完毕。

比较指针 pa 和 pb 指向的结点的幂指数，共有 3 种情况：

（1）幂指数相等：如果这两个结点的系数之和为 0，则多项式的和式中并不存在等于该幂指数的一项，指针 pa、pb 分别后移，指向相应单链表的下一个结点。否则按照相加后的系数、相应幂指数创建一个新结点，作为保存多项式和式的单链表 C 的末结点，pa、pb 同样后移。

（2）指针 pa 指向的结点的幂指数小：按照 pa 指向的结点的系数、幂指数创建一个新结点作为单链表 C 的末结点，pa 指向多项式 A 的单链表的下一个结点，pb 不变。

（3）指针 pb 指向的结点的幂指数小：按照 pb 指向的结点的系数、幂指数创建一个新结点作为单链表 C 的末结点，pb 指向多项式 B 的单链表的下一个结点，pa 不变。

此时，一个单链表中的结点全部搜索完毕，将非空多项式单链表（可能是 A 的单链表，也可能是 B 的单链表）中的剩余结点，按序逐个创建新结点并将其插入在单链表 C 的尾部，算法结束。注意，在以上算法中，并没有破坏多项式 A、B 的链表。

图 2-18 中两个多项式相加后的结果如图 2-19 所示。

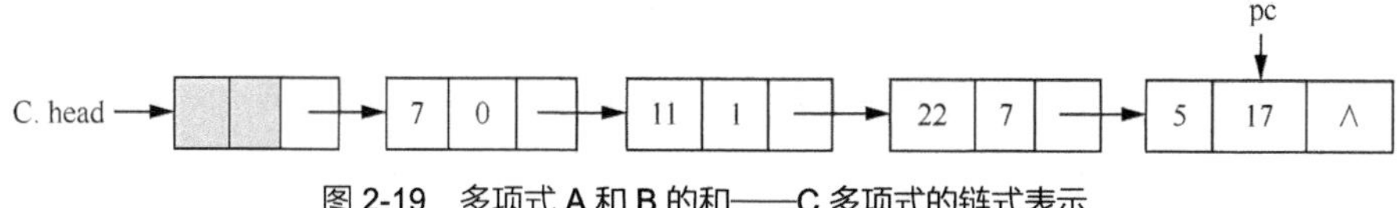

图 2-19　多项式 A 和 B 的和——C 多项式的链式表示

在具体实现时（见程序 2-7），我们将系数及幂打包定义了一个 Type 类型、一个结点类 Node 和一个多项式类 Polynomial。Polynomial 类中包含了一个头指针和一个输入停止标志，当用户输入该停止标志时意味着输入结束。在基本操作中，我们定义了获取停止标记、初始化、读入一个多项式、显示一个多项式、两个多项式相加和释放该多项式在内存中占用的空间的操作。一种成熟且能使用的数据结构在定义其基本操作时，只有涵盖生活中这类数据所有的基本操作，才能方便用户使用。这里只介绍了部分基本操作，用于训练和培养读者基于这种存储方式下基本操作实现算法的设计思路和方法。可以再思考一下，除了本节介绍的几种基本操作，还有哪些基本操作？后面章节也是本着这样的宗旨，对每种数据结构选择部分典型的基本操作加以声明、实现和讨论。

程序 2-7　多项式 Polynomial 及其部分基本操作的声明、定义（polynomial.h）。

```
#ifndef POLYNOMIAL_H_INCLUDED
#define POLYNOMIAL_H_INCLUDED

using namespace std;

struct Type
{
    int coef;   // 系数
    int exp;    // 幂指数
};

template <class elemType>
struct Node
{
    elemType data;
    Node* next;
```

```
};

template <class elemType>
struct Polynomial
{
    private:
        Node<elemType>* head;
    public:
        //从用户处获取结束标志并初始化多项式
        Polynomial();
        void getPoly(const elemType &stop); //读入一个多项式
        void addPoly(const Polynomial &L1, const Polynomial &L2); // L3=L1+l2
        void dispPoly();//显示一个多项式
        void clear();//释放多项式空间
        ~Polynomial(){clear(); delete head;};
};

// getStop 为外部函数，即非类成员函数
template <class elemType>
void getStop(elemType &stopFlag)//从用户处获取结束标志
{
    int c,e;
    cout<<"请输入系数、指数对作为结束标志,如(0,0): ";
    cin>>c>>e;
    stopFlag.coef=c;
    stopFlag.exp=e;
}

template <class elemType>
Polynomial<elemType>::Polynomial()//初始化多项式
{
    head=new Node<elemType>();
}

template <class elemType>
void Polynomial<elemType>::getPoly(const elemType &stop) //读入一个多项式
{
    Node<elemType> *p, *tmp;
    elemType e;

    p=head;
    cout<<"请按照指数从小到大输入系数、指数对，最后输入结束标志对来结束多项式：\n";
    cin>>e.coef>>e.exp;

    while (true)
    {
        if ((e.coef==stop_flag.coef)&&(e.exp==stop_flag.exp)) break;

        tmp=new Node<elemType>();
        tmp->data.coef=e.coef;
        tmp->data.exp=e.exp;
        tmp->next=NULL;
        p->next=tmp;
        p=tmp;

        cin>>e.coef>>e.exp;
    }
}

template <class elemType>
void Polynomial<elemType>::addPoly(const Polynomial &La,
                                   const Polynomial &Lb)// La+Lb。
{
    Node<elemType> *pa, *pb, *pc;
```

```
    Node<elemType> *tmp;

    pa=La.head->next; //pa 指向第一个多项式中的第一项（首结点）
    pb=Lb.head->next; //pb 指向第二个多项式中的第一项（首结点）
    pc=head; //pc 指向第三个多项式中的头结点，待插入相加后的结点

    while (pa&&pb) //两个多项式都未加完
    {
        if (pa->data.exp==pb->data.exp)
        {
            if (pa->data.coef+pb->data.coef==0) {pa=pa->next; pb=pb->next; continue;}
            else
            {
                tmp=new Node<elemType>();
                tmp->data.coef=pa->data.coef+pb->data.coef;
                tmp->data.exp=pa->data.exp;
                tmp->next=NULL;
                pa=pa->next; pb=pb->next;
            }
        }
        else if (pa->data.exp>pb->data.exp)
            {
                tmp=new Node<elemType>();
                tmp->data.coef=pb->data.coef;
                tmp->data.exp=pb->data.exp;
                tmp->next=NULL;
                pb=pb->next;
            }
            else
            {
                tmp=new Node<elemType>();
                tmp->data.coef=pa->data.coef;
                tmp->data.exp=pa->data.exp;
                tmp->next=NULL;
                pa=pa->next;
            }

        pc->next=tmp;
        pc=tmp;
    }

    //将两个多项式中未加完的项抄到结果链上
    while (pa) //第一个多项式未加完
    {
        tmp=new Node<elemType>();
        tmp->data.coef=pa->data.coef;
        tmp->data.exp=pa->data.exp;
        tmp->next=NULL;

        pa=pa->next;
        pc->next=tmp;
        pc=tmp;

    }
    while (pb) //第二个多项式未加完
    {
        tmp=new Node<elemType>();
        tmp->data.coef=pb->data.coef;
        tmp->data.exp=pb->data.exp;
        tmp->next=NULL;

        pb=pb->next;
        pc->next=tmp;
        pc=tmp;
    }
}

template <class elemType>
```

```
void Polynomial<elemType>::dispPoly()//显示一个多项式
{
    Node<elemType> *p;
    p=head->next;

    if (!p) { cout<<"多项式为空\n"; return;}

    cout<<"多项式为(系数指数对)："<<endl;
    while (p)
    {
        cout<<p->data.coef<<"    "<<p->data.exp<<"\n";
        p=p->next;
    }
    cout<<endl;
}

template <class elemType>
void Polynomial<elemType>::clear()//清空一个多项式
{
    Node<elemType> *p, *q;
    p=head->next; //p 指向首结点

    while (p) //释放从首结点开始的链中所有的结点
    {
        q=p->next;
        delete p;
        p=q;
    }
}

#endif // POLYNOMIAL_H_INCLUDED
```

在定义及实现了多项式 Polynomial 之后，主程序的实现反倒是非常简单的。程序 2-8 就实现了幂指数为正整数时多项式的求和运算。实现多项式的乘法运算同样是简单的。这个例子说明了一些有规律的符号运算，借助链表实现是一种解决问题的途径。例如，对初等函数求导数之类的操作都可以考虑采用这种方法。

程序 2-8　多项式 Polynomial 求和的主程序（main.cpp）。

```
#include <iostream>
#include "polynomial.h"

using namespace std;

int main()
{
    Type stop_flag;
    getStop(stop_flag);    //读入停止标志对

    Polynomial<Type> L1, L2, L3;

    L1.getPoly(stop_flag); //读入第一个多项式
    L2.getPoly(stop_flag); //读入第二个多项式

    L3.addPoly(L1,L2); //L1 = L2 +L3
    L3.dispPoly(); //显示多项式 L3 的内容

    return 0;
}
```

2.4.2 字符串的存储和实现

字符串

字符串作为一种典型的非数值型数据，在实际应用中很常见。如姓名、地址、身份证号码等都可以作为字符串处理。字符串是由若干个字符按照一定的顺序组合而成的。如果把单个字符看作一个元素，整个串看作由多个元素组成的有序序列，那么和前面的线性表很相似，但是线性表和字符串又存在很大的差异。线性表强调的是单个元素，字符串除了单个元素外，更强调的是一组连续的元素，因此字符串的基本操作有一定的特殊性。除此之外，字符串中元素限定为简单的字符，而线性表中元素为任意类型，甚至可以是复杂的结构。以下将字符串简称为串。

串（String）是指由零个或多个字符组成的有限序列，一般记为 s=“$a_0a_1a_2\cdots a_{n-1}$”，（$n\geqslant 0$）。其中 s 称作串名，用双引号括起来的字符序列是串值。字符 a_i（$0\leqslant i\leqslant n-1$）可以是字母、数字或其他字符，$n$ 为串的长度。注意，一般字符的序号是从 0 开始的，而不是从 1 开始。

例如：a=“SHANGHAI”，a 为串名，串值为“SHANGHAI”，串的长度为 8。

1．串的相关概念

空串：串的长度为零，但仍然为一个串。

空格串：由一个或一个以上的空格组成的串，串的长度为空格的个数。

单字符串：串中只有一个字符，串的长度为 1。

串相等：当且仅当两个串长度相同，且对应位置上的字符完全相同。

子串：一个串中任意个连续的字符组成的子序列称为该串的子串，子串在主串中的位置以子串的第一个字符在主串中的字符位置来表示。

主串：包含子串的串称为主串。

例如：“”为空串；“ ”为长度为 1 的空格串；如果 a=“SHANGHAI JIAOTONG UNIVERSITY”、b=“JIAOTONG”，则 b 是子串，a 为主串，b 在 a 中的位置为 9。

2．串的存储

串的存储也可以从顺序结构及链式结构两种存储方式来考虑。顺序结构方式：字符序列在连续的存储空间中依次连续地存放；链式结构方式：串中每个字符作为一个结点独立地存放在不连续的存储空间中。分析后者，在链式存储中，如果一个结点存放单一的字符，为了得到下一个字符结点，还必须有一个指向下一个字符结点的指针。通常一个字符占用 1 个字节，一个指针却要占用 4 个字节，显然从空间利用的角度，这种存储非常不合算。另外一种常见方法，是将字符序列分成若干等长的组，每个组占据一个结点，但由于串操作常常是对连续的字符子序列进行的，所以并不便于使用。考虑以上因素，在多数情况下，串的存储采用顺序存储。

串的顺序存储，一般又分静态存储和动态存储两种方式。在静态存储中，用一组地址连续的存储单元存储串中的字符序列，该存储空间的大小须预先定义，即使用静态数组，一些串操作结果会因预设空间不够而自动截断。例如，当结果串存储空间大小为 10 时，若将“SHANGHAI JIAOTONG”赋值给结果串，则结果串串值为“SHANGHAI”，串的长度为 9，最后 1 个空间留给串结束符'\0'。在动态存储中，同样可以用一组地址连续的存储空间存放字符串，但空间大小可以在程序执行过程中由用户输入，空间是在程序运行时动态分配得来的，即使用动态数组。经过串操作之后得到的结果字符串全部可以保留。

常见错误：对于字符串“ok”的存储，2 个字符加上一个结束标志字符'\0'，共占用了 3 个字节。常见错误是把该字符串长度计为 3，应该是 2，结束符不计入字符串长度。

3．串的基本操作

（1）串的长度：求串中字符的个数，如“SHANG HAI”长度为 9。

（2）串相等操作：判断两个字符串是否长度相等，且对应位置上的字符也相等。若二者均满足，返回 true；否则，返回 false。

例如：“SHANGHAI”和“SHANGHAI”相等，“SHANGHAI”和“SHANGHAAI”不等。

（3）赋值操作：将一个字符串赋值给另一个串。如 t=“SHANGHAI”，s=“UNIVERSITY”，将 s 的值赋给 t，则 t 的值变为“UNIVERSITY”。

（4）连接操作：将一个字符串中的字符序列，连接在另一个串字符序列之后，形成一个新的串。例如：t=“SHANGHAI”，s =“JIAOTONG”。连接 t 和 s，即操作 t+=s 之后，得到字符串 t =“SHANGHAIJIAOTONG”；而连接 s 和 t，即 s+=t 之后得到字符串 t =“JIAOTONGSHANGHAI”。

（5）定位操作：对于一个字符或字符串，求其在另一个字符串中指定字符位置之后首次出现的位置。如 t =“SHANGHAI”，s =“HA”，则 s 在 t 的第 3 个字符及其之后首次出现的位置序号为 5。

（6）求子串操作：在一个主串中，从指定的位置序号开始，取得一定长度的字符序列。如 t =“SHANGHAI”，对 t 取第 2 个字符开始的 4 个字符长度的子串为“ANGH”。当要求的子串长度过长，超出了主串在指定字符位置后的长度限制时，则以主串所能提供的最大长度为准。如 t =“SHANGHAI”，对 t 取第 2 个字符开始的 10 个字符长度的子串，实际变为取第 2 个字符开始的 6 个字符长度的子串，结果为“ANGHAI”。

（7）插入操作：在字符串指定的位置上插入另外一个字符串。例如：t =“SHANGHAI”，在第 5 个位置上插入字符串“123”后得字符串为“SHANG123HAI”。

（8）删除操作：对于一个字符串，从指定的字符位置开始，删除一定长度的字符子序列。例如：字符串“SHANG123HAI”，从第 5 个字符开始，删除 3 个字符后为“SHANGHAI”。

C++有两个字符串处理的库——cstring.h（面向过程）、string（面向对象），它们已经提供了许多实现串操作的函数，其功能和上面提供的基本操作相同。这里用面向对象的方法给出字符串结构的定义、基本操作和实现，是为了让大家进一步体会串数据结构的处理本质，相当于自定义了一个 string 库。

字符串结构的定义见程序 2-9。在程序 2-9 中，类型 sstring 中字段 str 是用于保存字符串的数组，声明为指针，就说明要用动态数组；另一个字段 maxSize 给出了预先为字符串申请的空间大小。初始化函数给出了三种，便于在各种条件下为字符串赋初值。其他函数基本涵盖了以上分析的串的基本操作。

程序 2-9　字符串类定义 sstring.h。

```
# ifndef SSTRING_H_INCLUDED
#define SSTRING_H_INCLUDED
#include <iostream>
using namespace std;

class illegalSize{};
class outOfBound{};
class noSpace{};

class sstring
{
    friend int* nextValue(const sstring &t); //外部函数，计算失配函数
    private:
        char *str; //动态数组，存储字符串
        int   maxSize; //数组的尺寸
```

```
public:
      sstring(int size); //创建动态空间，数组长度为 size，字符串长度为 0
      sstring(const char *t); //用字符串 t 初始化
      sstring(const sstring &t); //用同类对象 t 初始化
      int length() const; //实际存储的字符串长度
      void disp() const {cout<<str<<endl;}; //显示字符串

      //判断两个字符串的内容是否一样。是返回 true，否返回 false
      bool equal(const sstring &t) const;
      void assign(const sstring &t); //赋值操作，将 t 中的字符串赋值给调用函数的对象
      sstring &subString(int pos, int len) const; //求从 pos 开始，长度为 len 的子串

      //从串的第 start 个字符起，向后查找字符串 t 第一次在串中出现的位置，找到返回位置序号，未找到返回-1
      int BF_find(const sstring &t, int start )const;//BF 算法
      int KMP_find(const sstring &t, int start )const;//KMP 算法

      // 在串的第 pos 个字符位置上，插入串 t 的字符串
      // 插入成功返回 true，否则返回 false
      bool insert(int pos, const sstring &t);

      // 从串的第 pos 个字符位置起，删除长度为 n 的子串
      // 如果长度不够 length,以实际长度为准。删除成功返回 true，否则返回 false
      bool Remove(int pos, int n);

      ~sstring(){delete []str;};//释放动态空间
};
#endif // SSTRING_H_INCLUDED
```

在串的基本操作函数实现中，稍微复杂一点的是连接、插入、删除和查找子串的操作。下面分别讨论提取子串、插入和删除操作。这里保持和 C++语言相同的惯例，最前面的字符的序号（或下标）为 0，而不是 1。

求子串 sstring &subString(int pos, int len)：从调用该函数的串的第 pos 个字符起，连续提取 len 个字符，函数返回提出来的子串。如果串的长度不足 len 个，以实际长度为准。如图 2-20 所示，这是当 pos=2, len=6 时，即有足够的字符可供提取。这时，被提取的最后一个字符的序号或下标为 pos+len−1≤size−1，在将 len 个字符逐个复制到子串之后，提取操作结束。

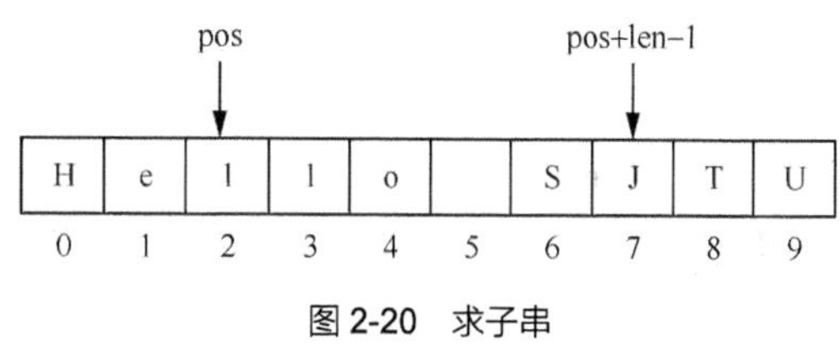

图 2-20　求子串

插入串 bool insert(int pos, const sstring &t)：将串 t 插入到当前串的第 pos 个位置中。如图 2-21 所示，将“ Shanghai”插入到“Hello SJTU”中，其中 pos=5。操作时，先为插入串留出空间，再将插入串中的字符逐个复制到相应的空间中，插入操作结束。

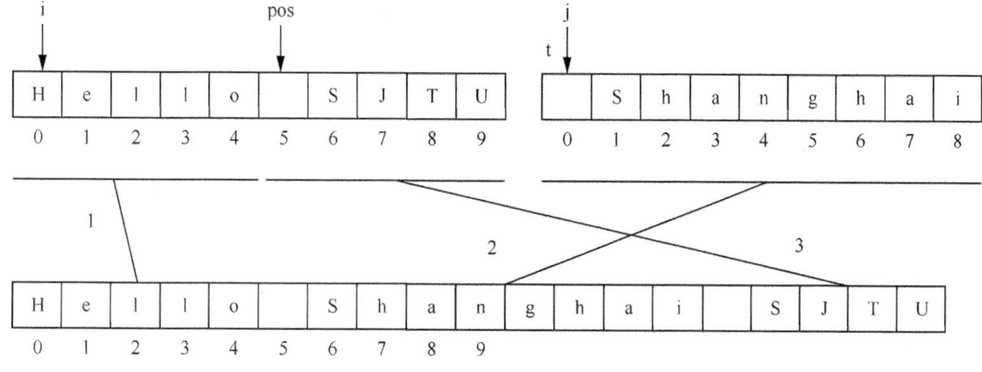

图 2-21　插入操作

字符串类部分基本操作的实现见程序 2-10。

程序 2-10 字符串类部分基本操作的实现（sstring.cpp）。

```
#include <iostream>
#include "sstring.h"
using namespace std;

sstring::sstring(int size)//创建动态空间，数组长度为 size，字符串长度为 0
{
    if (size<=0) throw illegalSize();
    str=new char[size];//动态申请数组空间
    if (!str)throw noSpace();
    maxSize=size;
    str[0]='\0';
}

sstring::sstring(const char *t) //用字符串 t 初始化
{
    int i, len;

    len=0;
    while (t[len]!='\0')len++; //t 串的长度

    maxSize=len+1;
    str=new char[len+1];

    i=0;
    while (t[i]!='\0')
    { str[i]=t[i];
      i++;
    }
    str[i]='\0';
}

sstring::sstring(const sstring &t) //用同类对象 t 初始化
{   int i;
    maxSize=t.maxSize;
    str=new char[maxSize];

    //当 i 取 s->maxSize-1 时，t->str[i]的值为'\0'
    for (i=0; i<maxSize; i++)
        str[i]=t.str[i];
}

int sstring::length()const //s 中实际存储的字符串长度
{   int i=0;
    while (str[i]!='\0') i++;
    return i;
}

//判断两个对象中存储的字符串的内容是否一样。是返回 true，否返回 false
bool sstring::equal(const sstring &t)const
{
    int i=0;
    if (length()!=t.length()) return false;
    while (str[i]!='\0')
        if (str[i]!=t.str[i]) return false;
        else i++;
    if(t.str[i]=='\0')return true;
    return false;
}
```

```
//赋值操作，将 t 中字符串赋值给调用函数的对象
void sstring::assign(const sstring &t)
{
    int i, len=t.length();

    if (maxSize<=len)
    {
        delete []str;
        maxSize=len+1;
        str=new char[maxSize];
        if (!str) throw noSpace();
    }
    //当 i 取 len 时，t->str[i]的值为'\0'
    for (i=0; i<=len; i++)
        str[i] = t.str[i];
}

//求串中从 pos 开始，长度为 len 的子串
sstring & sstring::subString(int pos, int len)const
{   int i;
    if (pos<0) throw outOfBound();

    sstring *tmp = new sstring(len+1);
    for (i=0; i<len; i++)
        if (str[pos+i]=='\0') break;
        else tmp->str[i]=str[pos+i];
    tmp->str[i]='\0';

    return *tmp;
}

// 在串的第 pos 个字符位置上，插入串 t 的字符串
// 插入成功返回 true，否则返回 false
bool sstring::insert(int pos, const sstring &t)
{
    int i, len1=length(), len2=t.length();

    if ((pos<0)||(pos>len1))   return false;
    if (len1+len2>maxSize-1) return false;//空间不够插入

    for (i=len1; i>=pos; i--)
        str[i+len2]=str[i];//当 i 取 len1 时，str[i]为结束符'\0'

    for (i=0; i<len2; i++)
        str[pos+i]=t.str[i];
    return true;
}

//从字符串的第 pos 个字符位置起，删除长度为 n 的子串
//如果长度不够 length,以实际长度为准。删除成功返回 true，否则返回 false
bool sstring::Remove(int pos, int n )
{
    int i, len=length();
    if (pos<0) return false;

    for (i=pos; i+n<len; i++)
    {   str[i]=str[i+n];
        if(str[i+n]=='\0')break;
    }
    str[i]='\0';
    return true;
}
```

特别注意：函数 sstring &subString(int pos, int len) const 的返回类型中加了一个符号“&”，即

函数返回了一个引用。只要函数返回的变量在函数结束后，其占用的空间没有被释放，依然存在，都可以加符号“&”，用它有时可以提高系统的性能。上面这个函数中，返回的串所占用的空间是新建出来的，只要函数中不删除，函数结束后这个空间还会存在，故可以加“&”。

字符串类的测试见程序 2-11。

程序 2-11 字符串类的测试（main.cpp）。

```
#include <iostream>
#include "sstring.h"

using namespace std;

int main()
{
	sstring s1(50), s2("abd"), s3(s2), s4("sjtu");

	s1.disp();   s2.disp();   s3.disp();
	cout<<"length of s2 is: "<<s2.length()<<endl;

	if (s2.equal(s3))
		cout<<"s2 is equal to s3"<<endl;
	if (s1.equal(s3))
		cout<<"s1 is equal to s3"<<endl;

	s1.assign(s2);
	cout<<"after assign s1: "; s1.disp();

	s1.insert(1,s4);
	cout<<"after insert s1: "; s1.disp();

	s3.Remove(1,2);
	cout<<"after remove s3: "; s3.disp();

	sstring &s6 = s1.subString(2,4);
	s6.disp();
	return 0;
}
```

常见错误：

（1）对于字符串 s、t 的相互赋值，可能会使用 s.str=t.str，但这并非赋值的真正意图。其意图应是：用循环将 t.str 指向的数组中的所有元素复制到 s.str 指向的数组中，即 s.str[i]=t.str[i]。

（2）各种操作都要特别关注结果串中是否保证了“结束符'\0'”的存在，这点常常会被忽略，但系统并不会报错，输出结果是一个无终止的错误串。

4．串的模式匹配

函数 int find(const sstring &t, int start)的作用是从字符串（以下称主串 s）的第 start 个位置的字符起，向后查找字符串 t 第一次在主串中出现的位置。如果在主串中找到该子串，返回其首次出现的位置，否则返回−1。该操作相当于在主串的所有子串集合中匹配待查找的子串，因此该操作也被称作**模式匹配**。

模式匹配（亦称**样品匹配**）是各种串处理中最具有代表性的操作。一般被匹配串 s 称为主串，匹配串 t 称为模式。不失一般性，可设主串 s 和模式 t 的串长度分别为 n 和 m；主串值为“$s_0s_1s_2s_3\cdots s_{n-1}$”，模式值为“$t_0t_1t_2t_3\cdots t_{m-1}$”，起始位置 start = 0。下面介绍和分析模式匹配的两种算法：简单匹配算法（Brute-Force，BF）和 KMP（Knuth-Morris-Pratt）算法。

（1）BF 算法。

BF 算法实现模式匹配的思路为：从主串 s = “$s_0s_1s_2s_3\cdots s_{n-1}$” 的第 1 个字符开始，与模式 t = “$t_0t_1t_2t_3\cdots t_{m-1}$” 的第 1 个字符比较。若相等，主串与模式的下标指针均向后移动 1 个字符位置，继续比较后续字符；若不等，从主串的下一个即第 2 个字符开始重新与模式 t 的第 1 个字符比较，如此不断继续。当模式和主串的某个子串比较相等，称匹配成功，结果返回主串中这个子串的起始位置；当模式和主串的任何子串比较均不相等，称匹配不成功，结果返回−1。注意：比较时，当主串中剩余字符序列长度不够模式进行一轮完整的比较时，即可断定模式匹配以失败结束。

下面以 s = “SHANGHAI”，t = “HAI” 为例，说明如何在主串 s 中查找子串 t。例子中，n=8，m=3。i 指示主串当前字符的下标，j 指示模式当前字符的下标。图 2-22 所示说明了算法的操作过程。

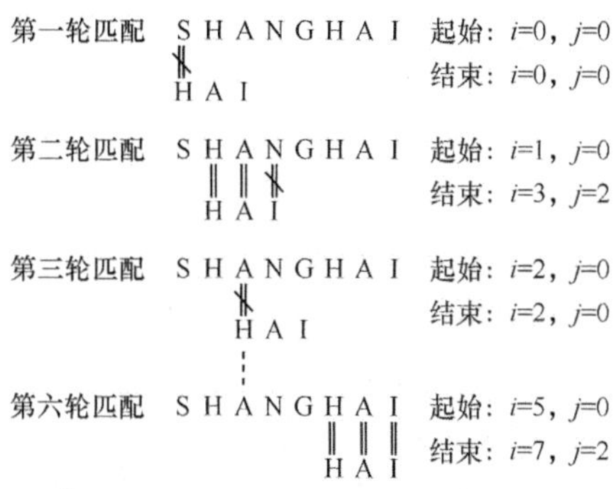

图 2-22　BF 算法匹配过程

BF 算法实现见程序 2-12。

程序 2-12　BF 算法实现（sstring.cpp）。

```
//从串的第 start 个字符起，向后查找字符串 t 第一次在
//串中出现的位置，找到返回位置序号，未找到返回-1
int sstring::BF_find(const sstring &t, int start )const
{
    int curStart; //每次比较时，主串的起始位置
    int i,j=0;
    int pos=-1;//匹配不成功返回-1
    int n, m;

    n=length(); //主串长度
    m=t.length(); //模式长度
    curStart=start;
    while (curStart<=(n-m))//剩余主串结点长度大于等于模式长度
    {
        i=curStart;
        while ((j<m)&&(str[i]==t.str[j])){i++; j++;}
        if (j==m) {pos = curStart; break; }//匹配成功返回位置
        curStart++;
        j=0;
    }
    return pos;
}
```

下面分析 BF 算法的时间复杂度。

分析匹配成功的时间复杂度，最好的情况为第一轮匹配就成功，比较次数为 m；最差的情况为每轮匹配都是模式的最后一个字符比较不等，直到最后一轮匹配即第 $n-m$ 轮匹配成功，比较次数为$(n-m)\times m$。

分析匹配不成功的时间复杂度，最好的情况是每轮匹配模式的第 1 个字符就不等，即每轮匹配比较 1 次，$n-m$ 轮匹配，共比较 $n-m$ 次；最差的情况是每轮都是模式最后一个字符不等，$n-m$ 轮匹配，共需比较$(n-m)\times m$ 次。

因 n 远大于 m，则匹配成功时：最好的情况为 $O(m)$，最差的情况为 $O(n\times m)$；匹配不成功时：最好的情况为 $O(n)$，最差的情况为 $O(n\times m)$。

BF 算法的一个明显的问题：当每次匹配不成功时，主串中的下标就要回退到本轮模式匹配开始字符的下一个字符位置。如图 2-22 所示的第二轮到第三轮。这样会使下一轮匹配中，上轮主串中匹配成功位置上的所有字符都和模式中的对应字符再来一次比较，使得算法效率低下。在每轮匹配过程中仅模式最后一个字符不同时，情况尤为明显，算法的时间复杂度将达 $O(n\times m)$，即和主串、模式的字符个数的乘积成正比。

BF 算法的另外一个明显的问题是主串起始位置指针回退（见程序 2-12 中的指针 curStart），在主串存放于外存中的情况下，指针 curStart 的回退，意味着寻找已经比较过的字符。这些字符可能在内存缓冲区中已经被覆盖掉了，这样就必须重新从外存上读取这些字符，这也是非常不利的。有能够解决这些问题的办法吗？答案是肯定的。

下面介绍一种新的算法：Knuth-Morris-Pratt 算法，简称 KMP 算法，它是由克努特（D.E.Knuth）、莫里斯（J.H.Morris）和普拉特（V.R.Pratt）同时发现的。KMP 算法是在 BF 算法的基础上进行改进的，使主串的指针不必要回退。20 世纪 70 年代，库克（S.A.cook）从理论上证明了 KMP 算法可在 $O(n+m)$内完成，算法的效率与 $O(n\times m)$比较，得到了很大的改善。

（2）KMP 算法。

为了理解 KMP 算法，观察图 2-23 所示的模式匹配例一。在主串"ABCDEFGHIJK"中匹配模式"ABCDT"。主串和模式的前 4 个字符比较均相同，但第 5 个字符比较失败，见图 2-23 中第一轮匹配。因模式中前 4 个字符均不一样，模式中的第 1 个字符是不可能和主串中的第 2、3、4 个字符中的任何一个相同，因此第 5 个字符比较失败时，下一次匹配主串不需要回退，仍然保留比较不等的位置，整个模式后移 4 位，模式指针回到首字符，即模式第 1 个字符直接和主串的第 5 个字符开始比较，见图 2-23 中的第二轮匹配。

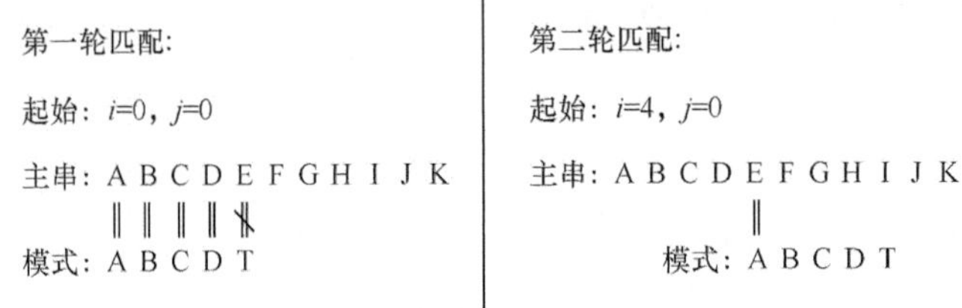

图 2-23　模式匹配例一

观察图 2-24 所示的模式匹配例二。在主串"AAAAABCDEFG"中匹配模式"AAAAB"。主串和模式的前 4 个字符比较均相同，但第 5 个字符比较失败，见图 2-24 中第一轮匹配。因模式中前 4 个字符均一样，模式中的第 1、2、3 个字符和主串中的第 2、3、4 个字符对应相等，因此第 4 个字符比较失败时，下一次匹配主串不需要回退，仍然保留比较时不等的位置，整个模式后移 1 位。模式指针也不需要回到首字符，指向第 4 个位置即可，即模式第 4 个字符直接和主串的第 5 个字符开始比较即可，见图 2-24 中的第二轮匹配。

根据以上两个例子，可以看出：当模式的前缀子串部分匹配时，在下一轮的匹配中主串指针确实可以不再回退。至于模式后移的位数以及模式指针调到什么位置，完全要考虑模式中部分匹配的前缀串的情况，这就是 KMP 算法思路的由来。

图 2-24　模式匹配例二

下面分析图 2-25 所示的模式匹配例三，它是一个更常见的例子。

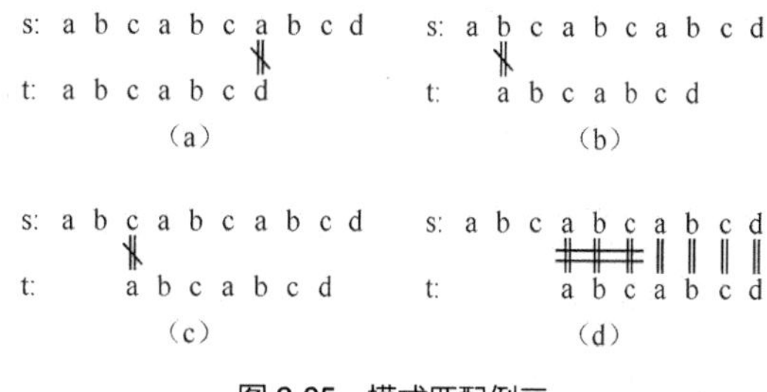

图 2-25　模式匹配例三

为了方便描述 KMP 算法，先定义一个概念：**前缀**。一个串的前缀，是指从串的第 1 个字符开始到它的任意一个字符为止的子串。对模式 t="$t_0t_1t_2t_3\cdots t_m$"而言，$t_0t_1t_2$ 就是它的长度为 3 的前缀，"$t_0t_1t_2t_3t_4$"就是它的长度为 5 的前缀。当主串中某字符和模式中某字符比较且不等时，称发生**失配**。在图 2-25（a）中，$s_6 \neq t_6$，发生失配。观察以模式失配点 t_6 的前一字符 t_5 为结束字符的子串，"$t_0t_1t_2$"是它的一个前缀，而失配点 t_6 前的一个子串为"$t_3t_4t_5$"，有 $t_3t_4t_5=t_0t_1t_2$ 关系存在，称 $t_0t_1t_2$ 为该子串的**最长前缀**。再看一个例子，假如模式为 r="abcdsjtuabf"，则对字符 f 前的子串来说，最长前缀为"r_0r_1"即"ab"。

在例三中，第二轮匹配直接将主串失配点 s_6 和模式最长前缀 $t_0t_1t_2$ 的后一字符 t_3 进行比较即可。由于 $t_3 = s_6$，$t_4 = s_7$，$t_5 = s_8$，$t_6 = s_9$，这样就在主串中找到了模式 t。匹配过程可以省略图 2-25（b）、图 2-25（c）中的步骤，直接由图 2-25（a）跳到图 2-25（d）。

如果用 BF 算法，在图 2-25（a）中发生失配后，下次比较仍然是主串从 s_1、模式从 t_0 开始，假如有 $t_0t_1t_2t_3t_4=s_1s_2s_3s_4s_5$，又因为 $s_1s_2s_3s_4s_5=t_1t_2t_3t_4t_5$，所以 $t_0t_1t_2t_3t_4=t_1t_2t_3t_4t_5$。这就意味着以模式失配点 t_6 的前一字符 t_5 为结束字符的子串的最长前缀的字符个数为 5，而不是 3，这点矛盾。因此，不必担心图 2-25（b）、图 2-25（c）所示的情况可能是正确的匹配位置，即不进行图 2-25（b）、图 2-25（c）所示的比较是没有关系的。在图 2-25（d）中，因 $t_0t_1t_2=s_3s_4s_5$，即最长前缀为 3，故这 3 次比较同样也可以省略。因此主串从失配点 s_6，模式从最长前缀 $t_0t_1t_2$ 的后一字符 t_3 开始比较，结果同样是正确的。

在实际应用中，主串通常比模式长得多，因此在模式匹配开始之前，值得花点时间将模式中字符的情况，完全分析清楚。

将上述结论推广到一般情况：假设主串 s 和模式 t 在匹配过程中，发生了失配，即 t_j 和 s_i 不等。假设以模式失配点的前一字符 t_{j-1} 为结束字符的子串的最长前缀具有 k 个字符，即：$t_0t_1\cdots t_{k-1}=t_{j-k}t_{j-k+1}\cdots t_{j-1}$，则主串 s 的失配点 s_i 下一步只需和 t_k 继续比较下去。若 $t_k=s_i$，则继续比较 t_{k+1} 和 s_{i+1}，如此继续进行，直至找到该模式，或者断定该模式不存在为止。这里特别注意 $t_0t_1\cdots t_{k-1}$，$t_{j-k}t_{j-k+1}\cdots t_{j-1}$ 之间并不需要 $k-1<j-k$，两者之间可能有重复部分，但不能完全重复，即不允许 $j-k=0$。如 t = "aaaaa"，对最后一个 a 而言，最长前缀不是"aaaa"，而是"aaa"，长度是 3。

从上述分析可知：主串 s 保持失配点位置，不需要回溯。关键是看模式的下一轮比较，其位置滑行到哪里，且从哪个字符开始和主串失配点比较。决定这些的是模式自身的字符分布情况。所以，模式匹配前首要的任务是：对模式中每一个位置上的字符，发现从开始到该位置前一个字符形成的子串的最长前缀。下面用一个整型数组 next[j]记录模式中第 j 个字符前子串的最长前缀的长度，以后将 next 称为**失配函数**。

对 next[j]，有：

当模式 $t_0t_1\cdots t_{j-1}$ 的最长前缀长度为 k，此时模式 t_k 需要和失配点 s_i 进行比较，即 next[j] = k(j>k>=0)。

当 j=0 时，此时模式 t_0 需要和 s_{i+1} 进行比较。记 next[j]为−1。

当 j=1 时，此时模式 t_0 需要和 s_i 进行比较。记 next[j]为 0。

例 2-2：求模式 t_1 ="abcabcd"、t_2 ="abaabcac"和 t_3="aaaaa"的 next 数组的值。

解：

j =	0 1 2 3 4 5 6	0 1 2 3 4 5 6 7	0 1 2 3 4
	a b c a b c d	a b a a b c a c	a a a a a
next[j]=	−1 0 0 0 1 2 3	−1 0 0 1 1 2 0 1	−1 0 1 2 3

计算失配函数 next 的值的代码实现见程序 2-13。KMP 算法的代码实现见程序 2-14。

程序 2-13 计算失配函数 next 的值（sstring.cpp）。

```
//返回模式 t 的失配函数
int* nextValue(const sstring &t)
{
    int *next, m, i, j, k;

    m = t.length();
    if (m==0) return NULL;

    next = new int[m];
    next[0]=-1; next[1]=0;

    for (j=2; j<m; j++)
    {
        for (k=j-1; k>0; k--)
        {
            for (i=0; i<k; i++)
                if (t.str[i]!=t.str[j-k+i]) break;
            if (i==k) break;
        }
            next[j] = k;
    }

    return next;
}
```

程序 2-14 KMP 算法实现（sstring.cpp）。

```
//从串的第 start 个字符起，向后查找字符串 t 第一次在
//串中出现的位置，找到返回位置序号，未找到返回-1
int sstring::KMP_find(const sstring &t, int start )const
{
    int n = length(), m = t.length();
    int *next, curStart;
    int i,j;
    int pos=-1;

    next = nextValue(t);//为模式 t 计算 next 数组的值

    //根据 next 数组中的值在主串中查找模式
    i=start; j=0;
```

```
    while (i<=(n-m))
    {   curStart = i-j;
        while ((j<m)&&(str[i]==t.str[j])){i++;j++;}
        if (j==m)
        {
            pos=curStart;
            break;
        }
        else
        {
            if (next[j]==-1) {++i;j=0;}
            else {j=next[j];}
        }
    }
    return pos;
}
```

下面进行算法的时间复杂度分析。

这里计算失配函数，时间复杂度达 $O(m^3)$。

KMP 算法，可观察主串的指针 i，该指针开始为 0，每次比较之后，i 不会减少，它或者不变或者增大 1，直至 i 为 $n-m$（n 为主串长度，m 为模式长度）。下面看看 i 不变的次数共有多少：如果本次开始匹配时 i 和上次匹配的 i 一样，则 i 保持不变，本次比较中如果主串的第 i 个字符和模式中第 1 个字符相等，则 i 增加 1；如果不等，本次模式匹配结束，下次模式匹配时 i 也增加 1，故主串中每个 i 最多用 2 次，总体看最多有 $2(n-m)$次比较。特殊地，如果模式的第 1 个字符和主串的第 1 个字符比较时总是不等，则比较次数达到最少，为 $n-m$ 次。一般情况下，m 远小于 n，故在已知失配函数的条件下，模式匹配的时间复杂度为 $O(n)$。又因为 m 远小于 n，求失配函数的时间常可忽略不计，KMP 算法的时间复杂度为 $O(n)$。

KMP 算法中，主串指针 i 不会变小（即不回溯），是一个很大的优点。尤其是在硬盘中寻找模式的时候。为了简化问题的讨论，我们设每次读入一个扇区的字符，并设内存缓冲区的一部分用于保存模式和存放 next 数组，另一部分只能保存硬盘的一个扇区包含的字符串。假设第 1 个扇区的字符串同模式的相应字符串完全匹配了，下一步将读入第 2 个扇区的字符串到内存缓冲区，将第 1 个扇区的字符串覆盖掉。如果，已在内存缓冲区中的第 2 个扇区的字符和模式进行匹配时，发生失配，处理方法就复杂了。如果采用 BF 算法，这时要将第 1 个扇区的字符串重新读入到内存缓冲区才可以继续匹配下去，这是因为主串的指针必须指向第 1 个扇区的字符，而这要等到硬盘中的第 1 个扇区重新转回到磁头下面，才可以重新将第 1 个扇区的字符串读入到内存缓冲区，这是非常费时的。KMP 算法则完全避免了这个缺点，所以是一个很好的算法。

2.4.3　稀疏矩阵

稀疏矩阵

在多数高级语言中，都支持多维数组，用户可以存储并处理矩阵。但在现实应用中常会遇到一个矩阵中的非零元素个数远远小于矩阵元素总数，并且非零元素的分布没有规律。如果对这样的矩阵（以下称**稀疏矩阵**）中的每个元素都加以存储，空间浪费太大。对于稀疏矩阵存储的一个直观的压缩方法是只存储其中的非零元素和非零元素所在的位置。

这里以一个二维矩阵为例，每个非零元素 a_{ij} 可以用一个三元组来表示：(i, j, a_{ij})，然后将此三元组按照一定的次序排列，如先按照行序再按照列序排列。以下为一个例子：一个二维矩阵可以用一组三元组(0,2,5)，(0,3,8)，(1,0,6)，(2,1,5)，(2,4,−5)表示。这组三元组既可以在内存中用顺序结构来表示，也可以用链式结构来表示。

可以首先定义一个结构体来表示三元组：

```
struct triple
{   int row,col;
    int data;
};
```

将三元组作为 elemType 放在顺序表或者链表中。利用两种不同结构存储稀疏矩阵并分别完成矩阵的加法、乘法、转置任务，希望读者把这些操作作为课后练习完成。

2.5 小结

本章介绍了一种最基本的数据结构——线性结构，并推出了线性表作为处理线性结构的一种数据结构。对于线性表，从逻辑结构和基本操作、物理结构、基本操作实现、线性结构典型应用四个方面展开了讨论。这四个方面也是后续讨论任何一种数据结构的方法、脉络。

在逻辑结构和基本操作分析中：讨论了用伪代码书写的抽象数据类型来描述结构中元素、元素间关系和日常生活中线性结构的常见基本操作。至于有哪些常见基本操作，则源自人类在生活中的观察和积累。一般分为构造类、属性类、数据操纵类、遍历类和典型应用类基本操作。

在物理结构分析中：分别讨论了将数据存储在内存中连续的空间并利用存储位置的先和后来体现元素先后关系的顺序存储法；讨论了将元素分别存储在内存中不连续的地方，通过对每个元素附加指针的方法存储元素间关系的链式存储法。详细讨论了两种结构的不同特征描述，并给出了两种结构的类型描述。在这一阶段，学习者需对本书采用的 C++语言的语法进行回顾和复习。

在基本操作实现及分析中：对数据分别在顺序结构和链式结构存储时的常见典型操作，进行了算法设计、实现和算法复杂度分析。读者掌握利用参数分析、空间检查、核心操作、对其他属性的影响、正确返回的“五步口诀法”，可设计一个相对完整的程序。通过对算法的复杂度分析，使读者了解两种不同存储结构的优缺点和适用场合。

在线性表的典型应用中，详细讨论了一元多项式、字符串和稀疏矩阵的存储和运算。在现实生活中，具有线性关系的数据远不止这些。但通过这三个方面的例子，读者可以体会到：通过调用本章分析和建立的线性表（顺序表、链表），将这些表作为工具或者利用其存储和处理思路，可以非常方便地处理部分实际生活中的问题。

栈和队列，可以看作是某些操作受限的线性表。栈和队列在生活和计算机系统中非常常用，有必要单独拎出来在随后的章节中进行深入、细致的讨论。

2.6 习题

1. 描述一个顺序结构需要哪些要素？为什么需要当前元素个数这一要素？

2. 描述一个链式结构需要哪些要素？为什么通常不需要元素个数这一要素？

3. 顺序结构已经能很好地存储和处理线性关系，为什么还要用更复杂及费空间的链式结构？

4. 试描述链式结构中的头指针、头结点、首结点、末结点、尾结点、尾指针，它们各自的类型是什么？在内存中的存储结构是怎样的？

5．已知表头元素为 c 的单链表在内存中的存储状态如下表所示。

地址		
1000H	a	1010H
1004H	b	100CH
1008H	c	1000H
100CH	d	NULL
1010H	e	1004H
1014H		

现将 f 存放于 1014H 处并插入到单链表中，若 f 在逻辑上位于 a 和 e 之间，则 a，e，f 的“链接地址”依次是什么？

6．顺序表中如果每个结点除了存储元素的值，还要存储下一个元素的地址。那么这个地址可以是怎样的？是否有必要存在？

7．建立一个工程文件。创建 seqList.h 文件，在其中定义 seqList 类，并实现各个基本操作成员函数；创建一个 main.cpp 文件，定义一个 main 函数，设计使用 seqList 对象并测试 seqList.h 中声明的所有基本操作，验证其正确性。

8．改造习题 7 中的 find 函数，使函数返回待查数据 x 在线性表中出现的次数。

9．如习题 7，设计、测试 linkList 类及基本操作函数。

10．分别分析顺序结构和链式结构下所有基本操作的时间复杂度。

11．设计一个不带头结点的单链表，分析其插入、删除操作和在带头结点的单链表中进行插入、删除操作有什么不同？

12．完整地写出双链表相关定义及实现。

13．*n* 个人围成一个圈，从 1、2、3 开始报数。当报到 *m* 时，第 *m* 个人出列，并从原来的第 *m*+1 人重新开始 1、2、3 报数。如此循环，直到圈中只剩下一个人。这个圈称作**约瑟夫环**。试用单向循环链表实现该游戏，并输出最后剩下的那人的姓名。

14．*n* 个元素存储在一个顺序表中，试用最小的空间代价实现就地逆置。如原来的顺序是 agrtuy，逆置后的顺序为 yutrga。

15．已知两个长度分别为 *m* 和 *n* 的升序链表，将它们合并为一个长度为 *m*+*n* 的降序链表。

16．利用链式结构分别实现集合运算 C=A∪B、C=A−B，并分析其时间复杂度。要求运算结束后在内存中的 A、B 两个集合中元素不变。

17*．受数据类型限制，计算机存储整数的范围是有限的。在实际应用中，如果需要用到很大或很小的整数，可以采用以下方法解决：建立一个单链表，每个结点存储一个 0～9 的数字字符，头结点中存储 0、1 分别表示正数和负数。由于单链表中结点是逐个动态申请的，因此原则上该单链表可以存储任意大小的整数。如+357 可在单链表中作如下表示：

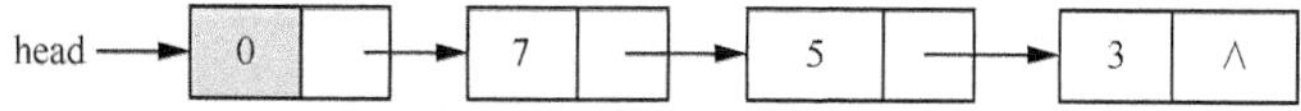

试编写完成两个大整数加法的程序。

18．完成两个一元多项式的乘法并在 main 函数中加以测试。

19．利用 2.4.3 节方法在内存中存储稀疏矩阵，试编写算法实现稀疏矩阵的逆置运算。

20*．利用与 19 题同样的方法存储稀疏矩阵，试编写算法实现两个稀疏矩阵的乘法运算。

21**．讨论如何改进 KMP 算法中求失配函数 next 的算法，对该方法进行编程实现并讨论其时间复杂度。

第3章 栈和队列

线性表是一种最常见的线性结构，线性表中元素之间的关系是由其相互位置决定的。但在实际问题中，有时元素之间的关系并不是由相互位置决定的，而是由元素到达和离开线性结构的时间决定的。如果元素到达线性结构的时间越晚，离开的时间就越早，这种线性结构称为栈（Stack）或**堆栈**；类似地，如果元素到达线性结构的时间越早，离开的时间就越早，这种线性结构称为队（Queue）或者**队列**。因为元素之间的关系是由元素到达、离开的时间决定的，因此栈和队列通常被称为时间有序表。而元素到达和离开的含义就是插入和删除操作，因此栈和队列可以看作是插入和删除操作位置受限的线性表。

3.1 栈

观察图 3-1 中乒乓球盒的进球和出球，它遵循了最后进盒的球反而最先出盒，即所谓的后进先出（Last In First Out，LIFO）或先进后出（First In Last Out，FILO）结构。最先插入结构的元素将最晚被删除，最晚插入结构的元素将最先被删除，且插入和删除总是在结构的同一端进行，因此可以说它是一种操作位置受限的线性表，这种线性结构即**栈**。除了在生活中看到的乒乓球盒、老师收来的一摞作业本之外，计算机软件系统中高级语言编译器对表达式的语法分析、系统对函数调用的实现等很多地方都要使用到栈。

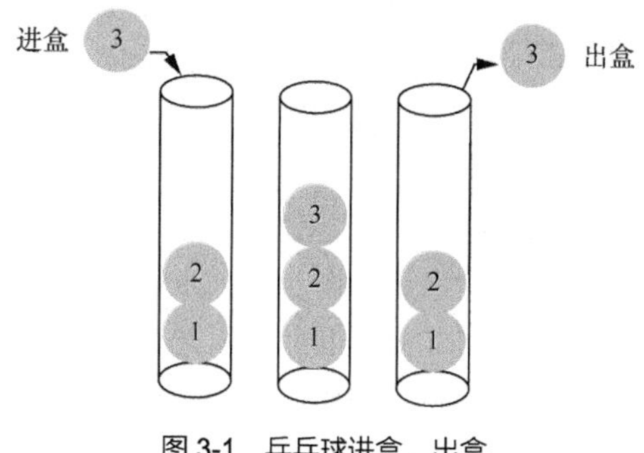

图 3-1　乒乓球进盒、出盒

3.1.1 栈的定义和抽象数据类型

栈

栈是一种先进后出或者说后进先出的线性结构。

栈的基本概念：通常把栈的首部（元素最早到达的部分）称为**栈底**（Bottom），把栈结构的尾部（元素最晚到达的部分）称为**栈顶**（Top）。为了保证栈的先进后出或后进先出的特点，元素的插入和删除操作都必须在栈顶进行。元素从栈顶删除的行为，称为**出栈**或者**弹栈**操作（Pop）；元素在栈顶位置插入的行为，称为**进栈**或者**压栈**操作（Push）。取栈顶元素数据值的操作，称为**取栈顶**内容操作（Top）。当栈中元素个数为零时，称为**空栈**。

栈的抽象数据类型的定义见 ADT 3-1。

ADT 3-1　栈的 ADT。

数据：{ x_i | $x_i \in$ ElemSet, i=1,2,3,…n, $n>0$} 或 Φ; ElemSet 为元素集合
关系：{<x_i,x_{i+1}>|x_i,$x_{i+1}\in$ElemSet, i=1,2,3,…n-1}, x_1 为栈底，x_n 为栈顶
操作：

initialize
　前提：　无
　结果：　栈初始化为一个空栈

isEmpty
　前提：　无
　结果：　栈 Stack 空返回 true，否则返回 false

isFull
　前提：　无
　结果：　栈 Stack 满返回 true，否则返回 false

top
　前提：　栈 Stack 非空
　结果：　返回栈顶元素的值，栈顶元素不变

push
　前提：　栈 Stack 非满，已知待插入的元素
　结果：　将该元素压栈，使其成为新的栈顶元素

pop
　前提：　栈 Stack 非空

结果：将栈顶元素弹栈，该元素不再成为栈顶元素

destroy

前提：无

结果：释放栈 Stack 占用的所有空间

ADT 3-1 给出了栈的一些基本操作。其中构造类函数有 initialize、destroy；属性操纵类操作有 isEmpty、isFull、top；数据操纵类的操作包含：push、pop。

3.1.2 栈的顺序存储及实现

栈的顺序存储即使用连续的空间存储栈中的元素。可以将栈底放在数组下标为 0 的位置，此时进栈和出栈总是在栈的同一端（栈顶）进行，不会发生类似在顺序表中插入和删除引起大量数据移动的情况。顺序方式存储的栈称为**顺序栈**。在实际应用中，栈的顺序结构是比较常见的。

栈的顺序存储及实现

用数组实现栈结构时，栈底 bottom 可取数组中下标为 0 的位置。假定用 top 给出栈顶元素的下标地址，即栈顶指针，那么初始化时栈顶指针 top = −1，即 top = −1 可作为栈空的标志。设栈使用的数组的容量为 maxSize（即栈容纳的结点数量最大可以达到 maxSize）。栈满时，top = maxSize − 1。图 3-2 显示了栈空、栈满和非空非满的情况。

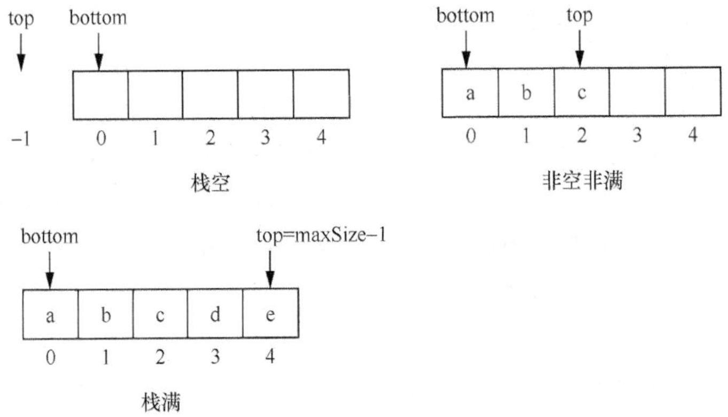

图 3-2　顺序栈的几种形态

另外一种常用的方案是不将 top 定义为实际栈顶，而是定义为下一个元素进栈的位置，这样栈空的条件改变为 top = bottom；栈满的条件为 top = maxSize。这种方案的好处是，栈空时只需要 top 和 bottom 一致，脱离了具体的值。这一优点使得在同一个数组中存放两个或多个堆栈即共享栈时，更为合适。

为了使大家熟悉各种用法，本书在一个数组中存放一个栈时使用第一种方案。

程序 3-1 给出了顺序栈的定义。在这个类的定义中，首先要创建一个数组，为了这个结构能处理各种数据规模，数组的大小应该由具体使用这个结构的用户根据实际问题的需要来确定，这个任务就交由 initialize 函数来完成。下一步的任务是如何描述该结构。由上述分析可知，需要 3 个描述因子：一是指向数组的指针即数组名，二是数组的规模，三是栈中实际存储的元素的个数。考虑到进栈和出栈都在 top 端进行，而栈元素个数通过读 top 位置就可算出（top = −1 时元素个数为 0，top≥0 时元素个数为 top + 1），因此最后一个因子（元素的个数）换成一个变量 top 来描述更合适。也就是说，顺序栈可以用 3 个属性描述：数组指针 array、数组尺寸 maxSize、栈顶下标 top，如图 3-3 所示。

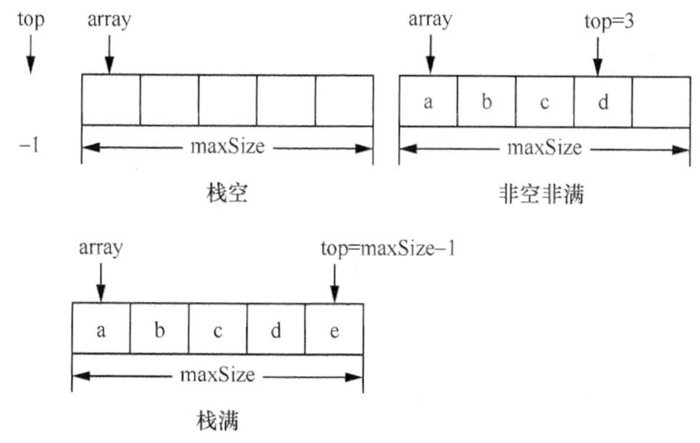

图 3-3　顺序栈的存储映像图

顺序栈的基本操作分析：比较复杂的是进栈操作——push 函数。一旦栈满即空间耗尽（top = maxSize−1），将直接报溢出或者调用函数 doubleSpace。另外在顺序栈结构的定义中，为了避免属性 top 和成员函数 top 命名冲突，属性用 Top 表示。

程序 3-1　顺序栈结构定义及基本操作的实现（seqStack.h）。

```
class illegalSize{};
class outOfBound{};

template <class elemType>
class seqStack
{
    private:
        elemType *array;          //栈存储数组，存放实际的数据元素
        int Top;                  //栈顶下标
        int maxSize;              //栈中最多能存放的元素个数
        void doubleSpace();
    public:
        seqStack(int initSize = 100); //初始化顺序栈
        int isEmpty () { return ( Top==-1 ); } ; //栈空返回 true，否则返回 false
        int isFull () { return (Top==maxSize-1); };//栈满返回 true，否则返回 false
        elemType top ();// 返回栈顶元素的值，不改变栈顶
        void push (const elemType &e );//将元素 e 压入栈顶，使其成为新的栈顶
        void pop (); //将栈顶元素弹栈
        ~seqStack(){ delete []array;}; //释放栈占用的动态数组
};

template <class elemType>
seqStack<elemType>::seqStack(int initSize)//初始化顺序栈
{
    array=new elemType[initSize];
    if (!array) throw illegalSize();
    Top=-1;
    maxSize=initSize;
}

template <class elemType>
void seqStack<elemType>::doubleSpace()
{
    elemType *tmp;
    int i;

    tmp=new elemType[maxSize*2];
    if (!tmp) throw illegalSize();
```

```
        for(i= 0; i<=Top; i++ ) tmp[i]=array[i];   // 逐个复制结点
        delete []array;
        array=tmp;
        maxSize=2*maxSize;
}

template <class elemType>
elemType seqStack<elemType>::top ()// 返回栈顶元素的值，不改变栈顶
{
        if (isEmpty()) throw outOfBound();
        return array[Top];
}

template <class elemType>
void seqStack<elemType>::push(const elemType &e )   //将元素 e 压入栈顶，使其成为新的栈顶元素
{
        if   (isFull()) doubleSpace();//栈满时重新分配 2 倍的空间，并拷入原空间内容将
        array[++Top]=e;               // 新结点放入新的栈顶位置
}

template <class elemType>
void seqStack<elemType>::pop()//将栈顶元素弹栈
{
        if (Top==-1) throw outOfBound();
        Top--;
}
```

分析顺序栈的基本操作：函数 initialize(seqStack)、isEmpty、isFull、top、pop、destroy（~seqStack）的时间复杂度均为 $O(1)$。虽然 push 因某时需求可能扩大空间，造成 $O(n)$时间消耗，但是按照 **"分期付款式"** 法，分摊到单次的插入操作，时间复杂度仍为 $O(1)$。

当有了顺序栈的定义及实现，就可以在解决实际问题时把它作为一个工具来使用。例如一个简单的实际问题：编写程序，从键盘上依次输入一串字符（以回车键结束）。要求将该串字符按照输入顺序的逆序在屏幕上输出。在程序中可以建立一个顺序栈，将输入的字符依次入栈，再依次出栈，便能得到逆序结果。具体实现见程序 3-2。

程序 3-2 顺序栈结构的应用（main.cpp）。

```
#include <iostream>
#include "seqStack.h"
using namespace std;

int main()
{
        seqStack<char> s;// 声明一个栈
        char ctemp;

        //从键盘输入若干字符（结束用回车），依照输入次序分别进栈
        cout<<"Input the elements，press enter to an end: ";
        ctemp=cin.get();
        while ( ctemp!='\n')
        {   s.push(ctemp);
            ctemp=cin.get();
        }

        //将栈中的结点逐个出栈，并输出到屏幕上
        cout<<"output the elements in the stack one by one:";
        while ( !s.isEmpty() ) {
```

```
        ctemp=s.top();
        s.pop();
        cout<<ctemp;
    }
    cout<<endl;
    return 0;
}
```

该程序的运行结果为：

Intput the elements, press enter to an end: 12345iahgnahS
Output the Elements in the stack one by one:　Shanghai54321

在实际应用中，有时需要同时使用多个数据类型相同的栈。栈中的元素个数因进栈、出栈操作动态地变化，所有栈不一定同时满，有时一些栈满而另一些栈尚余空间。为了提高空间使用率，可以在同一块连续的空间中设置多个栈。多个栈间共享空间，形成“**共享栈**”。共享栈在初始化时，可以根据每个栈在高频情况下可能使用的容量，按照比例给每个栈分配空间。如果难以估计每个栈的使用容量，可以将共享栈空间平均分配给每个栈。

共享栈的好处是：当其中的某个栈满且还有元素要进栈，而其他栈（如相邻栈）尚余空间时，可以让其他栈进行移动，给当前满的栈让出空间，从而满足其元素进栈需求。为了在一个数组中表示多个栈，可以另设两个小数组，其中一个数组 bottom 用来存放每个栈的栈底指针，另一个数组 top 用来存放每个栈的栈顶指针。图 3-4 所示是 4 个栈平均地共享一个栈空间，共享栈初始化后的状态。

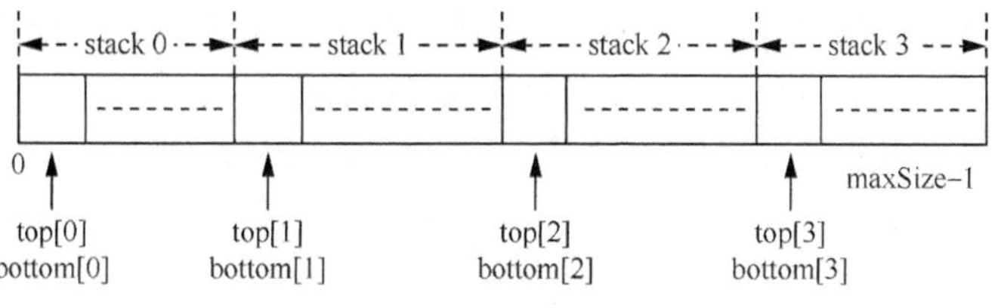

图 3-4　多栈共享一个栈空间

共享栈的特点是每个栈拥有一个连续的小空间，所有共享栈拥有一个大的连续空间。这时让栈顶 top[i]指向下一个元素将要进栈的位置。在每个栈的使用过程中，栈空栈满的条件分析如下：

假设有 m 个栈，第 i 个栈栈空的条件：top[i]=bottom[i]。第 i 个栈栈满的条件：当 $i<m-1$ 时，top[i]=bottom[i+1]；当 $i=m-1$ 时，top[i]=maxSize。图 3-5 所示为 4 个栈分别为正常、满、正常、空的情况。

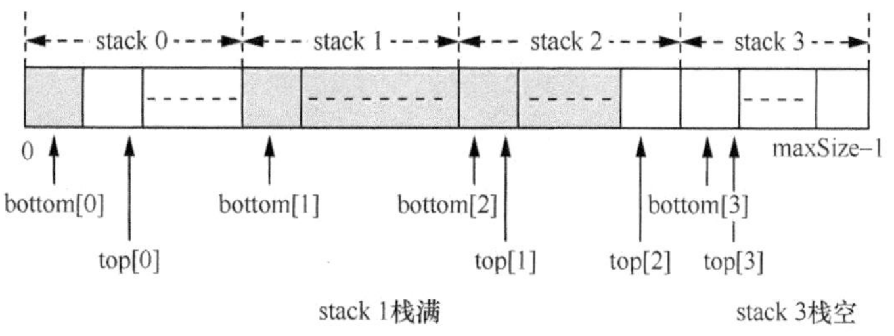

图 3-5　共享栈中栈的不同形态

两个栈共享一个栈空间是共享栈的一个特例。为了避免某个栈因栈满而造成另外一个栈的移动，可以将两个栈相向设置，即两个栈的栈底分别设置在连续空间的两个端点。每个栈不再分配大小，只要整个连续空间未满，其中任何一个栈都可以继续进行进栈操作。两个栈共享一个栈空间的情况如图 3-6 所示。栈空的条件为 top[i]=bottom[i]，i=0 或 1，两个栈不一定同时为空；栈满的条件为 top[0]=top[1]，即两个栈当中只剩下一个空位置的时候栈满，两个栈必定同时栈满。

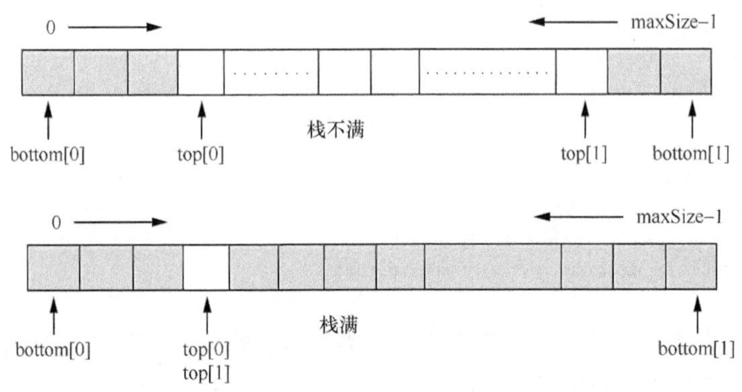

图 3-6　两个栈共享一个栈空间

3.1.3　栈的链式存储及实现

栈的链式存储同线性表的单链表方式是类似的，用不连续的空间和附加指针来存储元素及元素间的关系。如图 3-7 所示，每个结点存储了元素和指针，栈顶指针 top 指向处于栈顶的结点，即单链表中的首结点。由于链式栈的进栈（插入）、出栈（删除）总是在首结点位置上进行的，不会在栈中间的任何位置进行，因此没必要设置头结点。链式栈虽然不受预设空间的限制，但因附加指针增加了所用空间，所以相对顺序栈而言，链式栈的使用较少。

栈的链式存储及实现

链式栈的各种形式及出栈、进栈操作如图 3-7 所示。链式栈结构的定义及操作实现见程序 3-3。在链式栈中，结点结构采用了单链表中的 Node，其 data 字段保存元素值，next 字段保存其直接后继结点的地址。

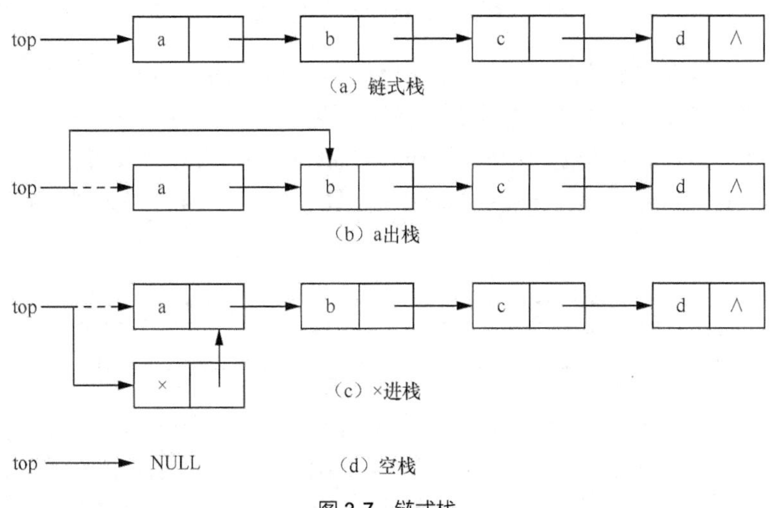

图 3-7　链式栈

（1）进栈操作 push 的实现，按照以下操作顺序。

① 申请新的结点空间，data 字段保存进栈元素值，next 字段指向首结点。

② 栈顶指向新结点。

（2）出栈操作 pop 的实现，按照以下操作顺序。

① 记住栈顶结点的地址。

② 将原栈顶的直接后继设置为新的栈顶。

③ 释放原来栈顶结点空间。

clear（即析构）函数用于将栈中的所有结点清除，使栈变为空栈。可以看出除 clear 函数的时间复杂度为 $O(n)$外，构造函数、isEmpty、isFull、top、push、pop 的时间复杂度和顺序栈一样均为 $O(1)$。为了测试链式栈结构，建议仍然使用程序 3-2，将其中的顺序栈改为链式栈即可，具体测试代码见程序 3-4。

程序 3-3　链式栈结构的定义及操作实现（linkStack.h）。

```
class outOfBound{};

template <class elemType>
class linkStack;

template <class elemType>
class Node
{
    friend class linkStack<elemType>;
    private:
        elemType data;
        Node *next;
    public:
        Node(){next=NULL;}
        Node(const elemType &x, Node *p=NULL)
        { data=x; next=p; }
};

template <class elemType>
class linkStack
{
    private:
        Node<elemType> *Top;
    public:
        linkStack(){ Top=NULL; }; //初始化栈，使其为空栈
        bool isEmpty(){ return (Top==NULL); }; //栈为空返回 true，否则返回 false
        bool isFull(){ return false; }; //栈满 true，否则 false。结点空间不连续，故总能满足
        elemType top();
        void push(const elemType &e);
        void pop();
        ~linkStack();
};

template <class elemType>
elemType linkStack<elemType>::top()
{
    if (!Top) throw outOfBound();//栈空
    return Top->data;
}

template <class elemType>
void linkStack<elemType>::push(const elemType &e)
{   Top=new Node<elemType>(e, Top);   }

template <class elemType>
void linkStack<elemType>::pop()
{
    Node<elemType> *tmp;
    if (!Top) throw outOfBound();//栈空

    tmp=Top; //用 tmp 记住原栈顶结点空间，用于弹栈后的空间释放
    Top=Top->next; //实际将栈顶结点弹出栈

    delete tmp;//释放原栈顶结点空间
```

```
}

template<class elemType>
linkStack<elemType>::~linkStack()
{
    Node<elemType> *tmp;
    while (Top)
    {
        tmp=Top;
        Top=Top->next;
        delete tmp;
    }
}
```

程序 3-4　链式栈测试程序（main.cpp）。

```
#include <iostream>
#include "linkStack.h"
using namespace std;

int main()
{
    linkStack<char> s;// 声明一个栈
    char ctemp;

    //从键盘输入若干字符（结束用回车），依照输入次序分别进栈
    cout<<"Input the elements，press enter to end: ";
    ctemp=cin.get();
    while ( ctemp!='\n')
    {   s.push(ctemp);
        ctemp=cin.get();
    }

    //将栈中的结点逐个出栈，并输出到屏幕上
    cout<<"output the elements in the stack one by one:";
    while (!s.isEmpty() ) {
        ctemp=s.top();
        s.pop();
        cout<<ctemp;
    }
    cout<<endl;
    return 0;
}
```

3.2　栈的应用

3.2.1　括号配对检查

要运行高级语言程序，必须先将源程序交由编译器进行编译。编译器的任务之一是检查源程序中是否存在语法错误。如果存在错误，首先需要将这些语法错误改正，然后再次编译，直到没有语法错误才能生成目标代码。语法检查的任务之一是检查符号是否配对，最简单的符号匹配问题是括号是否匹配，如开括号“(”及“{”后面必须依次跟随相应的闭括号“)”及“}”。由于源程序

括号配对检查

中的一对开闭括号之间可能相距几百行，目测并不容易，所以必须采用一些有效的手段帮助编译发现这些错误。如观察下段程序中的括号、引号是否匹配。

```
int main()
{    int a[20], i;

        for (i=0; i<20; i++)
        {    a[i]=3*(19-i)/5*(12-6);
             cout<<a[i]<<'/t';
        }
        return 0;
}
```

栈是用于解决这个问题最有效的一种数据结构。具体算法如下。

（1）首先创建一个字符栈。

（2）从源程序中读入字符。

（3）如果读入的是开括号，将其进栈。

如果读入的是闭括号但栈是空的，说明少开括号，报错并结束。

如果读入的是闭括号但栈不空，将栈中的开括号出栈。如果出栈的开括号和读入的闭括号不是同种类型（如一个为小括号，一个为中括号），说明不匹配，报错并结束。

（4）继续从文件中读入下一个符号，非结束符则转向（3），否则转向（5）。

（5）如果栈非空，说明开括号多了，报错并结束；否则括号配对成功，结束。

如图 3-8 所示，利用栈来分析括号串“(({})”。当读入“}”时，出栈元素不是“{”，这说明该串中符号不匹配，发生了语法错误。

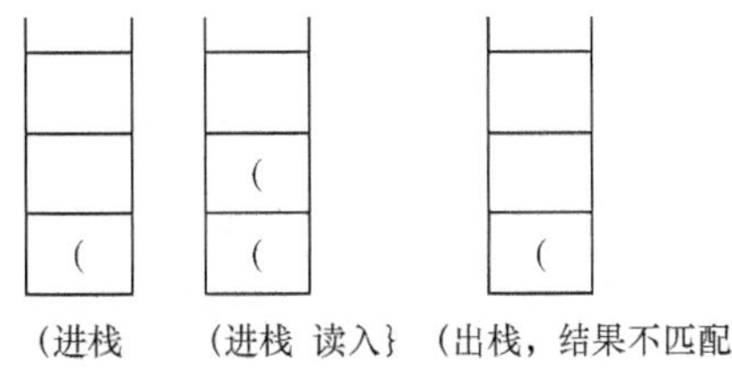

图 3-8　检查符号是否匹配的过程

程序 3-5 展示了一个简单且核心的算术表达式中括号匹配检测程序。例如，用它可以检测出表达式 (3+6)*(5+1))和(3+6)*((5+1)中的符号匹配情况。

程序 3-5　核心而简单的算术表达式中括号匹配检测程序。

```
#include <iostream>
#include "linkStack.h"
using namespace std;

int main()
{    char str[20];
     linkStack<char> s;    //建立一个字符栈
     char ch;
     int i;

     cout<<"Input the string: ";
     cin.getline(str, 20, '\n');
     cout<<"str: "<<str<<endl;

     i=0;
     ch=str[i++];
     while (ch!='\0')
     {    switch(ch)
          {
                case '(':
                          s.push(ch);
```

```
                break;
            case ')':
                if (s.isEmpty())
                {   //读入一个闭括号，栈却空，找不到匹配的开括号
                    cout<<"An opening bracket '(' is expected!\n";
                    return 1;
                }

                else
                    s.pop();
                 break;
        }
        ch=str[i++];
    }

    if (!s.isEmpty()) //式子读入结束，发现栈中还有多余的开括号
        cout<<"A closing bracket ')' is expected!\n";

    return 0;
}
```

3.2.2 表达式计算

表达式计算

在高级编程语言中，算术表达式是一个最基本的组成元素，它由操作数、运算符及括号构成。以下为了简化，限定操作数为一位整数；运算符为加、减、乘、除四种二元运算符；括号仅含有小括号，如：5*(7−2*3)+8/2。

算术表达式中，运算符出现在两个操作数之间，这种形式称为**中缀式**。中缀式有利于人的理解，但不便于计算机处理。因此在编译时，编译器会首先把中缀式转换成操作数在前、运算符在后的**后缀式**，如将中缀式 A+B 转换为后缀式为 AB+。后缀式也称为**逆波兰式**，前缀式称为**波兰式**。

波兰式源于一位波兰数学家，这位数学家在 1951 年首次使用了这种标记。使用波兰式完全省掉括号也能正确地表示表达式，如表达式 5*(7−2*3)+8/2 转换为前缀式为：+*5−7 *2 3/8 2。注意：为了不至于把 5723 看作一个数，在书中表示时，给每个操作数加了下画线以示区别。在计算机内存中，一个操作数不管大小，都占了一个整数应该占有的字节数，因此在计算机内处理时不会混淆。

1964 年第一台计算机出现后，发现使用前缀式进行计算时仍需要多次扫描它，以便找到连续的、立马可计算的“操作符+操作数+操作数”模式。如在+*5−7 *2 3/8 2 中找到*2 3 计算后得到 6、/8 2 计算后得到 4，于是前缀式变为：+*5−7 6 4；再次从前往后扫描，找到−7 6 得到 1，前缀式变为+*5 1 4；再次扫描，得到+5 4；再次扫描，得 9。为了改进多次扫描问题，又提出了逆波兰式，即后缀式。例如，表达式 5*(7−2*3)+8/2 转换为后缀式为：5 7 2 3*−*8 2/+。后缀式中也没有括号，且计算机对其求值时只需对它进行一遍扫描。

当一个算术表达式以后缀式表示时，计算其值的算法为：首先声明一个操作数栈，依次读入后缀式中的字符。若读到的是操作数，将其进栈；若读到的是运算符，将栈顶的两个操作数出栈。后弹出的操作数为被操作数，先弹出的为操作数。将出栈的两个操作数完成运算符所规定的运算后将结果进栈。继续读入后缀式中的字符，反复如上处理，直到后缀式中所有字符读入完毕。当完成以上操作后，栈中只剩一个操作数，弹出该操作数，它就是表达式的计算结果。表 3-1 给出了后缀式求值的整个过程。

表 3-1　计算后缀式 5 7 2 3*−*8 2/+值的全过程

步骤	读剩的后缀式	栈中内容	步骤	读剩的后缀式	栈中内容
1	5 7 2 3*−*8 2/+		10	/+	5 8 2
2	7 2 3*−*8 2/+	5	11	+	5 4
3	2 3*−*8 2/+	5 7	12		9
4	3*−*8 2/+	5 7 2	13		
5	*−*8 2/+	5 7 2 3	14		
6	−*8 2/+	5 7 6	15		
7	*8 2/+	5 1	16		
8	8 2/+	5	17		
9	2/+	5 8	18		

虽然计算时后缀式有明显的优势，从左到右扫描一遍就可计算出表达式的结果。但在源程序中程序员书写的还是生活中熟悉的中缀式。如何将一个表达式从中缀式转化为后缀式？下面仍以表达式 5*(7−2*3)+8/2 为例，它的后缀式为 5 7 2 3*−*8 2/+。仔细观察两种形式后可以看出：两种形式中操作数的相对位置是不变的，运算符位置因其优先级不同发生了变化，后缀式中虽然去掉了改变运算优先级的括号，但运算符出现的位置已经考虑了优先级问题。算术运算优先级为：最高是括号，其次是乘/除，最后是加/减。如果相邻的两个运算符优先级相同，在计算机中遵循左结合原则（即先到先计算）。例如，2+3−4 中+ −的优先级相同，前面的+先计算，此式和(2+3)−4 的计算过程是一样的。

后缀式计算

用此方法分析表达式 5*(7−2*3)+8/2：由于 2*3 是同一括号内的子表达式(7−2*3)中优先级最高的，必须先计算，将其变为 2 3*，2 3*在地位上相当于一个经计算得出的操作数。下面(7−2*3)中的−运算可以进行了，转换成后缀式：7 2 3*−。子表达式(7−2*3)转换成后缀式 7 2 3*−后，在地位上也相当于一个操作数，且因为*和−运算都已先行进行，体现出了括号改变优先级的作用，括号的目的已经达到，可以去掉括号了。下面是*运算，后缀式变成了 5 7 2 3*−*，再下面是 8 2/，然后把 5 7 2 3*−*和 8 2/分别看作是+运算的两个操作数，最后得到的后缀式为：5 7 2 3*−*8 2/+。

在上述操作过程中，所谓的进行计算即转换为后缀式。哪组操作数及运算符先计算是通过人眼观察其优先级和括号来决定的，可惜计算机在执行转换任务时，没有可以用来观察的眼睛。下面分析计算机能进行转换的算法思路：

对一个中缀表达式，从左至右顺序读入各操作数、运算符。当读入的是操作数时，直接输出（如：输出到屏幕或追加到保存后缀式的字符串中）；当读入的是操作符时，当前操作符能否立刻进行计算，取决于后续读入的操作符的优先级和括号。当后续读入的运算符优先级低时，才可能计算刚才的运算符（即输出）；当后续读入的运算符优先级高时，只能将本次读入的运算符暂存，继续读入中缀式。可以看出，在暂存结构中，越是后面存入的操作符，优先级越高，越先出来进行计算，这种结构就是栈，处于栈顶的运算符的优先级最高。表达式中的括号也可以看作是一种操作符，其中开括号具有两面性：即将进入栈的开括号，优先级最高；已经在栈顶的开括号，优先级最低。括号在后缀式中是要消失的，这取决于闭括号。当读入一个闭括号时，则计算之前进栈的运算符，直到遇到一个开括号，然后开括号、闭括号双双消失即可。

中缀式转换为后缀式计算

中缀式转换为后缀式的具体算法为：

（1）设立一个用于保存运算符的堆栈，先将一个底垫“#”压栈，设其优先级为最低，再读入中缀式中的下一个字符。

- 若读入的是字符串结束符，转入（2）。
- 若读入的是数字，输出。
- 若读入的是开括号，进栈。
- 若读入的是运算符，如果栈顶运算符优先级不比它低，栈顶运算符反复出栈，直到栈顶运算符优先级比它低，将它进栈。
- 若读入的是闭括号，反复将栈中运算符依次出栈、输出，直到出栈元素为开括号。注意开、闭括号不进入输出序列。

（2）将栈中运算符依次出栈、输出，直到栈顶为底垫“#”。

图 3-9 所示是利用上述算法将中缀式 5*(7−2*3)+8/2 变为后缀式 5 7 2 3*−*8 2/+的过程，可观察到图中栈内元素的变化。图中栈下方是读入的运算符、操作数，栈右方是当前的输出。

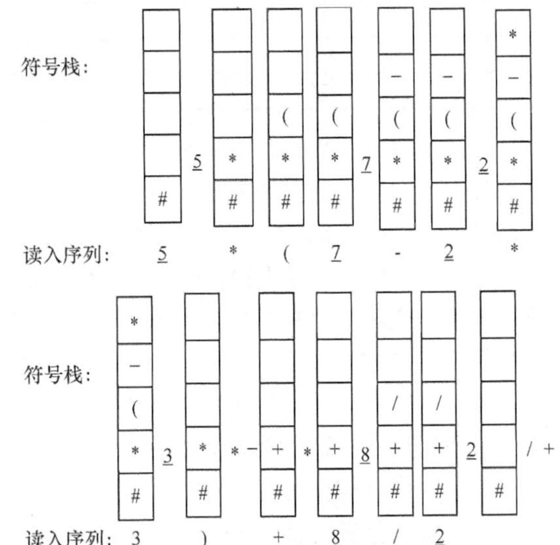

图 3-9　中缀式到后缀式的转换过程

程序 3-6 和程序 3-7 分别实现了将中缀形式的算数表达式转换为后缀式和计算一个后缀式的算法。在算法中，假定输入的算数表达式合法，运算符都是二元的，运算数都是一位的。运行程序 3-8 并输入中缀表达式 9−3*2+（7−2）*2 或者 5*(7−2*3)+8/2，观察其运行结果。

思考：如果操作数不限定为一位数字或者运算符还包括一元运算符，算法需做哪些改变？

程序 3-6　将中缀形式的算数表达式转换为后缀表达式的算法实现（main.cpp）。

```
void inToSufForm(char *inStr, char *sufStr)
{
    linkStack<char> s; //用字符栈
    int i,j;
    char topCh;

    s.push('#'); //铺垫一个底垫

    i=0;j=0;
    while (inStr[i]!= '\0')
    {
        if ((inStr[i]>= '0')&&(inStr[i]<='9'))
            sufStr[j++]=inStr[i++];
        else
        {   switch (inStr[i])
            {   case '(':   s.push('('); break; //优先级最高，直接入栈
                case ')':   //弹栈，弹出元素进入后缀式，直到弹出一个左括号
                            topCh=s.top(); s.pop();
                            while (topCh!= '(')
                            {   sufStr[j++]=topCh;
                                topCh = s.top(); s.pop();
                            }//')'字符不入栈
                            break;
                case '*':
                case '/':   topCh=s.top();
```

```
                    while ((topCh=='*')||(topCh=='/'))
                    //*、/为左结合，故后来者优先级低
                    {   s.pop();
                        sufStr[j++]=topCh;
                        topCh=s.top();
                     }
                     s.push(inStr[i]);
                     break;
            case '+':
            case '-':   topCh=s.top();
                    while ((topCh!='(')&&(topCh!='#'))
                    //只有左括号和底垫优先级比+、-低
                    {   s.pop();
                        sufStr[j++]=topCh;
                        topCh=s.top();
                    }
                    s.push(inStr[i]);
                    break;
        }//switch
        i++;
    }//else
}//while

//将栈中还没有弹出的操作符弹空
topCh=s.top();
while (topCh!='#')
{   sufStr[j++]=topCh;
    s.pop();
    topCh=s.top();
}

sufStr[j]='\0'; //后缀字符串加结束符'\0'
}
```

程序 3-7 计算一个后缀表达式的值（main.cpp）。

```
int calcPost(char *sufStr)
{
    int op1, op2, op;
    int tmp, i;
    linkStack<int> s;

    i=0;
    while (sufStr[i]!='\0')
    {
        if ((sufStr[i]>='0')&&(sufStr[i]<='9')) //数字转为整数后进栈
        {
            tmp=sufStr[i] -'0';
            s.push(tmp);
        }
        else
        {
            op2=s.top(); s.pop(); //栈顶整数出栈
            op1=s.top(); s.pop();

            switch (sufStr[i])
            {
                case '*': op=op1*op2; break; //如果运算符为'*'，则作*运算
                case '/': op=op1/op2; break;
                case '+': op=op1+op2; break;
                case '-': op=op1-op2; break;
            };
            s.push(op); //每一步的计算结果进栈
```

```
        }
        i++;
    }

    op=s.top(); s.pop();
    return op;
}
```

程序 3-8　计算表达式的值（main.cpp）。

```
#include <iostream>
#include "linkStack.h"
using namespace std;

void inToSufForm(char *inStr, char *sufStr);
int    calcPost(char *sufStr);
int main()
{
    char inStr[80];
    char sufStr[80];
    int result;

    cout << "Input the expression in infix form: ";
    cin >> inStr;

    inToSufForm(inStr, sufStr); //获得表达式的后缀式
    result=calcPost(sufStr); //计算表达式的值

    cout << "Output the expression in suffix form: ";
    cout << sufStr << endl; //在屏幕上输出后缀式

    cout << "The result of the expression is: " << result << endl; //输出表达式结果

    return 0;
}
```

3.3　队列

队列是另外一种常用的线性结构。元素到达这种结构的时间越早，离开该结构的时间也越早，所以队列的特点是先进先出（First In First Out，FIFO）。例如，客户在银行窗口前排队存取款、计算机系统中打印管理器对打印队列的处理都采用了先来先服务的方式。可以将队列想象为一段管道，元素从一端流入，从另一端流出。流入端称为**队尾**，流出端称为**队首**。队列示意图如图 3-10 所示。

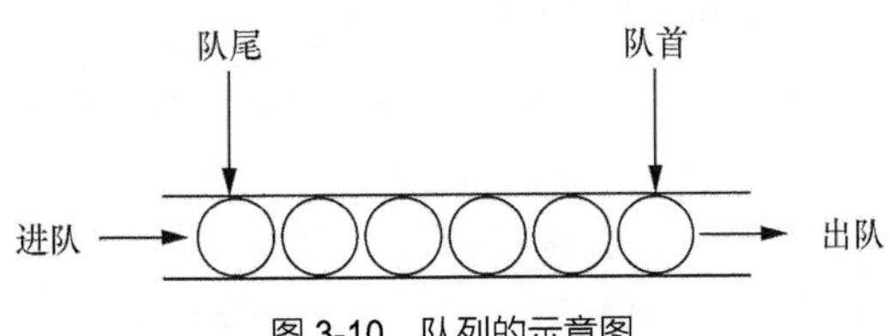

图 3-10　队列的示意图

3.3.1　队列的定义及 ADT

队列

队列可以看作是插入、删除操作位置受限的线性表，它的插入和删除只能分别在表的两端进行：队列的删除操作只能在队首（Front）进行、插入操作只能在队尾（Rear）进行，由此保证了队列的先进先出特点。将元素从队首删除的操作，称为**出队**（deQueue）；将元素在队尾插入的操作，称为**进队**（enQueue）。队列的

抽象数据类型见 ADT 3-2。除进队、出队之外，队列的基本操作还包括构造队列（initialize）、判队空（isEmpty）、判队满（isFull）、销毁队列（destroy）及读取队首元素数据值的操作（front）等。这些操作的含义和 ADT 3-1 中堆栈的相应操作是类似的。

ADT 3-2　队列的抽象数据类型。

数据: { x_i | x_i∈ ElemSet, i=1,2,3,……n, n > 0} 或 Φ; ElemSet 为元素集合
关系: {<x_i,x_{i+1}>|x_i,x_{i+1}∈ElemSet, i=1,2,3,……n-1}, x_1 为队首，x_n 为队尾
操作:
- initialize
  - 前提：无
  - 结果：分配相应空间及初始化
- isEmpty
  - 前提：无
  - 结果：队 Queue 为空返回 true，否则返回 false
- isFull
  - 前提：无
  - 结果：队 Queue 为满返回 true，否则返回 false
- front
  - 前提：队 Queue 非空
  - 结果：返回相应队首元素的数据值，队首元素不变
- enQueue
  - 前提：队 Queue 非满，已知待进队的数据值
  - 结果：将该数据值的元素队进队，使其成为新的队尾元素
- deQueue
  - 前提：队 Queue 非空
  - 结果：将队首元素出队，该元素不再成为队首元素
- destroy
  - 前提：无
  - 结果：销毁并释放队 Queue 占用的空间

3.3.2　队列的顺序存储及实现

存储队列最简单的办法是使用数组，即用一组连续的空间存储队列中的元素及元素间关系，这样存储的队列称为**顺序队列**。如果队列中的元素个数最多为 maxSize 个，那么存储该队列的数组应有 maxSize 个分量，其下标的范围从 0 到 maxSize−1。另外，可以使用队首指针 Front 和队尾指针 Rear 分别指示队首元素和队尾元素存放的下标地址，用于指示进队和出队的位置。

队列的顺序存储及实现

可以利用队首指针 Front 和队尾指针 Rear 的关系判断队空或队满。按照习惯，队首指针 Front 给出的是实际队首元素的地址，队尾指针 Rear 给出的是实际队尾元素的地址。在队列初始化时，可设 Front=Rear=−1；当第一个元素进队后，Front=Rear=0。可以看出无论队列是否为空，都可能 Front=Rear，如图 3-11 所示。这就意味着，Front=Rear 作为队空的标志是不对的。那么如何避免这个矛盾呢？解决这个矛盾的办法有以下 3 种。

（1）让 Front 指向真正的队首元素，Rear 指向真正存放队尾元素的后一数组单元。初始化时，将 Front 和 Rear 都设置为 0。第一个元素进队后，队首指针 Front 仍为 0，而队尾指针 Rear 为 1。这样 Front=Rear 就标识出队列空。

（2）让 Front 指向真正的队首元素的前一数组单元，而 Rear 指向真正的队尾元素。这种处理和方法（1）对称，处理方法类似。

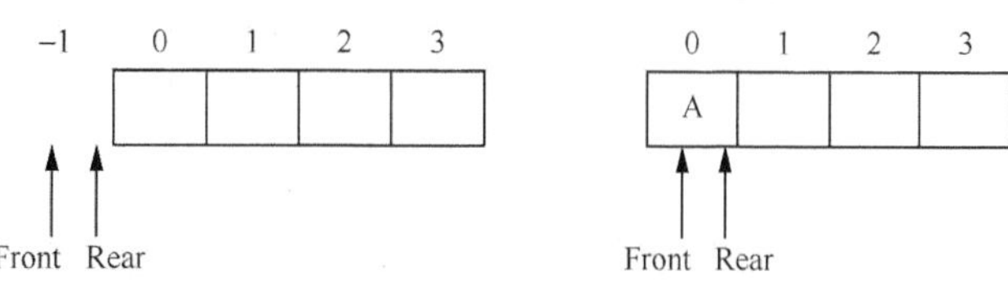

图 3-11　队列初始化时和一个元素进队后

（3）另外设立队空标志。但为了避免设置标志带来的麻烦，通常不予采用。

由于方法（1）和方法（2）是类似的，本书仅对方法（1）加以讨论。

如图 3-12（a）、图 3-12（b）所示，它们分别是初始化后及第 1 个元素 A 进队后的情况；图 3-12（c）所示为元素 B 进队后的情况，此时真正的队尾元素为 B，而队尾指针 Rear 指向队尾元素的后一数组单元。图 3-12（d）、图 3-12（e）所示分别是队首元素出队后的情况。图 3-12（e）所示为在经过两次出队后队空，仍有标志 Front=Rear 出现。图 3-12（f）所示为元素 C 进队后的情况，队尾指针 Rear 为 3，已经达到了数组单元下标的最大值。当元素 D 再继续要求进队时，队尾指针 Rear 将变为 4，超出数组下标范围。解决这个矛盾的方法有以下 2 种。

（1）将现有队列向数组左端移动。将元素 C 放入下标为 0 的数组单元，将新元素 D 放入下标为 1 的数组单元，将队尾指针 Rear 设置为 2。

（2）从逻辑上认为下标为 0 的单元是下标为 3 的单元的后一个单元，即认为存储队列的数组是环形的。在元素 D 被放入下标为 3 的数组单元之后，队尾指针 Rear 的值将为 0，而不是为 4。从而解决了这个矛盾。

方法（1）虽然解决了问题，但时间代价太大，要引起全部数据的移动，一般不予采用。通常采用方法（2），该方法称为**“循环技术”**，因此顺序存储的队列常称为**循环队列**。图 3-12（g）所示为元素 D 进队后的情况，元素 E 进队后的情况如图 3-12（h）所示。

在图 3-12（h）所示的情况下，如果元素 F 继续进队，会出现什么情况呢？显然，如果允许 F 进队，队尾指针 Rear 和队首指针 Front 又相等了，这和队空的条件是完全一样的，必须避免产生这种情况。在不增加队满标志的条件下，在实际进队之前可以将队尾指针 Rear“后移一步”（但当队尾指针 Rear 为 3 时，后移一步应为 0，所以不能笼统地称为将指针加 1）之后，看是否和队首指针 Front 相等，如果相等，就认为队列的空间已经用完，达到队满状态，无法执行进队操作。要想继续执行进队操作，必须将队列的存储空间增大。这样，以最多牺牲一个单元的代价，解决了队满标志和队空标志冲突的问题。

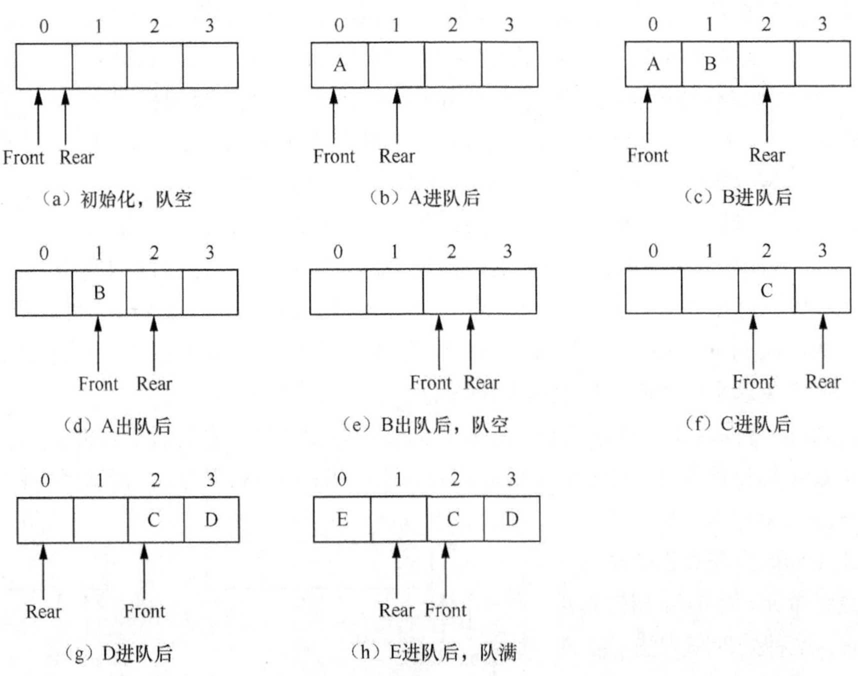

图 3-12 顺序循环队列进、出队分析

根据以上分析可知，对循环队列通常的做法是：设 Front 为实际的队首元素的下标地址，Rear 为实际队尾元素的下一数组单元的下标地址。队空的条件为：Rear = Front; 队满的条件为：(Rear + 1) % maxSize = Front。队满条件中包括了 Rear 为 maxSize−1 的情况，加 1 并取模后 Rear 为 0；如果 Rear 不等于 maxSize−1，Rear+1 取模后效果依然等同于只简单地加 1。

在执行进队操作 enQueue 时，如果发现满足了队满条件，要么是报溢出后终止进队操作，要么是执行操作 doubleSpace，该处理类似顺序栈扩容过程。

根据以上分析，运用程序 3-9 定义顺序循环队列结构。

程序 3-9　顺序循环队列的定义及基本操作实现（seqQueue.h）。

```
#ifndef SEQQUEUE_H_INCLUDED
#define SEQQUEUE_H_INCLUDED

class illegalSize{};
class outOfBound{};

template <class elemType>
class seqQueue
{
    private:
        elemType *array;
        int maxSize;
        int Front, Rear;
        void doubleSpace(); //扩展队列元素的存储空间为原来的 2 倍
    public:
        seqQueue(int size=10); //初始化队列元素的存储空间
        bool isEmpty(); //判断队空否，空返回 true，否则为 false
        bool isFull();  //判断队满否，满返回 true，否则为 false
        elemType front(); //读取队首元素的值，队首不变
        void enQueue(const elemType &x); //将 x 进队，成为新的队尾
        void deQueue(); //将队首元素出队
        ~seqQueue(); //释放队列元素所占据的动态数组
};

template <class elemType>
seqQueue<elemType>::seqQueue(int size) //初始化队列元素的存储空间
{
    array=new elemType[size]; //申请实际的队列存储空间
    if (!array) throw illegalSize();
    maxSize=size;
    Front=Rear=0;
}

template <class elemType>
bool seqQueue<elemType>::isEmpty()  //判断队空否，空返回 true，否则为 false
{return Front==Rear;}

template <class elemType>
bool seqQueue<elemType>::isFull() //判断队满否，满返回 true，否则为 false
{return (Rear+1)%maxSize==Front;}

template <class elemType>
elemType seqQueue<elemType>::front() //读取队首元素的值，队首不变
{
    if (isEmpty()) throw outOfBound();
    return array[Front];
}

template <class elemType>
void seqQueue<elemType>::enQueue(const elemType &x)  //将 x 进队，成为新的队尾
```

```
{
    if (isFull())   doubleSpace();
    array[Rear]=x;
    Rear = (Rear+1)%maxSize;
}

template <class elemType>
void seqQueue<elemType>::deQueue() //将队首元素出队
{
    if (isEmpty()) throw outOfBound();
    Front=(Front+1)%maxSize;
}

template <class elemType>
seqQueue<elemType>::~seqQueue()   //释放队列元素所占据的动态数组
{   delete []array;}

template <class elemType>
void seqQueue<elemType>::doubleSpace() //扩展队列元素的存储空间为原来的 2 倍
{
    elemType * newArray;
    int i,j;

    newArray=new elemType[2*maxSize];
    if (!newArray) throw illegalSize();

    for (i=0, j=Front; j!=Rear; i++,j=(j+1)%maxSize)
        newArray[i]=array[j];

    delete []array; //释放原来的小空间
    array=newArray;
    Front=0;
    Rear=i;
    maxSize=2*maxSize;
}

#endif // SEQQUEUE_H_INCLUDED
```

顺序循环队列的测试见程序 3-10。

程序 3-10　顺序循环队列的测试(main.cpp)。

```
#include <iostream>
#include "seqQueue.h"
using namespace std;

int main()
{
    seqQueue<int> que;
    int i,x;

    for (i=0; i<15; i++) que.enQueue(i);

    while(!que.isEmpty())
    {
        x=que.front();
        que.deQueue();
        cout<<x<<" ";
    }
    cout<<endl;

    return 0;
}
```

3.3.3 队列的链式存储及实现

用单链表存储队列中的元素及元素关系的情况如图 3-13 所示。其中队首指针 Front 指向队首结点，队尾指针 Rear 指向队尾结点。队空的条件为 Front=Rear=NULL。队列中的结点各自占据内存中独立的空间，不需要一大块连续的空间。当计算机系统的存储单元足够多时，一般认为不存在队满的情况。由于进队和出队分别在队首和队尾进行，不存在在中间位置的插入和删除操作，因此不必设置头结点。其操作如图 3-14 所示，程序实现见程序 3-11。

队列的链式存储及实现

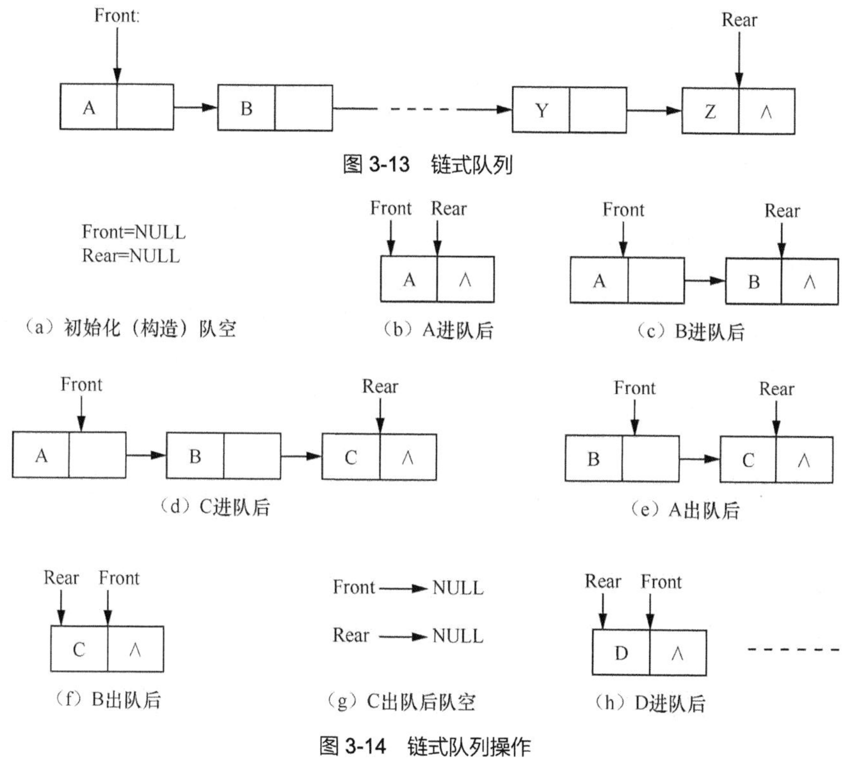

图 3-13 链式队列

图 3-14 链式队列操作

程序 3-11 链式队列类的程序（Queue）。

```
#ifndef LINKQUEUE_H_INCLUDED
#define LINKQUEUE_H_INCLUDED

class illegalSize{};
class outOfBound{};

template <class elemType>
class linkQueue;

template <class elemType>
class Node
{
    friend class linkQueue<elemType>;
    private:
        elemType data;
        Node *next;
    public:
```

```
        Node(){next=NULL; }
        Node(const elemType &x, Node *p=NULL)
        { data=x; next=p;}
};

template <class elemType>
class linkQueue
{
    private:
        Node<elemType> *Front, *Rear;
    public:
        linkQueue(){Front=Rear=NULL; }; //初始化链式队列，使其为空队
        bool isEmpty() {return !Front; }; //判断队空否，空返回 true，否则为 false
        bool isFull(){return false; };  //判断队满否，满返回 true，否则为 false
        elemType front(); //读取队首元素的值，队首不变
        void enQueue(const elemType &x); //将 x 进队，成为新的队尾
        void deQueue(); //将队首元素出队
        ~linkQueue(); //释放队列元素所占据的动态数组
};

template <class elemType>
elemType linkQueue<elemType>::front() //读取队首元素的值，队首不变
{
    if (isEmpty()) throw outOfBound();
    return Front->data;
}

template <class elemType>
void linkQueue<elemType>::enQueue(const elemType &x)   //将 x 进队，成为新的队尾
{
    if (isFull())   throw outOfBound();
    if (!Rear)
        Front=Rear=new Node<elemType>(x);
    else
    { Rear->next=new Node<elemType>(x);
      Rear=Rear->next;
    }
}

template <class elemType>
void linkQueue<elemType>::deQueue() //将队首元素出队
{
    if (isEmpty()) throw outOfBound();

    Node<elemType> *tmp=Front;
    Front=Front->next;
    delete tmp;

    if (!Front) Rear=NULL;
}

template <class elemType>
linkQueue<elemType>::~linkQueue() //释放链式栈所占空间
{
    Node<elemType> *p;
    p=Front;

    while (p)
    {
        Front=Front->next;
        delete p;
        p=Front;
    }
}

#endif // LINKQUEUE_H_INCLUDED
```

3.3.4　优先队列

优先队列

队列中元素之间的关系是由到达队列的时间决定的，一般队列是按照先进先出的原则出队，但有时进入队列中的元素具有优先级（优先级可用一个优先数表示，一般优先数越小优先级越高），出队时是按照优先级越高的元素出队越早，优先级越低出队越晚，优先级相同者按先进先出的原则处理，这种队列称为**优先队列**。日常生活中，个人手头事务的处理通常采取这样的策略；操作系统中进程的调度、管理也是采用优先队列进行管理的。如在操作系统的进程管理中，每个进程有唯一的进程号、优先级值标识。进程优先级值通常为 0～40，0 表示优先级最高，40 表示优先级最低。操作系统一般将打印进程视为最不急需处理的任务，赋予它最低的优先级。这样，操作系统就可以根据进程的优先级来确定如何对它们进行调度。

优先队列有多种实现方式：采用顺序存储结构实现，是最常用的一种，称为顺序优先队列；其次也可以采用链式结构。在以后章节的学习中，还会遇到采用其他方式来实现优先队列。本章主要讨论顺序优先队列，对采用链式存储的优先队列略作介绍。在讨论中为了简便起见，忽略队列中元素有相同优先级的情况，假设每个元素的优先级都不一样。

优先队列中，元素进队仍然插入到队尾；元素出队时，队列优先级最高的元素优先出队。顺序优先队列中，用数组存放元素。进队时，按照下标由小到大的顺序依次存放元素；出队时，从所有元素中找到优先级最高的元素删除。特别地，为了避免整个队列后移，造成空间的浪费，当有元素出队时将队列中最后一个元素移到出队元素所在的存储位置，这样队列始终从 0 下标开始到某个下标终止，中间不会出现空隙。因为队列中元素始终从 0 下标位置开始存储，所以不需要使用循环技术。设队尾 Rear 指针指向实际队尾元素的后一单元，队空的条件为：Rear=0; 队满的条件为：Rear=maxSize。顺序优先队列进出队情况如图 3-15 所示，其中 maxSize=7，初始时 Rear=0。

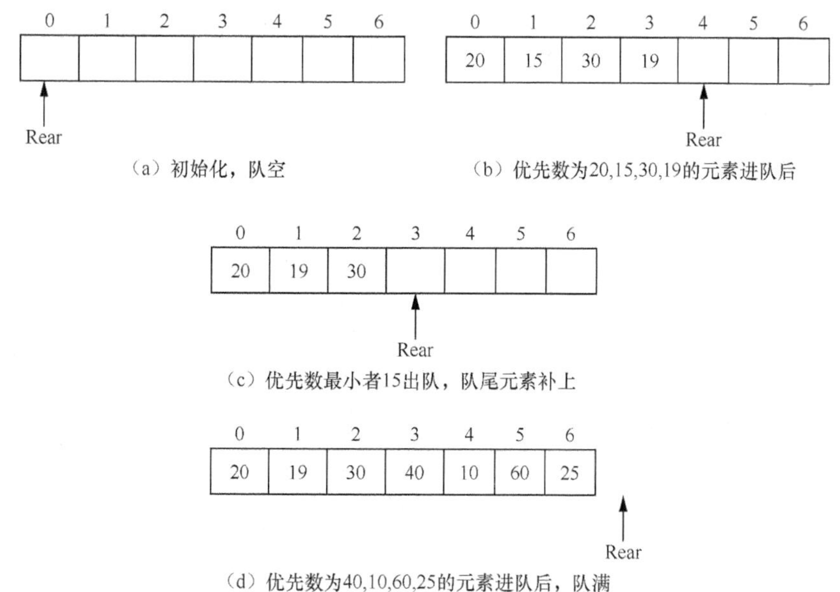

图 3-15　顺序优先队列进出队情况

分析顺序优先队列的出队、进队操作：假设队列中有 n 个元素，新进队的元素直接放在下标为 n 的数组单元中，时间复杂度为 $O(1)$。出队时，首先在数组中找到优先级最大的元素，删除该元素，然后将尾元素移动到出队元素所在的数组单元，因此出队操作的时间复杂度为$O(n)$。

顺序优先队列也可以采取另外一种策略：元素按照优先数由小到大排列。元素进队时，先在队列中找到合适的插入位置，移动后面的元素，插入新进元素，时间复杂度为$O(n)$；元素出队，删除队首（即 0 下标）元素即可，为了避免后面元素的移动，可以采用顺序循环队列，时间复杂度为$O(1)$。

如果用单链表实现优先队列，单链表中的结点按照元素优先级递减（即优先数增大）的次序排成一个有序链表，元素优先级最高的结点就是首结点。元素出队即删除首结点，时间复杂度为$O(1)$；元素进队，需要按照优先级大小找到合适的插入位置，然后插入元素结点，时间复杂度为$O(n)$，但不会引起队列中原有元素在内存中移动。

从以上分析可以看出，出队是删除队首结点，进队是从队首结点开始沿着 next 指针向后逐个比较结点中元素的优先数，所以用单链表表示优先队列时可以省掉队尾指针。图 3-16 所示为链式优先队列的进队、出队示例，具体实现程序略。

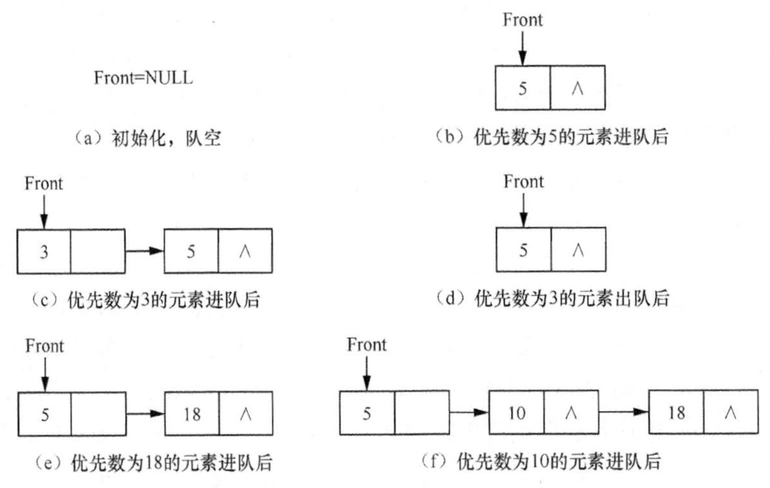

图 3-16　链式优先队列的进队、出队示例

3.4　队列的应用

单服务窗口

很多服务机构都设置了专门的服务窗口，单服务窗口是指提供的服务窗口只有一个。我们可以采用队列对单服务窗口进行模拟，完成诸如计算用户的平均等待时间等任务。用户可以通过其结果了解单服务窗口的情况，从而对相关问题进行决策。

假设有一个小的银行服务网点，每天早晨 9 点开门，下午 4 点 30 关门。一般开门后 10 分钟内就会来一个客户，之后在上一个客户进来 5 分钟内就会来下一个客户。客户办理的业务分三种：取款、存款、办理网银，它们分别耗时 2 分钟、4 分钟和 10 分钟。试模拟这个服务网点的服务，并计算出每个客户的平均等待时间。

设置客户属性的代码如下：

```
struct timeT
{ int hour; int minute; };
struct people
{     timeT arrivePoint;      //客户到达银行时间
      timeT serveBegin;       //客户开始被服务时间
      int serveType;          //业务种类：0 存款，1 取款，2 办网银
};
```

（1）入队操作。

第一个客户到达，到达时间为 9 点+m（0～10）分（随机），业务种类随机，被服务时间为该客户到达时间。描述完毕，第一个客户进队。

第二个客户到达，到达时间为第一个客户达到时间+m（0～5）分的随机值，业务种类随机，被服务时间为该客户到达时间和上一个客户结束服务时间的最大值。描述完毕，第二个客户进队。

第三个客户，计算到达时间、服务种类、开始时间，进队。

……

直到某个客户到达时间超过下午 4：30，进队结束。

（2）出队操作。

反复出队，累计每个人的等待时间（服务开始时间−到达时间），直到队空。

计算每人的平均等待时间。

银行的**多窗口服务**：需要两个队列配合。

在等待区等候的客户形成一个普通队列（先来先服务，即先进先出）。

在各个窗口被服务的客户形成一个优先队列（先来的未必先出，先结束的先出）。

3.5 小结

栈只是在线性表操作基础上限制了插入、删除的位置，使得插入、删除操作只能在表的同一个端点进行，可以看作是一种操作受限的线性表。在计算机系统中，它是一种非常重要的数据结构。除了 3.2 节介绍的符号匹配、表达式计算，系统在函数调用、递归中都是以栈结构为基础的。栈有着非常独特的常见操作：进栈、出栈、求栈顶元素、判栈空、判栈满等。在物理实现上虽然可以有顺序和链式两种存储方式，鉴于其操作都在一端进行，顺序存储是栈最常使用的存储方式。

队列可看作是限制了插入、删除操作位置的另外一种线性表，元素的插入、删除分别在表的两端进行。除了日常生活中的实际队列可以用它来实现，计算机操作系统中许多对象的管理都利用了队列，如打印队列、进程队列等，因此它也是一种重要的数据结构。队列的顺序循环存储和链式存储的时间复杂度都是 $O(1)$，考虑到链式存储每个结点需要额外的空间开销，顺序循环队列是最常用的存储结构。

优先队列不再按照先进先出的原则，优先级高者先出队。无论顺序还是链式优先队列，其进队、出队操作的时间复杂度都为 $O(1)$、$O(n)$或者 $O(n)$、$O(1)$。第 4 章讨论过二叉树后，用二叉树作为工具存储优先队列时，时间复杂度能降到 $O(\log_2 n)$。

3.6 习题

1．写出算术表达式((3+5)*2^3+8−7)/5 的波兰式和逆波兰式。

2．如果一个字母序列的入栈顺序为 abcd，且假设在进栈的过程中，任何时候只要栈内有字母都可以选择出栈。则以下序列哪些不可能是出栈序列，为什么？

（1）dcba　（2）badc　（3）dbca　（4）cabd　（5）bacd　（6）abcd

3．一个栈的入栈序列为 1,2,3,…，n，其出栈序列是 p1, p2, p3,…, pn。若 p2 = 3，则 p3 可能

取值的个数是多少？

4．从空栈开始依次将 1,2,3,4,5 入栈，判断 2,4,5,3,1 是不是一个合法的出栈序列？如果是，给出对应的 push/pop 操作顺序；如果不是，给出理由。

5．一个车站，入口和出口都只有一条车道，车站各站台间有 n 条轨道。列车的行进方向均为从左至右，且可驶入任意一条轨道。现有编号为 1～8 的 8 列列车，驶入的次序依次是 2,5,8,4,6,3,1,7。若期望驶出的次序依次为 1～8，则 n 至少是多少？

6．已知程序如下：

```
int p(int n) { if (n<=0) return 1; return n*p(n-1); }    void main() { p(1);}
```

程序运行时使用栈来保存调用过程的信息，自栈底到栈顶保存的信息依次对应的是：

A．main( )→p(1)→p(0)　　B．p(0)→p(1)→main( )

C．main( )→p(0)→p(1)　　D．p(1)→p(0)→main( )

7．用单链表保存 m 个整数，结点含有两个字段：data 和 link，且 $|data| \leqslant n$（n 为正整数）。现要求对于链表中 data 的绝对值相等的结点，仅保留第一次出现的结点而删除其余结点，如图 3-17 所示。

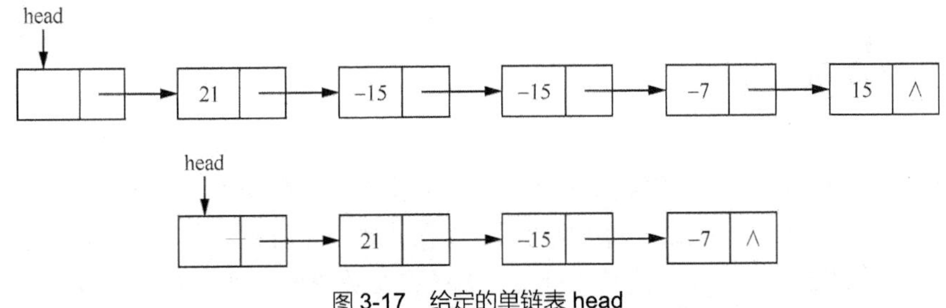

图 3-17　给定的单链表 head

请设计一个时间尽可能高效的算法，并分析所设计算法的时间复杂度和空间复杂度。

8．利用顺序存储设计并实现一个共享栈，该共享栈为两个栈共享一段连续的存储空间。

9．写出求 $n!$ 的非递归和递归算法。要求：

非递归算法中设计一个栈，不断压入整数 $n,n-1,\cdots,1$，当遇到 0 时，不断弹出并得到最终结果。

10．分别写出程序来实现用顺序结构存储和链式结构存储的优先队列。

11．一个源程序代码段中可能含有各类括号：小括号()、方括号[]、大括号{}，试写出程序判断该代码段中括号是否匹配。

12*．在一个栈中，输入序列为 1,2,3,4,…n, 输出序列为 p1,p2,p3,p4,…pn。试证明在输出序列中不可能出现当 $i<j<k$ 时，有 $pk<pi<pj$ 情况存在。

13**．背包问题。有 n 个物件（重量分别为 $g1,g2,\cdots,gn$）及一个书包（能容物体的总重量为 g），请分别设计递归和非递归算法判断是否能从这 n 个物件中选取若干个装满一个书包。

第4章

树和二叉树

在一个元素集合中，如果元素呈上下层次关系，对一个结点而言，上层元素为其直接前驱且直接前驱唯一，下层元素为其直接后继且直接后继可以有多个，这样的结构就是树结构。树结构是一种非线性的结构，它在现实生活中很常见，如单位组织机构、家族的家谱、编译中的语法树、文件管理中的目录树、人工智能中的决策树等。

4.1 树的定义、术语及结构

树是有限个（n>0）元素组成的集合。在这个集合中，有一个结点称为**根**；如果有其他的结点，这些结点又被分为若干个互不相交的非空子集，每个子集又是一棵树，称为根的**子树**；每个子树都有自己的根，子树的根称为树根结点的**孩子**结点。

树

图 4-1 所示为一棵树的示例。在这个示例中，A 是树的根，其余结点被分成了 3 个互不相交的非空子集，3 个子集是分别以 B、C、D 为根的子树，而 B、C、D 是 A 的孩子。

一个结点的子树的根称为该结点的**孩子结点**或**儿子结点**，反之，相对于孩子结点，该结点称为**父结点**。父结点的父结点称为**祖父结点**，从根到树中某个结点的路径上经过的所有结点，包括根结点，都称为这个结点的**祖先结点**。相对地，这些结点称为祖先结点的**子孙结点**。同一父结点的结点互为**兄弟结点**，同一祖父但不同父亲的结点互称为**堂兄弟结点**。在图 4-1 中，A 为 B、C、D 的父结点；B、C、D 为 A 的孩子结点；除了 A 自身，树中所有结点都称为 A 的子孙结点；G、I、H 是 D 的子孙结点；对结点 G 来说，D 是它的父结点，A 是它的祖父结点，而 A 和 D 都是 G 的祖先结点；E、F 互为兄弟结点；F 和 G 互为堂兄弟结点。

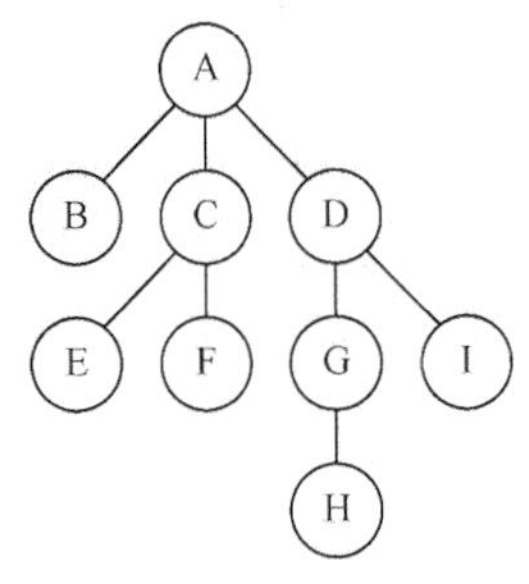

图 4-1　一棵树

树中每个结点拥有的孩子结点的个数称为该**结点的度**，度为 0 的结点称为**叶子结点**或**终端结点**，度不为 0 的结点称为**非叶子结点**或**中间结点**或**非终端结点**。**树的度**是树中每个结点的度的最大值。在图 4-1 中，A 的度为 3，G 的度为 1，树的度为 3，A、G 是中间结点，H 是叶子结点。

树中结点具有层次关系。根的层次数通常规定为 1，其余结点的层次数是其父结点的层次数加 1。树中所有结点的层次数的最大值就是树的高度（注意：在有些教科书上，树高定义为结点的最大层次数减 1，即分支的层次数）。在图 4-1 中，A 的层次数为 1，F、I 的层次数为 3，H 的层次数为 4，树的高度为 4。

对树中的任意一个结点，如果其孩子结点都被规定了一定的顺序，如谁是第一个孩子、谁是第二个孩子等，这棵树就称为**有序树**。在表示有序树的图中，孩子结点的顺序沿用左边大、右边小的原则，原本平等的兄弟关系，就有了哥、弟之分。如果结点的孩子没有规定顺序，则称为**无序树**。在图 4-1 中，如果这是一棵有序树，D 有两个孩子，其中 G 就是 D 的第 1 个孩子、I 就是 D 的第 2 个孩子。

在树中，父结点可以看作是孩子结点的直接前驱、孩子结点可以看作是父结点的直接后继，直接前驱是唯一的，直接后继可以有多个。

两棵及以上的树称为**森林**（Forest）。森林在形式上和树有很大的关系：如果删除一棵树的根结点，就可能得到了该树的所有子树构成的森林。反之，如果将构成森林的各棵树之上增加一个根结点，这些树的根结点都作为新增根结点的孩子结点，那么就得到了一棵树。因此，在数据结构的研究中，通常会把重点放在对树的研究上，树的许多性质和算法思路都可以很方便地推广到森林。

ADT 4-1 给出了树结构的抽象数据类型描述。

ADT 4-1　树的 ADT。

数据及关系：

有限（n>0)）个相同类型的元素组成的集合。其中一个元素称为根；如果还有其余元素，则这些元素被分为若干个互不相交的非空子集，每个子集是一棵子树，每个子树又有自己的根，每个子树的根为树根的孩子结点。

操作：

Constructor
　前提：已知结点的数据元素值和结点间树形关系
　结果：创建一棵树
GetRoot
　前提：已知一棵树
　结果：得到树的根结点
FirstChild
　前提：已知树中的某一结点 p
　结果：得到结点 p 的第一个儿子结点
NextChild
　前提：已知树中的某一结点 p 和它的一个儿子结点 u
　结果：得到结点 p 的、儿子结点 u 右侧的第一个儿子结点 v
Search
　前提：已知某一关键字 key
　结果：返回具有关键字 key 的结点
InsertChild
　前提：已知某结点 p 及新结点的数据值 value
　结果：根据 value 值创建一个新结点 q，并将其插入作为结点 p 的下一个儿子结点
DeleteChild
　前提：已知某结点 p 及它的儿子结点的序号 k
　结果：删除结点 p 的第 k 个儿子结点
Traverse
　前提：一棵树
　结果：访问树中每一个结点，且每个结点只访问一次

分析完树的逻辑结构，下面分析其物理结构，即树在内存中如何存储。

首先考虑树能否用顺序结构存储？顺序结构中元素值的存储非常容易，但元素间的层次关系如何用顺序结构来存储呢？可以在存储元素的分量中附加表明其父子关系的信息，即每个结点除了存储元素的值还存储父子关系的信息。由于树中每个结点的孩子个数都不一样，不同结点要表达的父子关系数量就不同。如图 4-2 所示，结点结构中应设置几个字段来保存孩子结点的地址信息？这样的字段预留多了浪费空间，预留少了则将来结点无法增加孩子结点，因此用顺序结构并不合适。能否用链式结构？因每个结点的地址不连续，更要通过设置附加的字段来指明父子关系，显然它也存在着结点中孩子指针个数不好预估的问题。没有合适的物理存储作基础，树的基本操作就无从谈起。

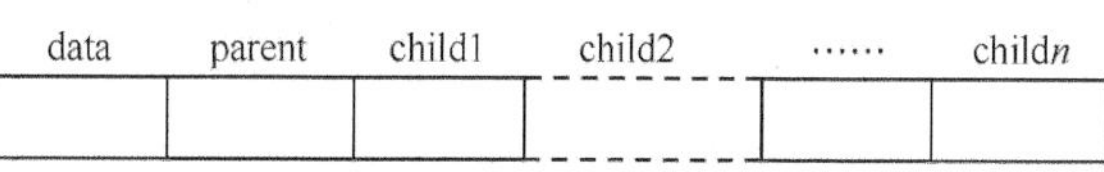

图 4-2　顺序存储结点

现在先把关于树的这些疑难问题搁置一边，转向另外一种数据结构：二叉树的讨论。以二叉树为工具，可以很好地解决树的存储、森林的存储，以及后续很多其他问题。

4.2　二叉树

4.2.1　二叉树的定义

二叉树是有限个（n≥0）结点的集合。它或者为空，或者有一个结点作为根结点，其余结点

分成左右两个互不相交的子集作为根结点的左右子树，每个子树又是一棵二叉树。

二叉树的定义及性质

从形式上看，似乎二叉树是每个结点最多有两个孩子的树，是一棵特殊的树。但事实上，二叉树和树是两种完全不同的结构，二叉树不是一棵特殊的树。树是生活中实际存在的结构类型，二叉树更多的是作为一种工具，这一工具在本章和后序的章节中会经常用到。二叉树中结点个数可以为 0，允许一棵空二叉树存在，是为了更方便地使用；而树中结点个数不能为 0，至少是 1。二叉树中左右孩子要明确指出是左还是右，即便只有一个孩子，也要指明它是左孩子还是右孩子；有序树中孩子只是进行了排序，没有左右之分，当某个结点只有一个孩子时，只能说明它是大孩子，不需要确定其是左是右。

图 4-3 给出了二叉树的各种形态。其中图 4-3（a）表示一棵空二叉树；图 4-3（b）表示一棵只有一个结点的二叉树，这个结点就是根；图 4-3（c）表示一棵根只有左子树的二叉树；图 4-3（d）表示一棵根只有右子树的二叉树；图 4-3（e）表示一棵根既有左子树又有右子树的二叉树。

图 4-4（a）、图 4-4（b）表示了有 2 个结点的二叉树；图 4-4（c）表示了有 2 个结点的树。对二叉树而言，即便只有唯一的孩子，也要有左右孩子之分，故图 4-4（a）、图 4-4（b）代表了不同的两棵二叉树。对树而言，孩子没有左右之分，有序树中孩子也只有顺序之分，图 4-4（c）表示为一棵树。

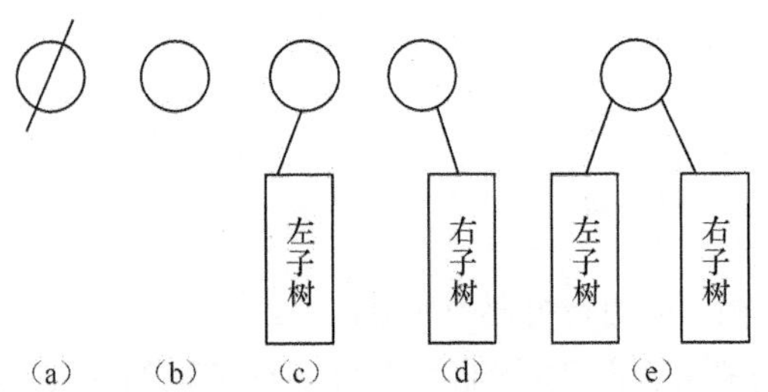

图 4-3　二叉树的五种基本形态

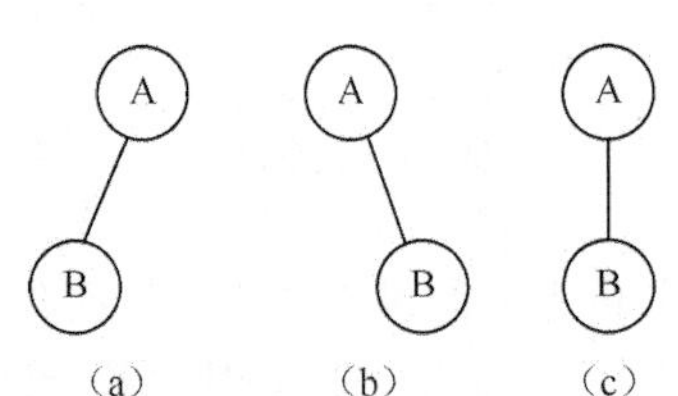

图 4-4　有 2 个结点的二叉树和树的示例

如果一棵 k 层二叉树中每一层结点数量都达到了最大值，该二叉树称为**满二叉树**。如果一棵二叉树有 k 层，其中 k-1 层都是满的，第 k 层可能缺少一些结点，但缺少的结点是自右向左的，这样的二叉树称为**完全二叉树**。一棵满二叉树和一棵完全二叉树的示例，如图 4-5 所示。对于相同高度的二叉树，在满二叉树情况下结点总数最多。

一棵满二叉树也是一棵完全二叉树，但一棵完全二叉树不一定是一棵满二叉树。满二叉树中的叶子结点都分布在最后一层，完全二叉树的叶子结点可能分布在倒数两层上。

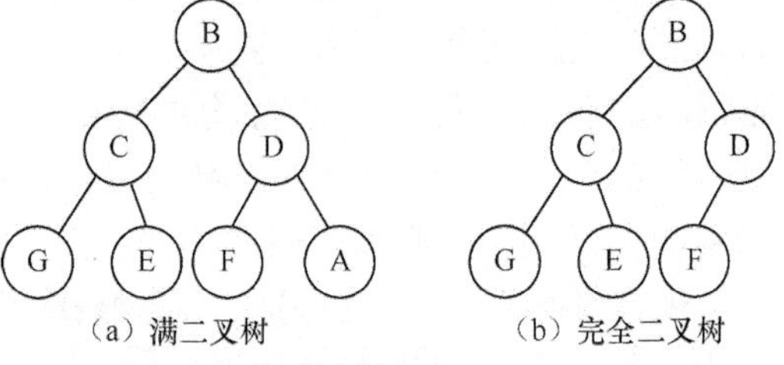

图 4-5　满二叉树和完全二叉树的示例

4.2.2　二叉树的性质

性质 1　一棵非空二叉树的第 i 层上最多有 2^{i-1} 个结点（$i \geqslant 1$）。

证明：可用数学归纳法证明。当 i=1 时，二叉树在这一层要么为空，要么只有一个根结点，即结点数最多为 $2^{1-1}=2^0=1$，命题成立。假设 i=k 时命题成立，只需要让第 k 层的 2^{k-1} 个结点每人各生两个孩子，第 k+1 层结点数就能达到最大，为 $2\times 2^{k-1}=2^{k+1-1}$ 个，即 i=k+1 时命题也成立。性质 1 得证。

性质 2 一棵高度为 k 的二叉树，最多具有 2^k-1 个结点。

证明：要使高度为 k 的二叉树结点总数最多，每一层上结点个数需要达到最多。据性质 1 得知，第 i 层的结点数最多为 2^{i-1}，故 k 层二叉树中结点总数 N 最多为：

$$N=\sum_{i=1}^{k}2^{i-1}=2^k-1$$

性质 3 对于一棵非空二叉树，如果叶子结点个数为 n_0，度数为 2 的结点个数为 n_2，则有 $n_0=n_2+1$。

证明：在一棵二叉树中，设结点总数为 n、度为 0 的结点有 n_0 个、度为 1 的结点有 n_1 个、度为 2 的结点有 n_2 个。则有：

$$n=n_0+n_1+n_2 \tag{4-1}$$

从下往上看：二叉树中除了根结点，每个结点向上都通过唯一的分支和父结点相连，所以二叉树中共有 $n-1$ 条分支。

从上往下看：每个结点都通过向下发出的分支和孩子结点相连，度为 1 的结点向下发出 1 个分支，度为 2 的结点向下发出 2 个分支。故：

$$n-1=1\times n_1+2\times n_2 \tag{4-2}$$

结合式（4-1）、式（4-2）得:

$$n_0=n_2+1 \tag{4-3}$$

性质 4 具有 n 个结点的完全二叉树的高度 $k=\lfloor\log_2 n\rfloor+1$。

证明：假设一棵完全二叉树的高度为 k，k 层完全二叉树前 $k-1$ 层满，第 k 层最少有 1 个结点最多有 2^{k-1} 个。由性质 2，高度为 k 的二叉树最多有 2^k-1 个结点，高度为 $k-1$ 的二叉树最多有 $2^{k-1}-1$ 个结点。故结点总数应满足：

$$(2^{k-1}-1)+1\leqslant n\leqslant 2^k-1，\text{即 } 2^{k-1}\leqslant n<2^k \tag{4-4}$$

对式（4-4）中各项取对数，可得 $k-1\leqslant\log_2 n<k$。

因 k 是整数，故得 $k-1=\lfloor\log_2 n\rfloor$，即 $k=\lfloor\log_2 n\rfloor+1$。

性质 5 对一棵有 n 个结点的完全二叉树中的所有结点按层次自上而下、每一层自左而右依次编号。若根结点的编号为 1，则编号为 i 的结点（$1\leqslant i\leqslant n$），有以下性质：

（1）如果 $i=1$，该结点是二叉树的根结点；如果 $i>1$，其父亲结点的编号为 $\lfloor i/2\rfloor$。

（2）如果 $2i>n$，编号为 i 的结点无左孩子；否则，其左孩子的编号为 $2i$。

（3）如果 $2i+1>n$，编号为 i 的结点无右孩子；否则，其右孩子的编号为 $2i+1$。

证明：利用数学归纳法证明。

当编号 $i=1$ 时，即为根结点时，根的左孩子编号为 2、右孩子编号为 3，结论显然成立。

设编号 $i=k$ 时，其左孩子存在且编号为 $2k$、右孩子存在且编号为 $2k+1$，则编号为 $k+1$ 的结点因 $k+1\leqslant 2k$ 就一定存在。如果编号为 $k+1$ 的结点有左孩子，左孩子一定紧挨着编号为 k 的结点的右孩子，下标即为 $2k+1+1=2(k+1)$；如果编号为 $k+1$ 的结点又有右孩子，则其编号为其左孩子编号加 1，下标为 $2(k+1)+1$。在完全二叉树中，n 个结点是从 1 开始连续编号的，结点的编号最大为 n，因此某个结点存在，其编号必小于等于 n，如果计算出某结点编号大于 n，就说明该结点不存在。

结合以上讨论，根据数学归纳法，性质 5 中的（2）、（3）成立。

根据性质 5 中的（2），如果一个结点是某个结点 j 的左孩子，则其编号有 $2j$ 和 j 的关系；根据性质 5 中的（3），如果一个结点是某个结点 j 的右孩子，则其编号有 $2j+1$ 和 j 的关系，如果一个非根结点的编号是 i，其父结点的编号就是 $\lfloor i/2\rfloor$，性质 5 中的（1）得证。

图 4-6 所示是对一个完全二叉树示例进行编号，有助于读者根据父子编号理解性质 5。

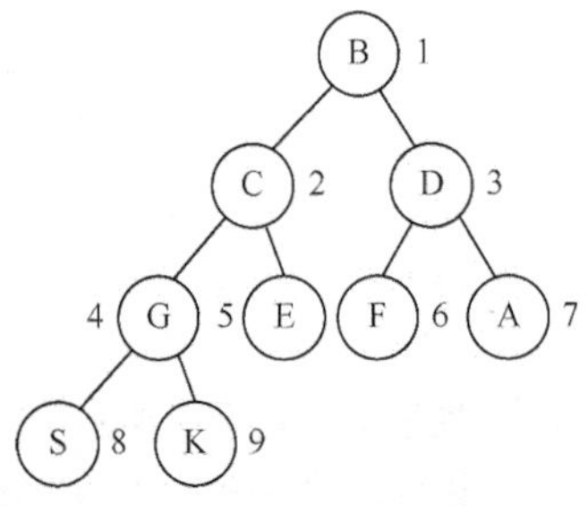

图 4-6　完全二叉树的编号示例

4.2.3　二叉树的存储和实现

1．顺序存储

用一组连续的空间（即数组）来存储二叉树中的结点，每个结点除了包括元素值，还包括表达二叉树父子关系的字段。这里可以设置 4 个字段：data、left、right、parent，其中 left、right、parent 为其左、右孩子及父结点在数组中的下标。当一个结点没有孩子结点时，结点的 left、right 字段设置为−1；当一个结点没有父结点时，结点的 parent 字段设置为−1。在存储结点时，可以随意地按照任何顺序将它们存储在数组中，元素之间的关系全靠字段 left、right 和 parent 来维系。图 4-7 所示是用顺序结构存储一棵一般二叉树的示例。在这个示例中，下标为 0 的数组分量中存储了结点 A，其 parent 字段为−1，表明 A 是根结点；下标为 3 的数组分量中存储了结点 D，其左孩子为 5（即结点 F）、右孩子为 6（即结点 G）；下标为 4 的数组分量中存储了结点 E，其 left、right 字段都为−1，表明 E 是一个叶子。

二叉树的存储

在这样的结构中，一些属性类的基本操作很容易实现。如要找到二叉树的根结点，就看哪个数组分量的 parent 为−1；要找到二叉树的叶子结点，只要寻 left、right 都为−1 的结点；二叉树的高度，可以通过计算所有叶子结点到根结点的层次数，并取其中的最大值来获得。

有些书认为，这种结构虽借助了连续的空间，但依赖了附加信息来体现父子关系，属于链式结构。无论哪种分类，它都是一种重要的存储思路。

一棵完全二叉树，用顺序结构存储可以更简单。具体方法是：首先对结点按照二叉树层次自上而下、自左向右进行编号，编号从 0 开始逐步加 1。然后将结点存储在下标和其编号相同的数组分量中，具体示例如图 4-8 所示。观察图 4-8（b），可以发现一个下标为 i 的结点，如果 $2\times i+1<n$，则其左孩子字段 left=$2\times i+1$；如果 $2\times i+2<n$，则其右孩子字段 right=$2\times i+2$。如果 i 为 0，即该结点为根结点，否则其父为$[(i-1)/2]$。因此图 4-8（b）所示的顺序存储结构可以省掉 left、right 这两个字段，简化为图 4-8（c）的顺序存储结构，节省了大量空间。

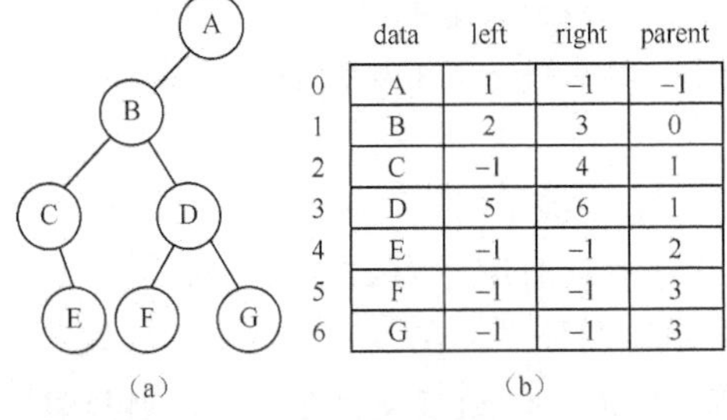

	data	left	right	parent
0	A	1	−1	−1
1	B	2	3	0
2	C	−1	4	1
3	D	5	6	1
4	E	−1	−1	2
5	F	−1	−1	3
6	G	−1	−1	3

（b）

图 4-7　一般二叉树的顺序存储

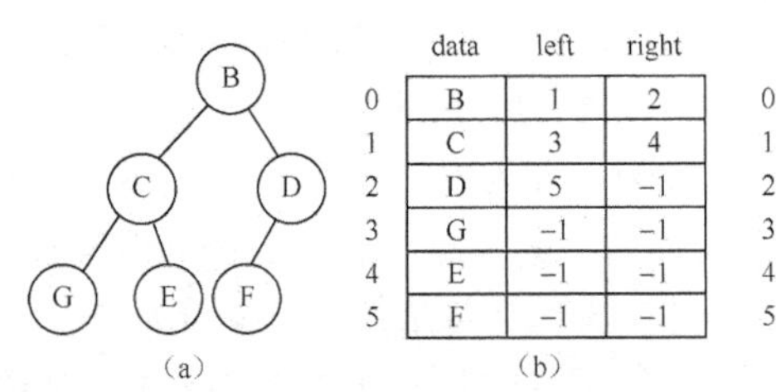

	data	left	right
0	B	1	2
1	C	3	4
2	D	5	−1
3	G	−1	−1
4	E	−1	−1
5	F	−1	−1

（b）

	data
0	B
1	C
2	D
3	G
4	E
5	F

（c）

图 4-8　完全二叉树的顺序存储

像图 4-8（c）这样用于完全二叉树的简单顺序存储结构并不适合于一般二叉树。原因在于如果按照自上而下、自左而右的方式对二叉树中的结点进行编号，这个编号间不能反映出父子关系。如果它接近于一棵完全二叉树，可以通过虚构缺少结点的方式，在数组中为虚构的结点留出空间，使其按照结点编号依然能计算出父子关系。如图 4-9 所示，按照二叉树标准，

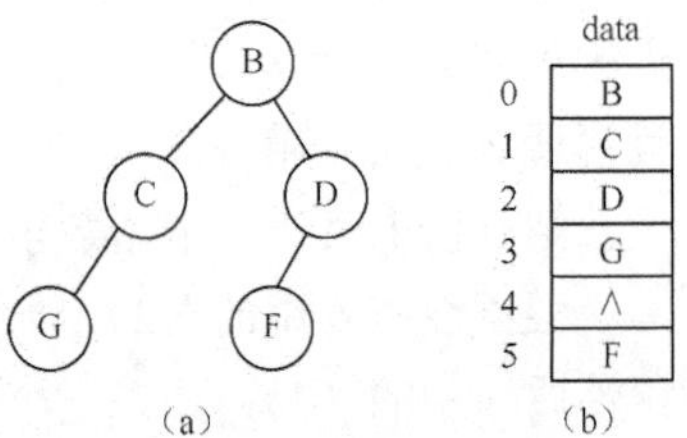

	data
0	B
1	C
2	D
3	G
4	∧
5	F

（b）

图 4-9　为缺少结点留位的二叉树存储

在最后一层 G 和 F 之间缺少了一个元素，存储时依然为这个缺少的结点留出位置，这样就能和完全二叉树一样用简单形式存储。

顺序存储的好处是数组访问简单，不利之处是它需要事先预估出数据的最大规模。

2．链式存储

二叉树的链式存储有两种形式，一种是标准形式，一种是广义标准形式。

（1）标准形式。

left	data	right

图 4-10　标准形式结点结构

在标准形式中，链表中的每个结点都设有两个指针字段，分别指向其两个不同的后继（即左、右孩子结点），因此也称**二叉链表**。标准形式中结点结构如图 4-10 所示，其中 data 字段存储元素的值、left 字段存储结点的左孩子结点地址、right 字段存储结点的右孩子结点地址。图 4-11 所示给出了一棵二叉树的标准形式存储示意图。从图中可以看出，用标准形式即二叉链表来存储一棵二叉树非常直观，它是二叉树在内存中最常用的表示方法。

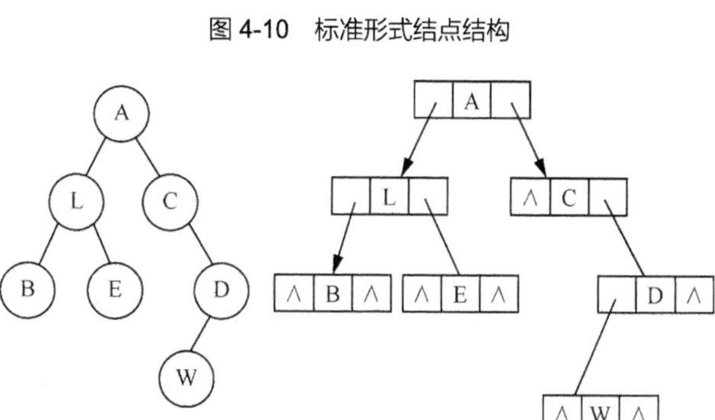

图 4-11　一棵二叉树的标准形式存储示意图

（2）广义标准形式。

广义标准形式是在标准形式的基础上，在结点结构中再多加一个父结点地址字段，用以存储结点的父结点地址信息。广义标准形式的结点结构，如图 4-12 所示，其中 parent 为指向父结点的指针。

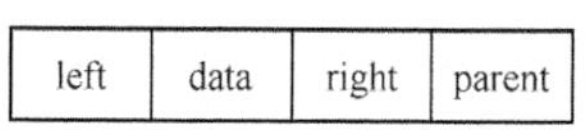

图 4-12　广义标准形式结点结构

图 4-13 所示给出了一棵二叉树的广义标准形式存储示意图。

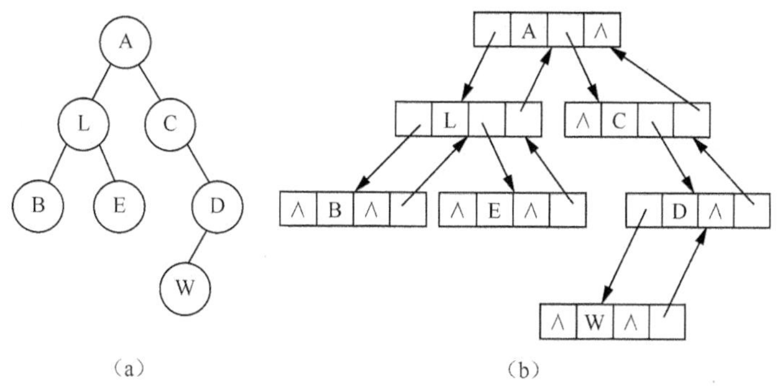

图 4-13　二叉树的广义标准形式存储示意图

在广义标准形式存储的二叉树中，当知道某个结点地址时，找其父结点信息非常直接、方便。用标准形式存储时，知道了某个结点地址，并不能直接找到其父结点，而是需要逐个访问二叉树中每个结点，看哪个结点的孩子结点是给定的结点，那么这个结点就是要找的父结点。可以看出，在这方面上，用标准形式存储比用广义标准形式存储要麻烦些。好在向上找父结点的频率并不高，因此标准形式才是二叉树最常用的一种存储结构。

以下如无特殊说明，都假定是用标准形式存储二叉树。二叉链表，如同一个单链表，只需要用一个指针变量记住根结点的地址，利用根结点地址就能访问到二叉树中所有的结点。

程序 4-1 给出了结点结构 Node 的具体定义、二叉树 BTree 的结构定义、二叉树的基本操作函数声明和部分函数的具体实现。在基本操作中，声明了在内存中创建一棵二叉树、求一些属性的操作，如判二叉树空、获取根结点、求以某结点为根的二叉树中的结点个数和高度，以及按前序、后序和中序遍历二叉树的操作。其中关于遍历类操作，在 4.3 节中详细讨论。对于二叉树结点的插入、删除操作，因不知其具体意义和要求，将它放到有实际插入、删除意义的后续章节中讲解。本章仅讨论对二叉树的整体删除。

下面分析部分基本操作的算法思想。

二叉树的建立：只有在内存中建立起一棵二叉树，其余的操作才便于测试。下面给出的算法借助了一个队列来管理结点。首先读入根结点的值，在内存中创建根结点并主动将根结点地址进队，然后通过将结点从队列中逐个出队、按照出队结点的信息提醒用户输入其孩子结点信息、为孩子创建结点空间，并将孩子结点的地址写到父结点的左右孩子字段里，最后将孩子结点地址进队，让它们在队中等候出队的机会，以便有机会创建它们自己的孩子结点。如此反复进行以上出队、输入孩子、建立孩子结点、链接孩子结点、孩子结点进队等操作。当整个队列为空时，循环结束，在内存中就建好了一棵二叉树对应的二叉链表，即二叉树在内存中以二叉链表的形式存储完毕。

二叉树的操作

在上述算法中，二叉树的第一层结点（根）是主动进队的。根出队时，创建并链接了根的孩子（第二层的所有结点），并使得第二层结点全部进队；当第二层结点逐个出队时，又创建并链接了第三层的所有结点；如此这般，所有层的结点得以创建并链接在父结点的左或者右孩子链上。

这里涉及了求属性的两个操作——函数 Size 和函数 Height。Size 操作，如果二叉树为空，返回 0；否则，返回根的个数 1 加上根的左、右子树中结点个数。Height 操作，如果二叉树为空，返回 0；否则，返回根的高度 1 加上根的左、右子树高度中的最大值。

删除一棵二叉树：必须先删除它的左、右子树，才能删除并释放这棵二叉树的根结点。如果先删除根结点，左右子树信息就找不到了，会导致无法删除。

从 Size、Height、DelTree 的算法实现可以感受二叉树操作中递归应用的普遍性，一般来说，只要能用递归来定义该操作，就能写出递归的算法。这样的算法逻辑简单明了、代码较短，不容易出错。

常见错误：递归函数读起来简单，但自己编写时，常常会出现递归调用时和函数返回类型不匹配。如 size 递归算法中，return 1+size(p->left)+size(p->right)语句中，丢失 return 关键词，在这个出口上就没有匹配函数返回类型 int 的要求。

程序 4-1 二叉树的结构定义及部分基本操作实现（btree.h）。

```
#ifndef BTREE_H_INCLUDED
#define BTREE_H_INCLUDED

#include <iostream>
#include"seqStack.h"
#include "seqQueue.h"

using namespace std;

//BTree 类的前向说明
template <class elemType>
class BTree;

template <class elemType>
class Node
```

```
{   friend class BTree<elemType>;
    private:
        elemType data;
        Node *left, *right;
        int leftFlag;   //用于标识是否线索，0 时 left 为左孩子结点，1 时为前驱线索
        int rightFlag; //用于标识是否线索，0 时 right 为右孩子结点，1 时为后继线索
    public:
        Node(){left=NULL; right=NULL; leftFlag = 0; rightFlag=0;};
        Node(const elemType &e, Node* L=NULL, Node *R=NULL)
        {   data=e;
            left=L; right=R; leftFlag = 0; rightFlag=0;
        };
};

template <class elemType>
class BTree
{
    private:
        Node<elemType> *root;

        int Size (Node<elemType> *t); //求以 t 为根的二叉树的结点个数
        int Height (Node<elemType> *t); //求以 t 为根的二叉树的高度
        void DelTree(Node<elemType> *t);//删除以 t 为根的二叉树
        void PreOrder(Node<elemType> *t);
        // 按前序遍历输出以 t 为根的二叉树的结点的数据值
        void InOrder(Node<elemType> *t);
        // 按中序遍历输出以 t 为根的二叉树的结点的数据值
        void PostOrder(Node<elemType> *t);
        // 按后序遍历输出以 t 为根的二叉树的结点的数据值
    public:
        BTree(){root=NULL;}
        void createTree(const elemType &flag);//创建一棵二叉树
        int isEmpty () { return (root==NULL);}// 二叉树为空返回 true，否则返回 false
        Node<elemType> * GetRoot(){ return   root; }

        int Size (); //求二叉树的结点个数
        int Height (); //求二叉树的高度
        void DelTree();//删除二叉树
        void PreOrder();// 按前序遍历输出二叉树的结点的数据值
        void InOrder();// 按中序遍历输出二叉树的结点的数据值
        void PostOrder();// 按后序遍历输出二叉树的结点的数据值
        void LevelOrder();// 按层次遍历输出二叉树的结点的数据值
};

template <class elemType>
void BTree<elemType>::createTree(const elemType &flag)
//创建一棵二叉树
{
    seqQueue<Node<elemType>*> que;
    elemType e, el, er;
    Node<elemType> *p, *pl, *pr;

    cout<<"Please input the root: ";
    cin>>e;

    if (e==flag) { root = NULL; return;}

    p=new Node<elemType>(e);
    root = p; //根结点为该新创建结点

    que.enQueue(p);
    while (!que.isEmpty())
    {
        p=que.front();   //获得队首元素并出队
        que.deQueue();

        cout<<"Please input the left child and the right child of "<<p->data
            <<" using "<<flag<<" as no child: ";
```

```
            cin>>el>>er;

            if (el!=flag) //该结点有左孩子
            {
                pl=new Node<elemType>(el);
                p->left=pl;
                que.enQueue(pl);
            }

            if (er!=flag) //该结点有右孩子
            {
                pr=new Node<elemType>(er);
                p->right=pr;
                que.enQueue(pr);
            }
        }
}

template <class elemType>
int BTree<elemType>::Size()
{ return Size(root); }

template <class elemType>
int BTree<elemType>::Size (Node<elemType> *t)    //得到以 t 为根二叉树结点个数，递归算法实现
{
    if (!t) return 0;
    return 1+Size(t->left)+Size(t->right);
}

template <class elemType>
int BTree<elemType>::Height()
{ return Height(root); }

template <class elemType>
int BTree<elemType>::Height(Node<elemType> *t)    //得到以 t 为根二叉树的高度，递归算法实现
{
    int hl, hr;
    if (!t) return 0;

    hl=Height(t->left);
    hr=Height(t->right);

    if (hl>=hr) return 1+hl;
    return 1+hr;
}

template <class elemType>
void BTree<elemType>::DelTree()
{
    DelTree(root);
    root=NULL;
}

template <class elemType>
void BTree<elemType>::DelTree(Node<elemType> *t)    //删除以 t 为根的二叉树，递归算法实现
{
    if (!t) return;
    DelTree(t->left);
    DelTree(t->right);
    delete t;
}

#endif // BTREE_H_INCLUDED
```

4.3 二叉树的遍历

4.3.1 二叉树的遍历及实现

二叉树的遍历

遍历即对结构中每个数据元素进行访问且每个元素只访问一次。它是一种最常见的操作，各种数据结构的基本操作很多都以遍历为基础得以实现。如在一个线性表中查找某个给定元素，就需要遍历并比较结构中的每个元素。对线性结构而言，遍历是一种很一般且容易实现的操作。例如，在顺序结构中，简单地沿其物理存储顺序去访问，就能完成遍历任务；在链式结构中，每个结点只有一个直接后继，从头指针开始沿着下一结点指针也能很容易地访问到所有数据。但是对非线性结构，遍历就不那么容易了。

如果二叉树中的元素和元素间的关系是按照顺序结构存储的，遍历只要按照顺序结构的下标，从小到大或者从大到小一个个访问就可以了。但顺序存储仅适合于完全二叉树，对于一个一般的二叉树，二叉链表才是最常用的存储方法。二叉链表中每个结点向下有两个叉，表明一个父结点有两个直接后继结点，结点间关系不再是线性的。如果先访问了根，下面一个要访问的结点是沿左叉去找还是沿右叉去找？访问完左叉中的结点是否还能回到其父结点及父结点的右叉上去？二叉链表中结点是不存储父结点地址的，从左叉回到父结点，就有些复杂了。

上面二叉树的建立操作，给我们一些启示。可以利用一个暂存结构，根首先进入暂存结构，然后执行下列操作：只要这个结构里有元素，任意取出一个访问，顺手将其所有孩子结点放入暂存结构。反复如此，直到暂存结构中没有元素。根据创建二叉树操作的说明，可以看出，每个结点都会有唯一的机会进入这个暂存结构，也有唯一的机会出暂存结构（即其获得被访问的时机）。由此能够达到对每个结点访问且只访问一次的目的。

迄今为止，学过的队列和栈都可以作为暂存结构。但从队列和栈中取出元素不是任意的，要遵循先进先出和后进先出的原则。当使用队列作为暂存结构时，会得到一种遍历序列，后面称作“层次遍历”；当使用栈作为暂存结构时，会得到另外一种遍历序列，后面称作“前序遍历”。前序遍历规则略作改变，又可以得到中序遍历和后序遍历序列。

下面从二叉树的结构入手，分析遍历可以有哪几种策略。

按照二叉树的定义：一个由 n 个结点构成的二叉树，当 n=0 时，表示它是一个空二叉树；当 n>0 时，有一个结点作为根结点，其余 n−1 个结点分为左右两个互不相交的子集，每个子集又构成了一棵二叉树，分别成为根结点的左右子树，左右子树的根是根结点的左右孩子结点。一棵二叉树的结构如图 4-14 所示。

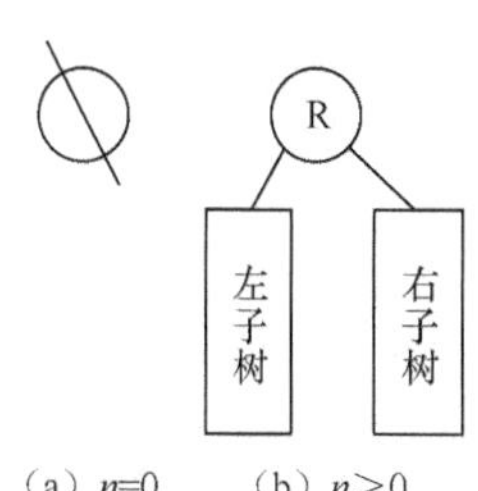

图 4-14　二叉树的结构

对于一棵二叉树，可以按照以下 4 种策略进行遍历。

（1）层次遍历：如果二叉树为空，遍历操作为空；否则，从第一层开始，从上而下，逐层访问每一层结点，对同一层结点，自左向右逐一访问。

（2）前序遍历：如果二叉树为空，遍历操作为空；否则，首先访问根结点，然后前序遍历根的左子树，再前序遍历根的右子树。可简记为：“根左右”。

（3）中序遍历：如果二叉树为空，遍历操作为空；否则，首先中序遍历根的左子树，然后访问根结点，最后中序遍历根的右子树。可简记为："左根右"。

（4）后序遍历：如果二叉树为空，遍历操作为空；否则，首先后序遍历根的左子树，然后后序遍历根的右子树，最后访问根结点。可简记为："左右根"。

从前序、中序、后序遍历的定义可以看出，它们是以根相对于左右子树的访问顺序来决定的：前序根在前，中序根在中，后序根在后。至于左右子树，总是按照先左后右，因为先右后左和先左后右的操作处理是类似的，因此只需要讨论先左后右一种情况就可以了。

图 4-15 详细演示了对一棵二叉树进行前序遍历的过程。遍历中，首先访问根结点 A，然后前序遍历 A 的左子树 L_A。在前序遍历 L_A 时，首先访问 L，然后前序遍历 L 的左子树 L_L。在前序遍历 L_L 时，首先访问 B，然后前序遍历 B 的左子树。在前序遍历 B 的左子树时，因为 B 的左子树为空，遍历操作为空，B 的左子树遍历结束，然后前序遍历 B 的右子树。在前序遍历 B 的右子树时，因为 B 的右子树为空，遍历操作为空，B 的右子树遍历结束。B 的右子树遍历结束意味着 L 的左子树 L_L 遍历结束，接着前序遍历 L 的右子树 R_L。在前序遍历 R_L 时，首先访问 E，然后前序遍历 E 的左子树。在前序遍历 E 的左子树时，因为 E 的左子树为空，遍历操作为空，E 的左子树遍历结束，然后前序遍历 E 的右子树。前序遍历 E 的右子树时，因为 E 的右子树为空，遍历操作为空，E 的右子树遍历结束。E 的右子树遍历结束意味着 L 的右子树 R_L 遍历结束，L 的右子树 R_L 遍历结束意味着 A 的左子树 L_A 遍历结束，接着前序遍历 A 的右子树 R_A。在前序遍历 R_A 时，首先访问 C，然后前序遍历 C 的左子树。在前序遍历 C 的左子树时，因为 C 的左子树为空，遍历操作为空，C 的左子树遍历结束，接着遍历 C 的右子树 R_C。在前序遍历 R_C 时，首先访问 D，然后前序遍历 D 的左子树。因为 D 的左子树为空，遍历操作为空，D 的左子树遍历结束，接着前序遍历 D 的右子树。在遍历 D 的右子树时，因为 D 的右子树为空，遍历操作为空，D 的右子树遍历结束。D 的右子树遍历结束意味着 C 的右子树 R_C 遍历结束，C 的右子树 R_C 遍历结束意味着 A 的右子树 R_A 遍历结束，A 的右子树 R_A 遍历结束意味着整个二叉树遍历结束。经历这个遍历过程，最后得到了前序遍历序列：A、L、B、E、C、D。

观察前序遍历结果可知，前序遍历序列中排在前面的结点 A、L、B，如同用从根结点出发，一路沿左孩子直到最左侧结点的方式获得的。二叉树中连续的左子结点在前序遍历序列中也是依次挨着的，如 A、L、B 子序列。

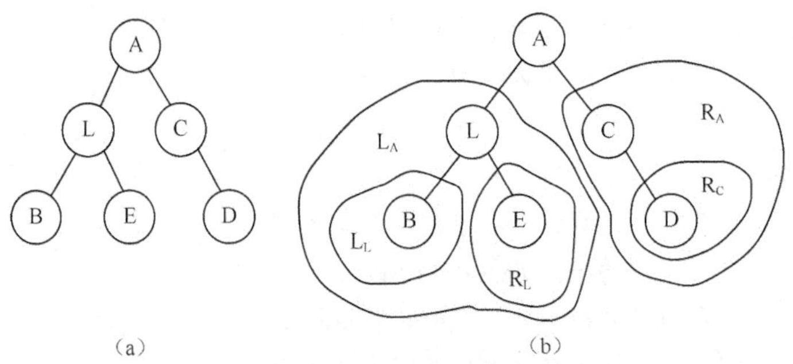

图 4-15　二叉树前序遍历过程

中序、后序遍历原理、过程和前序遍历类似，只是根结点访问相对于左右子树访问的先后不同，图 4-16 显示了对图中给出的一棵二叉树示例进行层次、前序、中序和后续遍历的结果。

上述前序、中序和后序遍历都是以递归的方式对其进行的定义，因此用递归来实现前序、中序和后序遍历非常直观、简单，只需要将定义换成具体的、用高级语言书写的语句就可以了。在递归算法的设计中，要特别注意设置简单情况。在简单情况下，其处理可直接进行，函数不再需要继续递归调用。

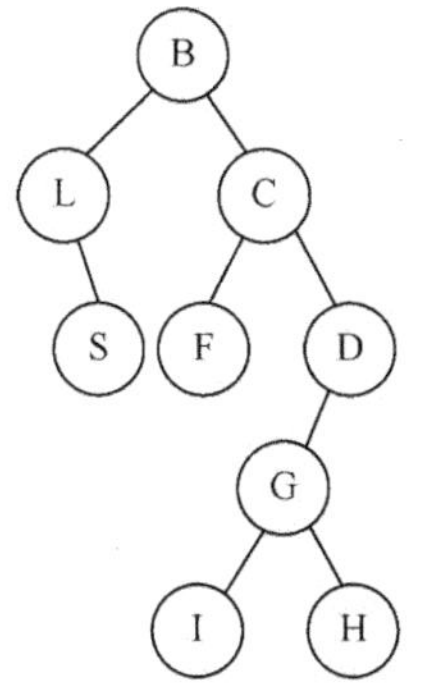

层次遍历：B、L、C、S、F、D、G、I、H

前序遍历：B、L、S、C、F、D、G、I、H

中序遍历：L、S、B、F、C、I、G、H、D

后序遍历：S、L、F、I、H、G、D、C、B

图 4-16　二叉树的各种遍历结果

1．前序遍历

程序 4-2 是前序遍历的递归实现。非递归实现，相对略微复杂。下面以图 4-17 所示的二叉树为例，分析前序遍历的非递归实现。遍历时，首先从 B 走到 L、再从 L 走到空，这很容易，顺着前者的左子指针就可以自上而下地走过来。后面当 S 访问完，接着需要访问 C，而 S 中并没有存储 C 的地址信息，即从 S 无法走到 C。但如果在访问过程中，有对 B、L 的记忆，那么当访问无法顺着结点向下的分支走下去时，对访问过的结点反向回退就可以走向后续访问的结点。如退到 L 就能在 L 中获得 S 的地址，访问 S；退到 B，就能在 B 中获得 C 的地址，访问 C。在这个回退的过程中，发现结点回退的顺序恰好是遍历时结点访问序列的逆序，因此自然会想到用一个栈来记忆所有访问过的结点。

二叉树前序遍历

在前序遍历非递归算法的设计中，还可以对以上思路做一个小小的改变：因为 L 和 B 都已经访问过了，回退到 L、B，都不是为了再次访问 L 和 B，而是为了获取 L、B 的还未被访问过的孩子结点信息，因此可以在访问 B 后并不将 B 保存在栈中，而是直接将 B 的所有孩子保存在栈中。按照前序遍历规则，当一个结点被访问时，其所有孩子结点一定都未访问过。这样通过后面的弹栈，就能直接获得 B 的未访问过的孩子结点信息。也就是说，栈并不记忆访问过的结点，而是记忆未访问的结点。当一个结点出栈时才获得访问的机会，并随手将其所有孩子压入栈中。起始时，根结点主动压入栈中，其余结点就靠访问父结点时将孩子结点带入栈中。用了这个栈之后，算法已不再需要顺着结点间的指针关联或回退获取下一个访问的结点，而是完全用栈来接管结点，靠结点的出栈顺序来决定其访问顺序。

另外需要注意，在这个过程中，一旦一个结点被弹出、访问，其非空的左右孩子结点就被压入栈中。又因栈的先进后出特点，后面要想先访问左孩子再访问右孩子，必须先在栈中压入右孩子再压入左孩子。对一个结点而言，当完成了自身的访问并将其非空孩子带入栈中，它的使命就算完成了。而一旦它的孩子结点已经在栈中，孩子结点的访问就靠弹栈来获取机会了。

图 4-17 给出了按照上述思路对二叉树用一个栈辅助前序遍历的非递归算法中栈中数据的变化过程和结点的访问顺序。图中结点用尖括号括起表示存储地址，如<B>表示二叉树中 B 结点的存储地址，栈右下角的字符表示结点出栈访问。算法首先判断根结点是否为空，空则结束，否则将二叉树的根结点 B 的地址压入栈中，如图 4-17（a）所示。如果栈不空，循环进行如下操作：栈顶元素出栈，这里 B 出栈，访问 B，如果出栈元素有右孩子则将右孩子压入栈中，如果出栈元素有左孩子则将左孩子压入栈中，因此这里 B 的右孩子 C 和左孩子 L 依次被压入栈中，如图 4-17（b）所示，

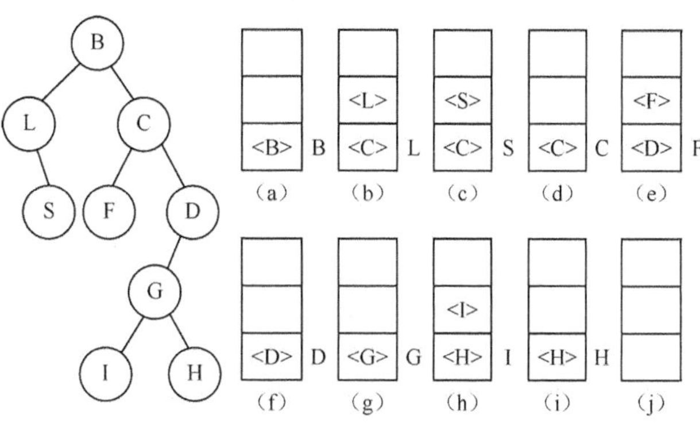

图 4-17　前序遍历的非递归算法栈中数据变化情况

这样一次循环就结束了。接着继续判断栈是否空，空则结束，不空则进入下一轮弹栈、压栈循环。

可以看出，在一轮循环处理中，只进行了一次弹栈、访问、有右孩子压右孩子、有左孩子压左孩子的操作。一轮循环仅涉及父子两层结点，这种处理简单又容易。

第一层结点，根主动进栈。根出栈时将其所有孩子，即第二层结点都带入栈中。类似地，第二层结点出栈时会将第三层结点带入栈中，最后每层结点都有进栈机会。每个结点都是由其父结点访问时带入栈中的，每个结点的父结点唯一，故每个结点进栈的机会只有一次。每个进栈元素出栈时都会被访问到，故按照此算法能完成遍历的任务。

程序 4-2、程序 4-3 中包含了对二叉树进行前序遍历的递归和非递归算法实现。在递归算法实现中，递归函数要有反映规模变化的参数，故定义了一个函数 PreOrder(Node<elemType> *t)。又因根结点地址 root 为类私有，外部函数（如 main 函数）不能直接访问 root，故又定义了一个不带根结点地址作参数的函数 PreOrder()。定义的这两个函数，前者定义为私有，为内部工具，后者定义为公有，供外部函数调用。这种用法中，后者常作为包装函数。非递归算法中不涉及规模的变化，因此不需要反映规模变化的参数。

程序 4-2　二叉树的前序遍历递归算法（btree.h）。

```
template <class elemType>
void BTree<elemType>::PreOrder()
{ PreOrder(root); }

template <class elemType>
void BTree<elemType>::PreOrder(Node<elemType> *t)   //前序遍历以 t 为根二叉树递归算法的实现
{
    if (!t) return;
    cout << t->data;

    PreOrder(t->left);
    PreOrder(t->right);
}
```

程序 4-3　二叉树的前序遍历非递归算法（btree.h）。

```
template <class elemType>
void BTree<elemType>::PreOrder()   //前序遍历的非递归算法实现
{
    if (!root) return;

    Node<elemType> *p;
    seqStack<Node<elemType> *> s;

    s.push(root);
    while (!s.isEmpty())
    {
        p=s.top(); s.pop();
        cout << p->data;
        if (p->right)  s.push(p->right);
        if (p->left)   s.push(p->left);
    }
    cout << endl;
}
```

前序遍历非递归算法的时间复杂度分析：在程序 4-3 二叉树的前序遍历非递归算法中，和结点个数 n 有关的是循环操作。每次循环都从栈中弹出并访问了一个结点，当整个循环结束时，每个结点都被访问且只被访问一次，因此循环次数为 n，算法的时间复杂度就是 $O(n)$。

二叉树中序遍历

2．中序遍历

中序遍历的递归算法和前序遍历的递归算法非常类似，只是语句顺序不同，但中序遍历的非递归算法就比前序遍历的非递归算法复杂多了。

下面对照图 4-18 中的一棵二叉树示例对中序遍历的非递归算法进行分析。

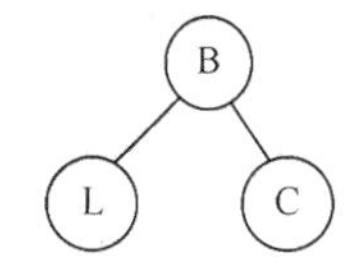

图 4-18　一棵二叉树

中序遍历依然如前序遍历一样，用一个栈来辅助管理结点及结点的访问。先将根结点 B 压栈，栈不空，B 出栈，但 B 不能访问，因其左孩子 L 未访问，为了访问完 L 能再回到 B，故将 B 再次进栈，并将 L 带入栈中。注意此时栈中 L 在 B 之上，可保证将来弹出访问时，先 L 后 B。当 B 再次出现在栈顶出栈时，因已经考虑过其左孩子了，故可以直接访问。为区别其是否已经考虑过左孩子，可对进栈元素加一个标识，0 表示其未考虑过左孩子，是第一次进栈；1 表示其考虑过左孩子，是第二次进栈。当结点出栈可以访问时，如 B 出栈并访问时，说明 B 的左子树已经访问过，按照“左根右”，现在要考虑其右孩子。故当一个结点访问后，如果有右孩子，将其右孩子进栈，这样 B 的使命才算完成。可以看出：根结点为主动进栈，其余结点都是被父结点带入栈中，且带入时，子结点状态都置为 0；出栈并考虑其左孩子时，才将状态改为 1。

图 4-19 所示是对一棵二叉树进行中序遍历非递归算法中栈的变化情况的演示。为了给每个结点加一个标志，这里另外使用了一个标志栈。为了和相应结点对应，在操作中，它和保存结点地址的栈同时弹栈、压栈。最后当栈空时获得了中序遍历序列 B、L、E、A、C、W、D。

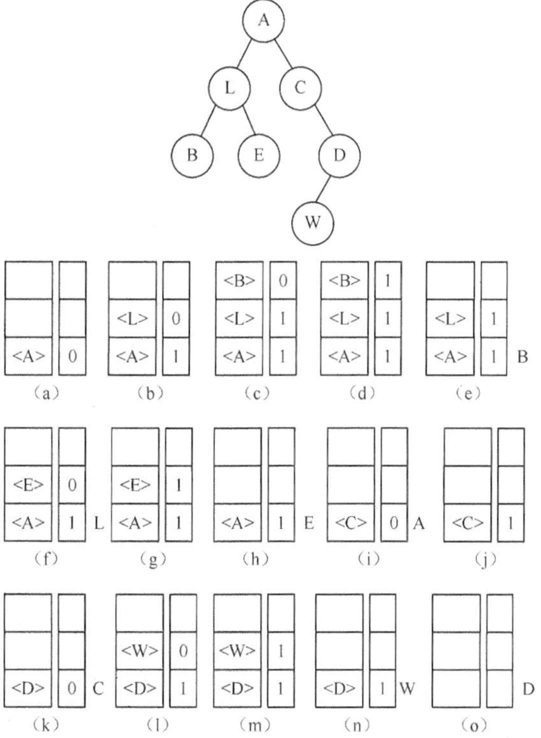

图 4-19　中序遍历非递归算法中栈的变化情况

程序 4-4、程序 4-5 中包含了中序遍历的递归和非递归算法实现。

程序 4-4　二叉树的中序遍历递归算法（btree.h）。

```
template <class elemType>
void BTree<elemType>::InOrder()
{ InOrder(root); }

template <class elemType>
void BTree<elemType>::InOrder(Node<elemType> *t)   //中序遍历以 t 为根二叉树递归算法的实现
{
    if (!t) return;

    InOrder(t->left);
    cout << t->data;
    InOrder(t->right);
}
```

程序 4-5　二叉树的中序遍历非递归算法（btree.h）。

```
template <class elemType>
void BTree<elemType>::InOrder()   //中序遍历的非递归算法实现
{
    if (!root) return;

    seqStack<Node<elemType> *> s1;
    seqStack<int> s2;
    Node<elemType> *p;
    int flag;
    int zero=0, one=1;

    p=root;
    s1.push(p); s2.push(zero);

    while (!s1.isEmpty())
    {   flag=s2.top(); s2.pop();
        p=s1.top(); //读取栈顶元素

        if (flag==1)
        { s1.pop();
          cout << p->data;
          if (!p->right) continue; //有右孩子压右孩子，没有进入下一轮循环
          s1.push(p->right);
          s2.push(zero);
        }
        else
        {   s2.push(one);
            if (p->left) //有左孩子压左孩子
            {   s1.push(p->left);
                s2.push(zero);
            }
        }
    }
    cout<<endl;
}
```

中序遍历的非递归算法时间复杂度分析：时间依然取决于实现中循环的执行次数，每次循环中都是弹出一个结点，结点标志为 1 时，直接访问；结点标志为 0 时，反手将其再次压栈。二叉树中的每个结点都进入过栈中，且结点标志为 0 时经历过一次循环操作，标志由 0 变 1；结点标志为 1 时也经历过一次循环操作，直接访问。故对每个结点执行过两次循环操作，总的循环次数为 $2n$，算法的时间复杂度为 $O(n)$。

二叉树后序遍历

3．后序遍历

按照中序遍历的非递归算法类似的思路，后序遍历的非递归算法中结点在标志栈中拥有更多的状态：0 表示结点首次进栈，1 表示结点出栈过一次（即考虑过左孩子），2 表示结点出栈过两次（即考虑过右孩子）。

栈中弹出的结点，如果标志位为 0，将其标志改为 1 并反手将该结点再次压入栈中，如果该结点有左孩子，随即将其左孩子压入栈中；栈中弹出的结点，如果标志位为 1，将其标志改为 2 并反手将该结点再次压入栈中，如果该结点有右孩子，随即将其右孩子压入栈中；栈中弹出的结点，如果标志位为 2，则可以直接进行访问了。

在压栈过程中，只有根结点是主动压入栈中的，压栈时标志设置为 0，其他结点都是在父结点弹出栈时，被首次压入栈中的，这些首次压入栈中的结点，标志设置为 0。

程序 4-6、程序 4-7 是后序遍历的递归算法和非递归算法实现。显然非递归算法中，循环的次数变为 $3n$，算法的时间复杂度依然为 $O(n)$。

程序 4-6　二叉树的后序遍历递归算法（btree.h）。

```
template <class elemType>
void BTree<elemType>::PostOrder()
{ PostOrder(root); }

template <class elemType>
void BTree<elemType>::PostOrder(Node<elemType> *t)   //后序遍历以 t 为根二叉树递归算法的实现
{
    if (!t) return;

    PostOrder(t->left);
    PostOrder(t->right);
    cout << t->data;
}
```

程序 4-7　二叉树的后序遍历非递归算法（btree.h）。

```
template <class elemType>
void BTree<elemType>::PostOrder()   //后序遍历的非递归算法实现
{
    if (!root) return;

    Node<elemType> *p;
    seqStack<Node<elemType> *> s1;
    seqStack<int> s2;
    int zero=0, one=1, two=2;
    int flag;

    s1.push(root); s2.push(zero);
    while (!s1.isEmpty())
```

```
        {
            flag = s2.top(); s2.pop();
            p = s1.top();
            switch(flag)
            {
                case 2:  s1.pop();
                         cout << p->data;
                         break;
                case 1:  s2.push(two);
                         if (p->right)
                         {
                             s1.push(p->right);
                             s2.push(zero);
                         }
                         break;
                case 0:  s2.push(one);
                         if (p->left)
                         {
                             s1.push(p->left);
                             s2.push(zero);
                         }
                         break;
            };//switch
        }//while
    }
```

4．层次遍历

二叉树的层次遍历为从上到下逐层访问，每一层从左到右逐个访问每个结点。图 4-20 所示为一棵二叉树的层次遍历序列为 B、L、C、S、F、D。

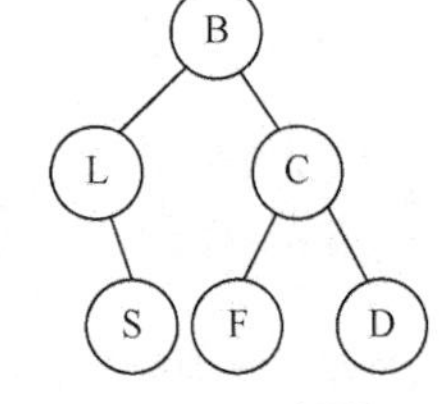

图 4-20　二叉树层次遍历序列

和前序遍历非递归算法思路类似，层次遍历只是把辅助工具由栈换为队列。用一个队列完全接管结点，由它的进队、出队顺序来决定结点的访问次序，具体的层次遍历算法如下。

如果二叉树为空，遍历操作为空。否则，首先将根结点进队，然后反复循环进行以下操作：队首结点出队、访问，如果该结点有左孩子，左孩子进队；如果该结点有右孩子，右孩子进队。然后继续判队空与否，如果不空，则进入下一轮循环；如果空，则遍历结束。层次遍历算法的实现见程序 4-8。由于每一轮循环都出队访问一个结点，共循环了 n 次，故算法的时间复杂度为 $O(n)$。

二叉树层次遍历

程序 4-8　二叉树的层次遍历算法（btree.h）。

```
template <class elemType>
void BTree<elemType>::LevelOrder()   //层次遍历二叉树算法的实现
{   seqQueue<Node<elemType> *> que;
    Node<elemType> *p;

    if (!root) return; //二叉树为空
    que.enQueue(root);
    while (!que.isEmpty())
    {
        p = que.front();
        que.deQueue();
        cout << p->data;
        if (p->left) que.enQueue(p->left);
        if (p->right)que.enQueue(p->right);
```

```
    }
    cout << endl;
}
```

以上详细讨论了二叉树的遍历算法。递归算法逻辑清楚、形式简单、不容易出错，但因有多次函数调用，系统开销比较大，时空性能较差；非递归算法形式复杂，但消除了多次函数调用，时空性能更好。

遍历算法的实现并不唯一，掌握了遍历算法基本思想，设计其他众多属性类操作的算法就比较容易。如对一棵二叉树：遍历时计数就可求出结点个数；遍历时计数无左右孩子的结点就可求出叶子结点个数；遍历时增加一个栈，记录结点栈中结点的层次，根进栈时层次为 1，以后每个结点进栈时，其层次数为父母层次数加 1；对每一层定义一个计数器，遍历时计算层次数一样的结点的个数，即可求得每一层有多少个结点；计算结点层次数的最大值，即可求得树高等。

4.3.2　二叉线索树

在上一节的前序、中序和后序遍历的非递归算法中，都使用了栈作为辅助工具，能否省掉栈工具？下面的方法可以达到这个目标。

二叉线索树

假设一棵二叉树中有 n 个结点，因为每个结点有左、右两个指针域，n 个结点共有 $2n$ 个指针域。从另外一个角度看，除了根结点，每个结点都有父结点，即占用了父结点的一个指针域，n 个结点共占用了 $n-1$ 个域，这样，二叉树中就有 $2n-(n-1)=n+1$ 个左右指针域是空着的。现在把这些空指针域利用起来：如果一个结点的左指针域为空，就把某种遍历序列中这个结点的直接前驱结点地址存储在左指针域中；如果一个结点的右指针域空着，就把某种遍历序列中这个结点的直接后继结点地址存储在右指针域中。在空指针域加载了某种遍历线索的二叉树就叫**线索树**。在一棵线索树上实现遍历操作就可以摆脱对栈的依赖。

图 4-21 所示就是一棵中序遍历线索树，也常叫**中序线索树**。其中粗线条即为增加的线索，左孩子指向直接前驱，右孩子指向直接后继。线索树中除了原来的根结点指针 root 外，还多了一个指针 first，用以指向中序遍历序列中第 1 个结点的地址。在图 4-21 所示的例子中，first 指向 B，因此 B 是中序遍历序列中的第一个结点；E 没有左右孩子，因此 E 的左指针域指向其直接前驱 L，E 的右指针域指向其直接后继 A；C 有右孩子但没有左孩子，因此 C 的右指针域依然指向其右孩子，C 的左指针域指向它的直接前驱 A。

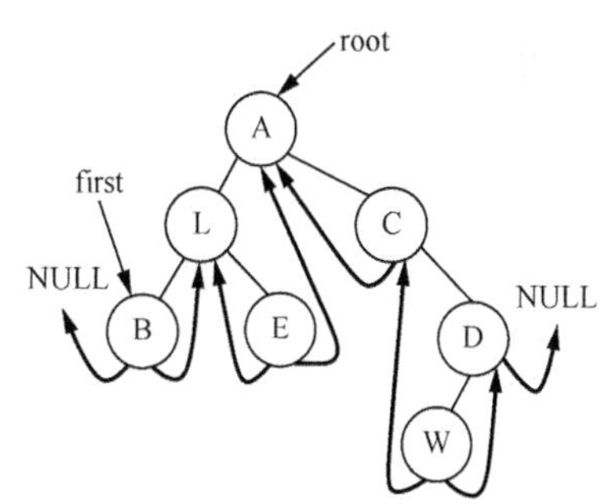

图 4-21　中序线索树

利用中序遍历算法思路，对一棵二叉树建立中序线索非常方便。只需在中序遍历算法中多用一个 pre 指针，用它指向当前访问结点的前一个结点。最初 pre 为空，中序遍历时，一旦访问一个结点（后面称当前结点 p），如果当前结点没有左孩子，就令其左指针域指向其直接前驱，即 p->left = pre，并设置 p 的线索标志 p->leftFlag =1；如果 pre 不为空，且 pre 所指结点没有右孩子，就令其右指针域指向其直接后继，即 pre->right = p，并置 pre 线索标志 pre->rightFlag=1；最后一个访问结点其右子必为空，现将其右子改为线索，即 p->rightFlag=1；最后将遍历序列中第 1 个结点的地址作为返回值返回给主调函数。程序 4-9 所示是建立中序遍历线索树算法实现。

程序 4-9　建立中序遍历线索树算法实现(btree.h)。

```
template <class elemType>
Node<elemType> * BTree<elemType>::ThreadMid()
{
    if (!root) return NULL;

    seqStack<Node<elemType> *> s1;
    seqStack<int> s2;
    Node<elemType> *first; //记录前序遍历序列中的第一个结点地址
    Node<elemType> *p, *pre;
    int flag;
    int zero=0, one=1;

    pre=NULL;
    first=NULL;
    p=root;
    s1.push(p); s2.push(zero);

    while (!s1.isEmpty())
    {
        flag=s2.top(); s2.pop();
        p=s1.top(); //读取栈顶元素

        if (flag==one)
        {
            s1.pop();
            //cout<<p->data<<"-----: "<<endl;
            if (!first) first=p;

            if (p->right) //有右孩子压右孩子，没有右子进入下一轮循环
            {
                s1.push(p->right);
                s2.push(zero);
            }

            //加中序遍历线索
            if (!p->left)
            {
                p->leftFlag=1; p->left=pre;
                //---辅助调试开始------
                cout << p->data <<" pre: ";
                if (p->left)
                    cout<<p->left->data<<endl;
                else
                    cout<<"NULL"<<endl;
                //---辅助调试结束------
            }

            if (pre && (!pre->right))
            {
                pre->rightFlag=1; pre->right=p;
                //---辅助调试------
                cout << pre->data <<" next: ";
                cout<<p->data<<endl;
                //---辅助调试结束------
            }

            pre = p;
        }
        else
        {   s2.push(one);
            if (p->left) //有左孩子压左孩子
```

```
            {   s1.push(p->left);
                s2.push(zero);
            }
        }
    }
    //遍历序列中最后一个结点后继为空
    p->rightFlag=1;
    cout << p->data <<" next: "<<"NULL"<< endl;
    return first;
}
```

用相似的方法，也可以在一棵二叉树上建立前序线索或者后序线索。

在一棵中序线索树上进行中序遍历算法的思路如下。

假设 first 为建立中序线索树后得到的第 1 个结点的地址。

（1）将当前结点 p 设为 first，即 p=first。

（2）如果 p 为空，结束。

　　如果 p 不为空，访问 p 所指结点。

（3）如果 p 有右孩子，沿其右孩子一路左分支走下去，令下一个访问结点 p 指向其最左侧结点。

（4）转向步骤（2）。

　　如果 p 无右孩子，令 p 指向右孩子域中的后继线索，它即下一个访问结点。

对中序遍历线索树进行中序遍历算法的具体实现见程序 4-10。

程序 4-10　对中序遍历线索树进行中序遍历算法实现（btree.h）。

```
template <class elemType>
void BTree<elemType>::ThreadMidVisit( Node<elemType> *first)
{
    if (!first) return;

    Node<elemType> *p;
    p=first;

    while (p)
    {
        cout<<p->data;
        //找 p 的后继元素
        if (p->rightFlag==0) //如果有右子
        {
            p=p->right;

            //沿右孩子的左分支一路向左
            while (p->left) p=p->left;
        }
        else p=p->right; //无右孩子，直接用后继线索
    }
    cout<<endl;
}
```

事实上，对前序线索树进行前序遍历、对后序线索树进行后序遍历的方法和以上对中序线索树进行中序遍历的方法类似，也不需要借助栈，实现起来非常方便。

更有意思的是：在一个中序线索树上进行前序遍历也可以摆脱栈，利用中序线索就可以方便地实现。因此中序线索树较前序线索树、后序线索树更常用。

在一棵中序线索树上进行前序遍历算法的思路如下。

（1）将当前结点 p 设置为根 root。

（2）如果 p 不为空，访问 p 所指结点。

（3）如果 p 有左孩子，下一个访问结点为其左孩子，令 p 为其左孩子。转向步骤（2）。

（4）如果 p 有右孩子，下一个访问结点为其右孩子，令 p 为其右孩子。转向步骤（2）。如果 p 无右孩子，顺着后继线索一直往下找，直到找到右孩子。

（5）如果右孩子为空，遍历结束。如果右孩子不为空，令 p 为其右孩子。转向步骤（2）。

在一棵中序线索树上进行前序遍历算法的实现见程序 4-11。

程序 4-11　对中序遍历线索树进行前序遍历算法实现（btree.h）。

```
template <class elemType>
void BTree<elemType>::ThreadMidPreVisit()
{
    Node<elemType> *p;
    p=root;

    while (p)
    {
        cout<<p->data;

        if ((p->leftFlag==0))
            p=p->left;
        else
        {
            if (p->rightFlag==0)
                p=p->right;
            else
            {
                while (p&&(p->rightFlag==1)) p = p->right;
                if (!p) return;
                p=p->right;
            }
        }
    }
    cout<<endl;
}
```

关于线索树相关算法的实现测试见程序 4-12。

程序 4-12　线索树相关算法的实现测试（main.cpp）。

```
#include <iostream>
#include "btree.h"
using namespace std;

int main()
{
    BTree<char> tree;
    char flag='#';

    tree.createTree(flag);
    cout << endl;
```

```
    Node<char> * first;
    first=tree.ThreadMid();

    cout<<"visit midThreadTree in mid order:"<<endl;
    tree.ThreadMidVisit(first);

    cout<<"visit midThreadTree in pre order:"<<endl;
    tree.ThreadMidPreVisit();

    return 0;
}
```

4.3.3　遍历序列确定二叉树

当知道了一棵二叉树的遍历序列，能否唯一确定这棵二叉树？分以下 3 种情况。

遍历序列确定二叉树

（1）已知一个完全二叉树的层次遍历，**能**唯一确定这个完全二叉树。

（2）已知一个满二叉树的前序、中序、后序遍历之一，**能**唯一确定这个满二叉树。

（3）已知一个一般二叉树的前序、中序、后序遍历之一，是**不能**唯一确定这棵二叉树的。

对以上得出的能结论，需要给出算法；对以上得出的不能结论，只需要给出例子。

当知道了一棵二叉树的前序、中序、后序遍历序列，用两个不同序列有可能唯一地确定这棵二叉树，情况如下。

（1）当给了一棵二叉树的前序和中序遍历序列，**能**唯一确定这棵二叉树。

（2）当给了一棵二叉树的后序和中序遍历序列，**能**唯一确定这棵二叉树。

（3）当给了一棵二叉树的前序和后序遍历序列，**不能**唯一确定一棵二叉树。

下面用示例分别说明每一种情况。

（1）已知一棵二叉树的前序和中序序列如下。

前序序列：B、L、S、C、F、D、G、I、H

中序序列：L、S、B、F、C、I、G、H、D

先看前序序列，根据前序遍历的“根左右”原则，B 为二叉树的根，B 后先跟着 B 的左子树的先序遍历序列，再跟着 B 的右子树的先序遍历序列。但从哪个位置开始划分左右子树，从前序遍历序列中无法获知。此时再看中序序列，在中序序列中找到根 B 的位置，按照中序遍历的“左根右”原则，B 前面的序列就是 B 的左子树的中序遍历序列，B 后面的序列就是 B 的右子树的中序遍历序列。由此可以得出：B 为根，L、S 为左子树中的结点，F、C、I、G、H、D 为右子树中的结点，以及在前序序列中左右子树的划分位置。结果如图 4-22（a）所示。

分别从上述前序、中序序列中截取 B 的左子树的前序、中序子序列，并观察它们。

前序子序列：L、S

中序子序列：L、S

从前序可知，L 为根，S 跟在其后，它可能在 L 的左子树中，也可能在 L 的右子树中。在中序子序列中找到 L，因为 S 在 L 之后，根据中序遍历规则，S 是 L 的右子树中的结点，因为右子树中只有一个结点，故 S 是 L 的右孩子。这样 B 的左子树就完全确定下来了，如图 4-22（b）所示。

现在再用同样的方法观察两个子序列，它们用于描述 B 的右子树。

前序子序列：C、F、D、G、I、H

中序子序列：F、C、I、G、H、D

从前序可知，C为根，然后看中序序列，在中序序列中找到根C的位置，C前面的序列就是C的左子树的中序遍历序列，C后面的序列就是C的右子树的中序遍历序列。由此可以得出：C为根，F为C的左孩子结点，I、G、H、D为右子树中的结点，以及在前序序列中左右子树的划分位置。结果如图4-22（c）所示。

现在再用同样的方法观察两个子序列。

前序子序列：D、G、I、H

中序子序列：I、G、H、D

从前序序列可知，D为根，从中序序列可知，D的左子树中含I、G、H结点，D的右孩子为空。结果如图4-22（d）所示。

现在再用同样的方法观察两个子序列。

前序子序列：G、I、H

中序子序列：I、G、H

从前序序列可知，G为根，从中序序列可知，G的左孩子结点为I，G的右孩子结点为H。结果如图4-22（e）所示。

至此整个二叉树就被确定下来，处理的停止条件是：待处理的两个子序列长度为0。

在以上确定二叉树的过程中可以看出：每一步都没有二义性。按照这个方法，就能唯一地确定一棵二叉树。下面组合图4-22（a）、图4-22（b）、图4-22（c）、图4-22（d）、图4-22（e）中的各个图形片段，便得到了图4-22（f）所示的一棵二叉树。

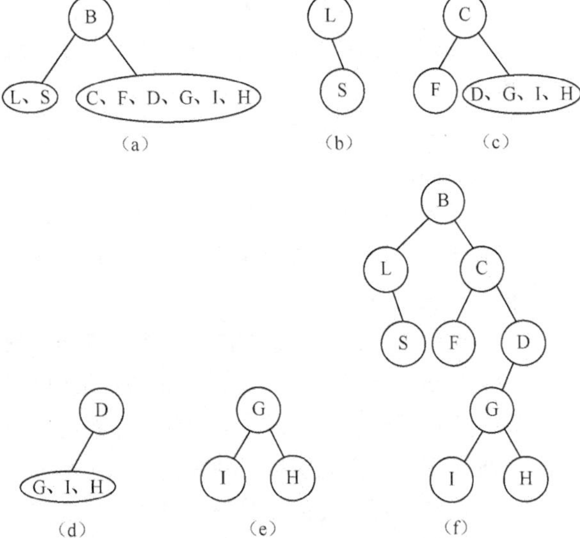

图4-22　由前序和中序序列确定的二叉树的中间片段和结果

如果已知前序和中序，确定该二叉树的算法如何实现？见程序4-9。两个序列分别在前序数组和中序数组中，由前序数组定出根结点值后，在中序数组中找到根结点值所在的位置，由此找到了前序和中序序列中根的左子树下标范围，同样也找到了右子树的下标范围。然后根据根结点的值创建根结点空间，并分别利用两个数组和其左子树下标范围、右子树下标范围递归确定其左、右子树，将左右子树的根地址写入根结点的左右孩子指针中。前序、中序序列边界分析如图4-23所示，算法实现见程序4-13。

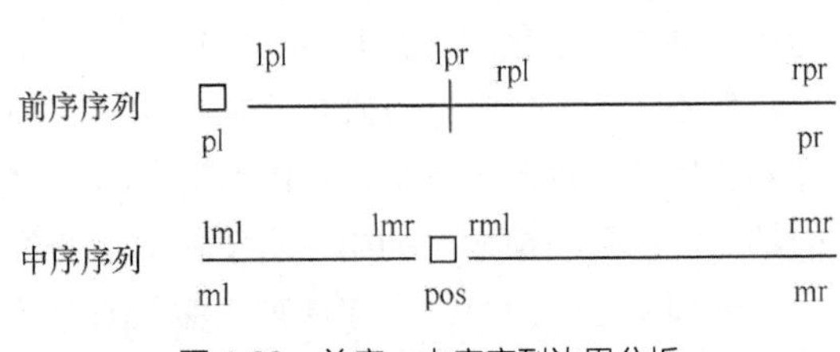

图4-23　前序、中序序列边界分析

程序4-13　根据二叉树的前序遍历和中序遍历序列建立二叉树算法（btree.h）。

```
//pre 数组存储了前序遍历序列，pl 为序列左边界下标，pr 为序列右边界下标
//min 数组存储了中序遍历序列，ml 为序列左边界下标，mr 为序列右边界下标
template <class elemType>
```

```
Node<elemType> *BTree<elemType>::buildTree(elemType pre[], int pl, int pr,
                                            elemType mid[], int ml, int mr)
{
    Node<elemType> *p, *leftRoot, *rightRoot;
    int i, pos, num;
    int lpl, lpr, lml, lmr; //左子树中前序的左右边界、中序的左右边界
    int rpl, rpr, rml, rmr; //右子树中前序的左右边界、中序的左右边界

    if (pl>pr) return NULL;
    p=new Node<elemType>(pre[pl]); //找到子树的根并创建结点
    if (!root) root=p;

    //找根在中序中的位置和左子树中结点个数
    for (i=ml; i<=mr; i++)
        if (mid[i]==pre[pl]) break;
    pos=i;      //子树根在中序中的下标
    num=pos-ml; //子树根的左子树中结点的个数

    //找左子树的前序、中序序列下标范围
    lpl=pl+1; lpr=pl+num;
    lml=ml; lmr=pos-1;
    leftRoot = buildTree(pre, lpl, lpr, mid, lml, lmr);

    //找右子树的前序、中序序列下标范围
    rpl=pl+num+1; rpr=pr;
    rml=pos+1; rmr=mr;
    rightRoot = buildTree(pre, rpl, rpr, mid, rml, rmr);

    p->left=leftRoot;
    p->right=rightRoot;
    return p;
}
```

可以看出，按照算法，递归实现是很容易的。需要特别注意的是小心计算左右子树的下标边界。

（2）已知一棵二叉树的后序和中序序列如下。

后序序列：S、L、F、I、H、G、D、C、B

中序序列：L、S、B、F、C、I、G、H、D

根据以上后序和中序确定二叉树的算法与根据前序和中序确定二叉树的算法思路类似，它只是用后序序列取代了前序序列。原来在前序中找根的任务，就交给了后序序列。两个序列在找根时方法不同，在前序序列中根位于最前面，而后序序列中根位于最后面，无论根在前、在后，二者提供的信息都是一致的，都能和中序遍历提供的信息互补。因此也能唯一地确定一棵二叉树。

（3）已知二叉树的前序和后序遍历序列，不能唯一地确定一棵二叉树。

前序序列：A、B

后序序列：B、A

图 4-24（a）、图 4-24（b）中的两个二叉树都满足已知的前序序列和后序序列。

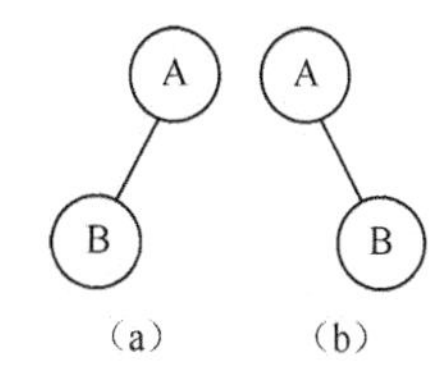

图 4-24　由同一组前序序列和后序序列确定的两棵不同的二叉树

观察两个序列，可以发现：前序序列或者后序序列都能得到根为 A，但 B 究竟属于左子树还是右子树？这两个序列都不能确定。原因在于前序序列和后序序列中左右子序列都是连续的，只是前序序列中左右子树在根后，后序序列中左右子树在根前，无法用根来分割它。换言之，从前序序列获得的信息从后序序列中也能获知，而从前序序列得不到的信息，从后序序列中也无从获知，反之亦然。这两个序列提供的信息是重叠的，而不是互补的。

下面请思考：层次遍历序列是否能和前序序列、中序序列、后序序列中的哪一个组合并能唯一地确定一棵二叉树？

4.4 表达式树

4.4.1 基本概念

表达式树

在栈的应用中，我们讨论过算术表达式的后缀式问题。具体就是如何用后缀式表示一个表达式，如何将一个普通表达式改变成后缀式，以及如何根据后缀式计算出表达式的值。就其存储方式而言，后缀式和普通表达式一样，依然使用了字符串。事实上，除了字符串，用二叉树也能很好地存储一个表达式，用二叉树表示的表达式就称为**表达式树**。

下面讨论如何用二叉树表示表达式，如何根据普通表达式建立表达式树，以及如何根据表达式树计算表达式的值。

图 4-25 所示是一个表达式 7*(5−2)−8/2 构建表达式树的过程。按照已有的运算知识，在表达式中，首先计算 5-2，于是 5 是左操作数（即作为左孩子），2 是右操作数（即作为右孩子），操作符−作为根，建立了图 4-25（a）中的子树 C1。C1 作为右操作数，7 作为左操作数参与到下一步*运算中去，建立了图 4-25（b）中的子树 C2。然后计算 8/2，建立了图 4-25（c）中的子树 C3。最后 C2 作为左操作数，C3 作为右操作数进行−运算，建立了图 4-25（d）中的子树 C4。图 4-25（d）中的二叉树即为 7*(5−2)−8/2 对应的表达式树。

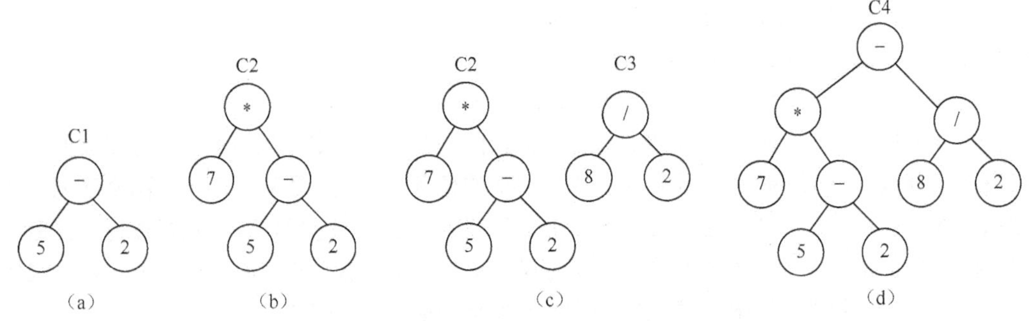

图 4-25　表达式 7*(5−2)−8/2 构建表达式树的过程

图 4-26 所示是表达式(6+5*(4−2))/2*(8−4) 对应的表达式树。分析图 4-26 中的表达式树，可以发现：操作数全部都在叶子结点上，操作符全部都在非叶子结点上，因为这里假设操作都是二元的，非叶子结点的度都是 2。普通表达式中能改变操作优先级的括号，全部消失了。表达式树的结构已经完全表达出运算顺序。

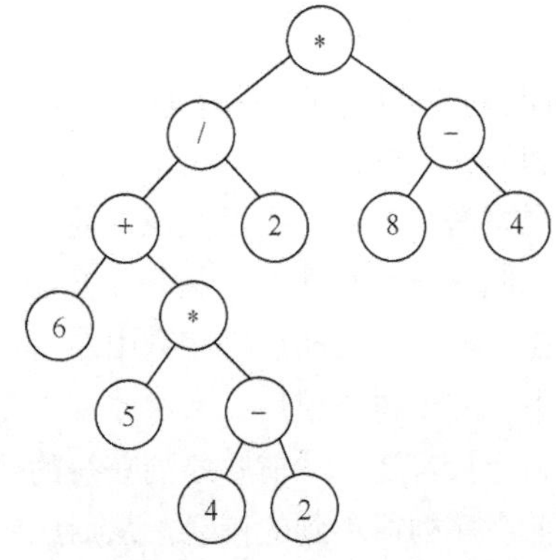
图 4-26　表达式(6+5*(4−2))/2*(8−4)对应的表达式树

4.4.2　表达式树的建立

表达式树的建立

4.4.1 节建立的表达式树，可以完全根据肉眼，找到下一步轮到哪一个运算以及哪个操作数参与该运算。计算机如何做到？回顾 3.2.2 节，我们可以借助一个操作符栈来完成这一目标。优先级高的先行运算，优先级低的暂存栈中。为了简化起见，下面假设操作符为四则运算，操作数全部都是一位的数字。

具体算法描述如下。

定义结点结构 Node，它含有三个字段 data、left、right。设置两个栈：一个是字符栈，存储操作符，下面称为**操作符栈**；一个是指针栈，存储子树的根结点地址，下面称为**子树栈**。当从左向右逐个读取字符串形式的表达式时，有如下情况：

（1）如果读入的是数字，创建一个结点，把结点当作子树的根，且将其地址压入子树栈。

（2）如果读入的是左括号，直接将它压入操作符栈。

（3）如果读入的是右括号，反复弹出操作符栈，直到弹出的是左括号为止。

（4）如果读入的是四则运算操作符之一，反复和操作符栈顶元素比较优先级，不比栈顶操作符优先级高时，将操作符栈顶元素弹出，直到栈顶元素优先级比读入的操作符低时，将读入的操作符压栈。

特别注意：左括号在栈中时，优先级视为最高，所以不做比较就压入操作符栈。

在这期间，每弹出一个操作符（除左括号），就将它作为结点 data，创建一个新的结点，之后从子树栈中弹出两个元素，即两个子树的根作为新结点的左右孩子，最后将新结点地址作为新构成的子树的根地址压入子树栈。

当表达式字符串全部读入后，继续将操作符栈中的操作符弹出，将它作为结点 data，创建新的结点，两次弹出子树栈，作为新结点左右孩子，新结点地址继续压入子树栈，反复弹出操作符栈并进行如上操作，直到栈空。最后，子树栈中仅有的一个结点地址就是表达式树的根结点地址。图 4-27 描述了建立表达式 7*(5−2)−8/2 对应的表达式树过程中，两个栈中内容的变化，其中 subTStack 为子树栈，opStack 为操作符栈。

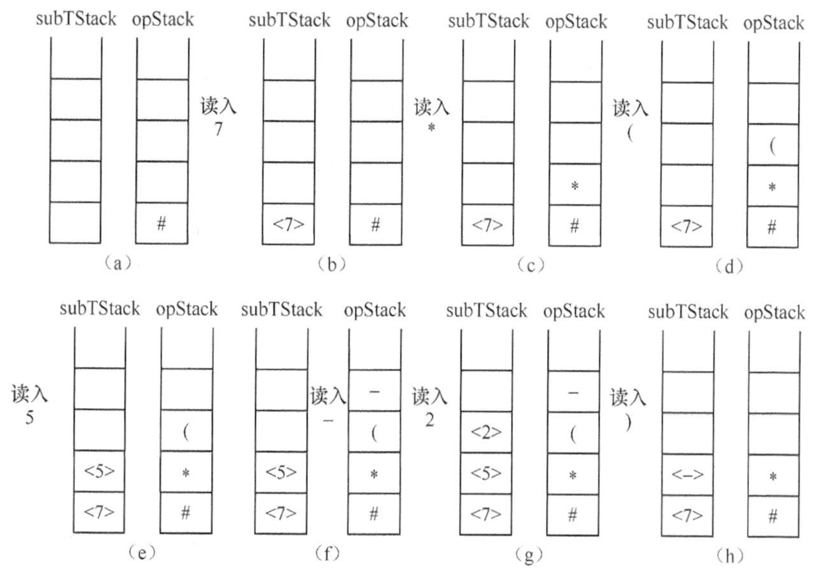

图 4-27　建立表达式 7*(5−2)−8/2 对应的表达式树过程中栈的变化

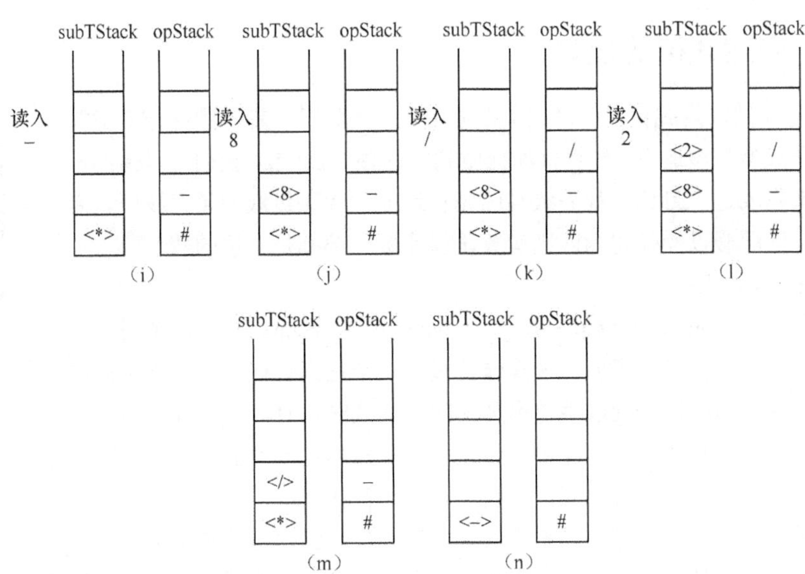

图 4-27　建立表达式 7*(5−2)−8/2 对应的表达式树过程中栈的变化（续）

建立表达式树算法的实现见程序 4-14。

程序 4-14　建立表达式树算法实现（btree.h）。

```
//比较操作符优先级的函数
//ch1 为新读入操作符，ch2 为操作符栈顶操作符
//当 ch1 优先级比 ch2 高时，函数返回 1；低时，返回-1；相同时，返回 0
template <class elemType>
int BTree<elemType>::priOver(const char ch1, const char ch2)
{
    switch (ch1)
    {
        case '(': return 1; //左括号优先级在栈外是最高的
        case ')': if (ch2!='(') return -1;
                      //右括号和栈顶四则运算操作符比，总是优先级最低
                  else return 0; //右括号和栈顶的左括号比，优先级一样
        case '*':
        case '/': if ((ch2=='*') || (ch2=='/')) return -1; //相同运算，栈中优先级高
                  else return 1; //只要栈顶不是乘除，优先级肯定比栈顶操作符高
        case '+':
        case '-': //只要栈顶不是 hash 和左括号，都比栈顶优先级高
                  if ((ch2=='#')||(ch2=='(')) return 1;
                  else return -1;
    };
}

//根据一个表达式字符串建立表达式树
template <class elemType>
void BTree<elemType>::buildExpTree(const char *exp)
{
    seqStack<char> opStack; //操作符栈
    seqStack<Node<elemType>*> subTStack; //子树栈
    Node<elemType> *p, *left, *right;
    char hash='#', ch;

    opStack.push(hash);
    while (*exp)
    {
        if ((*exp>='0')&&(*exp<='9')) //读入数字
```

```
            {
                p=new Node<elemType> (*exp);
                subTStack.push(p);
            }
            else //读入操作符（包括括号）
            {
                ch=opStack.top(); //读 opStack 栈顶

                //将所有比新读入操作符优先级高的 opStack 栈顶弹出来处理
                while (priOver(*exp,ch)==-1)
                {
                    opStack.pop(); //opStack 栈顶出栈
                    right=subTStack.top(); subTStack.pop();
                    left=subTStack.top(); subTStack.pop();
                    p=new Node<elemType> (ch, left, right); //构建新操作数结点
                    subTStack.push(p); //新操作数压栈
                    ch=opStack.top();
                }

                //当前 opStack 栈顶不比新读入的操作符优先级高
                if (priOver(*exp,ch)==0)   //优先级一样，即分别为右左括号
                    opStack.pop(); //左括号弹出扔掉即可
                else opStack.push(*exp); //opStack 栈顶操作符比新读入的操作符优先级低，
                                         //新读入操作符直接压栈

            };
            exp++;
        }

        //将 opStack 栈中所有操作符弹空
        ch=opStack.top();
        while (ch!='#')
        {
            opStack.pop();

            right=subTStack.top(); subTStack.pop();
            left=subTStack.top(); subTStack.pop();
            p=new Node<elemType>(ch, left, right);
            subTStack.push(p);

            ch=opStack.top();
        }

        //操作数栈 numStack 中剩余的唯一的元素即二叉树的根
        root=subTStack.top(); subTStack.pop();
    }
```

4.4.3　表达式树的计算

表达式树的计算

如何根据表达式树计算表达式的值？可以增加一个操作数栈，然后根据后序遍历“左右根”的思路完成。后序遍历中，当访问到数字时，将它压入操作数栈；当访问到操作符时，两次弹出操作数栈作为操作数进行对应的运算，结果压入操作数栈。反复如此，直到表达式树后序遍历完毕。图 4-28 描述了对图中表达式树 C4 进行计算时，操作数栈的变化情况，最后操作数栈中所剩的那个元素就是表达式的值。

对内存中一个用表达式树存储的表达式进行计算的算法实现见程序 4-15。可以看出，就是在后序遍历非递归算法的基础上略作修改，即在结点弹出访问时增加一些操作即可。

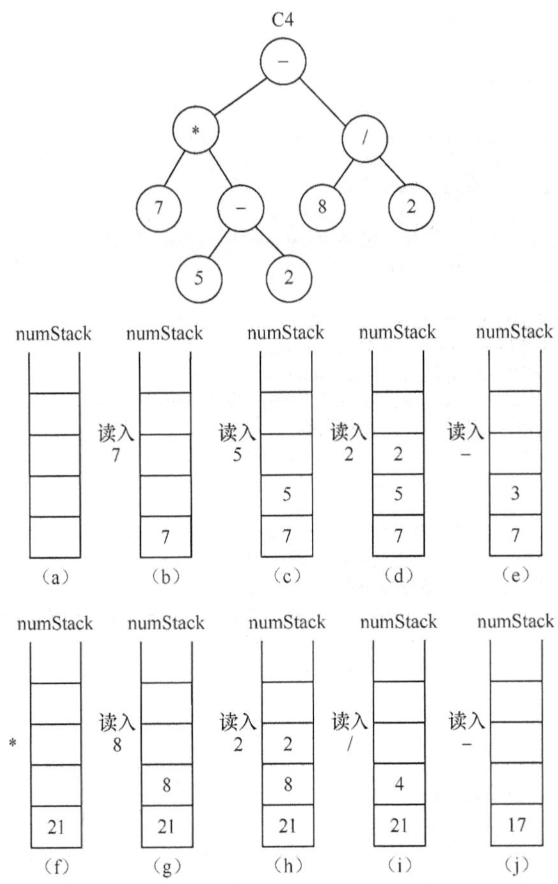

图 4-28　对表达式树 C4 进行计算时，操作数栈的变化情况

程序 4-15　计算表达式树算法实现（btree.h）。

```
//用后序遍历方法计算一个表达式树的值
template <class elemType>
int BTree<elemType>::calExpTree()
{
    //后序遍历
    if (!root) return 0;

    Node<elemType> *p;
    seqStack<Node<elemType> *> s1;
    seqStack<int> s2;

    seqStack<int> numStack;
    int zero=0, one=1, two=2;
    int flag, num, num1, num2;

    s1.push(root); s2.push(zero);
    while (!s1.isEmpty())
    {
        flag = s2.top(); s2.pop();
        p=s1.top();
        switch(flag)
        {
            case 2:    s1.pop();
                       //cout << p->data;
                       //访问结点时，开始处理：
                       //见数字压数字栈，见操作符弹出两个数字计算，计算结果压数字栈
```

```
                    if ((p->data>='0')&&(p->data<='9'))
                    {
                        num=p->data-'0';
                        numStack.push(num);
                    }
                    else
                    {   num2=numStack.top(); numStack.pop();
                        num1=numStack.top(); numStack.pop();
                        switch (p->data)
                        {
                            case '+': num=num1+num2; break;
                            case '-': num=num1-num2; break;
                            case '*': num=num1*num2; break;
                            case '/': num=num1/num2; break;
                        };
                        numStack.push(num);
                    }

                    break;
            case 1:  s2.push(two);
                    if (p->right)
                    {
                        s1.push(p->right);
                        s2.push(zero);
                    }
                    break;
            case 0:  s2.push(one);
                    if (p->left)
                    {
                        s1.push(p->left);
                        s2.push(zero);
                    }
                    break;
        };//switch
    }//while

    //get the result of the expression tree
    num=numStack.top(); numStack.pop();
    return num;
}
```

根据用字符串存储的表达式建立一个表达式树，并根据表达式树对表达式进行计算，算法测试见程序 4-16。注意测试前先将 buildExpTree 和 calExpTree 作为 Btree 的成员函数定义。

程序 4-16　表达式树建立及计算测试程序（main.cpp）。

```
#include <iostream>
#include "btree.h"
using namespace std;

int main()
{
    BTree<char> tree;
    char exp[]="(4-2)*(7+(4+6)/2)+2";
    int result;

    tree.buildExpTree(exp);//建立表达式树
    tree.InOrder(); //用中序遍历验证建好的表达式树
    result=tree.calExpTree(); //计算表达式树
    cout<<"The result is: "<<result<<endl;

    return 0;
}
```

4.5 最优二叉树及其应用

4.5.1 基本概念

二叉树中任意两个结点间的**路径长度**为其路径上的分支总数，而二叉树的**路径长度**为根到树中各个结点的路径长度之和。特别地，如果二叉树中叶子结点上带有权值，二叉树的**加权路径长度**特指从根结点到各个叶子结点路径上的分支数乘以该叶子的权值之和。记为：

最优二叉树

$$WPL=\sum_{k=1}^{n} w_k L_k$$

WPL 表示加权路径长度，n 为叶子结点的个数，w_k 为第 k 个叶子的权值，L_k 为根到第 k 个叶子的路径长度。当一组叶子的权值确定后，假设分别为 $\{w_1, w_2, \cdots, w_n\}$，将这些叶子以何种策略挂在一棵二叉树上，或者说这棵二叉树以怎样的形态，才能使其带权路径 WPL 达到最小？这里，把能使 WPL 达到最小的二叉树，称为**最优二叉树**。

图 4-29 所示的示例表明，对同一组带权的叶子结点{(A,10)，(B,20)，(C,30)}，在图 4-29（a）所示的二叉树形态中，$WPL=10\times1+20\times2+30\times2=110$，在图 4-29（b）所示的二叉树形态中，$WPL=30\times1+20\times2+10\times2=90$。这就说明，不同的二叉树的形态会使得其带权路径长度不同。

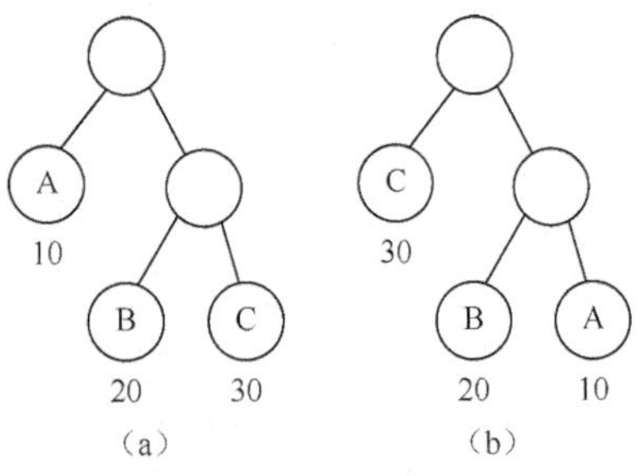

图 4-29　不同带权路径长度示例

那么怎样构造这棵二叉树才能使得其带权路径较小？从图 4-29 可以看出，如果尽量让权值大的叶子靠近根，即权值越大的结点离根结点越近，那么会获得一个带权路径长度最小的二叉树。下面介绍的哈夫曼算法就是利用上面的思想，逐步比较结点的权值，然后构造出了一棵最优二叉树。构造出的这棵最优二叉树也称**哈夫曼树**。

对于给定的一个带权结点集合 U，哈夫曼算法的具体步骤为：

（1）如果 U 中只有一个结点，操作结束，否则转向步骤（2）。

（2）在集合中选取两个权值最小的结点 x、y，构造一个新的结点 z。新结点 z 的权值为结点 x、y 的权值之和。在集合 U 中删除结点 x 和 y 并加入新结点 z，然后转向步骤（1）。

图 4-30 所示为对一组带权结点 U={(A,3)，(B,8)，(C,10)，(D,12)，(E,50)，(F,4)}，按照哈夫曼算法构造的一棵最优二叉树。二叉树中带权结点全部在叶子上，任何中间结点都是根据某两个结点构造出来的临时父结点。在这个示例中，中间结点分别为 T1、T2、T3、T4、T5。在用哈夫曼算法进行最优二叉树的构造中，当集合 U 中只剩下一个结点时，处理结束，哈夫曼树构造完毕。构造出的这棵最优二叉树的带权路径长度 $WPL=3\times4+4\times4+8\times3+10\times3+12\times3+50\times1=168$。

为了说明哈夫曼算法构造出的二叉树一定是一个最优二叉树，下面给出两个定理：

定理 4-1：设 T 为带权 $w_1\leqslant w_2\leqslant\cdots\leqslant w_t$ 的一组结点集合构成的最优二叉树，则：

（1）带权 w_1、w_2 的叶子 v_{w_1}、v_{w_2} 是兄弟。

（2）以叶子 v_{w_1}、v_{w_2} 为儿子结点的内部结点，其路径长度最长。

定理 4-2：设 T 为带权 $w_1\leqslant w_2\leqslant\cdots\leqslant w_t$ 的一组结点集合构成的最优二叉树，若将以带权 w_1

和 w_2 的叶子为孩子的内部结点改为带权 w_1+w_2 的叶子，得到一棵新树 T′，则 T′也是最优二叉树。

定理的证明略，以上两个定理可说明哈夫曼算法构造出的二叉树一定是一棵最优二叉树。

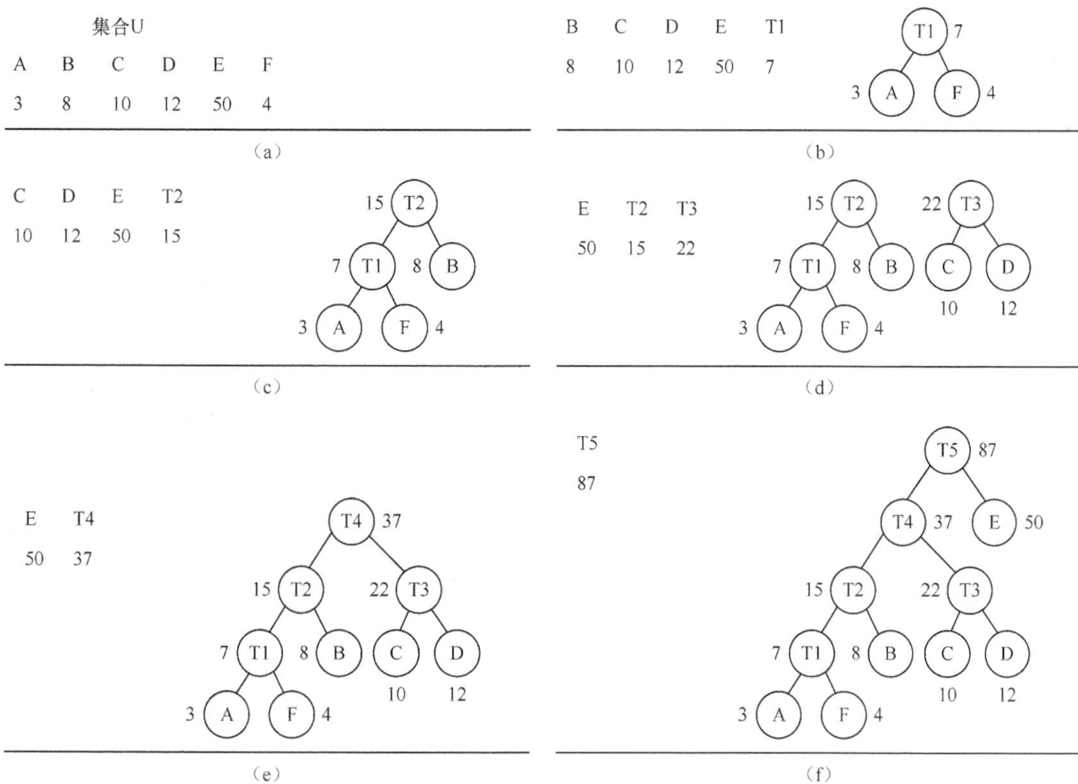

图 4-30　哈夫曼树的构造示例

4.5.2　哈夫曼算法的实现

程序 4-17 是用哈夫曼算法构造最优二叉树的实现过程。程序首先定义了描述哈夫曼结点（包括叶子结点和中间结点）的结构 HuffmanNode，HuffmanNode 包含 5 个字段：data 为结点的值、weight 为结点的权值、parent 为结点的父结点地址、left 和 right 为结点的左右孩子的地址。这里用一个数组来存储这些结点，因此结点的地址都用一个整型的数组下标值来表示。特殊地，数组的 0 下标分量空出来不用，从下标为 1 的数组分量开始存储数据。

哈夫曼算法

假定树中叶子结点有 n 个，按照二叉树的性质 3，度为 2 的结点有 $n-1$ 个。由于初始带权值的结点都是叶子结点，中间结点都是由两个结点构造而成的，即度均为 2，因此最优二叉树中结点总数为 $n+n-1=2n-1$ 个。在开辟动态数组时，由于数组的 0 下标分量不使用，需要为数组申请 $2n$ 个连续的结点空间。

初始时，数组中只有这些叶子结点，其 parent 字段设置为 0，lefgt、right 字段也都设置为 0。叶子结点全部按照下标从后往前依次存储，前面空余的 $n-1$ 个数组分量作为存储即将构造的中间结点使用。构造算法的执行中，每一轮循环都要构造出一个新的中间结点，因此目标任务也可看作是逐步构造 $n-1$ 个新结点。新结点下标从 $2n-1-n=n-1$ 开始起，逐步构造并往前存储。具体操作为：设第一个新结点下标为 $i=n-1$，然后依次在数组中所有 parent 为 0 的元素中查找元素权值最小和次小的结点，找到后将这两个结点的 parent 设置为 *i*，而下标为 *i* 的结点作为由这两个结点构造的中间结点，其 weight 值设置为两个最小结点的权值之和，左右孩子分别设置为最小和次小权值结点下标。之后用同样的方法向前构造下标为 *i*−1 的结点，如此反复，直到 *i*=0 时停止。

程序 4-17　用哈夫曼算法构造最优二叉树（huffman.h）。

```
//存储 Huffman 结点
template <class elemType>
struct HuffmanNode
{
    elemType data;
    double weight;
    int parent;
    int left, right;
};

//在所有父亲为 0 的元素中找最小值的下标
template <class elemType>
int minIndex(HuffmanNode<elemType> Bt[], int k, int m)
{
    int i, min, minWeight = 9999;//用一个不可能且很大的权值

    for (i=m-1; i>k; i--)
    {
        if ((Bt[i].parent==0)&&(Bt[i].weight < minWeight))
        {
            min=i;
            minWeight=Bt[min].weight;
        }
    }
    return min;
}

template <class elemType>
HuffmanNode<elemType> *BestBinaryTree ( elemType a[], double w[], int n)
{
    HuffmanNode<elemType> *BBTree;
    int first_min, second_min; //
    int m=n*2; //共 2n-1 个结点，下标为 0 处不放结点
    int i, j;

    BBTree = new HuffmanNode<elemType>[m];
    for (j=0; j<n; j++)
    {
        i=m-1-j;
        BBTree[i].data=a[j];
        BBTree[i].weight=w[j];
        BBTree[i].parent=0;
        BBTree[i].left=0;
        BBTree[i].right=0;
    }
    i=n-1; // i is the position which is ready for the first new node

    while (i!=0) //数组左侧尚有未用空间，即新创建的结点个数还不足
    {
        first_min=minIndex(BBTree, i, m);
        BBTree[first_min].parent=i;
        second_min=minIndex(BBTree, i, m);
        BBTree[second_min].parent=i;

        BBTree[i].weight=BBTree[first_min].weight + BBTree[second_min].weight;
```

```
            BBTree[i].parent=0;
            BBTree[i].left=first_min; BBTree[i].right=second_min;

            i--;
        }

        //------------辅助调试开始-----------------
        //显示 BBTREE 中的每一个结点
        for (i=1; i<n; i++) //显示非叶子结点信息
            cout<<i<<" data: "<<"--"<<" weight: "<<BBTree[i].weight
            <<" left: "<<BBTree[i].left
            <<" right: "<<BBTree[i].right<<endl;
        for (; i<m; i++) //显示叶子结点信息
            cout<<i<<" data: "<<BBTree[i].data<<" weight: "<<BBTree[i].weight
            <<" left: "<<BBTree[i].left
            <<" right: "<<BBTree[i].right<<endl;
        //------------辅助调试奇数结束-----------------

        return BBTree;
    }
```

根据以上算法的实现方法，得到表 4-1 所示的 BBTree 数组值。表中第一行虚线部分为数组元素下标 index。观察表中数据可知，最终 parent 为 0 的分量只有一个，它就是根结点，且根结点的下标一定为 1；所有叶子结点的父结点都在前 $n-1$ 个分量中。

算法时间复杂度分析：为 n 个叶子结点设置初始状态，时间消耗 $O(n)$；执行了 $n-1$ 次创建新的中间结点操作，每次创建要在所有元素（元素个数在 n 和 $2n$ 之间）中找 2 次权值最小的元素，时间耗费为 $2n$，故创建所有新结点的时间开销为 $O(n^2)$，算法总的时间复杂度为 $O(n^2)$。

在找最小权值结点的问题上，算法还可以进一步优化。一个办法是一遍扫描同时找到最小值和次小值，这部分时间消耗由 $2n$ 变为 n；另外一个办法是用一个最小化堆来存储权值，这样找到最小值并调整堆的时间 $O(\log_2 n)$，堆的概念和具体用法见第 7 章。

表 4-1　BBTree 数组值

index	1	2	3	4	5	6	7	8	9	10	11
data						F	E	D	C	B	A
weight	87	37	22	15	7	4	50	12	10	8	3
parent	0	1	2	2	4	5	1	3	3	4	5
left	2	4	9	5	11	0	0	0	0	0	0
right	7	3	8	10	6	0	0	0	0	0	0

4.5.3　哈夫曼编码

哈夫曼编码

在通信业务中，字符通常需要通过传送其二进制编码来完成。一般来说，字符编码采用等长策略，即每个字符的二进制编码长度一样。如 ASCAII 码表中，每个字符码长都是一个字节，即 8 位；汉字的机内码，每个码占据了等长的两个字节，即 16 位。但在通信业务中，人们总是希望传送的编码越短越好，尤其是对于高频传送的字符，希望其编码尽可能短，而低频字因为不常用，可以比较长。比如现在传送业务中只有 4 种不同字符 A、B、C、D，用等长编码可使用长度为 2 的编码，它们可以分别是 00、01、10、11。如果其中字符 A 的使用频率很高，而字符 D 的使用频率很低，就可以采用将字符 D 的编码位数拉长，换取 A 的编码位数缩短的策略来缩短总的字符传送量。按照这个思路，编码由等长变为不等长，而哈夫曼树就可以用来构造这样的不等长编码。

对图 4-31 中构造出的哈夫曼树，假定各个叶子结点的权值即其被传送的频率，如(A,3)，表示字符 A 的传送频率为 3。现在对哈夫曼树从根开始做如下操作：凡是左分支都标上 0、右分支都标上 1，从根到每个叶子结点的路径上获得的 0、1 序列可作为该叶子结点的编码，这个编码称为**哈夫曼编码**。

假设在通信中采用的字符集为图 4-31 所示中的字符集合，如果用等长编码，为了表示 6 个元素，需要用三位编码。即如果待传输的短文中有 n 个字符，就需要 $3n$ 位才能代表这篇短文。使用了哈夫曼编码后，上述字符的平均编码长度可以用其数学期望方法求出，那么 n 个字符所需要的总位数为 $n\times(4\times3/87+4\times4/87+3\times8/87+3\times10/87+3\times12/87+1\times50/87)=168n/87$，显然它连 $2n$ 都不到，这样就大大减少了通信中的传输量。

哈夫曼编码是一组不等长编码，编码间须满足互不为前缀的要求。那么什么是编码的前缀？对于一个编码 110 来说，1、11 都是它的前缀。试想，如果码表中编码 110、11、0 同时并存，通信接受方收到 110 序列后，究竟是应该分割成两个码字 11、0 来译码？还是用一个码字 110 来直接译码？似乎都可以，由此译码就有两个不同的结果，这里就产生了二义性，不能保证译码的唯一性。究其原因，是因为码表中存在两个编码，其中一个是另外一个的前缀，这在设计编码时一定要避免。因此码表中的不等长编码有以下两个要求。

（1）对于任何一个编码，它的前缀不得作为编码同时出现。

（2）对于任何一个编码，以它为前缀的编码也不得同时出现。

例如，一个编码为 110，则编码 1、11 都不得出现在同一码表中；另外以 110 为前缀的编码，如 1100、1101、1100001 等，也不得出现在同一码表中。

在一个字符集中，如果任何一个字符的编码都不是另一个字符编码的前缀，这种编码称为**前缀码**。

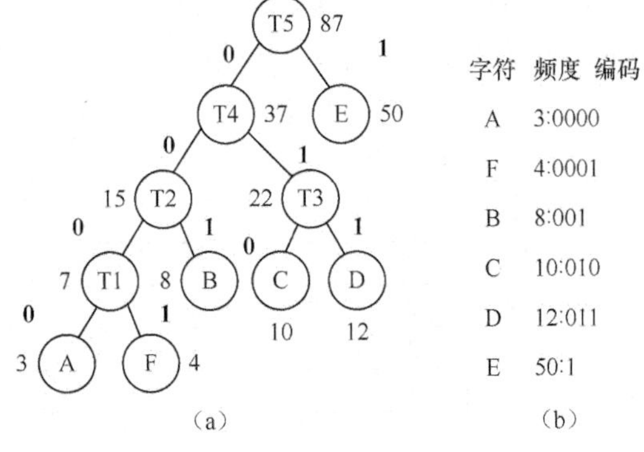

图 4-31　哈夫曼编码

观察由哈夫曼算法构造出的图 4-31 中的哈夫曼树，任何叶子结点的编码都不会出现在根到其他叶子的路径上，即不会成为其他叶子结点编码的前缀。但是如果对中间结点也进行编码，会发现它的编码是所有其子孙结点编码的前缀，好在这些中间结点并不是实际待编码结点，都是为了构造哈夫曼树而生成的临时结点。

当哈夫曼树构造好后，要对任意一个叶子结点求其哈夫曼编码是很方便的。具体方法是：将某叶子结点设为当前结点，顺着当前结点往上追溯到父亲结点。如果当前结点是父亲的左孩子就输出一个 0，如果当前结点是父亲的右孩子就输出一个 1，再设父亲为当前结点，反复进行以上操作，直到当前结点为根结点。在这个过程中输出的 0、1 序列的逆序即其哈夫曼编码。注意：哈夫曼树中一共有 $2n-1$ 个结点，树的每层至少有 2 个结点，故二叉树的高度最高为 n，哈夫曼编码最长为 $n-1$。

程序 4-18 是创建哈夫曼编码的算法实现。函数的参数 BBTree 数组，保存了哈夫曼树的结构，具体结构及其示例数值参见表 4-1。函数用一个栈保存输出的 0、1 字符序列，对一个叶子，在其每一步向上追溯父结点的过程中，将输出的 0 或 1 进栈，当追溯工作因达到根结点而结束时，将栈中元素弹栈，即得到哈夫曼编码。数组 HFCode 用来存储获得的所有哈夫曼编码，数组的每个分量指向了一个字符串，它是某个叶子结点的哈夫曼编码。

算法实现首先从数组尾部开始，逐步为每一个叶子求其哈夫曼编码，共有 n 个叶子。求解过程中，首先以该叶子为当前结点，观察当前结点的父结点：如果父结点的左孩子为当前结点，将一个 0 压入栈中；如果父结点的右孩子为当前结点，将一个 1 压入栈中。然后将父结点再设置为当前结点，反复继续如上操作，直到当前结点为根结点。

程序 4-18　创建哈夫曼编码（huffman.h）。

```
//n 为待编码元素的个数，BBTree 数组为 Huffman 树，数组长度为 2n
template <class elemType>
char ** HuffmanCode ( HuffmanNode<elemType> BBTree[ ], int n )
{
    seqStack<char> s;
    char **HFCode;
    char zero='0', one='1';
    int m, i, j, parent, child;

    //为 HFCode 创建空间
    HFCode=new char* [n];
    for (i=0; i<n; i++)
        HFCode[i]=new char[n+1]; //每位元素编码最长 n-1 位，+1 为 n=1 时储备

    m=2*n; //BBTree 数组长度
    if (n==0) return HFCode; //没有元素
    if (n==1) //元素个数为 1
    {
        HFCode[0][0]='0', HFCode[0][1]='\0';
        return HFCode;
    }

    for (i=m-1; i>=n; i--)
    {
        child=i;
        parent=BBTree[child].parent;
        while (parent!=0)
        {
            if (BBTree[parent].left==child)
                s.push(zero);
            else
                s.push(one);
            child=parent;
            parent = BBTree[parent].parent;
        }
        j=0;
        while (!s.isEmpty())
        {
            HFCode[m-i-1][j]=s.top();
            s.pop();
            j++;
        }
        HFCode[m-i-1][j]='\0';

        //------辅助调试开始----------
        cout<<"The huffmanCode of "<<BBTree[i].data<<" is: "<<HFCode[m-i-1]<<endl;
        //------辅助调试结束----------
    }
    return HFCode;
}
```

算法时间复杂度分析：以上算法包含了两重循环，外循环次数为叶子结点的个数 n，内循环串行地做了两件事，一个是从叶子逐步追溯到根获取哈夫曼编码的逆序，另一个是逐步弹栈获取

哈夫曼编码。内循环的两个操作消耗的时间最多是哈夫曼树的高度，而哈夫曼树的形态、高度取决于这组字符的频度分布。最好时，哈夫曼树的树高可能达到 $\log_2 2n$；最差时，哈夫曼树的树高会达到 n，因此求哈夫曼编码算法的时间复杂度最好为 $O(n\log_2 n)$，最差为 $O(n^2)$。程序 4-19 为建立哈夫曼树和求哈夫曼编码的测试程序。

程序 4-19　建立哈夫曼树和求哈夫曼编码的测试程序（main.cpp）。

```
#include <iostream>
#include "huffman.h"
using namespace std;
int main()
{    char a[6]={'A','B','C','D','E','F'};
     double w[6]={3,8,10,12,50,4};
     HuffmanNode<char> *Tree;

     Tree=BestBinaryTree ( a, w, 6); //建立哈夫曼树
     HuffmanCode (Tree, 6); //求哈夫曼编码

     return 0;
}
```

4.6　等价类问题

4.6.1　等价关系及等价类

假设有一个集合 S 上的关系 R，$\forall x_1, x_2 \in S$，有 x_1Rx_2 为真或者假，且满足以下性质。

（1）自反性：$\forall x_1 \in S$，x_1Rx_1 为真。

（2）对称性：$\forall x_1, x_2$，如果 x_1Rx_2 为真，必有 x_2Rx_1 为真。

（3）传递性：$\forall x_1, x_2, x_3$，如果 x_1Rx_2 为真且 x_2Rx_3 为真，则 x_1Rx_3 为真。

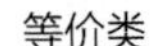
等价类

则称 R 是集合 S 上的**等价关系**。

例如，班级作为一个集合，其中 R 是同性别关系。对于班级中的任何两个同学，同性别关系要么是真，要么是假。自反性：李力和自己是同性别的，即结果为真；对称性：李力和王强是同性别的，则王强和李力也是同性别的；传递性：李力和王强是同性别的，王强和刘平是同性别的，则李力和刘平也是同性别的。

再例如，一个装满彩色球的盒子，里面有赤、橙、黄、绿、青、蓝、紫 7 种颜色的小球，盒中任意两个小球之间的同色关系 R 就满足等价关系。

生活中常说的等于关系也是一个等价关系，小于关系不是一个等价关系，因为小于关系不满足对称性。

$\forall x_1 \in S$，其所属**等价类**是集合 S 的一个子集 S_1，这个子集有这样的特点：$\forall x_1$、$x_2 \in S_1, x_1 \neq x_2$，必有 x_1Rx_2 为真。在以上第一个例子中，男生集合和女生集合各是一个等价类，第二个例子中，同种颜色的球构成的子集是一个等价类，7 中颜色共有 7 个等价类。

4.6.2　不相交集及其存储

集合 S 的所有等价类形成了集合 $A=\{s_1,s_2,\cdots,s_m\}$，显然有 $\forall s_i \in A, s_i \neq \varnothing, \forall s_i$，$s_j \in A$，$s_i \cap s_j = \varnothing, \bigcup_{i=1}^{m} s_i = S$，因此集合 A 是对集合 S 的一个划分。划分中的每个子集，即集合 A 中的各个元素称为**不相交集**。对于单个的不相交集来说，集合中所有元素地位平等，任意两个元素之间有着等价关系。对属于同一不相交集的元素只要打上相同标志即可，当然对属于不同不相交集的元素，需要打上不同标志。

不相交集的基本操作分为**合并**和**查找**，故不相交集又称为**并查集**。

合并 union(s_i, s_j)：是对两个不相交集进行合并，使之成为一个新的、更大的不相交集。当对分属于两个不相交集的元素添加了等价关系，根据传递性，也要合并这两个不相交集。特别地，当有元素 x 插入时，可以通过把单个元素 x 视作由它自己构成的一个新的不相交集，让新的不相交集和某个已有的并含有和元素 x 具有等价关系的不相交集合并，就完成了插入操作。

查找 find(x)：是对集合 S 中的元素 x 找到它所属的不相交集，这里即给出不相交集的标志。

不相交集的存储分为顺序存储和树形存储。

（1）顺序存储可以将集合 S 中的所有元素放置在同一个数组中，数组中的每个分量除了存储元素还要存储元素所属的不相交集的标志。图 4-32 所示是一组不相交集存储在同一个数组中的示例。其中 data 字段为元素的值，flag 字段为其所属等价类的标志。可以看出，一共有 3 个不同的等价类。

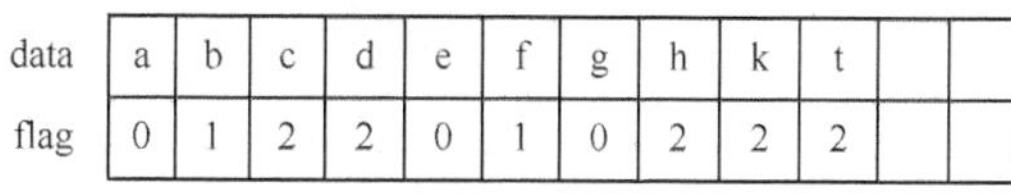

data	a	b	c	d	e	f	g	h	k	t		
flag	0	1	2	2	0	1	0	2	2	2		

图 4-32　一组不相交集的顺序存储映像图

（2）树形存储依然将集合 S 中的所有元素放置在同一个数组中，而数组中的每个分量除了存储元素，还要存储元素的父结点下标，这种存储方式称**双亲表示法**。特别地，当某个元素的父结点下标为−1，这个元素就是树根。每个不相交集用一棵树来表示，然后用树根下标表示所属不相交集的标志。集合中的任何一个元素沿着父结点字段都可以追溯到根，找到所属的不相交集的标志。代表不同不相交集的树组成一片森林。图 4-33 所示是一组不相交集存储在一片森林中的存储映像图，它是以双亲表示法存储的一片森林。为了看得更清楚，图中森林的结点上没有标注元素的值，而是直接标注了结点的下标。可以看出，下标为 0 的结点，其父结点为 2；下标为 2 的结点，其父结点为 4；下标为 4 的结点，其父结点为−1；故下标为 4 的结点为根结点，是这棵树所代表的不相交集的标志。同时，也说明 0、2、4 同属于一个不相交集，标志都为 4。

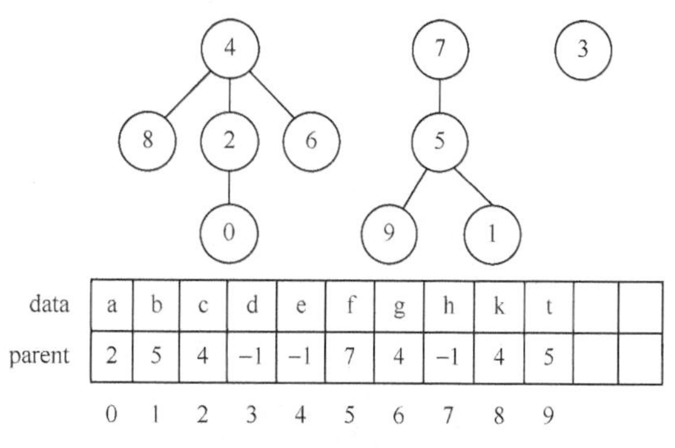

data	a	b	c	d	e	f	g	h	k	t		
parent	2	5	4	−1	−1	7	4	−1	4	5		
	0	1	2	3	4	5	6	7	8	9		

图 4-33　一组不相交集的树形存储映像图

4.6.3　不相交集的基本操作

下面讨论双亲表示法的树形结构存储，如何实现查找和合并这两个基本操作。

（1）查找：对于一个元素只需要沿着这棵树向上找到树根，得到树根的下标，就完成了查找任务。时间花费是这棵树的高度。显然树的高度越低越好，最低时一个不相交集可以退化为两层，一个元素作为树根，其余元素作为树根的孩子结点。

（2）合并：当 a，b 两个不相交集要合并时，可以将 b 中所有元素都当作 a 的根结点的孩子，但

时间花费和 b 中元素个数相关。如果简单地把 b 的根作为 a 的根结点的孩子，时间花费是线性阶的。

比较顺序和树形两种不同存储方法下基本操作的时间消耗：如果采用顺序存储法，查找是常量阶、合并是线性阶；如果采用树形存储方法，查找是对数阶（确切地说，是树的高度）、合并是常量阶。树形存储法是不相交集的常用物理结构。

对于树形存储法存储的两个不相交集，可以从以下两个方面进行算法优化。

（1）合并操作：按照两个树的高度或者结点规模来判别。按高度判别时，将高度小的树并入高度大的树，以高度大的树的根结点作为合并后的树根。这样可以尽量阻止合并后树的高度增加，查找就会因树的高度不增而提高效率，示例如图 4-34 所示。当然，当两个树高度一致时，合并后树高必然增加 1。按结点规模判别时，将规模小的树并入规模大的树。这种方法，可使合并后层次号增加 1 的结点个数量达到最少，从而达到降低后面平均查找时间的目的。为了方便合并，根结点的父结点不再使用−1，可以用高度或者规模的负数来表示。如按照高度合并，下标为 4 的结点的父结点标为−3；按照规模合并，下标为 4 的结点的父结点标为−5。

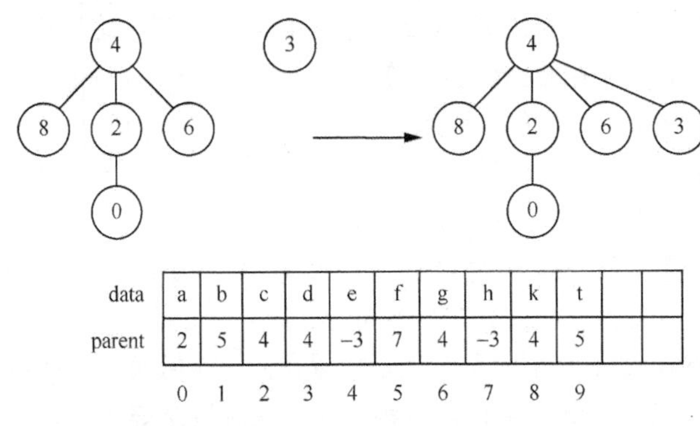

	0	1	2	3	4	5	6	7	8	9		
data	a	b	c	d	e	f	g	h	k	t		
parent	2	5	4	4	−3	7	4	−3	4	5		

图 4-34　两个不相交集按高度合并

（2）查找操作：采取越近期访问过的结点越往根结点靠的原则。查找时，会沿着查找结点到根一路访问过去，图 4-35 所示为查找 1 后的示例。这条查找结点到根结点路径上所有的结点（但不含根结点）全部改为根结点的孩子结点，此方法称为**路径压缩法**。路径压缩法的好处是查找频率高的结点会集中分布在根部附近，但如果每个元素都具有平均查找概率，反而会因为查找后多出来的移动操作，耗费了多余的时间。

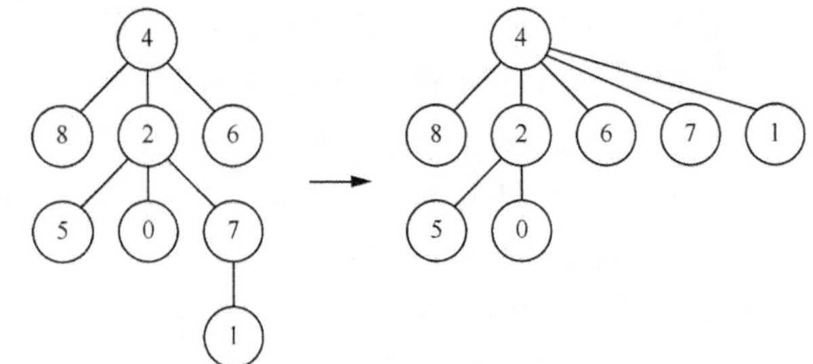

图 4-35　查找 1 的示例

4.7　树和森林

当详细讨论了二叉树结构之后，又返回到了最初的问题：树在内存中如何表示？从上节等价类的表示中，我们看到了一种用双亲法表示的树和森林。每个结点除了保存数据信息，还保存了父结点的地址。除此之外，是否还有其他方法？每个结点能否通过仅保存孩子结点的地址来存储树甚至是森林？二叉树的存储和操作都非常便利，是否可以利用二叉树这个工具？答案都是肯定的。当使用二叉树来表示树和森林时，不仅能存储结点、结点间关系，而且树和森

树和森林

林的基本操作也可以方便地通过二叉树的基本操作来实现。

4.7.1　孩子兄弟表示法

孩子兄弟表示法的思想是：每个结点除了保存数据，还保存了该结点的最大孩子结点地址和最大弟弟结点地址。孩子兄弟表示法中结点的具体结构如图 4-36 所示，其中 data 字段保存了结点数据、firstchild 字段保存了最大孩子结点的地址、nextsibling 字段保存了最大弟弟的结点地址。以下为了方便，有时称 firstchild 为结点的左分支、左孩子或左手，称 nextsibling 为右分支、右孩子或右孩手。

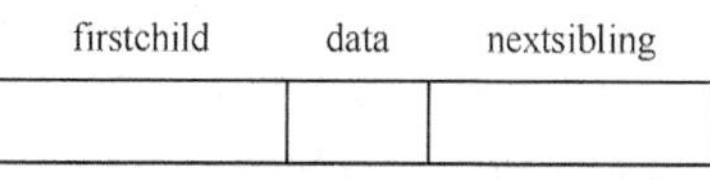

图 4-36　孩子兄弟表示法的结点结构

注意：这里最大的孩子，不是指元素值最大的结点，而是指父结点众多孩子结点中的最左侧结点；最大的弟弟，是指同一个父结点的众多兄弟结点中，右侧最靠近它的结点。如图 4-37 中，结点 C 最大的孩子是 E、结点 G 最大的孩子是 H、结点 F 最大的孩子是空、结点 B 最大的弟弟是 C、结点 C 最大的弟弟是 D、结点 D 最大的弟弟是空。

从图 4-37 中显示的结点结构可以看出，每个结点有两个指针字段，是一个二叉链表。对于树中的任意一个结点，如果它有孩子，最大的孩子一定是唯一的；如果它有弟弟，最大的弟弟也一定是唯一的，因此两个叉（指针字段）足以存储最大孩子和最大弟弟信息。从另外一个角度看，树中除了根结点，每个结点都有父结点。如果它是父结点的最大孩子，它的结点地址被父结点的 firstchild 字段保存，即被父亲的左手牵着；如果它不是父结点的最大孩子，它一定有哥哥，它的结点地址被最小的哥哥的 nextsibling 字段保存，即被小哥哥的右手牵着；而树根可以用二叉链表的根来表示，因此树中所有结点都会进入孩子兄弟表示的二叉链表中。

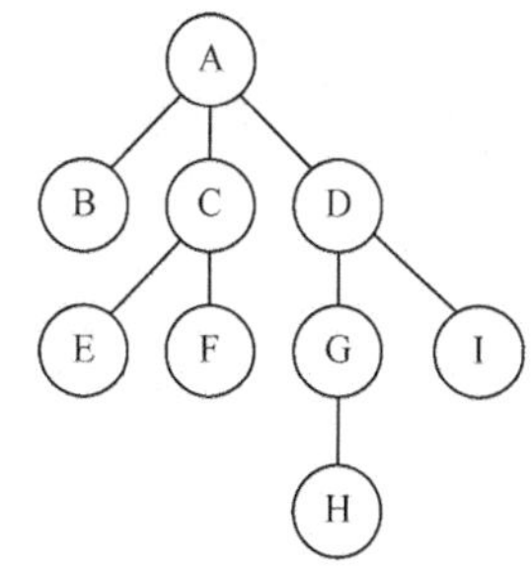

图 4-37　一棵树在内存中的孩子兄弟表示法的表示

森林的孩子兄弟表示法，每棵树按照孩子兄弟法存储后，再自左向右将每棵树的根视作兄弟，一个接一个地链在最小哥哥的右手上。

4.7.2　树、森林与二叉树的转换

树、森林与二叉树的转换

孩子兄弟表示法实际上是将一棵树在内存中用一棵二叉树来表示，那么如何将一棵树转换为二叉树呢？

将树转化为对应二叉树的方法如下。

（1）树的根就是二叉树的根。

（2）对树中每个结点，保留其到最大孩子的分支，对其余孩子删除其到父结点的分支，逐个降级，增加其左侧哥哥（最小哥哥）到它的右分支，将它链到最小哥哥结点的右分支上去。

图 4-38 所示是一棵树转化为对应的二叉树的示例。其中画叉的分支为删除的分支，粗黑的分支为新增加的分支。可以看出二叉树中所有右分支都是粗黑的，即增加出来的。

两棵及两棵以上的树便构成了森林。对于一片森林，把树根看作是有序的兄弟关系，仿佛这些根有一个虚拟的父结点。森林转换为对应二叉树的方法如下：

（1）将森林中的每棵树转换为对应的二叉树，每棵二叉树的根就是它对应树的根。

（2）将每棵树的根看作兄弟，即二叉树的根为兄弟。

（3）将第一棵二叉树的根作为森林对应的二叉树的根。

（4）其余二叉树的根由其最小的哥哥结点用 nextsibling 字段链接。

图 4-39 所示是一片森林转化为对应的二叉树的示例。

观察树和森林转换的二叉树，两者之间有着明显的区别：树转换的二叉树，根结点的 nextsibling 即右孩子指向空；而森林对应的二叉树，其根结点对应的 nextsibling 即右孩子非空。无论是树还是森林，转化的二叉树中结点的右分支都是增加出来的。

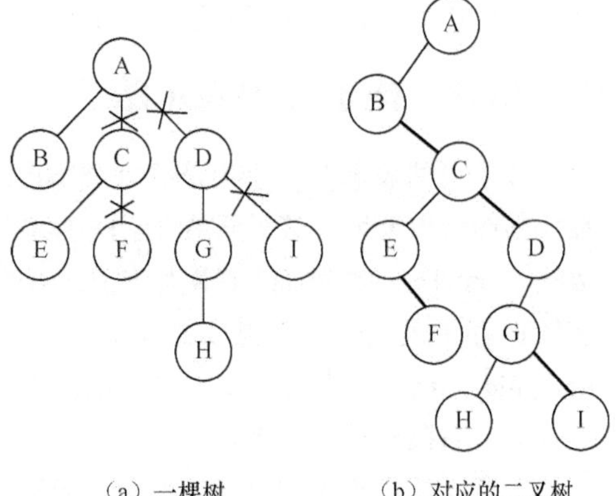

图 4-38　一棵树转换为对应的二叉树

从以上树、森林到对应二叉树的转换过程可以看出，两者之间是一一对应的。下面反过来，如果已知内存中有一棵二叉树，它是现实生活中的一棵树或者森林，如何将这棵二叉树转换为树或森林？具体方法如下。

（1）二叉树的根即第一棵树的根。

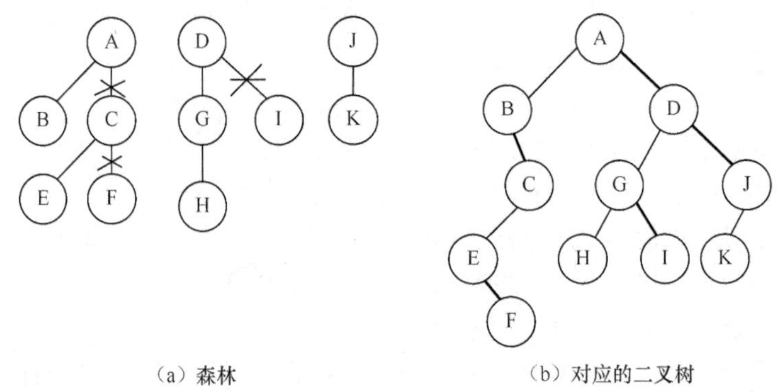

图 4-39　森林转化为对应的二叉树

（2）断开每个结点的 nestsibling 发出的分支，将右分支上的结点移至连续右分支的最上层。如果该上层结点有父结点，右分支结点作为该父结点的次孩子建立其间的分支；如果该上层结点无父结点，右分支结点作为一棵新树的根结点。

图 4-40 所示是一棵二叉树往树或森林转换的示例。

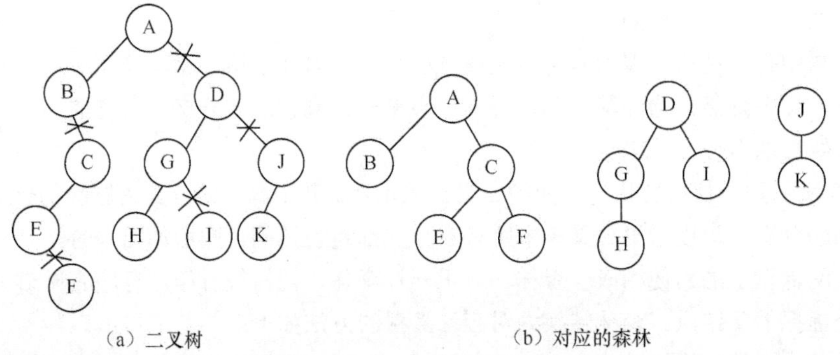

图 4-40　二叉树往树或森林转换的示例

4.7.3　树和森林的遍历

树和森林的遍历

树的遍历通常有两种方式，分别是先根遍历（或称先序遍历）和后根遍历（或称后序遍历）。先根遍历访问完根结点后再逐个先根遍历其子树，后根遍历逐个后根遍历完其所有子树后再访问根，由于根有多个孩子，显然无法定义中根遍历。

下面用递归的方式定义树的先根遍历和后根遍历。

（1）先根遍历。

① 如果根结点为空，遍历操作为空，否则访问根结点。

② 从左到右，逐个先根遍历以根结点的孩子为根的子树。

（2）后根遍历。

① 如果根结点为空，遍历操作为空，否则从左到右，逐个后根遍历以根结点的孩子为根的子树。

② 访问根结点。

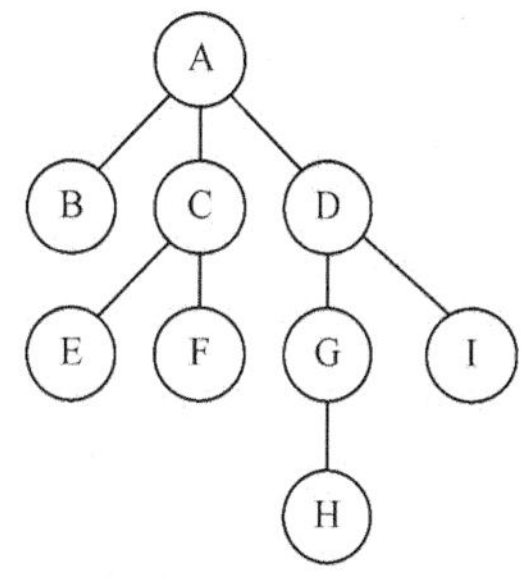

图 4-41　一棵树

下面以图 4-41 所示的树为例，分别给出其先根遍历和后根遍历序列。

（1）先根遍历。

先根遍历以 A 为根的树。先访问 A，然后依次先根遍历以 B、C、D 为根的子树；在先根遍历以 B 为根的子树时，访问 B；在先根遍历以 C 为根的子树时，首先访问 C，然后依次先根遍历以 E、F 为根的子树；在先根遍历以 E 为根的子树时，访问 E；在先根遍历以 F 为根的子树时，访问 F；在先根遍历以 D 为根的子树时，首先访问 D，然后依次先根遍历以 G、I 为根的子树；在先根遍历 G 为根的子树时，首先访问 G，然后先根遍历以 H 为根的子树；在先根遍历以 H 为根的子树时，访问 H；在先根遍历以 I 为根的子树时，访问 I。所以先根遍历序列为：A、B、C、E、F、D、G、H、I。

（2）后根遍历。

后根遍历以 A 为根的树。先依次后根遍历以 B、C、D 为根的子树；在后根遍历以 B 为根的子树时，访问 B；在后根遍历以 C 为根的子树时，先依次后根遍历以 E、F 为根的子树；在后根遍历以 E 为根的子树时，访问 E；在后根遍历以 F 为根的子树时，访问 F，然后访问 E、F 的根 C；在后根遍历以 D 为根的子树时，先依次后根遍历以 G、I 为根的子树；在后根遍历以 G 为根的子树时，先后根遍历以 H 为根的子树；在后根遍历以 H 为根的子树时，访问 H，然后访问 H 的根 G；在后根遍历以 I 为根的子树时，访问 I，然后访问 G、I 的根 D，最后访问 B、C、D 的根 A。所以后根遍历序列为：B、E、F、C、H、G、I、D、A。

有趣的是：这棵树对应二叉树的先序遍历序列是 A、B、C、E、F、D、G、H、I，二叉树的中序遍历序列是 B、E、F、C、H、G、I、D、A，分别和对应树的先根和后根遍历序列完全一样。事实上，一定如此。也就是说，一棵树的先根遍历序列就是其对应二叉树的先序遍历序列、后根遍历序列就是其对应二叉树的中序遍历序列。原因留作课后思考。

下面讨论森林的遍历，森林的遍历通常也有两种方式：先序遍历和中序遍历。

（1）先序遍历。

① 如果森林为空，遍历操作为空。

② 访问第一棵树的根结点。

③先序访问第一棵树中根结点的所有子树形成的森林。

④从左到右以同样的方式依次访问第二棵、第三棵，直至访问完所有树。

（2）中序遍历。

①如果森林为空，遍历操作为空。

②中序遍历第一棵树中根的子树形成的森林。

③访问第一棵树的根结点。

④从左到右以同样的方式依次访问第二棵、第三棵，直至访问完所有树。

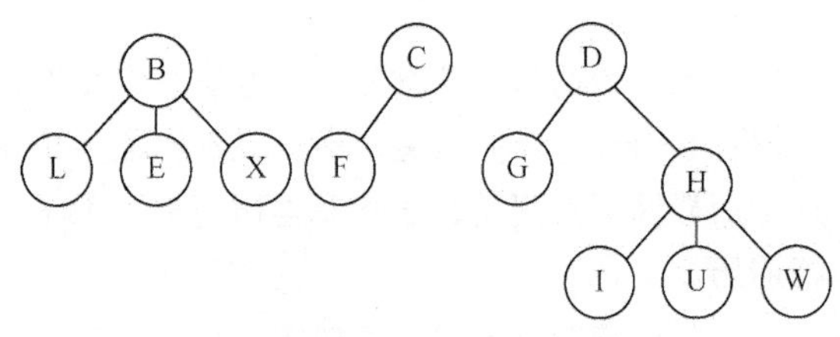

图 4-42 一片森林

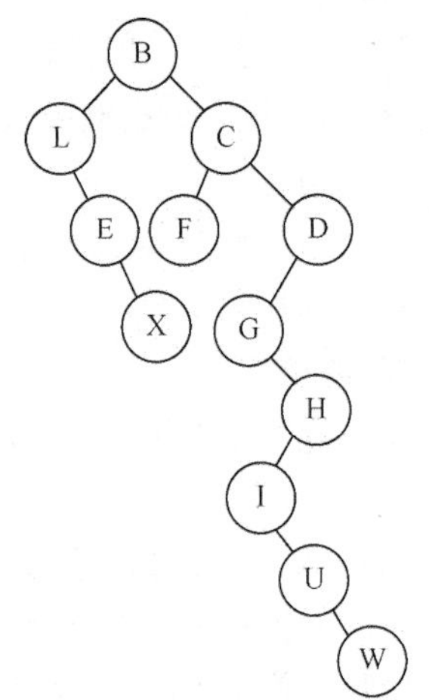

图 4-43 图 4-42 中森林对应的二叉树

根据上面的递归定义，对图 4-42 中的森林进行前序和中序遍历。其前序遍历序列是：B、L、E、X、C、F、D、G、H、I、U、W；中序遍历序列为：L、E、X、B、F、C、G、I、U、W、H、D。这恰好分别是该森林对应二叉树（图 4-43）的前序遍历和中序遍历序列。也就是说：森林的先序和中序遍历序列就是对应二叉树的先序和中序遍历序列。

通过本章前面内容的讨论获知：树形结构，遍历操作是基础，既然对树和森林的遍历都可以转换为对应二叉树的遍历，树和森林的其他操作就简单多了。只要掌握了二叉树的基本操作和算法思路，很容易就能找到树和森林中问题的解决方法。如，在内存中有一个用二叉树表示的现实生活中的一棵树，如何求树的高度？这个问题可以在利用二叉树的前序遍历访问一个结点时，左孩子的层次数为父结点层次加 1，右孩子的层次数同父结点的层次的方法来处理。类似地，求森林中树有几棵，在二叉树中顺着根，一路右孩子计数过去，便可解决。

4.8 小结

树是讨论的第一种非线性结构。树中要求元素个数大于零，元素之间呈现出上下层之间一对多的层次关系。鉴于树物理存储上的一系列难题，转而讨论另外一种更简单的非线性结构——二叉树。二叉树中元素个数大于等于零，每个结点最多有两个孩子，且每个孩子都有明确的左右孩子结点之分。从元素的个数限制上也可以看出，当元素个数为零时，仍可看作是一棵二叉树，但它不是树。另外二叉树中某个结点即便只有一个孩子，也一定要明确它是左孩子还是右孩子，而不是像有序树一样说它是第一个孩子。综上两个原因，不能简单地说二叉树就是一棵有序树，它们是两种不同的数据结构。

事实上，在现实生活中，能直观对应到二叉树结构的数据是极少的。它更多地可看作是一种和现实生活中无物对应、虚构出来的数据结构。但以它为工具，却可以解决很多实际数据的存储和处理问题。如本章中树和森林的孩子兄弟表示法，以及后续章节的二叉查找树、堆排序等都可以利用二叉树来解决。

本章详细介绍了二叉树的概念、性质，提出了两种特别的二叉树：满二叉树和完全二叉树。从满二叉树和完全二叉树上，可以看到一些有趣的性质和一些特殊的处理手段。在讨论二叉树的物理结构时，提出了最适合完全二叉树的顺序存储法以及适合普通二叉树的二叉链表存储法（标准形式）。在基本操作的实现上，详细讨论了标准形式存储的二叉树的递归和非递归算法。鉴于二叉树结构的递归定义，递归算法对于二叉树中的某些基本操作而言，逻辑上最直观、简单、不容易出错。而非递归算法相对于递归算法而言，是把堆栈的使用从幕后推到了台前，避免了次数众多的递归函数调用，降低了由于函数调用产生的额外时间和空间的开销，提高了算法运行效率。在众多二叉树的基本操作中，本章将遍历作为重点详细进行了算法设计讨论。事实上可以看出，遍历之外的绝大多数操作都可以在遍历算法的基础上实现。如这棵二叉树中有多少个度为 2 的结点，某个结点在二叉树中的第几层，二叉树的高度是多少等。最后在二叉树作为工具的实际问题应用方面，介绍了用它解决哈夫曼编码问题、表达式计算问题、等价类问题、现实生活中具有树和森林结构的一组数据的存储和常见基本处理问题。总之，二叉树的应用非常广泛。

4.9　习题

1．讨论为什么会将结点个数为 0 的情况也归到二叉树的定义中，这样做有什么好处？

2．设计新的非递归算法实现标准形式表示的二叉树的中序、后序遍历。

3．编写非递归程序计算标准形式表示的二叉树中每个结点的度、结点的个数。

4．编写非递归程序计算标准形式表示的二叉树中每个结点所在的层次、二叉树的高度。

5．编写非递归程序计算标准形式表示的二叉树中第 i 层有多少结点。

6．设计算法对标准形式表示的二叉树，写出元素值为 x 的结点所有的祖先结点。祖先的显示顺序请按照父、祖父、曾祖父……的顺序。

7．已知一棵二叉树的中序遍历序列为：BICAGKDH，后序遍历序列为：ICBKGHDA，请画出这棵二叉树。

8*．先序序列为 a，b，c，d 的不同二叉树的个数是多少？

9*．已知一棵二叉树的先序、中序遍历序列，编写程序在内存中以标准形式建立这棵二叉树。

10．对图 4-17 中的二叉树，画出用非递归算法完成后序遍历时栈中数据的变化情况。

11．已知一棵二叉树的前序遍历序列为：ABCIDGKH，层次遍历序列为：ABDCGHIK，能否唯一确定一棵二叉树，为什么？

12．已知一棵二叉树的中序遍历序列为：BICAGKDH，层次遍历序列为：ABDCGHIK，能否唯一确定一棵二叉树，为什么？

13．给定两棵二叉树，想象当你将它们中的一个覆盖到另一个上时，两棵二叉树的一些结点便会重叠。请设计程序，实现将上述两棵二叉树合并为一棵新的二叉树。合并的规则是如果两个结点重叠，那么将它们的值相加作为结点合并后的新值，否则不为 NULL 的结点将直接作为新二叉树的结点。注意：合并后的二叉树中结点允许直接使用这两个二叉树上的结点。

输入两棵二叉树：

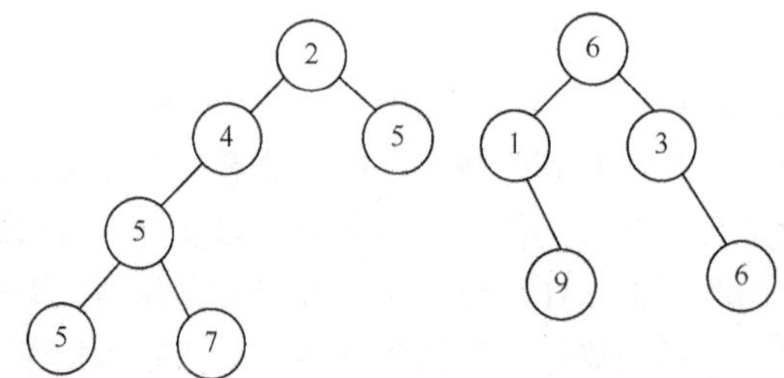

输出合并后的二叉树：

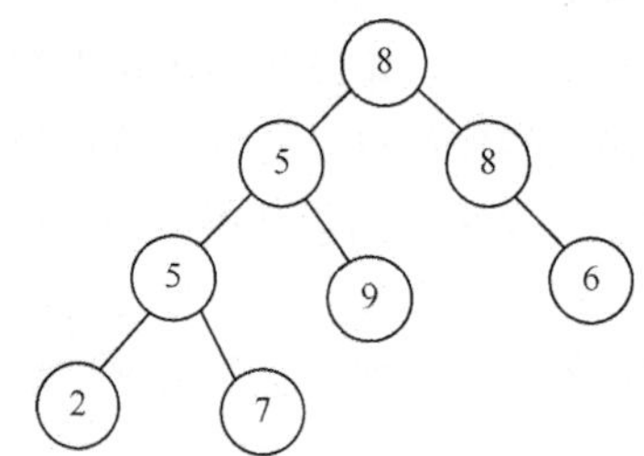

注意：合并必须从两棵二叉树的根结点开始。

```
struct binaryNode {
        int val;
        binaryNode *left;
        binaryNode *right;
        binaryNode (int x) : val(x), left(NULL), right(NULL) {}
        binaryNode * mergeTree (binaryNode * t1, binaryNode * t2); //合并函数
  };
```

14*．试证明 4.4.1 节定理 4-1 和定理 4-2。

15．下列选项给出的是从根分别到达两个叶结点路径上的权值序列，能属于同一棵哈夫曼树的是（　　）。

A．24，10，5 和 24，10，7　　B．24，10，5 和 24，12，7

C．24，10，10 和 24，14，11　　D．24，10，5 和 24，14，6

16．编写算法计算孩子兄弟表示的一棵树中，每个结点的度、层次分别是多少？树的高度是多少？

17．编写算法，计算用孩子兄弟表示法存储的森林中树的个数。

18．若森林 F 有 15 条边、25 个结点，则 F 包含树的个数是多少？

19．为什么树的先根遍历一定和树对应的二叉树的先序遍历一致？

20．已知一棵树的先根遍历序列和后根遍历序列，问能否唯一确定这棵树，为什么？

21．已知一片森林的先序遍历序列和中序遍历序列，问能否唯一确定这个森林，为什么？

第5章 图

与线性和树结构相比，图结构更具一般性。在图中，元素用顶点来表示，元素间的关系用顶点间的边表示。元素集合中任意两个元素之间都可能有相互制约关系，在图中就表现为任意两个顶点间都可能有边相连。图中所有顶点（元素）地位相同，它不像树有一个特殊的结点——根结点。

生活中很多问题涉及的数据及其关系都可以抽象为图结构，如建筑工程、网络布线、交通网络、迷宫设计、化学结构、电子线路、人际关系等。本章主要从图结构的存储、基本操作算法、算法实现、典型应用等角度进行分析和讨论。

5.1 图的基本概念

5.1.1 图的概念及术语

图的概念及术语

图可以用一个二元组 $G=(V,E)$表示，其中 V 是顶点（即元素）的非空集合，E 是两个顶点间边（弧）的集合。如图 5-1 所示，图 G_1 是由顶点集合 $V=\{A,B,C,D\}$ 和边的集合 $E=\{<B,A>,<A,C>,<C,A>,<C,D>,<D,A>,<C,B>\}$ 构成的。G_1 中每一条边带有方向性，用带尖括号的顶点对来表示，称为**有向边**。如<C,A>表示由 C 射向 A 的有向边，C 称为**弧尾**、A 称为**弧头**。由顶点集和有向边集合组成的图称为**有向图**，图 G_1 就是一个有向图。图 5-1 中图 G_2 是由顶点集合 $V=\{A,B,C,D,E\}$，边集合 $E=\{(A,C),(A,E),(D,B),(D,A)\}$ 构成的。图 G_2 中的边无方向性，用带圆括号的顶点对表示，称为**无向边**，如(C,A)表示 C 和 A 之间有条无向边。由顶点集和无向边集合构成的图称为**无向图**，图 G_2 就是一个无向图。图的顶点间有边相连，称顶点间有**邻接**关系，如(v_i,v_j)是一条无向边，则称 v_i 和 v_j 邻接、v_j 和 v_i 邻接、边(v_i,v_j)邻接于顶点 v_i 和 v_j；$<v_i,v_j>$是条有向边，则称 v_i 邻接到 v_j 或 v_j 和 v_i 邻接、边$<v_i,v_j>$邻接于顶点 v_i 和 v_j。有向图中一个顶点的**出度**是指由该顶点射出的有向边的条数，一个顶点的**入度**则是射入该顶点的有向边的条数。图 G_1 中顶点 A 的入度为 3、出度为 1。无向图中一个顶点的**度**是指邻接于该顶点的边的总数。在图 5-1 的图 G_2 中，顶点 B 的度为 1，顶点 A 的度为 3。

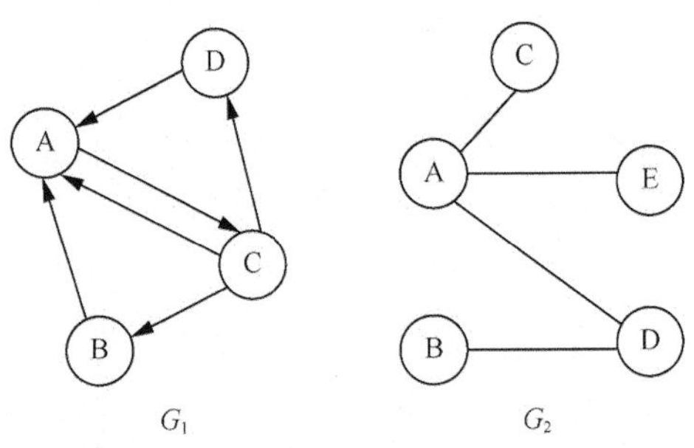

图 5-1　有向图 G_1 和无向图 G_2

另外，有向边<B,A>中 B 可看作 A 的直接前驱、A 可看作 B 的直接后继，无向边(B,A)中 B 和 A 互为直接前驱、后继。图和树明显不同，树中每个结点的直接前驱是唯一的，而图中每个顶点的直接前驱不再唯一。

一个简单图中，不能包含同一条边的多个副本，也不能包含自连边，即(j,j)或者$<j,j>$，本章讨论的都是简单图。在具有 n 个顶点的无向图中，如果任意两个顶点间都有边相连，此时边的条数最多，达到 $C_n^2=n(n-1)/2$ 条，这样的图称为**无向完全图**；对有向图而言，边的条数最多为 $P_n^2=n(n-1)$，这样的图称为**有向完全图**。在图的实际应用中，边常带有一定的权重，边上带有权重的有向图、无向图分别被称为**加权有向图**、**加权无向图**，统称为**网络**。图 5-2 所示的图 G_3、图 G_4 分别是一个加权无向图和加权有向图。

对于图中的任意两个顶点 V_i 和 V_j，如果可以从顶点 V_i 出发经过若干条无向边或者有向边到达顶点 V_j，则称从顶点 V_i 到顶点 V_j 之间存在着一条**路径**。**路径的长度**是顶点 V_i 到顶点 V_j 之间的无向边或有向边的条数；如果边上有权重，路径长度也可以用路径上所有边的权重之和来表示。在无向图中，可用顶点序列 $V_0,V_1,V_2,\cdots,V_{n-1},V_n$

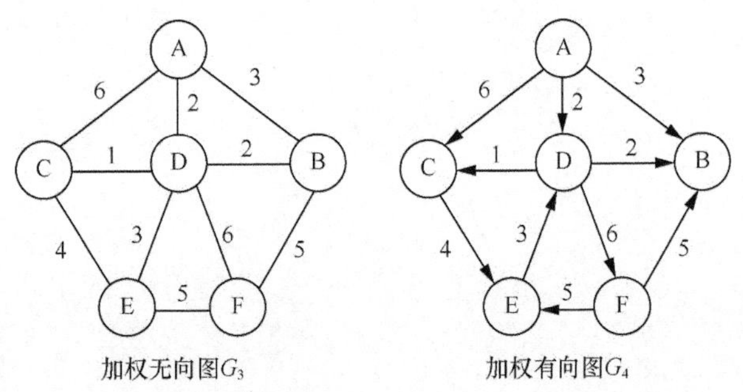

图 5-2　加权图（网络）

表示自 V_0 到 V_n 的长度为 n 的一条路径，这条路径是由边(V_0,V_1), (V_1,V_2)，…，(V_{n-1},V_n)构成的；在有向图中，顶点序列 V_0,V_1,V_2,…,V_{m-1},V_m 表示自 V_0 到 V_m 的长度为 m 的一条路径，它是由有向边<V_0,V_1>，<V_1,V_2>，…，<V_{m-1},V_m>构成的。如图 5-2 所示的图 G_3 中，顶点序列 C,A,D,B 表示一条由无向边(C,A)，(A,D)，(D,B)构成的长度为 3 的路径；在图 5-2 所示的图 G_4 中，顶点序列 A,D,C,E 表示一条由有向边<A ,D>，<D,C>，<C,E>构成的长度为 7 的路径。

如果一条路径上除了第一个顶点和最后一个顶点可能相同之外，其余各顶点都不相同，这样的路径称为**简单路径**。简单路径上如果第一个顶点和最后一个顶点相同，则该路径也称为**简单回路**或**简单环**。在图 5-2 所示的图 G_3 中，顶点序列 A,D,E,F 是简单路径，顶点序列 A,D,E,F,B,A 是简单路径，也是简单回路。顶点序列 A,D,C,E,D,B 不是简单路径，顶点序列 A,D,C,E,D,B,A 是回路但不是简单回路。

假设有两个图 G=(V,E)和 G'=(V',E')，且 V'是 V 的子集，E'是 E 的子集，则称 G'是 G 的子图，如图 5-3 所示，图 T_1、图 T_2 都是图 T 的子图。图 T_3 中 A、B、C 及 2 条边的形状与图 T 不同，但不影响图 T_3 也是图 T 的子图。另外，根据定义，图 G 显然也是自身的子图。

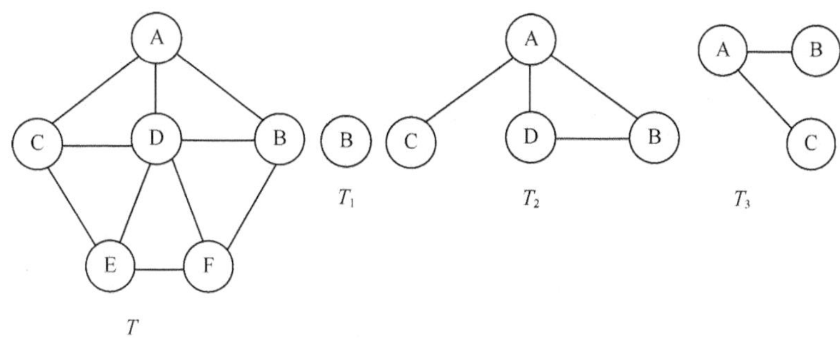

图 5-3　子图示例

在一个图中，如果顶点 V_i 和 V_j 之间有路径存在，称顶点 V_i、V_j 之间是**连通**的。在一个无向图中，如果任意两个顶点对之间都是连通的，称该无向图 G 是**连通图**。无向图的**极大连通子图**称为**连通分量**。在一个有向图 G 中，如果任意两个顶点对之间都是连通的，则称有向图 G 是**强连通图**。有向图的极大连通子图，称为**强连通分量**。一个非强连通的有向图若忽略其边的方向，从一个无向图的角度看是连通图，则该有向图称为**弱连通图**。图 5-1 所示的有向图 G_1 是强连通图，无向图 G_2 是连通图。图 5-4 所示是一个无向图 G_5 和它的 3 个连通分量、图 5-5 所示是一个有向图 G_6 和它的 3 个强连通分量，可以看出 G_6 中一些有向边可能不在任何强连通分量中出现。

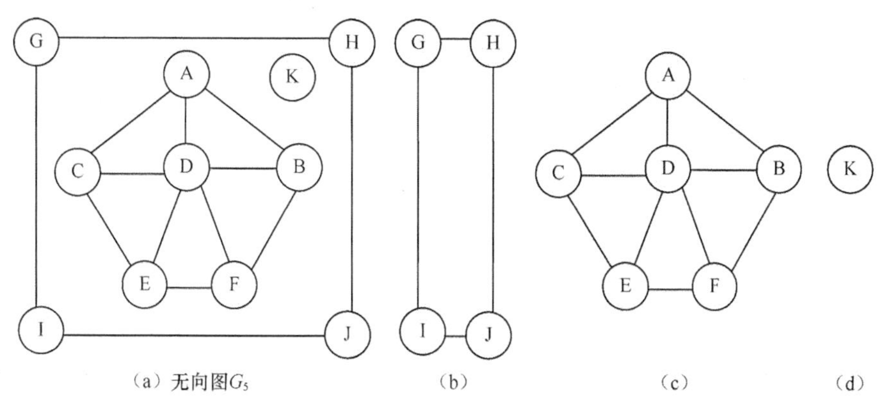

图 5-4　无向图 G_5 和它的三个连通分量

连通图的**生成树**是指它的**极小连通子图**，该连通子图包含连通图的所有n个顶点，但只含它的n–1 条边。如果去掉一条边，这个子图将不连通；如果增加一条新的边(v_i,v_j)，因顶点v_i和v_j之间原本连通，即存在一条路径，加上新加的这条边便形成了回路，有回路就不再是树。图 5-6 所示是连通图和它的 2 个不同的生成树的示例，由此可以看出，一个连通图的生成树并不唯一。

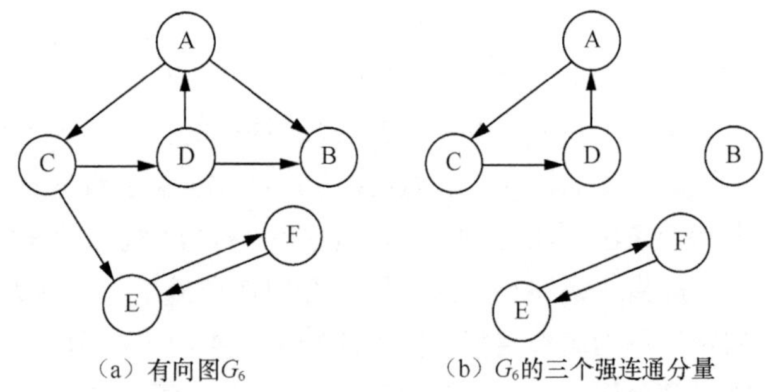

（a）有向图G_6　（b）G_6的三个强连通分量

图 5-5　有向图 G_6和它的 3 个强连通分量

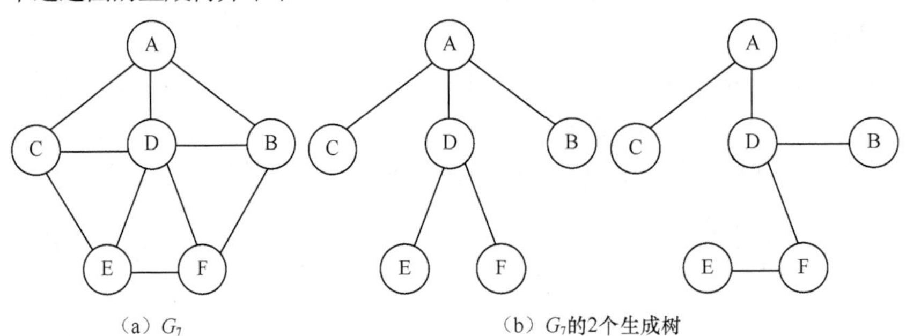

（a）G_7　（b）G_7的2个生成树

图 5-6　连通图 G_7和它的 2 个不同的生成树

简单图中，不能包含一条边的多个副本，也不能包含自连边。本章处理的图默认为简单图。

5.1.2　图的抽象数据类型

首先定义图的 ADT（抽象数据类型）如下所示，其基本操作中有构造类（创建一个图结构）、属性类（查询图中顶点的个数、边的条数、各顶点的度、某些边是否存在等，都是针对图的一些简单特征的查询操作）、数据操纵类（顶点和边的插入、删除操作）、遍历类（访问图中每个顶点且只访问一遍）、典型应用操作（最小生成树、拓扑排序、最短路径、关键路径等）。其中遍历类和典型应用操作较复杂，后面专门列出几节来讨论。

图的抽象数据类型的定义见 ADT 5-1。

ADT 5-1　图的 ADT。

数据及关系:

具有相同数据类型的数据元素（结点）的有限集合。图可以用一个二元组 $G = (V,E)$表示，其中 V 是顶点（即元素）的非空集合，E 是两个顶点间边（弧）的集合

操作:

initialize
　　前提：无
　　结果：创建一个空的图结构
numberOfVertex
　　前提：无
　　结果：返回图中顶点的个数
numberOfEdge
　　前提：无
　　结果：返回图中边的条数
existEdge
　　前提：已知两个顶点
　　结果：判断这两个顶点间是否有边相连
insertVertex

　　前提：　已知一个元素
　　结果：　将该元素作为顶点在图中插入

insertEdge

　　前提：　已知具有邻接关系的两个顶点
　　结果：　在图中这两个顶点间插入一条边

removeVertex

　　前提：　已知一个顶点
　　结果：　在图中删除这个顶点以及所有邻接于这个顶点的边

removeEdge

　　前提：　已知邻接于一条边的两个顶点
　　结果：　在图中删除这条边

5.2 图的存储表示

5.2.1 邻接矩阵和加权邻接矩阵

图的存储既要考虑到顶点的存储，又要考虑到边的存储。如果按照线性结构和树结构的存储思路，要想找到一个类似的，既能同时存储顶点，又能存储表示顶点间关系的边的结构就非常困难。不妨换个思路，将顶点和边的存储独立开来。例如，对于有向图或无向图 $G=(V,E)$，顶点 V 可以用一个一维数组来存储；边是用来描述任意两个顶点间关系的，故可以用一个二维数组即一个 n 行 n 列的矩阵 A 来存储（n 为顶点的个数），其中 $A[i][j]$表示顶点 v_i和 v_j之间的关系情况。顶点由一个一维数组存储，边由一个二维数组存储，这种存储方式称为**邻接矩阵**表示法。

邻接矩阵存储和实现

一维数组中仅仅存储顶点信息，因各顶点地位相同，存储顶点时将顶点排成任何顺序都可以。一旦顶点存储在这个一维数组中，每个顶点就对应了唯一的一个数组下标，以下说的顶点 i 即存储在一维数组中下标为 i 的顶点。在矩阵 A 中，如果图中存在一条自顶点 i 到 j 的有向边或无向边，那么 $A[i][j]=1$，否则 $A[i][j]=0$。另外，通常设主对角线上元素 $A[i][i]=0$，即顶点到自身没有边相连。以上规则可以用统一的公式表示：

$$A[i][j]=\begin{cases}1，存在<i,j>\in E 或 (i,j)\in E\\ \\ 0，不存在<i,j>\in E 或 (i,j)\in E 或 i=j\end{cases}$$

可以看出，对于存储边的二维数组来说，没有一维数组中顶点的具体存储顺序，是没有确定的物理意义的。对同一个图，顶点在一维数组中的存储顺序不同，二维数组就完全不同。

图 5-7 表示了有向图 G_8、无向图 G_9 的邻接矩阵。

在用邻接矩阵表示无向图和有向图时，可以很容易地得到顶点的度或者出度、入度。在有向图中，其邻接矩阵某一行中所有 1 的个数，就是相应行顶点的出度；而某一列中所有 1 的个数，就是相应列顶点的入度。在无向图中，某一行中所有 1 的个数或者某一列中所有 1 的个数，就是相应顶点的度。参看图 5-7，有向图 G_8 的邻接矩阵第 1 行中 1 的个数为 1，意味着顶点 B 的出度为 1；第 0 列中 1 的个数为 3，意味着顶点 A 的入度为 3。无向图 G_9 的邻接矩阵第 4 行和第 4 列中 1 的个数都为 1，意味着顶点 E 的度为 1；而第 3 行和第 3 列中 1 的个数都为 2，意味着顶点 D 的度为 2。

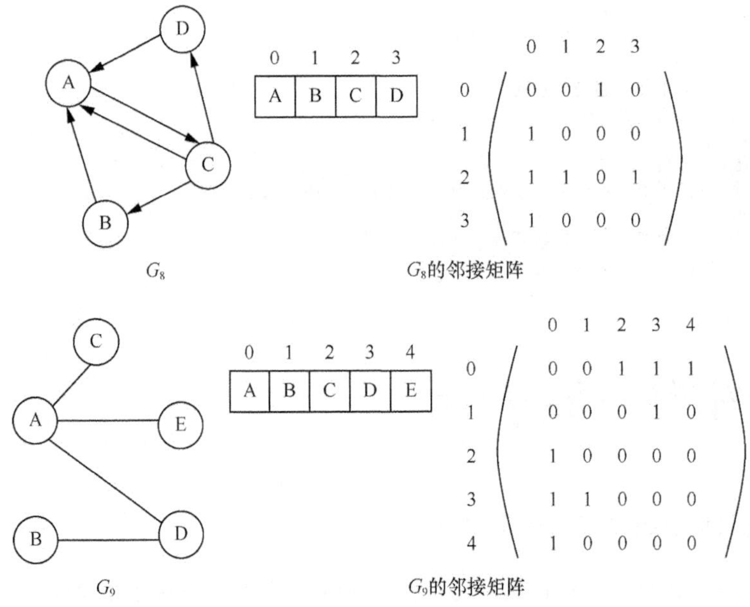

图 5-7 有向图和无向图的邻接矩阵

再次观察无向图 G_9 的邻接矩阵，因为图 G_9 是一个无向图，所以同一条边在邻接矩阵中出现两次。例如，由于顶点 A、C 之间有一条无向边，因此邻接矩阵 $A[0][2]$和 $A[2][0]$都为 1。一般情况下，如顶点 i 和 j 之间有一条无向边，那么 $A[i][j]= A[j][i] =1$。这意味着，无向图的邻接矩阵是以主对角线为轴对称的，主对角线又全为零，因此在存储无向图时可以只存储它的上三角矩阵或下三角矩阵。这样，所占用的数组元素（可用一维数组作为它的存储结构）个数将为：$0+1+2+\cdots+(n-1) = n(n-1)/2$（$n$ 为顶点个数），和原来需要存储 n^2 个元素相比，空间节约了一半多。

邻接矩阵的优点是可以很容易判断任意两个顶点 i、j 之间是否存在一条边，直接看 $A[i][j]$，用 $O(1)$的时间就可以办到。但是即使边的总数远远小于 n^2，也需 n^2 个内存单元来存储边的信息，空间消耗太大。如果图是稠密图（边数非常多），尤其是在有向图的情况下，采用邻接矩阵还是合适的。反之，如果图是稀疏图（边数很少），就不合算了。

当图中的边带有权值时，可以用加权邻接矩阵表示加权有向图或无向图。参照图 5-8，如果顶点 i 至 j 有一条有向边且它的权值为 8，可令 $A[i][j]=8$；如果顶点 i 至 j 没有边相连，可令 $A[i][j]=\infty$；主对角线上的元素依然有 $A[i][i]=0$。这里请注意，有向图的权值常常表示一种代价，因此无边相连用∞表示比用 0 表示更合适，对角线为 0 表示顶点自己到自己代价为 0。另外用 C++语言编程时，整数在内存中的表示是有范围的，这里的∞常用整数的最大值或者选择一个相对大的值来代表。

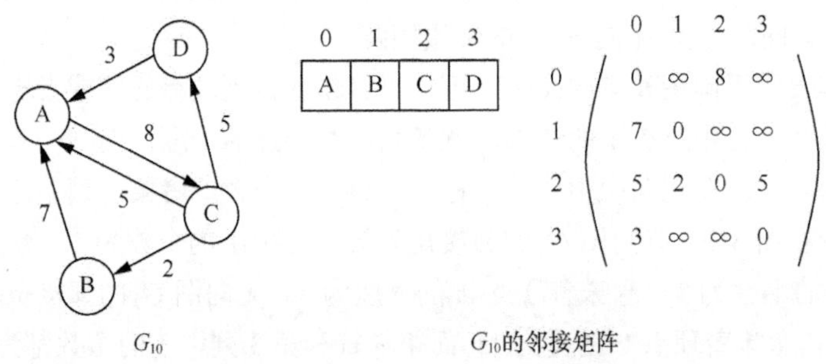

图 5-8 有向加权图 G_{10} 和它的邻接矩阵

在计算顶点 i 的度或者出度、入度时：对于有向图而言，该矩阵第 i 行的元素值非 0 且非∞的个数是顶点 i 的出度，第 i 列的元素值非 0 且非∞的个数是顶点 i 的入度；对于无向图而言，该矩阵第 i 行或第 i 列的矩阵元素值非 0 且非∞的个数，是顶点 i 的度。程序 5-1 为一个加权图的邻接矩阵表示和基本操作的实现，程序 5-2 完成了图 G_8 的存储及部分基本操作实现的简单测试。

程序 5-1　一个加权图的邻接矩阵表示和基本操作的实现。

```
#ifndef GRAPH_H_INCLUDED
#define GRAPH_H_INCLUDED

#include <iostream>
using namespace std;

#define DefaultNumVertex 20
class outOfBound{};

template <class verType, class edgeType>
class Graph
{
    private:
        int verts, edges;              //图的实际顶点数和实际边数
        int maxVertex;                 //图顶点的最大可能数量
        verType *verList;              //保存顶点数据的一维数组
        edgeType **edgeMatrix;         //保存邻接矩阵内容的二维数组
        edgeType noEdge;               //无边的标志，一般图为 0，  网为无穷大 MAXNUM
        bool directed;                 //若图为有向图则返回 1；若图为无向图，则返回 0
    public:
        //初始化图结构 g，direct 为是否有向图标志，e 为无边数据
        Graph(bool direct, edgeType e);
        ~Graph();

        int numberOfVertex()const{ return verts; }; // 返回图当前顶点数
        int numberOfEdge()const{ return edges; }; // 返回图当前边数
        int getVertex(verType vertex)const; //返回顶点为 vertex 值的元素在顶点表中的下标
        bool existEdge(verType vertex1,verType vertex2)const; //判断某两个顶点间是否有边
        void insertVertex(verType vertex ); //插入顶点
        void insertEdge(verType vertex1, verType vertex2, edgeType edge); //插入边
        void removeVertex(verType vertex);   //删除顶点
        void removeEdge(verType vertex1, verType vertex2); //删除边

        int getFirstNeighbor(verType vertex ) const; //返回顶点 vertex 的第一个邻接点，如果无邻接点返回-1
        //返回顶点 vertex1 相对于 vertex2 的下一个邻接点，如果无下一个邻接点返回-1
        int getNextNeighbor(verType vertex1, verType vertex2)const;
        void disp()const; //显示邻接矩阵的值
};

//----------------------------函数实现----------------------------
//初始化图结构 g，direct 为是否有向图标志，e 为无边数据
template <class verType, class edgeType>
Graph<verType, edgeType>::Graph(bool direct, edgeType e)
{
    int i, j;

    //初始化属性
    directed=direct;
    noEdge=e;
    verts=0;
```

```
    edges=0;
    maxVertex=DefaultNumVertex;

    //为存储顶点的一维数组和存储边的二维数组创建空间
    verList=new verType[maxVertex];
    edgeMatrix=new edgeType*[maxVertex];
    for (i=0; i<maxVertex; i++)
        edgeMatrix[i] = new edgeType[maxVertex];

    //初始化二维数组，边的条数为 0
    for (i=0; i<Verts; i++)
            for (j=0; j<Verts; j++)
                if (i==j)
                    edgeMatrix[i][j]=0;//对角线元素
                else
                    edgeMatrix[i][j]=noEdge; //无边
}

template <class verType, class edgeType>
Graph<verType, edgeType>::~Graph()
{
    int i;
    delete []verList;
    for (i=0; i<maxVertex; i++)
        delete []edgeMatrix[i];
    delete []edgeMatrix;
}

//返回顶点为 vertex 值的元素在顶点表中的下标
template <class verType, class edgeType>
int Graph<verType, edgeType>::getVertex(verType vertex) const
{
    int i;
    for (i=0; i<verts; i++)
        if (verList[i]==vertex)
            return i;
    return -1;
}

//判断某两个顶点之间是否有边
template <class verType, class edgeType>
bool Graph<verType, edgeType>::existEdge(verType vertex1,verType vertex2)const
{
    int i, j;

    //找到 vertex1 和 vertex2 的下标
    i=getVertex(vertex1);
    j=getVertex(vertex2);

    //无此顶点
    if ((i==-1) || (j==-1)) return false;
    if (i==j) return false;

    if (edgeMatrix[i][j]==noEdge)
        return false;
    return true;
}

template <class verType, class edgeType>
void Graph<verType, edgeType>::insertVertex (verType vertex ) //插入顶点
```

```
{
    int i;

    if (verts==maxVertex ) outOfBound();
    verts++;
    verList[verts-1]=vertex;

    //清空矩阵新加入的最后一行和最后一列
    for (i=0; i<verts; i++)
        edgeMatrix[verts-1][i]=noEdge;
    for (i=0; i<verts; i++)
        edgeMatrix[i][verts-1]=noEdge;
    edgeMatrix[verts-1][verts-1]=0;//对角线
}

template <class verType, class edgeType>
void Graph<verType, edgeType>::insertEdge(verType vertex1, verType vertex2,
                                          edgeType edge) //插入边
{
    int i, j;

    //找到 vertex1 和 vertex2 的下标
    i=getVertex(vertex1);
    j=getVertex(vertex2);

    if ((i==-1)|| (j==-1)) return;
    if (i==j) return;

    edgeMatrix[i][j] = edge;
    edges++;

    if (!directed) //如果是无向图，矩阵中关于主对角线的对称点也要设置
        edgeMatrix[j][i] = edge;
}

template <class verType, class edgeType>
void Graph<verType, edgeType>::removeVertex(verType vertex)    //删除顶点
{
    int i, j, k;

    i=getVertex(vertex);
    if (i==-1) return;

    //在顶点表中将最后一个顶点移入表中下标 i 处
    verList[i]=verList[verts-1];

    //计数删除顶点射出的边,边数减少
    for (j=0; j<verts; j++)
        if ((i!=j) && (edgeMatrix[i][j]!=noEdge))
            edges--;

    //如果是有向图，计数删除顶点射入的边，边数减少
    if (directed)
    {
        for (k=0; k<verts; k++)
            if ((k!=i) && (edgeMatrix[k][i]!=noEdge))
                edges--;
    }
```

```
        //将矩阵最后一行移入第 i 行
        for (j=0; j<verts; j++)
            edgeMatrix[i][j] = edgeMatrix[verts-1][j];

        //将矩阵最后一列移入第 i 列
        for (j=0; j<verts; j++)
            edgeMatrix[j][i] = egeMatrix[j][verts-1];

        verts--;
    }

    template <class verType, class edgeType>
    void Graph<verType, edgeType>::removeEdge (verType vertex1, verType vertex2)//删除边
    {
        int i, j;

        i=getVertex(vertex1);
        j=getVertex(vertex2);
        if ((i==-1)|| (j==-1)) return;
        if (i==j) return;

        edgeMatrix[i][j]=noEdge;
        edges--;

        if (!directed)
            edgeMatrix[j][i]=noEdge;
    }

    //返回顶点 vertex 的第一个邻接点，如果无邻接点返回-1
    template <class verType, class edgeType>
    int Graph<verType, edgeType>::getFirstNeighbor(verType vertex )const
    {
        int i, j;

        i=getVertex(vertex);
        if (i==-1) return -1;

        for (j=0; j<verts; i++)
            if ((i!=j) && (edgeMatrix[i][j]!=noEdge))
                return j;
        return -1;
    }

    //返回顶点 vertex1 相对于 vertex2 的下一个邻接点，如果无下一个邻接点返回-1
    template <class verType, class edgeType>
    int Graph<verType, edgeType>::getNextNeighbor(verType vertex1, verType vertex2)const
    {
        int i,j,k;

        i=getVertex(vertex1);
        j=getVertex(vertex2);
        if ((i==-1)|| (j==-1)) return -1;

        for (k=j+1; k<verts; k++)
            if ((i!=k) && (edgeMatrix[i][k]!=noEdge))
                return k;
        return -1;
    }
```

```
template <class verType, class edgeType>
void Graph<verType, edgeType>::disp() const//显示邻接矩阵的值
{
    int i, j;

    for (i=0; i<verts; i++)
    {
        for (j=0; j<verts; j++)
            cout<<edgeMatrix[i][j]<<" ";
        cout<<"\n";
    }
}
#endif // GRAPH_H_INCLUDED
```

程序 5-2　图 Graph 类的简单测试。

```
#include <iostream>
#include "Graph.h"
using namespace std;

int main()
{
    int i, vCount, eCount;
    char v1, v2;
    int value;

    Graph<char, int> g(true,0);

    cout<<"Input the number of verts and edges: ";
    cin >> vCount >> eCount;
    cin.get();

    for (i=0; i<vCount; i++) //插入所有顶点
        g.insertVertex('A'+i);

    cout<<"Input the edge, for example: AB 5 "<<endl;
    for (i=0; i<eCount; i++) //插入所有边，以回车分割各条边
    {
        v1=cin.get();
        v2=cin.get();
        cin >> value;
        cin.get();//读入回车

        g.insertEdge(v1,v2,value); //插入边

    }

    g.disp();

    cout<<"The numbers of verts and edges are: ";
    cout<<g.numberOfVertex()<<", "<<g.numberOfEdge()<<endl;

    cout<<"The index of C is: "<<g.getVertex('C')<<endl;
    if (g.existEdge('A','C'))
        cout<<"From A to C: no edge!"<<endl;
    else
        cout<<"From A to C: has an edge!"<<endl;
```

```
        g.insertVertex('E');
        cout<<"After insert the vertex E, The numbers of verts and edges are:    ";
        cout<<g.numberOfVertex()<<", "<<g.numberOfEdge()<<endl;

        g.insertEdge('E','C',1);
        cout<<"After insert the edge EC, The numbers of verts and edges are:    ";
        cout<<g.numberOfVertex()<<", "<<g.numberOfEdge()<<endl;

        g.disp();

        g.removeEdge('A','B');
        cout<<"After remove the edge AB, The numbers of verts and edges are:    ";
        cout<<g.numberOfVertex()<<", "<<g.numberOfEdge()<<endl;
        g.disp();

        g.removeVertex('A');
        cout<<"After remove the vertex A, The numbers of verts and edges are:    ";
        cout<<g.numberOfVertex()<<", "<<g.numberOfEdge()<<endl;
        g.disp();

        return 0;
    }

    //input AB AD BC CA DC
```

5.2.2 邻接表

当图中的边很少时，邻接矩阵中很多元素都是空的，此时用邻接矩阵表示将浪费大量的空间。为了节约空间，可以仅存储有边的信息，不存储无边信息。具体采用以下方法：对于无向图，邻接于同一个顶点的所有边形成一条单链表；对于有向图，自同一个顶点出发的所有边形成一条单链表。顶点信息可以用一个一维数组来存储，这个数组称为**顶点表**，保存边信息的单链表称为**边表**。一个图可以由顶点表和边表共同表示，无向图保存该顶点邻接边形成的单链表的首指针，有向图保存该顶点射出的边形成的单链表的首指针，这种方法称为**邻接表**表示法。

邻接表存储和实现

用邻接表表示有向图时，顶点表是一个一维数组，每个顶点由两个字段构成：一个是数据字段 data，保存顶点的值和其他信息；另一个字段 adj 是一个指针字段，保存由该顶点射出的边表中首结点的地址。在边表中，每个结点由两个字段构成：第一个字段为 dest，它给出该边到达（射入）的顶点的地址（图 5-9 中用数组表示顶点表，此处地址就是顶点对应的数组下标）；另一个字段是 link，它给出自同一顶点出发的下一条边的边结点地址。在图 5-9 所示的邻接表中， 0、1、2、3 分别表示顶点 A、B、C、D 在顶点表中存储时的下标。从顶点 C 的 adj 字段可以得到它的第一条边的边结点<2,0>的地址，该边结点中的 dest 字段的值为 0，表示它是由顶点 C 出发的一条到达 A 的边，该边结点的 link 字段指向下一条边结点<2,1>，该边结点中的 dest 为 1，表示它是由顶点 C 出发的一条到达 B 的边，其 link 指向的下一条边结点<2,3>中的 dest 为 3，表示它是由顶点 C 出发的一条到达 D 的边。

用邻接表表示图时，要想得到某个顶点的出度，要遍历该顶点连接的边表；判断某两个顶点间是否有边也需要遍历该顶点连接的边表。因此，在判断是否有边这方面的性能时，邻接表不如邻接矩阵。空间上，邻接表只占 $O(n+e)$（n 为顶点个数、e 为边的条数），比邻接矩阵的 $O(n^2)$节省，尤其在稀疏图的情况下空间的利用率大大提高。但邻接表在计算某个顶点的入度时就很不方便了，需要遍历所有边表，时间代价为 $O(n+e)$，这对于需要经常查询射入边和计算顶点的入度等问题，十分不便，由此我们提出**逆邻接表**表示法。在有向图的逆邻接表中，顶点表中的 adj 字段用于保存该顶点的射入边形成的单链表的首指针。可以想象，逆邻接表利于查询某个顶点的入度，但不利于查询某个顶点的出度。为了兼顾两者，后面又提出了用十字链表存储。

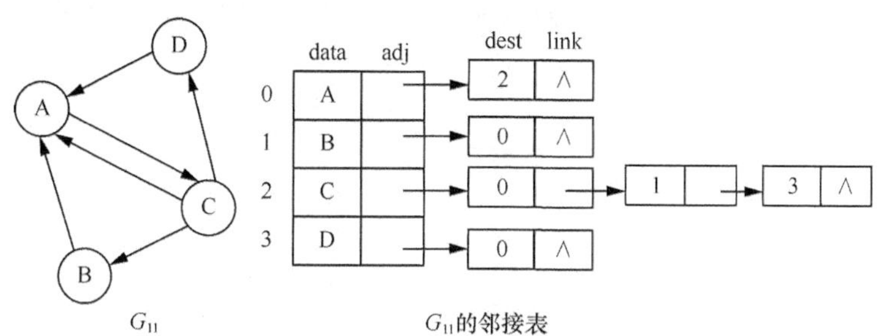

图 5-9　有向图 G_{11} 和它的邻接表

从图 5-10 可以看出，在它的基础上求某个顶点的入度很方便，只需要遍历该顶点的边表。如计算 A 的入度，遍历并计数其边表，得出入度为 3 的结论。

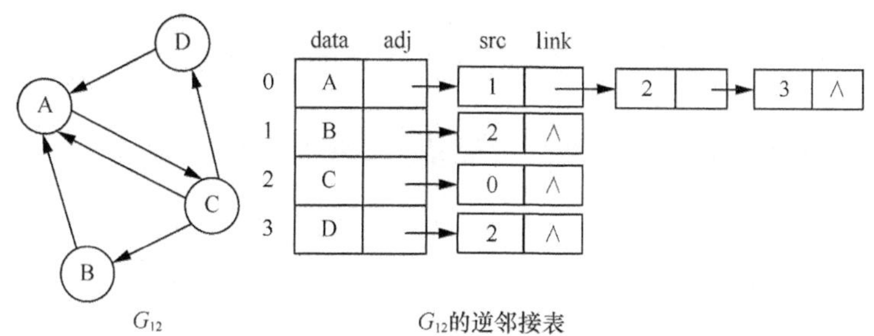

图 5-10　有向图和它的逆邻接表

图 5-11 所示为无向图的邻接表示例。

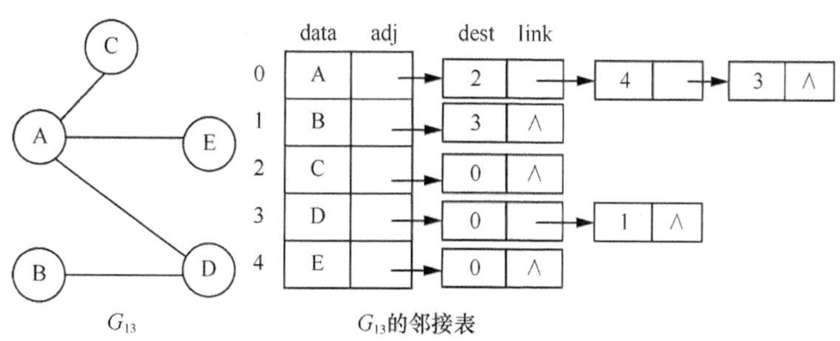

图 5-11　无向图的邻接表示例

从图 5-11 中可以看出，无向图的 4 条边用了 8 个边结点，即同一条边分别出现在该边邻接的两个顶点连接的边表中。如边(A,B)既出现在 A 的边表中，也出现在 B 的边表中，同一条边在边表中出现了两次。为了解决边结点重复表示的问题，我们后面会提出**多重邻接表**的概念，一条边仅用一个边结点表示，让同一个边结点链接到两个邻接点对应的边表中。

对于加权图，只需在边结点中增加一个字段 weight，来存放该条边的权值。

以上顶点表都用了动态数组，程序 5-1 中图初始化时需要预估数组规模 maxVertex 的大小

DefaultNumVertex，如果这个常量值没有预留足够扩展的空间，顶点增加到一定程度就比较麻烦了，需要重新申请更大的空间并将数据从老空间移到新的空间中。一个解决办法是顶点表采用链式结构，这样可以不预估空间大小，每增加一个元素只需要临时申请存储顶点的结点空间，用单链表表示顶点表的示例如图 5-12 所示。特别注意：因为顶点表不再用数组表示，在边表中射入顶点（dest 字段）再用下标作为地址就没有意义了，该地址必须是记录顶点结点地址的指针类型。如顶点 A 的边表中第一条边中<C>表示射入顶点的存储地址，即顶点表中存储 C 顶点的结点地址。

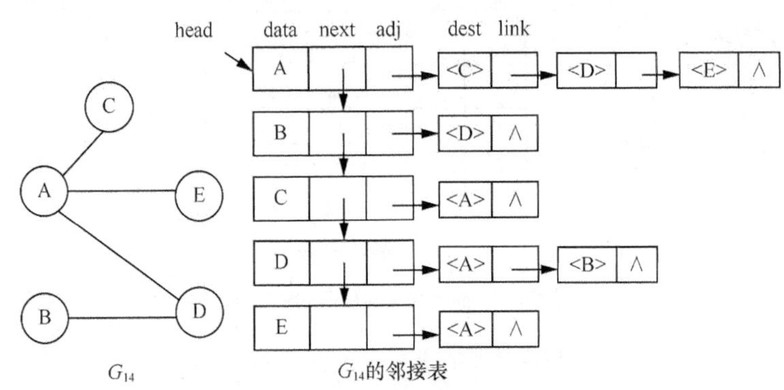

图 5-12　用单链表表示顶点表的示例

程序 5-3 为邻接表表示的有向图的存储及基本操作算法实现。

程序 5-3　邻接表表示的有向图的存储及基本操作算法实现。

```
#ifndef GRAPH2_H_INCLUDED
#define GRAPH2_H_INCLUDED

#include <iostream>
using namespace std;

#define DefaultNumVertex 20
class outOfBound{};

template <class edgeType>
struct edgeNode
{
    int dest;
    edgeType weight;
    edgeNode *link;
};

template <class verType, class edgeType>
struct verNode
{
    verType data;
    edgeNode<edgeType> *adj;
};

template <class verType, class edgeType>
class Graph
{
    private:
        bool directed;            //有向图为 1，无向图为 0
```

```
        int verts, edges;           //图的实际顶点数和实际边数
        int maxVertex;              //图顶点的最大可能数量
        verNode<verType,edgeType> *verList;   // 保存顶点数据的一维数组
    public:
        //初始化图结构 g，direct 为是否有向图标志，e 为无边数据
        Graph(bool direct);
        ~Graph();

        int numberOfVertex()const{ return verts; }; // 返回图当前顶点数
        int numberOfEdge()const{ return edges; }; // 返回图当前边数
        //返回顶点为 vertex 值的元素在顶点表中的下标
        int getVertex(verType vertex)const;
        //判断某两个顶点间是否有边
        bool existEdge(verType vertex1,verType vertex2)const;
        void insertVertex(verType vertex ); //插入顶点
        void insertEdge(verType vertex1, verType vertex2, edgeType edge); //插入边

        void removeVertex(verType vertex);   //删除顶点
        void removeEdge(verType vertex1, verType vertex2); //删除边
        //返回顶点 vertex 的第一个邻接点,如果无邻接点返回-1
        int getFirstNeighbor(verType vertex ) const;
        //返回顶点 vertex1 相对于 vertex2 的下一个邻接点，如无下一个邻接点返回-1
        int getNextNeighbor(verType vertex1, verType vertex2)const;
        void disp() const; //显示邻接矩阵的值
};

//----------------------------函数实现----------------------------
//初始化图结构 g，direct 为是否有向图标志
template <class verType, class edgeType>
Graph<verType, edgeType>::Graph(bool direct)
{
    int i;

    //初始化属性
    directed=direct;
    verts=0;
    edges=0;
    maxVertex=DefaultNumVertex;

    //为存储顶点的一维数组创建空间
    verList=new verNode<verType, edgeType> [maxVertex];
    for (i=0; i<maxVertex; i++)
        verList[i].adj=NULL;
}

template <class verType, class edgeType>
Graph<verType, edgeType>::~Graph()
{
    int i;
    edgeNode<edgeType> *p;

    for (i=0; i<verts; i++) //释放所有边表中的结点
    {
        while (verList[i].adj)
        {
            p=verList[i].adj;
            verList[i].adj=p->link;
            delete p;
        }
    }
```

```
        delete []verList;
    }

    //返回顶点为 vertex 值的元素在顶点表中的下标
    template <class verType, class edgeType>
    int Graph<verType, edgeType>::getVertex(verType vertex) const
    {
        int i;
        for (i=0; i<verts; i++)
            if (verList[i].data==vertex)
                return i;
        return -1;
    }

    //判断某两个顶点是否有边
    template <class verType, class edgeType>
    bool Graph<verType, edgeType>::existEdge(verType vertex1,verType vertex2)const
    {
        int i, j;
        edgeNode<edgeType> *p;

        i=getVertex(vertex1);
        j=getVertex(vertex2);

        if ((i==-1)|| (j==-1)) return false;
        p=verList[i].adj;
        while (p)
        {
            if (p->dest==j) return true;
            p=p->link;
        }
        return false;
    }

    template <class verType, class edgeType>
    void Graph<verType, edgeType>::insertVertex (verType vertex ) //插入顶点
    {
        if (verts==maxVertex ) throw outOfBound();
        verts++;
        verList[verts-1].data=vertex;
        verList[verts-1].adj=NULL;
    }

    template <class verType, class edgeType>
    void Graph<verType, edgeType>::insertEdge(verType vertex1, verType vertex2,
                                              edgeType edge) //插入边
    {
        int i, j;
        edgeNode<edgeType> *tmp;

        i=getVertex(vertex1);
        j=getVertex(vertex2);

        if ((i==-1)|| (j==-1)) return;

        //在 i 下标引导的单链表中插入一个边结点
        tmp=new edgeNode<edgeType>;
        tmp->dest=j;
        tmp->weight=edge;
        tmp->link=verList[i].adj;
        verList[i].adj=tmp;
```

```
        edges++;

        if (!directed) //如果是无向图，矩阵中关于主对角线的对称点也要设置
        {
            tmp=new edgeNode<edgeType>;
            tmp->dest=i;
            tmp->weight=edge;
            tmp->link=verList[j].adj;
            verList[j].adj=tmp;
        }
}

template <class verType, class edgeType>
void Graph<verType, edgeType>::removeEdge (verType vertex1, verType vertex2)//删除边
{
        int i, j;
        edgeNode<edgeType> *p, *q;

        i=getVertex(vertex1);
        j=getVertex(vertex2);
        if ((i==-1)|| (j==-1)) return;

        p=verList[i].adj;
        q=NULL;
        while (p)
        {   if (p->dest==j) break;
            q=p;
            p=p->link;
        }
        if (!p) return;
        if (!q)//删除首结点
            verList[i].adj=p->link;
        else
            q->link=p->link;
        delete p;
        edges--;

        if (directed) return;
        //无向图还要删除下标 j 引导的单链表中的一个 dest=i 的结点
        p=verList[j].adj;
        q=NULL;
        while (p)
        {   if (p->dest==i) break;
            q=p;
            p=p->link;
        }
        if (!p) return;
        if (!q)//删除首结点
            verList[j].adj=p->link;
        else
            q->link=p->link;
        delete p;
}

template <class verType, class edgeType>
void Graph<verType, edgeType>::removeVertex(verType vertex)    //删除顶点
{
        int i, j;
        int count=0;
        edgeNode<edgeType> *p, *q;
```

```
    i=getVertex(vertex);

    if (i==-1) return;

    //删除下标为 i 的顶点引导的单链表中的所有结点，并计数删除的边
    p=verList[i].adj;
    while (p)
    {
        count++;
        verList[i].adj=p->link;
        delete p;
        p=verList[i].adj;
    }
    cout<<"count= "<<count<<endl;

    //检查所有单链表，凡是 dest 为 verts-1 的都改为 i
    for (j=0; j<verts; j++)
    {
        p=verList[j].adj; q=NULL;
        while (p)
        {
            if (p->dest==verts-1)
                p->dest=i;
            p=p->link;
        }
        if (!p) continue;
        if (!q)
            verList[j].adj=p->link;
        else
            q->link=p->link;
        delete p;
        count++;
    }

    //检查所有单链表，凡是 dest>i 的都删减 1
    for (j=0; j<verts; j++)
    {
        p=verList[j].adj;
        while (p)
        {
            if (p->dest > i)
                p->dest--;
            p=p->link;
        }
    }

    if (directed)
        edges-=count;
    else
        edges-=count/2; //无向图，减少 count 的一半

    //在顶点表中删除顶点
    verList[i]=verList[verts-1];
    verts--;
}

//返回顶点 vertex 的第一个邻接点，如果无邻接点返回-1
template <class verType, class edgeType>
int Graph<verType, edgeType>::getFirstNeighbor(verType vertex )const
{
    int i, j;
```

```
    edgeNode<edgeType> *p;

    i=getVertex(vertex);
    if (i==-1) return -1;

    p=verList[i].adj;
    if (!p) return -1;
    return p->dest;
}

//返回顶点 vertex1 相对于 vertex2 的下一个邻接点，如果无下一个邻接点返回-1
template <class verType, class edgeType>
int Graph<verType, edgeType>::getNextNeighbor(verType vertex1, verType vertex2)const
{
    int i,j,k;
    edgeNode<edgeType> *p;

    i=getVertex(vertex1);
    j=getVertex(vertex2);
    if ((i==-1)|| (j==-1)) return -1;

    p=verList[i].adj;
    while (p)
    {
        if (p->dest==j) break;
        p=p->link;
    }
    if (!p ||!p->link) return -1;
    return p->link->dest;
}

template <class verType, class edgeType>
void Graph<verType, edgeType>::disp() const//显示邻接矩阵的值
{
    int i;
    edgeNode<edgeType> *p;


    for (i=0; i<verts; i++)
    {
        p=verList[i].adj;
        cout << verList[i].data <<": ";
        while (p)
        {
            cout<<p->dest<<", ";
            p=p->link;
        }
        cout<<endl;
    }
}

#endif // GRAPH2_H_INCLUDED
```

邻接表类的简单测试也可以使用程序 5-2 完成。

5.2.3 邻接多重表

从图 5-11 和图 5-12 中看出，用邻接表表示无向图时每条边都用了两个边结点。如边(A,C)，在顶点 A 的边表中有一个对应的边结点，在顶点 C 的边表中也有一个对应的边结点，同一条边被

存储了两次。这样做，不仅浪费空间，还在某些应用中（如遍历所有边时）因重复而不方便，因此可以采用**邻接多重表**表示法。

邻接多重表中每条边仅使用一个结点来表示，即只存储一次，但这个边结点同时要在它邻接的两个顶点的边表中被链接。为了方便两个边表同时链接，每个边结点不再像邻接表中那样只存储边的一个顶点，而是存储两个顶点。无向图邻接多重表的具体示例如图 5-13 所示。在图 5-13 示例中，每个边结点用 ver1、ver2 存储边的两个顶点，为了方便起见，不妨设 ver1＜ver2。观察顶点 A，和顶点 A 相邻的边有 3 条。顶点表中存储 A 的 0 下标分量中 adj 字段指向第 1 条边结点(0,3)，这个边结点中 A 的下标 0 在 ver1 字段中，和 A 相邻的第 2 条边(0,2)对应的结点地址就存在(0,3)的 link1 字段中；第 2 条边(0,2)的结点中，A 的下标 0 仍在 ver1 中，因此第 3 条边(0,4)对应的结点地址也存在(0,2)的 link1 字段中；第 3 条边(0,4)对应的结点中 A 下标 0 仍在 ver1 中，那么第 4 条边地址也在 link1 中，可以看出(0,4)结点中 link1 为 NULL，说明第 4 条边不存在，这样 A 顶点的边表中就链接了 3 条边。在这条边表中，3 条边谁在前、谁在后是随意的，没有固定的顺序。观察顶点 D，和 D 相邻的边有 2 条，分别是(0,3)和(1,3)，故 D 顶点的 adj 字段指向(0,3)，因 3 在这条边结点的 ver2 中，因此和 D 相邻的下一条边地址存储在 link2 中，它指向了(1,3)，而这条边也因 3 在 ver2 中，因此再下一条边也在 link2 中（如果 D 的下标 3 在 ver1 中，下一条边地址就要存储在 link1 中），如果它为空，则说明下一条边不存在了，D 的边表中一共有 2 个结点。

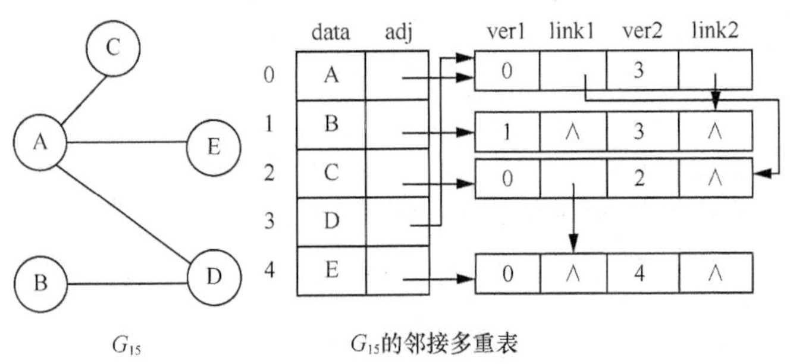

图 5-13　无向图的邻接多重表

无向图用邻接多重表表示时，如果要计算某个顶点的度，只需要顺着这个顶点的 adj，一路观察其下标在 ver1 还是 ver2 中，如果在 ver1 中继续沿着 link1 数，如果在 ver2 中继续沿着 link2 数，直到遇到空指针结束。如图 5-13 所示，可以用此方法计算 A 的度：先从 A 顶点的 adj 字段看，adj 指向了边(0,3)，在(0,3)边中 A 的下标 0 在 ver1 字段中，沿着(0,3)边结点的 link1 字段看，找到边(0,2)，在(0,2)边中 A 的下标 0 在 ver1 字段中，继续沿着(0,2)边结点的 link1 字段看，找到边(0,4)，继续沿着(0,4)边结点的 link1 字段看，为空，至此数到了 3 条边，所以 A 的度为 3。

在表示边时，两个顶点谁先谁后都可以，如边(A,D)既可以用(0,3)也可以用(3,0)表示，即 0 和 3 谁在 ver1 谁在 ver2 都可以。一般来说，为了避免不小心重复而出错，可以一直按照 ver1 小于 ver2 的原则或者一直按照 ver1 大于 ver2 的原则进行。

5.2.4　十字链表

在用邻接表表示有向图时，可以很方便地得出某顶点所有射出的边；而用逆邻接表表示有向图时，可以很方便地得出某顶点所有射入的边。在同一种表示中两者无法兼顾，因此可以采用**十字链表**结构。十字链表将邻接表和逆邻接表结合在了一起。

图 5-14 所示是十字链表表示的示例。在顶点表中 firstout 记录了该顶点第一条射出的边、firstin 记录了该顶点第一条射入的边；边结点中 v_1 是弧尾、v_2 是弧头，v_1 射向了 v_2；边结点中 p_1 指向同样由 v_1 射出的边结点地址，p_2 指向同样射向 v_2 的边结点地址。如在 G_{16} 中，顶点 C 射出的边有 3 条，firstout 指向了第一条<2,0>，<2,0>边结点的 p_1 字段指向了第二条<2,1>，<2,1>边结点的 p_1 字段指向了第三条<2,3>，<2,3>边结点的 p_1 字段指向了空，表示没有了。顶点 A 射入的边有 3 条，firstin 指向了第一条<1,0>，<1,0>边结点的 p_2 字段指向了第二条<2,0>，<2,0>边结点的 p_2 字段指向了第三条<3,0>，<3,0>边结点的 p_2 字段指向了空，表示没有了。

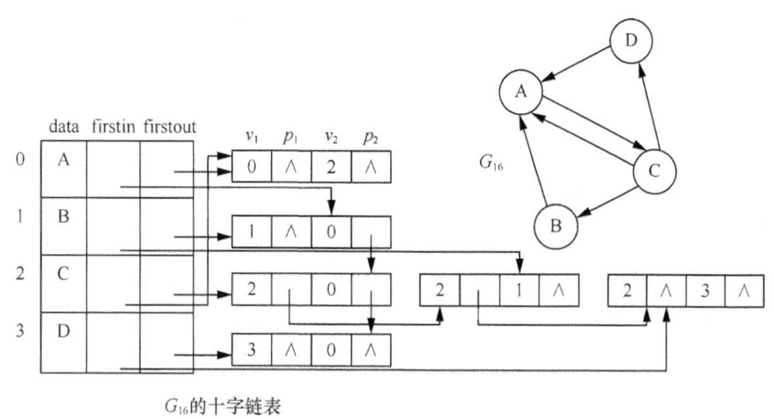

图 5-14　有向图的十字链表

5.3　图的遍历和连通性

图的遍历

在图的操作中，遍历是最基本的操作。图的遍历和二叉树的遍历操作类似，基于遍历可以方便地实现很多复杂的属性类操作。对有向图和无向图进行遍历是按照某种方式逐个访问图中的所有顶点，并且每个顶点只能被访问一次。依照前面存储方式的讨论，无论是邻接矩阵还是邻接表存储，顶点都用一个顶点表存储，因此最简单的方式是沿着顶点表循环访问一遍，从而达到遍历的目的。这种方式，完全没有借用边的信息。下面推出两种借助边信息实现遍历的算法：深度优先遍历和广度优先遍历。前面已经讨论过树的遍历，从某种程度上可以把图的遍历看成树结构遍历的推广。但图的遍历又有其特殊性：首先，图中的顶点地位相同，没有类似树结构中有一个特殊的根结点；另外，任意一个顶点可能和图中多个其他顶点邻接，存在回路，因此在图中访问一个顶点 U 之后，很可能沿着其他路径再次返回顶点 U。为了避免重复访问已经访问过的顶点，在图的遍历过程中，通常对已经访问过的顶点加特殊标记。

图的两种最基本的遍历方法分别是深度优先遍历（Depth First Search，DFS）和广度优先遍历（Breadth First Search，BFS）。这两种方法既适用于有向图，也适用于无向图。由于图的各种存储方式中没有规定边结点的顺序，因此在按照某种方式对图进行遍历时，顶点的访问次序可能是不同的。

5.3.1　深度优先遍历

深度优先遍历的访问方式类似于树的前序访问。

它的访问方式如下：

深度优先遍历

（1）选中第一个未被访问过的顶点。

（2）对顶点加已访问标志。

（3）依次从顶点的未被访问过的第一个、第二个、第三个……邻接顶点出发，依次进行深度优先搜索，即转向（2）。

（4）如果还有顶点未被访问过，选中其中一个作为起始顶点，转向（2）。

如果所有的顶点都被访问到，结束。

同一个图的深度优先遍历结果并不唯一，图 5-15 所示就是对 G_{17} 的两种不同的深度遍历结果。

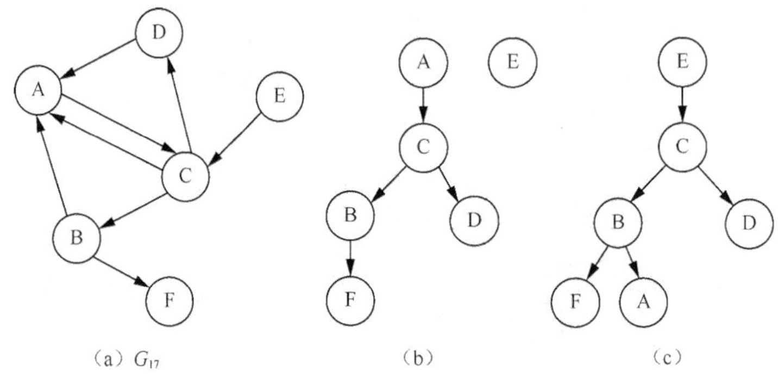

图 5-15　图的两种深度优先遍历

图 5-15（b）中，先访问顶点 A，然后找到一个由 A 射向的、未访问过的邻接点 C，访问 C；由 C 找到邻接点 B，访问 B；由 B 找到邻接点 F，访问 F；再试图由 F 找一个由 F 射向的、未访问过的邻接点，无。沿着 F 的来路回退到顶点 B，B 也再无未访问过的、由 B 射向的邻接点，再沿着 B 的来路回退到 C，由 C 找到邻接点 D，访问 D；由 D 找一个由 D 射向的、未访问过的邻接点，无。继续沿着来路回退到 C，C 再无未访问过且由 C 射向的邻接点，再沿着 C 的来路回退到 A，A 也再无未访问过的、由 A 射向的邻接点，回退到空，结束本棵树。此时已经访问过的顶点个数还没有达到图中顶点总数，需要在图中再找未访问过的顶点。找到了 E，访问 E，此时访问过的顶点个数已经达到了图中顶点总数，访问结束。这样遍历的结果是一个森林，它包含了 G_{17} 中所有的顶点和部分边，因此也是图的一个生成森林。顶点访问序列为 A、C、B、F、D、E。

图 5-15（c）的操作是，先访问 E，得到的一棵树，它包含了 G_{17} 中所有的顶点和部分边，也是图的一个生成树。顶点访问序列为 E、C、B、F、A、D。

深度优先遍历 DFS 的实现方法和树的前序算法类似，不同之处在于图中顶点的直接前驱不唯一或者有回路。某个顶点可能在被一个直接前驱顶点作为邻接点到达并访问后，又被另外一个直接前驱顶点作为邻接点到达并试图访问；或者从某个顶点出发，经过一个回路再次回到某个顶点。两种情况都说明，一个顶点在一条路径上被访问后可能通过另外一条路径再次到达。甚至，无向图中一条边的两个顶点本身就互为邻接点。在图 G_{17} 中，从 E 出发到 C，C 到 B，B 到 F；F 回退到 B，B 到 A；A 回退到 B，B 回退到 C，从 C 又可到达 A。这就是 A 的直接前驱不唯一，B 和 C 都是 A 的直接前驱造成的。在图 G_{17} 中，从 A 可以到 C、从 C 可以到 B、从 B 可以到 A，在此回路中 A 被两次到达，形成了回路。为了避免顶点的重复访问，在遍历的过程中，需要对访问过的顶点加标记，凡是已经加了访问标记的顶点不再被二次访问。

下面讨论深度优先遍历 DFS 的递归算法实现。

算法思路：方法和二叉树前序遍历的递归算法相似。回顾二叉树的前序遍历，首先访问根结点，然后以左孩子为根前序遍历左子树，以右孩子为根前序遍历右子树。图的深度优先遍历，是访问某个顶点，然后以其第一个邻接点为起始顶点做深度优先遍历，以其第二个邻接点为起始顶点做深度优先遍历，……，以其最后一个邻接点为起始顶点做深度优先遍历。因此图的深度优先遍历算法可以看作是二叉树前序遍历的扩展。由于图可能不连通，从一个顶点开始做深度优先遍历可能只能访问到部分顶点，此时需要重新选择尚未访问的顶点，从它开始再次开始深度优先遍历。另外，一个顶点可能和其他多个顶点邻接，故以它为起始顶点做深度优先遍历前需检查是否已经访问过。如果未访问过，遍历才能进行。程序 5-4 是有向图用邻接表存储时 DFS 的递归算法实现。

程序 5-4　有向图用邻接表存储时 DFS 的递归算法实现。

```
template <class verType, class edgeType>
void Graph<verType, edgeType>::DFS()const
{
    bool *visited;
    int i;

    //为 visited 创建动态数组空间，并设置初始访问标志为 false
    visited=new bool[verts];
    if (!visited) throw illegalSize();
    for (i=0; i<verts; i++) visited[i]=false;

    for (i=0; i<verts; i++)
    {
        if (!visited[i]) DFS(i, visited);
        cout<<endl;
    }
}

template <class verType, class edgeType>
void Graph<verType, edgeType>::DFS(int start, bool visited[])const
{
    edgeNode<edgeType> *p;

    cout<<verList[start].data<<'\t';
    visited[start]=true;

    p=verList[start].adj;
    while (p)
    {
        if (!visited[p->dest]) DFS(p->dest, visited);
        p=p->link;
    }
}
```

分析算法的时间复杂度：DFS()中第一个 for 循环初始化 visited 数组，时间复杂度为 $O(n)$；第二个 for 循环中的每一次循环体的执行都有一个顶点被访检查，一共有 n 个顶点，每个顶点又通过 DFS(int start, bool visited[])遍历了它的边表，因此总的时间复杂度为 $O(n+e)$。

下面讨论深度优先遍历 DFS 的非递归算法实现。

算法思路：方法和二叉树前序遍历的非递归算法相似。二叉树的前序遍历是，建立一个栈，根结点进栈，然后反复进行以下操作：如果栈不空，弹出访问，如果访问结点有右孩子，右孩子进栈；如果访问结点有左孩子，左孩子进栈。图的深度优先遍历是，建立一个栈，选一个顶点进栈，然后反复进行以下操作：如果栈不空，弹出，如已访问进入下次循环，否则访问，第一个未被访问的邻接点进栈，第二个未被访问的邻接点进栈，……，最后一个未被访问的邻接点进栈。程序 5-5 是有向图用邻接表存储时 DFS 的非递归算法实现。

程序 5-5 有向图用邻接表存储时 DFS 的非递归算法实现。

```
template <class verType, class edgeType>
void Graph<verType, edgeType>::DFS()const
{
    seqStack<int> s;
    edgeNode<edgeType> *p;
    bool *visited;
    int i, start;

    //为 visited 创建动态数组空间，并置初始访问标志为 false
    visited=new bool[verts];
    if (!visited) throw illegalSize();
    for (i=0; i<verts; i++) visited[i]=false;

    //逐一找到未被访问过的顶点，做深度优先遍历
    for (i=0; i<verts; i++)
    {
        if (visited[i]) continue;
        s.push(i);

        while (!s.isEmpty())
        {
            start=s.top(); s.pop();
            if (visited[start]) continue;

            cout<<verList[start].data<<'\t';
            visited[start]=true;

            p=verList[start].adj;
            while (p)
            {
                if (!visited[p->dest])
                    s.push(p->dest);
                p=p->link;
            }
        }
        cout<<'\n';
    }
}
```

分析算法的时间复杂度：DFS()中第一个 for 循环初始化 visited 数组，时间为 $O(n)$；第二个 for 循环体中嵌套了一个 while 循环，而这个 while 循环中又嵌套了一个 while 循环，三层循环中循环次数并非相互独立。先观察两个 while 语句嵌套，外层 while 语句每次执行循环体就访问了一个顶点并遍历了它的边表，故时间复杂度为 $O(n+e)$。外层 for 循环，循环体执行了 n 次，但前面 for 循环体执行中访问过的结点将不再进入内部 while 循环，因此打开 for 循环成为串行结构，总的时间复杂度仍为 $O(n+e)$。

事实上，如果图用邻接表存储，栈可以不保存顶点，而保存边结点地址。因为每个顶点射出的所有边都在各自用单链表表示的边表中，不需要把访问顶点的所有相邻顶点进栈，只需要将该顶点在边表中的一条 dest 顶点未被访问的边结点地址进栈，它出栈时，根据边结点中 link 字段找下一条 dest 顶点未被访问的边，如果有，将它进栈，这样便可保证同一弧尾顶点的所有邻接点被一个个挨着查验过去。如果图用邻接矩阵存储，访问完顶点 i，可从第 0 列开始逐列检查，如果遇到第一个有边且顶点 j 未被访问过，将描述边位置的两元组(i,j)进栈；它出栈时，让第 i 行第 j 列后第一个有边且 $j+m$ 顶点未被访问过的两元组$(i,j+m)$进栈即可。

5.3.2 广度优先遍历

广度优先遍历

广度优先遍历类似于二叉树的层次遍历。

它的访问方式如下：

（1）选中第一个被访问的顶点。

（2）访问，且对顶点设置已访问过的标志。

（3）依次对顶点的未被访问过的第一个、第二个、第三个、……、第 m 个邻接顶点 W_1、W_2、W_3、…、W_m 进行访问且进行标记。

（4）依次对顶点 W_1、W_2、W_3、…、W_m 转向操作（3）。

（5）如果还有顶点未被访问，任选其中一个顶点作为起始顶点，转向步骤（2）。

如果所有的顶点都被访问到，遍历结束。

具体示例如图 5-16 所示，G_{18} 是一个无向图，假设选中 G_{18} 中的顶点 1 作为起始点，加访问过标记并进队，循环开始：如果队不空，队首顶点 1 出队，访问顶点 1 的所有未访问过的邻接顶点 0、3，且 0、3 依次进队，再次进入下轮循环；队首 0 出队，访问顶点 0 的所有未访问过的邻接顶点 2、6，2、6 依次进队，再次进入下轮循环；队首顶点 3 出队，顶点 3 无未访问过的邻接顶点，再次进入下轮循环；顶点 2 出队，顶点 2 无未访问过的邻接结顶点；顶点 6 出队，顶点 6 无未访问过的邻接顶点，此时队空，判断访问过的顶点个数小于图中顶点总数。任意找一个未访问过的顶点，如顶点 7，访问、加访问标志并进队，如上面继续进行广度优先遍历，直到图中所有顶点都被访问过。

在以上过程中，请注意：每访问一个顶点，随即给该顶点加访问过标记，此标记用于后面再次遇到该顶点时，判定该顶点是否访问过，如果未访问过则访问，否则略过。按以上遍历操作，便得到了图 5-16（b）中的森林，遍历中顶点访问序列为 1、0、3、2、6、7、5、4。图 5-16（c）是由首先选中 G_{18} 的顶点 6，得出 G_{18} 的另外一种广度优先遍历结果，顶点遍历序列为 6、2、0、3、1、5、4、7。无论图 5-16（b）还是图 5-16（c），都是图 G_{18} 的生成森林。

可以想象：如果图 G_{18} 是一个连通图，就会得到生成树；如果图 G_{18} 是一个非连通图，就会得到生成森林，森林中树的个数就是此图的连通分量个数。

无论是深度优先遍历还是广度优先遍历，当一个顶点被访问时，其已经访问过的邻接点将不再被访问，换言之，这两个顶点间的边不会出现在遍历中，即一定不存在回路，所以遍历结果只能是树形结构（集合和线性结构也可看作是树形结构的一种）。

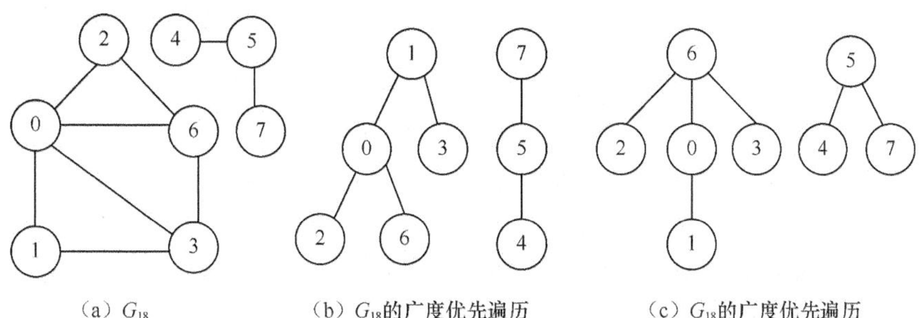

（a）G_{18}　　（b）G_{18}的广度优先遍历　　（c）G_{18}的广度优先遍历

图 5-16　无向图的广度优先遍历

图的 BFS 算法实现见程序 5-6，和二叉树的层次遍历实现方法类似：程序首先将所有顶点的访问标志初始化为 false，然后进入外层 for 循环。在外循环中，顺序找未被访问过的顶点作起始顶点，将起始顶点进队，然后反复执行以下循环：顶点出队，如果未访问过，访问并将它所有未被访问过的邻接点进队，反复循环，直到队空。继续下一轮外循环，直到所有的顶点都被检查过。

程序 5-6 有向图的广度优先遍历 BFS（用邻接表表示，且顶点表用数组实现）。

```
template <class verType, class edgeType>
void Graph<verType, edgeType>::BFS()const//广度优先遍历
{
    seqQueue<int> q;
    edgeNode<edgeType> *p;
    bool *visited;
    int i, start;

    //为 visited 创建动态数组空间，并置初始访问标志为 false
    visited = new bool[verts];
    if (!visited) throw illegalSize();
    for (i=0; i<verts; i++) visited[i]=false;

    //逐一找到未被访问过的顶点，做广度优先遍历
    for (i=0; i<verts; i++)
    {
        if (visited[i]) continue;
        q.enQueue(i);
        visited[i]=true;

        while (!q.isEmpty())
        {
            start=q.front(); q.deQueue();

            cout<<verList[start].data<<'\t';

            p=verList[start].adj;
            while (p)
            {
                if (!visited[p->dest])
                    {  visited[p->dest]=true;
                       q.enQueue(p->dest);
                    }
                p=p->link;
            }
        }
        cout<<'\n';
    }
}
```

同样从程序 5-6 可以看出，对于无向图来说，根据进入第二层循环的次数，就可以计算出无向图是否连通，如果不连通，有几个连通分量。

分析算法的时间复杂度：初始化 visited 数组，时间为 $O(n)$；第二个循环为 for、while、while 三层循环嵌套，三层循环相互并不独立。打开外循环，检查每个顶点，当某个顶点未被访问时，通过第二层循环访问它，并通过遍历边表访问所有和它在一个连通分量中的顶点，因此总的时间为 $n+e$，故算法的时间复杂度为 $O(n+e)$。

程序 5-7 是 DFS 和 BFS 算法实现的测试程序。

程序 5-7 DFS 和 BFS 算法实现的测试程序（用邻接表表示，且顶点表用数组实现）。

```
#include <iostream>
#include "Graph2.h"
```

```
using namespace std;

int main()
{
    int i, vCount, eCount;
    char v1, v2;
    int value;

    Graph<char,int> g(false);

    cout<<"Input the number of verts and edges: ";
    cin >> vCount >> eCount;
    cin.get();

    for (i=0; i<vCount; i++) //插入所有顶点
        g.insertVertex('A'+i);

    cout<<"Input the edge, for example: AB 5 "<<endl;
    for (i=0; i<eCount; i++) //插入所有边，以回车分割各条边
    {
        v1=cin.get();
        v2=cin.get();
        cin >> value; //此时都输入 1 即可
        cin.get();//读入回车

        g.insertEdge(v1,v2,value); //插入边

    }

    g.disp();
    g.DFS();
    g.BFS();
    return 0;
}
//运行时可以用图 G17 验证，输入：DA EC CD AC CA CB BA BF
```

5.3.3　图的连通性

1．无向图的连通性和连通分量

如果无向图是连通的，那么选定图中任何一个顶点，从该顶点出发，通过遍历，就能到达图中其他所有顶点。这需要在以上深度优先、广度优先遍历算法实现中增加一个计数器，记录外循环体中，进入内循环的次数，根据次数可以判断出该图是否连通，如果不连通有几个连通分量，每个连通分量包含哪些顶点？如程序 5-8 是在 BFS 算法实现的基础上增加一个计数器 count，然后通过计数器 count 的值判断无向图是否连通的程序。对一个无向图来说，当 count=1 时，表示它是连通图；当 count>1 时，表示它不是连通图，且有 count 个连通分量。该程序的结果还能使同一个连通分量中的顶点显示在同一行，不同连通分量中的顶点显示在不同行。

图的连通性

程序 5-8　判断无向图的连通性（用邻接表表示，且顶点表用数组实现）。

```
template <class verType, class edgeType>
bool Graph<verType, edgeType>::connected()const//广度优先遍历
{
    seqQueue<int> q;
    edgeNode<edgeType> *p;
    bool *visited;
```

```
        int i, start, count=0; //count 为计数器

        //为 visited 创建动态数组空间，并置初始访问标志为 false
        visited = new bool[verts];
        if (!visited) throw illegalSize();
        for (i=0; i<verts; i++) visited[i]=false;

        //逐一找到未被访问过的顶点，做广度优先遍历
        for (i=0; i<verts; i++)
        {
            if (visited[i]) continue;
            q.enQueue(i);    count++;
            visited[i]=true;

            while (!q.isEmpty())
            {
                start=q.front(); q.deQueue();

                cout<<verList[start].data<<'\t';
                visited[start]=true;

                p=verList[start].adj;
                while (p)
                {
                    if (!visited[p->dest])
                        { q.enQueue(p->dest); visited[p->dest]=true; }
                    p=p->link;
                }
            }
            cout<<'\n';
        }
        if (count==1) return true;
        return false;
}
```

可以看出，顺着图中边的信息对顶点进行遍历的用途非常广泛。

2．有向图的强连通分量

有向图的强连通分量问题解决起来比较复杂。对一个强连通分量来说，要求每一对顶点间都有路径可达，比如顶点 V_i 和 V_j，不光要从 V_i 能到 V_j，还要求从 V_j 能到 V_i。在以上的深度、广度优先遍历算法中，因选择起点不同，就会有时得到树而有时得到森林。图 5-15 所示是根据深度优先遍历分别得到了森林和树，所以强连通分量的求法不像无向图的连通分量求法那样简单。但它依然可以利用有向图的深度优先遍历 DFS，通过以下算法获得：

（1）对有向图 G 进行深度优先遍历，按照遍历中回退顶点的次序给每个顶点进行编号。最先回退的顶点的编号为 1，其他顶点的编号按回退先后逐次增大 1。

（2）将有向图 G 的所有有向边反向，构造新的有向图 Gr。

（3）根据步骤（1）对顶点进行的编号，选取最大编号的顶点。以该顶点为起始点在有向图 Gr 上进行深度优先遍历。如果没有访问到所有的顶点，则从剩余的那些未被访问过的顶点中选取编号最大的顶点，以该顶点为起始点再进行深度优先遍历，如此反复，直至所有的顶点都被访问到。

根据对 Gr 遍历得到的生成森林中生成树的个数 m，可以判定有向图 G 的强连通性。当 m=1 时，说明 G 是强连通图；当 m>1 时，说明 G 不是强连通图，强连通分量有 m 个。每个生成树中的顶点集，就是有向图 G 的各强连通分量顶点集。

图 5-17 所示是一个有向图 G_{19} 的强连通分量求解过程：首先图 5-17（b）是 G19 的一个深度优先遍历森林。在这个深度优先遍历中，从 A 开始访问，然后沿着边的方向依次访问 C、B、F，

F 无法沿边继续下行，回退到 B，此时 F 成为第 1 个回退顶点；B 也无未访问过的邻接点，无法下行，回退到 C，B 成为第 2 个回退顶点；由 C 沿着<C,D>下行到 D，D 无法下行，回退到 C，D 成为第 3 个回退顶点；C 无法下行，回退到 A，C 成为第 4 个回退顶点；A 也没有未访问过的邻接点，故无法下行，回退到空，A 成为第 5 个回退结点。此时访问过的顶点个数小于图中顶点总数，另起一个新的起始顶点 E，E 没有未访问过的邻接点，无法下行，回退到空，E 成为第 6 个回退顶点。此时访问过的顶点个数等于图中顶点总数，访问结束。在此过程中得到所有顶点回退的顺序，回退顺序编号在图 5-17（b）中的顶点旁标出。下一步对 G_{19} 中各个有向边反向，得到图 5-17（c）中图 *Gr*，在 *Gr* 中首先在未访问过的顶点中选择编号最大的顶点 E 并访问，由 E 无法下行，回退到空；再在未访问过的顶点中选择编号最大的顶点 A 访问，由 A 下行访问到 B、C，由 C 无法下行，回退到 B，B 无法下行，回退到 A，由 A 下行到 D，D 无法下行，回退到 A，A 无法下行回退到空；再选择一个未访问过的编号最大的顶点 F 访问，至此所有顶点访问完毕，得到图 5-17（d）中的生成森林。从图 5-17（d）中得出图 G_{19} 的强连通分量有 3 个，第一个分量有 1 个顶点 E，第二个分量有 4 个顶点为 A、B、C、D，第三个分量有 1 个顶点 F。

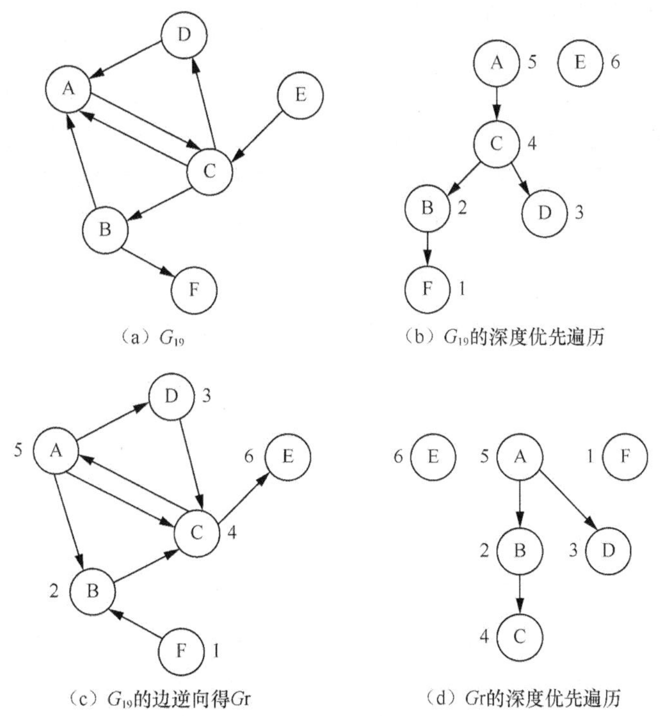

（a）G_{19}　　（b）G_{19}的深度优先遍历

（c）G_{19}的边逆向得*Gr*　　（d）*Gr*的深度优先遍历

图 5-17　有向图的强连通分量

有向图的强连通分量中的顶点和根据有向图 *Gr* 进行深度优先遍历得到的生成森林的生成树中的顶点是一一对应的。证明如下：

假定在有向图 *Gr* 中进行深度优先遍历时某个生成树的树根为 x，且这个生成树中有任意两个顶点 v、w（注意此时 x 的回退编号大于 v、w 的回退编号），因此在 *Gr* 中存在着由 x 至 v 的路径，因为 *Gr* 中所有边是 G 中边的反向，因此在 G 中也存在一条由 v 至 x 的路径。又由于在 G 中进行深度优先遍历时顶点 x 得到的编号大，v 得到的编号小，所以遍历中是从顶点 v 回退到顶点 x 的。既然从顶点 v 可以回退到顶点 x，这就说明 G 中必然存在从顶点 x 到 v 的路径（否则无法回退）。在 G 中存在着从 x 到 v 的路径又同时存在着从 v 到 x 的路径，说明顶点 x、v 之间是相互可达的。

同理顶点 x 至另外一个顶点 w 之间也是互相可达的，故顶点 v、w 之间是互相可达的。由此得出结论，在 Gr 的生成森林中，每一棵生成树的顶点集都是和一个强连通分量的顶点集一一对应的。

如果一个有向图按照上述方法得到的强连通分量数量只有 1 个，就说明该有向图为强连通图。如果不是强连通图，单独拿出以上得到的每个强连通分量的顶点集（不含任何边），观察每个集合中的任意两个顶点，如果在 G_{19} 中有边相连，增加这条边，便得到了一个个完整的强连通分量。

5.4 最小代价生成树

当一个无向图中每条边有一个权值（如：长度、时间、代价等），这个图通常称为网络。如果这个无向图是连通的，且其一个子图满足以下 4 个条件，该子图就被称为最小代价生成树（Minimum Cost Spanning Tree）。

（1）包含原来网络中的所有顶点。

（2）包含原来网络中的部分边。

（3）该子图是连通的。

（4）在同时满足（1）、（2）、（3）条件的所有子图中该子图所有边的权值之和最小。

子图中所有边的权值之和称为带权路径长度。最小代价生成树示例如图 5-18 所示。在这个示例中，图 G_{20} 有两棵不同的最小代价生成树，其代价都是 8。这也说明最小代价生成树不一定唯一，但最小代价生成树的带权路径长度一定唯一。

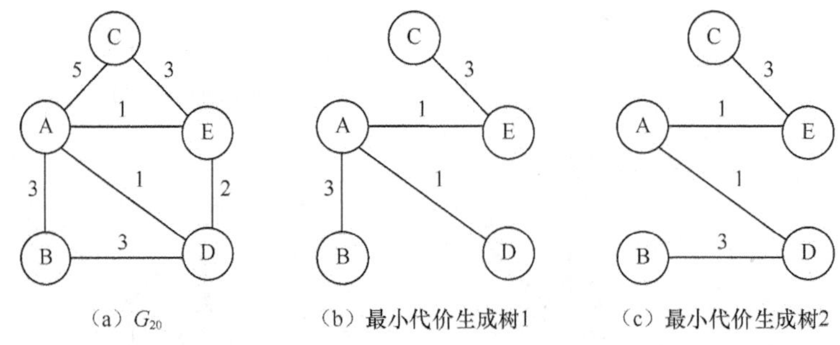

图 5-18　无向连通图 G_{20} 的最小代价生成树

最小代价生成树的实际应用非常广泛，如：在相邻的 n 个城市之间铺设光缆，使得任意两座城市之间都可以进行通讯，且要铺设的光缆长度之和最小，这个问题就是一个最小代价生成树问题。

假设一个无向连通图有 n 个顶点，边数最多（即完全图时）达 $n(n-1)/2$，最少有 $n-1$。一个无向连通图的生成树中就含有 n 个顶点和 $n-1$ 条边。下面讨论如何能选出 $n-1$ 条边，使得：子图是生成树，且 $n-1$ 条边的权值和在所有生成树中最小。

引理 5-1 保证了常见的两个求最小代价生成树算法：普里姆（Prim）算法和克鲁斯卡尔（Kruscal）算法的正确性。

引理 5-1：设 $G=\{V, E\}$是一个连通图，若(u, v)是一条代价最小的边，则必存在一棵包括边(u, v)在内的最小代价生成树。

证明：假定在图 $G=\{V, E\}$中，存在一棵不包括代价最小的边(u, v)在内的最小代价生成树，设其为 T。又设 U 是顶点集合 V 的一个非空子集，且 $u\in U$，$v\in V-U$，如 5-19 所示。将边(u, v)添加到树 T，由于顶点 u, v 本来就是连通的，现在又增加了一条新的通路，便形成了一条包含边(u, v)

的回路。因 G 是连通图，U 和 $V-U$ 集合间必定存在另一条边 (u', v')，且 $u' \in U, v' \in V-U$。为了消除上述回路，可以将边 (u', v') 删除。记为 $T'=T+(u, v)-(u', v')$。T' 仍然包含 V 的所有顶点，且以下可以证明这些顶点之间仍然是连通的。

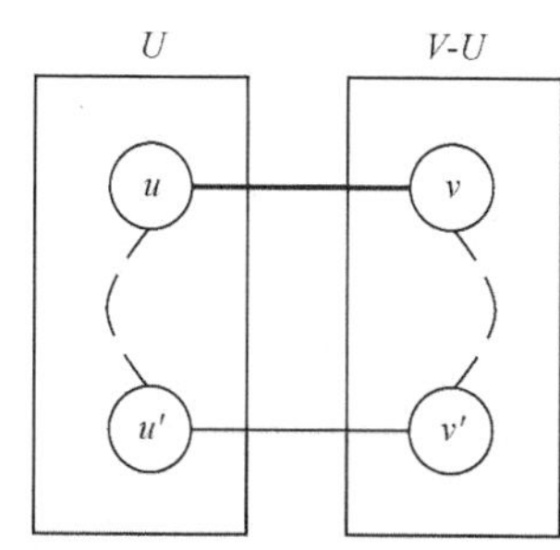

图 5-19　最小代价生成树引理

假设 x 是 U 中的某个顶点，且原先在 U 和 $V-U$ 中其他顶点之间的路径上，经过 (u', v') 边，现在这条路径只要通过顶点 u'、u、v、v' 之间的路径仍然可以和这些顶点有路径相连。即在边 (u', v') 删除之后，这些顶点之间的连通性仍然可以保持。由于 T' 包含 V 的所有顶点，是连通且没有回路的，所以它是图 G 的一棵生成树。因为边 (u, v) 的代价最小，其代价必定不大于等于边 (u', v') 的代价。当其代价小于边 (u', v') 的代价时，新的生成树 T' 是代价更小的树，树 T 不是代价最小的生成树；如果最小边 (u, v) 的代价等于边 (u', v') 的代价，新的生成树 T' 也是一棵最小代价的树。命题得证。

5.4.1　普里姆算法

普里姆算法着眼于顶点：逐个选择具有最短距离的顶点来构建最小代价生成树。

普里姆算法

普里姆算法思想如下：对一个无向连通图 $G = \{V, E\}$，用 W 表示顶点集合，U 表示最小生成树中顶点集合，T 表示最小生成树中边集合，数组 tag[j]表示顶点 j 到 W 集合的最短距离，数组 ver[j]记录了一个顶点的地址，这个顶点含义是：如果 tag[j]的当前值是由边 (i, j) 刷新造成的，则 ver[j]=i。初始时，$W=V$ 包含所有顶点，U 和 T 为空，数组 tag 全部赋值为无穷大，数组 ver 全部赋值为−1。因为每个顶点最终都会进入最小生成树，故首先在 W 中任选一个顶点 u，将其移入 U 集合。然后检查 u 的所有相邻顶点 v，如果边 (u,v) 的权值小于顶点 v 上的最短距离 tag[v]，用 (u,v) 边的权值刷新 tag[v]的值并记录 ver[v]=u，在集合 W 中选择 tag 值最小的顶点，将其记为 u 并移入 U 集合，并将边(ver[u],u)并入集合 T；继续下一轮循环，直到 U 集合中包含了所有顶点，循环结束。此时 T 集合便包含了最小生成树中所有的边，且如果在以上构建过程中加一个权值累加器便能得到最小生成树边的权值和。在选择到 U 距离最小的顶点时，可以在数组 tag 中用顺序查找获得，也可以将顶点到 U 的距离保存为一个最小化堆，以达到提高算法效率的目的。

普里姆算法过程的具体示例如图 5-20 所示。

在 W 中任选一个顶点，这里选择了 A。将 A 从 W 中移到 U 中，于是 W 中所有 A 的相邻顶点的 tag 值获得刷新机会：C 因(A,C)由无穷刷新为 5，E 因(A,E)由无穷刷新为 1，D 因(A,D)由无穷刷新为 1，B 因(A,B)由无穷刷新为 3，且这些顶点的源头结点都记为 0（即 A 顶点），图 5-20 中顶点旁的数字及字母分别是其 tag 值和源头顶点。从 W 中选取 tag 最小的顶点，这里可以是 E、D，任选其中一个，如选择 E，将 E 移入 U 中，并将边(A,E)移入集合 T。继续刷新 W 中所有和 E 相邻的顶点的 tag 值，结果 C 因(E,C)由 5 刷新为 3，源头结点记为 4（即(E)）。继续反复循环：在 W 中找最小 tag 值、从 W 移顶点到 U、将边并入 T、刷新相邻顶点 tag 值，最终得到结果如图 5-20（f）所示，此时便得到了一个最小代价生成树，且最小生成树中边的权值和为 8。

程序 5-9 是普里姆算法的实现，假设图用邻接表方式存储。程序首先定义了一个结构类型 primNode，用以描述边的信息：包括边的两个顶点和权值。Prim 函数定义了 4 个数组 source、dist、selected 和 treeEdges。Source[i]记录了顶点 i 到 U 集合的最短距离是哪个顶点造成的，dist[i]记录

了顶点 i 到 U 集合的最短距离，selected[i]记录了顶点 i 是否已经在 U 集合中，treeEdges 数组记录了在 T 中的每一条边。程序首先选择了顶点 0 作为进入 U 的第一个顶点或称选择点，只要进入 U 的顶点个数没有达到图中顶点总数，就进入循环，反复进行以下操作：沿着选择点的边表逐个检查各条边，如果边中存储的邻接点未进入 U 且邻接点的 dist 值大于这条边的权值，用该边权值刷新邻接点的 dist。然后在所有未进入 U 的顶点中找到 dist 最小的顶点作为新的选择点，选择点的源顶点和选择点之间的边并进入 T，选择点并进入 U，计数进入 U 的顶点个数并检查是否达到顶点总数，未达到则再次进入循环操作。

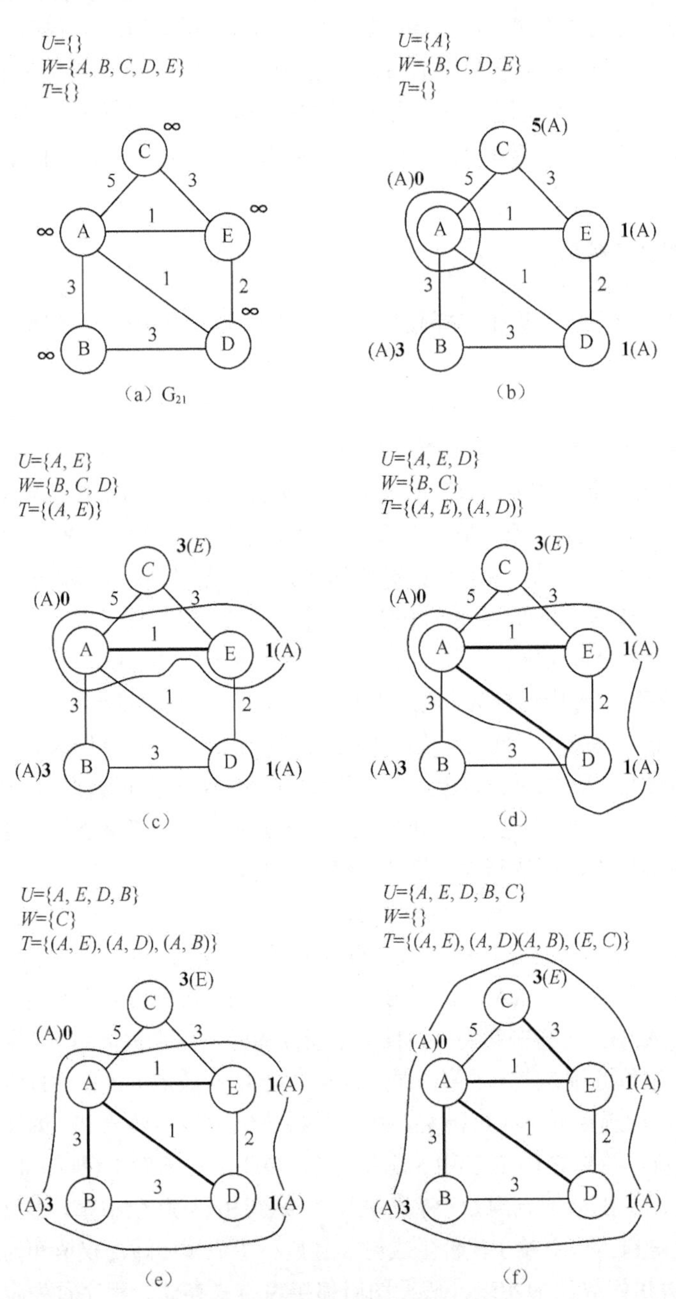

图 5-20　普里姆算法过程

程序 5-9　普里姆算法的实现（用邻接矩阵表示无向图）。

```
cost int INF=9999;
template <class edgeType>
struct primNode
{
    int from;
    int to;
    edgeType weight;
};

template <class verType, class edgeType>
void Graph<verType, edgeType>::Prim()const
{
    int *source;   //记录源顶点
    edgeType *dist; //记录顶点到 U 集合中的距离
    bool *selected; //记录顶点是否已经到 U 中
    primNode<edgeType> *treeEdges; //最小生成树中的边

    edgeType sum; //最小生成树的权值和
    int cnt; //记录集合 U 中顶点的个数
    int min; //选出当前 W 中离集合最短的顶点下标
    int i, j, selVert;

    edgeNode<edgeType> *p;


    //创建动态空间
    source=new int[verts];
    dist=new edgeType[verts];
    selected=new bool[verts];
    treeEdges=new primNode<edgeType>[verts-1];

    //初始化
    for (i=0; i<verts; i++)
    {
        source[i]=-1;
        dist[i]=INF; //用一个很大的值表示无穷大
        selected[i] = false;
    }

    //选中一个顶点
    selVert=0;
    source[0]=0;
    dist[0]=0;
    selected[0]=true;
    cnt=1;

    while (cnt<verts)
    {
        //检查 selVert 的所有仍在 W 中的邻接点，如有需要刷新它的信息
        p = verList[selVert].adj;
        while (p)
        {
            if (!selected[p->dest]&&(dist[p->dest]>p->weight))
            {
                source[p->dest]=selVert;
                dist[p->dest]=p->weight;
            }
            p=p->link;
        }

        //选择 W 中离 U 最近的顶点，即 dist 最小的值
        for (i=0; i<verts; i++)
```

```
            if (!selected[i]) break;
        min=i;

        for (j=i+1; j<verts; j++)
            if (!selected[j] && dist[j]<dist[min]) min=j;

        //将最近的顶点并入 U，并将对应的边并于最小生成树
        selVert=min;
        selected[min]=true;
        treeEdges[cnt-1].from=source[min];
        treeEdges[cnt-1].to=min;
        treeEdges[cnt-1].weight=dist[min];
        cnt++;
    }

    //-------------辅助调试-----------------
    //输出最小生成树中各条边及权值和
    sum=0;
    for (i=0; i<cnt-1; i++)
    {
        sum+=treeEdges[i].weight;
        cout << treeEdges[i].from << " ->    "
            << treeEdges[i].to << "    " << treeEdges[i].weight << endl;
    }
    cout<<"The total weight is: "<<sum<<endl;
}
```

算法复杂度分析：在程序 5-9 中，外循环体每执行一次就找到一个选择点，共执行 $n-1$ 次。外循环体内有两个串行操作：沿着当前选择点遍历其边表一遍，当整个外循环执行完毕时共访问边 e 次，总时间消耗为 $n+e$；在 W 中选择 dist 最小的顶点，时间消耗为 n，当整个外循环执行完毕时共访问边 n^2 次，总时间消耗为 n^2。故普里姆算法的时间复杂度为 $O(n^2)$。每趟求 dist 最小的顶点，并不能通过简单地利用小顶堆来优化，因为各个顶点的 dist 并非是静态值，而是在每趟循环中，其值可能是变化的。

5.4.2 克鲁斯卡尔算法

克鲁斯卡尔算法

克鲁斯卡尔算法是另一个经典的、求最小生成树的算法。它不像普里姆算法着眼于顶点，而是着眼于边，普里姆算法每次找的是距离最小的顶点，克鲁斯卡尔算法每次找的是权值最小的边，然后以是否在已选择边形成的图中造成回路来判断它能否加入最小代价生成树。

克鲁斯卡尔算法思想如下：对于一个无向连通图 $G=\{V, E\}$，其中 V 是顶点的集合，E 是边的集合。算法开始时，令最小代价生成树 $MST=\{V,\phi\}$，此时 MST 仅由图 G 的 n 个顶点构成，MST 不包含图 G 的任何一条边。最初这 n 个顶点各自构成一个连通分量，共计 n 个连通分量。算法是在图 G 中选择权值最小的边，如果该边加入 MST 后会使已有的图形成回路则放弃该边，否则将其并入 MST。反复循环，直到 MST 中边的条数达到 $n-1$。在算法运行过程中，连通分量是关键，它是判定是否存在回路的依据。在算法执行过程中，MST 中的连通分量逐步减少，从最初的 n 个减少到最后的一个。

图 5-21 所示是克鲁斯卡尔算法实施的一个示例，表 5-1 所示是从连通分量角度观察克鲁斯卡尔算法在 G_{22} 上的实施过程。在图 5-21 中，权值最小为 1 的边有两条，任选其中一条，如(A,E)，并入 MST；然后选出权值最小为 1 的边(A, D)，并入 MST；再选出权值最小为 2 的边(E, D)，如果(E, D)并入，MST 中的边会形成回路，放弃(E,D)；再次选出权值最小为 3 的边，目前有 3 条，任选一条，

如(A,B)，并入 MST；再次选出权值最小为 3 的边(D,B)，如果(D,B)并入，MST 中边会形成回路，放弃；最后选出权值最小为 3 的边(C,E)，并入 MST，此时 MST 中边数达到 $n-1=4$，算法结束。

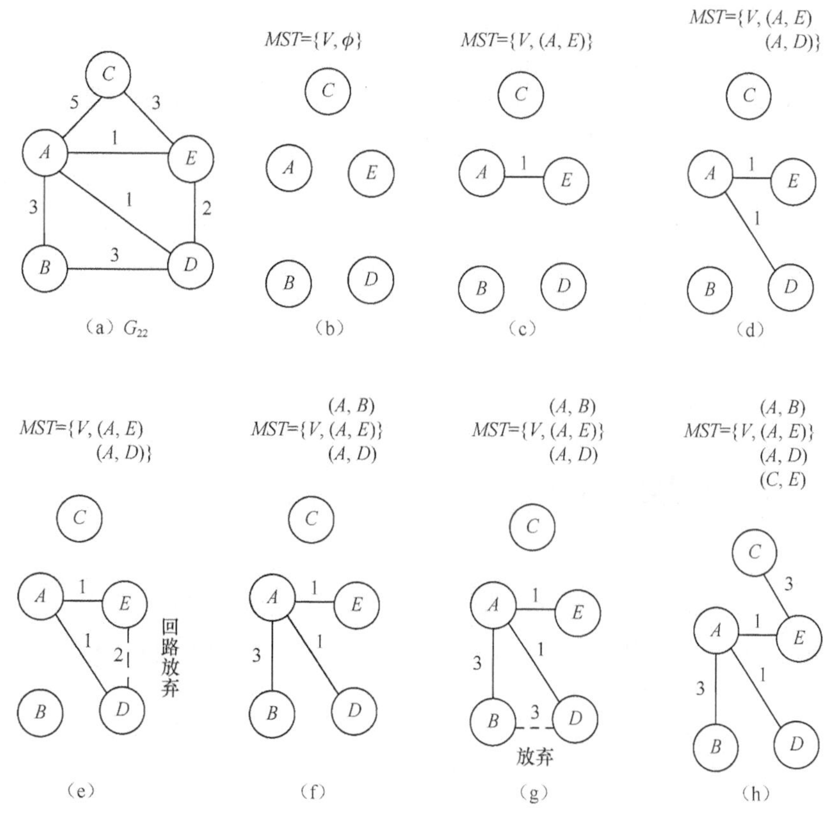

图 5-21　克鲁斯卡尔算法示例

算法实现过程中，每次将边并入 MST 都要判断是否和 MST 中已有的边形成回路。如何判断回路似乎有些难，一种方法是用一个连通分量标志就能很容易地解决问题，另一种方法是用不相交集代表不同的连通分量。具体操作如表 5-1 所示。

表 5-1　克鲁斯卡尔算法实施过程

边	权值	操作	连通分量：{A},{B},{C},{D},{E} 连通分量标志：1,　2,　3,　4,　5
(A,E)	1	并入 MST	连通分量：{A,E},{B},{C},{D} 1,　2,　3,　4
(A,D)	1	并入 MST	连通分量：{A,E,D},{B},{C} 1,　2,　3
(E,D)	2	E 和 D 有相同连通分量标志即存在回路、放弃	连通分量：{A,E,D},{B},{C} 1,　2,　3
(C,E)	3	并入 MST	连通分量：{A,E,D,C},{B} 1,　3
(B,D)	3	并入 MST	连通分量：{A,E,D,C,B} 1

如果选择了一条权值最小的边(u,v)，在 MST 加入边(u,v)前，顶点 u,v 的连通分量标志就相同，这就说明顶点 u,v 目前在一个连通分量中，u 和 v 间已有一条路径互达。如果将(u,v)并入 MST，这条边加上 u、v 间原有的路径就形成了回路，必须放弃；如果在 MST 加入边(u,v)前，顶点 u,v 的连

通分量标志不同，就说明顶点 u,v 目前不在一个连通分量中，那么将 (u,v) 并入 *MST* 就不会产生回路，并入后 u 和 v 才进入同一个连通分量中，此时需要将 v 及所有连通分量标志和 v 相同的顶点的连通分量标志都改为 u 的连通分量标志，或者将 u 及所有连通分量标志和 u 相同的顶点的连通标志都改为 v 的连通分量标志。这里可以定一个原则，统一由大标志改为小标志：如 u 的连通标志小，则将 v 及所有和 v 连通标志一样的顶点的连通标志都改为 u 的连通标志。反复如此，直到并入 *MST* 中的边达到了 $n-1$ 条，此时所有顶点的连通标志都一致了。

在算法实现中，求最小权值的边可以借助最小化堆来实现。如果图中边的条数为 e，那么建堆的时间代价为 $O(e)$；找最小边即从堆中删除一个根结点，时间代价是 $O(\log_2 e)$；当找到最小边后需要检查边的两个连通分量标志，如果不在一个连通分量里面，需要检查所有顶点的连通分量标志，时间代价是 $O(n)$。尽管最小生成树中只含有 $n-1$ 条边，但可能要检查到所有的边，所有边都可能从堆中作为最小值被删除，其中 $n-1$ 条边加入需要修改顶点的连通分量标志。所以总的时间是：$O(e)+O((n-1)\log_2 e))+O(n^2)$，时间复杂度为$O(n^2)$。

5.5 最短路径问题

求最短路径也是生活中经常遇到的问题。如旅行时把学校所在城市设置为起点，如何用最短里程距离或者最短时间到达国内其他城市（即目的地）？城市间的道路网可以用图来表示，其中顶点表示城市，边表示城市间公路，边的权值表示城市间的公路距离或者时间。下文中称起点为源点，目的地为终点，求从源点到各个终点间的最短距离称为单源最短路径问题，而求各个顶点间的最短路径称为所有顶点对之间的最短距离问题。

5.5.1 单源最短路径

已知加权有向图 $G=\{V,E\}$中每条边有一个权值，且权值为非负值，其中 V 中的一个顶点作为源点。要求找出从源点出发到达其他各个顶点的最短路径，即到达各个顶点时所经过的路径上各条边的权值之和最小，这就是单源最短路径问题。

Dijkstra 算法

求解单源最短路径常用的算法是 Dijkstra 算法。算法思想如下：每个顶点设置一个距离标签，标识源点到该顶点的最短距离；设置一个顶点集合 S，作为已经确定最短路径的顶点集合。初始时，S 置为空且将每个顶点到源点的距离标签置为无穷大。将源点放入 S 中，源点的距离标签设置为 0。现在以源点为当前顶点，循环做以下操作：沿当前顶点射出的各条边找到其每个邻接点，如有邻接点 A，如果当前顶点的距离标签加上其到达顶点 A 的边的权值之和小于顶点 A 上的距离标签，则用当前顶点的距离标签加上边的权值刷新顶点 A 上的距离标签；下一步，在 $V-S$ 集合中找到距离标签最小的顶点，将该顶点放入 S 中，并以它为当前顶点，再次进入循环。当所有顶点都进入 S 时，循环结束。每个顶点上的距离标签即源点到这个顶点的最短距离。

图 5-22 所示是 Dijkstra 算法的一个示例。在图 5-22（a）中，首先设置每个顶点的距离标签为无穷大，S 集合为空。现在将源点 E 加入 S，E 的距离标签改为 0。E 有 3 条射出的边，用 E 的距离标签 0 分别加上 3 条边的权值，分别为：0+5、0+10、0+80，它们各自和 E 的 3 个邻接点 D、C、F 的距离标签比较，都比原本的标签值小，因此 D、C、F 的距离标签分别刷新为 5、10、80，结果如图 5-22（b）所示。从 $V-S$ 中找距离标签最小的顶点，这里为 D（标签为 5），将 D 并入 S。

以 D 为当前顶点，再逐个检查由它射出的边，只有<D,A>，D 上的距离标签 5+<D,A>的权值 30=35，小于 D 的邻接点 A 的距离标签，刷新它为 35，结果如图 5-22（c）所示。再从 *V−S* 中找距离标签最小的顶点，这里为 C（标签为 10），将 C 并入 S，再逐个检查由 C 射出的边，这里有边<C,A>、<C,D>、<C,B>，其中顶点 A、B 在 *V−S* 中，而 *C* 的距离标签 10+<C,A>的权值 35=45，大于 A 上的距离标签 35，因此 A 上的距离标签不刷新；*C* 的距离标签 10+<C,B>的权值 15=25，小于 B 上的距离标签无穷大，因此 B 上的距离标签刷新为 25。再从 *V−S* 中找到距离标签最小的顶点 B，将 B 并入 S，逐个检查由 B 射出的边<B,A>、<B,F>，其中顶点 A、F 在 *V−S* 中，25+50 大于 A 上的距离标签 35，A 的距离标签不刷新；25+10 小于 F 上的距离标签 80，F 的距离标签刷新为 35；再从 *V−S* 中找到距离标签最小的顶点，这里为 F 和 A（标签都为 35），任选其一。如选择 F，将 F 并入 S，再逐个检查由 F 射出的边，无，故不检查和刷新任何顶点；再从 *V−S* 中找到距离标签最小的顶点 A（标签为 35），将 A 并入 S，至此并入 S 中的顶点达到了 *n* 个，处理结束。

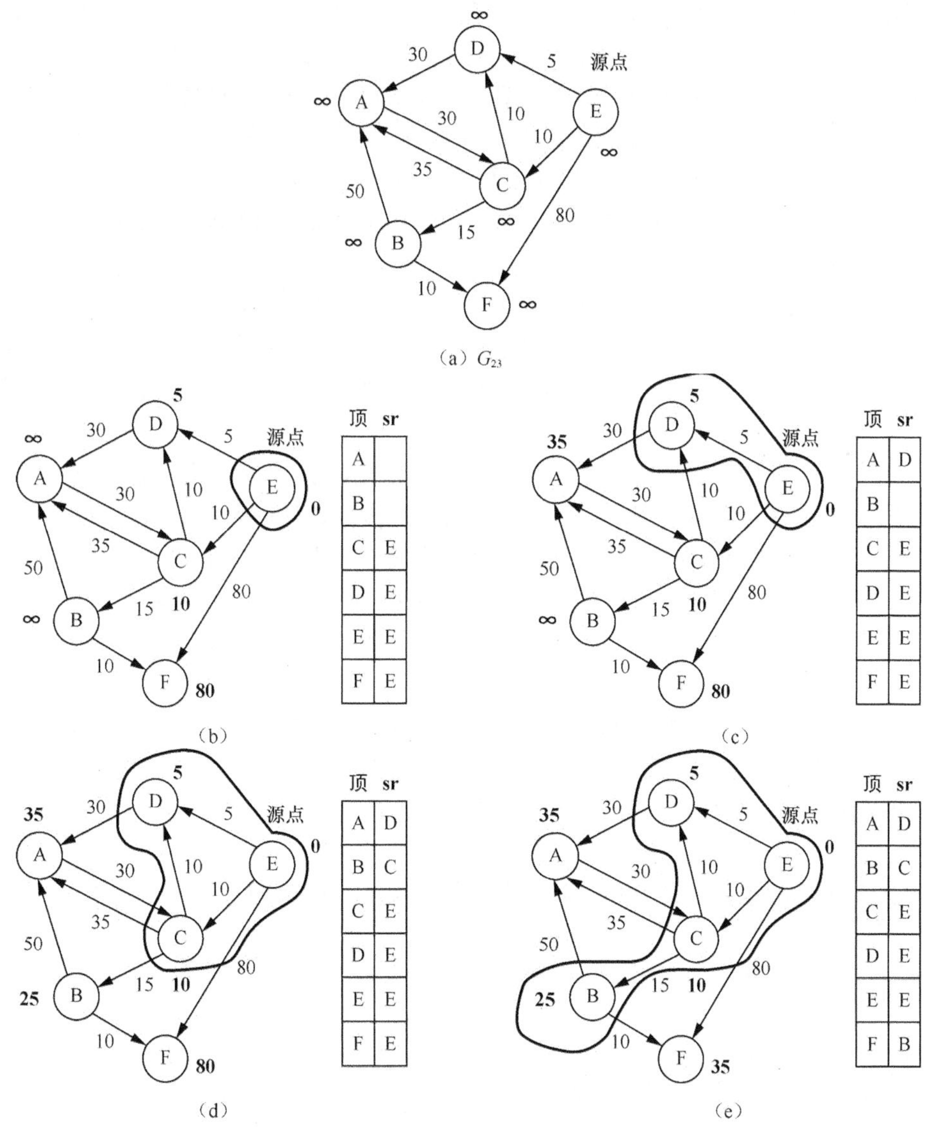

（b）

顶	sr
A	
B	
C	E
D	E
E	E
F	E

（c）

顶	sr
A	D
B	
C	E
D	E
E	E
F	E

（d）

顶	sr
A	D
B	C
C	E
D	E
E	E
F	E

（e）

顶	sr
A	D
B	C
C	E
D	E
E	E
F	B

图 5-22　用 Dijkstra 算法计算单源最短路径示例

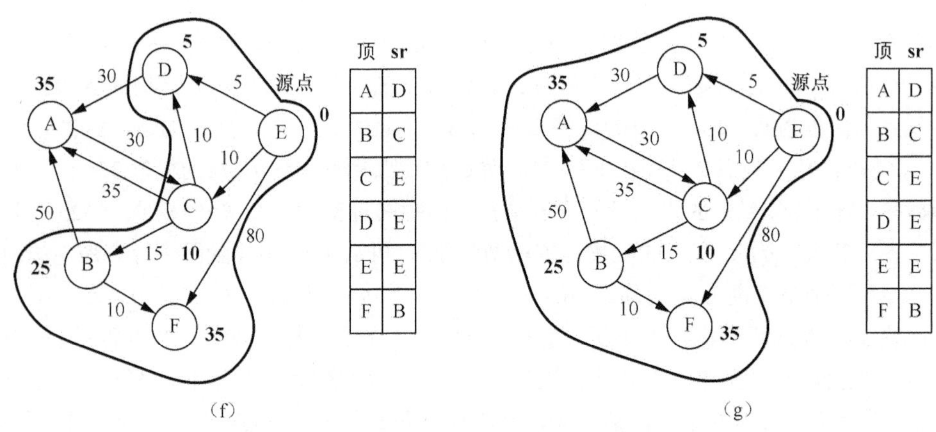

图 5-22 用 Dijkstra 算法计算单源最短路径示例（续）

这里请读者思考一个问题：最初 S 中只有源点 E，而自源点 E 出发到达 D、C、F 的最短路径距离分别为 5、10、80，其中 5 最短，由此确定了源点 *E* 到顶点 D 的最终最短路径距离就是 5，将顶点 D 并入顶点集 S，以后就不再考虑为 D 计算新的距离。为什么 D 现在的最短距离就是最终源点到它的最短距离？有没有另外一条经过 C、F 之一并到达 D 的路径长度小于 5？显然不可能，因为 C、F 自身由 E 出发的距离就已经因这次比较不是最小而超过了 5，再加任何一条边上的非负权值，只会更大，因此答案是肯定的。这样，算法本质上就是一个贪心算法，算法正确的条件是边上不带负的权值。

假如图中边无权值，最短路径一般定义为路径上经过的边的条数最少。一种方法是将每一条边的权值都视作 1，用上述 Dijkstra 算法就可以求出；另外一种方法是从源点出发，使用广度优先遍历的方法遍历顶点，顶点遍历时就是其获得最短距离的机会，其最短距离为遍历时其直接前驱顶点的最短距离加 1。

假如图中边带有负权值，如图 5-22 中边<*C*,*D*>上的权值为−8，从 E 到 D 的最短路径就是从 *E* 到 C 再到 D，该路径距离是 2，比 5 更小。Dijkstra 算法因是贪心算法就不再正确了，应该如何解决？如果图中边不仅带有负的权值，还有环出现，是否有解？如果有解，算法是什么？

比较求单源最短路径的 Dijkstra 算法和求最小生成树的普里姆算法，可以看出它们非常相像。在普里姆算法中，将在 *V*−*U* 中的顶点并入顶点集 *U* 的条件是：寻找 *V*−*U* 中距离 *U* 最小的顶点，并入顶点集 *U* 中；在 Dijkstra 算法中，将在 *V*−*S* 中的顶点并入顶点集 *S* 的条件是：寻找顶点集 *V*−*S* 中距源点有最短路径长度的顶点，并入顶点集 *S* 中。它们都是贪心算法，都仅适用于不带负权值的情况。

最短路径问题不仅适合于有向图，同时也适合于无向图。

Dijkstra 算法的实现见程序 5-10。

程序 5-10 Dijkstra 算法的实现（用邻接矩阵表示有向图）。

```
template <class edgeType>
struct DijkstraNode
{
    int source;      //当前最短路径上前一顶点
    int dist;        //当前最短路径距离
    bool selected; //顶点是否已经在 S 中的标志
};

template <class verType, class edgeType>
```

```
void Graph<verType, edgeType>::Dijkstra (verType start) const
{
    DijkstraNode<edgeType> *DList;
    int i, j, startInt;
    int cnt; //记录集合 U 中顶点的个数
    int min; //选出的当前离集合最短的顶点
    int dist;

    //查找起始点下标
    for (i=0; i<verts; i++)
        if (verList[i]==start)
            break;
    if (i==verts) return;

    //创建空间并初始化 DList[i]数组
    startInt=i;
    DList=new DijkstraNode<edgeType> [verts];
    for (i=0; i<verts; i++)
    {
        DList[i].source=-1;
        DList[i].dist=noEdge;
        DList[i].selected=false;
    }

    //从下标为 startInt 的点开始
    min=startInt;
    cnt=1;
    DList[startInt].source=startInt ;
    DList[startInt].dist=0;
    DList[startInt].selected=true;

    while (cnt<verts)
    {
        //根据 min 顶点发出的边，判断是否修正相邻顶点的最短距离
        for (j=0; j<verts; j++)
        {
            if (edgeMatrix[min][j]==0) //对角线元素
                continue;
            if (DList[j].selected) //已经加入集合 S
                continue;
            if (edgeMatrix[min][j]==noEdge) //无边
                continue;
            if (DList[min].dist+edgeMatrix[min][j]<DList[j].dist)
            {
                DList[j].dist=DList[min].dist+edgeMatrix[min][j];
                DList[j].source=min;
            }
        }

        //搜索当前距离标签最小的顶点
        min=-1;
        dist=noEdge;
        for (i=0; i<verts; i++)
        {
            if (DList[i].selected) continue;
            if (DList[i].dist < dist)
            {
                min=i; dist=DList[i].dist;
            }
        }

        //此时 min 一定为某个顶点的下标，如果仍然为-1 表示该无向图不连通
        //将顶点 min 加入集合 S
        cnt++;
        DList[min].selected=true;
    }
```

```
//-------------辅助调试-----------------
    // 打印顶点的最短路径和至源点的顶点序列
    seqStack<int> s;
    for (i=0; i<verts; i++)
    {
        if ( DList[i].dist==noEdge )
        {   cout<<"There is no path from "<<startInt<<" to "<<i<<endl;
            continue; //由源点无法到达
        }

        //get each vertex in the path with shortest distance
        j=i;
        while ( j!=startInt)
        {   s.push(j);
            j=DList[j].source;
        }
        s.push(startInt);

        //display the shortest distance and the path
        cout<<"Shorstest distance from "<<startInt
            <<" to "<<i<<" is: "<<DList[i].dist<<endl;

        cout<<"The path is:";
        while (!s.isEmpty())
        {
            j=s.top(); s.pop();
            if (j!=i)
              cout<<j<<" -> ";
            else
                cout<<j;
        }
        cout<<endl;
    }
}
```

程序 5-10 中使用数组 DList[i]记录了算法执行过程中顶点信息的变化，每个顶点包含 3 个字段：source 记录了顶点当前的最短距离标签是由哪个邻接点造成的，dist 记录了源点到顶点当前的最短距离，selected 记录了顶点是否在集合 S 中。算法开始时，每个顶点的这 3 个字段分别被赋值为−1、无穷大和 false。在顶点表中找到源点 start 的下标 startInt，将下标为 startInt 的顶点的信息赋值为 startInt、0、true，表示源点是自己、距离是 0、已并入 S 中。将 startInt 视作当前拥有最短距离的顶点 min，然后反复进行以下循环体操作，直到并入 S 中的顶点个数为 n。循环体操作为：沿 min 顶点射出的各条边找到其所有邻接点，如果该邻接点不在 S 中，且 min 顶点的距离标签加边的权值小于该邻接点上的距离标签，就用这个和刷新该邻接点上的距离标签是将 min 顶点作为该顶点的 source 值。搜索 $V-S$ 中距离标签最小的顶点，将其视作当前 min 顶点，并入 S 中后再次进入循环。当所有顶点进入 S 中时循环结束。循环结束后，不仅能从 DList[i].dist 中得到源点 startInt 到顶点 i 的最短距离，也能顺着 DList[i].source 一路追溯到 startInt（程序使用了一个栈进行追溯），获知从源点到顶点 i 的最短路径是哪条。具体看图 5-22 中顶点的 source 情况变化表，表中左列为顶点、右列为 source。当循环结束后，表中内容见图 5-22（g）。如顶点 F，从顶点值为 F 的这一行看，其 source 为 B，顶点为 B 的 source 为 C，顶点为 C 的 source 为 E（源点）。逆其序看，从源点 E 到 F 的最短路径为：*E-C-B-F*，最短路径长度为 35。

Dijkstra 算法的时间复杂度分析：在程序 5-10 中图用邻接矩阵来存储，可以明显看出时间复杂度为 $O(n^2)$。

5.5.2　所有顶点对之间的最短路径

Floyd 算法

Dijkstra 算法给出了单源最短距离，如果要求计算任意两个顶点间的最短距离，可以逐次将图中顶点设定为源点，再利用 Dijkstra 算法。邻接矩阵存储的 Dijkstra 算法的时间复杂度为 $O(n^2)$，因此用它来解决所有顶点对之间的最短距离，时间复杂度将达 $O(n^3)$。

下面介绍一种新的方法：弗洛伊德（Floyd）算法。Floyd 算法的思想是对任意两个顶点对<*i*, *j*>，在顶点对之间增加另外一个顶点 *k*，观察增加后的路径 *i*-*k*-*j* 距离是否比原本 *i* 到 *j* 间的距离更小？如果是，就用新的路径、距离替代原本两个顶点间的路径、距离。即如果 dist<*i*,*k*>大于(dist<*i*,*k*> + dist<*k*, *j*>)，就用 dist<*i*,*k*> + dist<*k*, *j*>刷新 dist<*i*, *j*>，如图 5-23 所示。

图 5-23　Floyd 算法

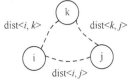

图 5-24 所示是利用 Floyd 算法计算的一个具体示例。图 G_{24} 用邻接矩阵表示，当用 dist<*i*,*k*> + dist<*k*, *j*>刷新 dist<*i*, *j*>时，用一个二维数组 pre 记录下 *k*，表示目前 *i* 到 *j* 之间的最小距离是以 *k* 为中介点的。初始时，pre 数组全部赋值为−1，如图 5-24（a）所示。

先将邻接矩阵复制到矩阵 *A*，然后对 *A* 中各个元素进行以下迭代刷新：

首先对 *A* 中各元素加入顶点 0。注意加 0 顶点时，不需要考虑第 0 行和第 0 列中的所有元素，因为第 0 行某个元素 dist<0, *j*>中间如果加入了 0，即比较 dist<0, *j*>和 dist<0,0>+dist<0, *j*>的值，因对角线元素恒为零，故 dist<0,0>=0，和没有考虑加入 0 点效果一样；同样道理，第 0 列的元素也不会改变。这样加入顶点 0 后，只需要考虑 *A* 中的元素 a_{12}、a_{13}、a_{21}、a_{23}、a_{31}、a_{32}。下面对它们进行逐个考察：

a_{12}：因 a_{10}+a_{02}=无穷大+无穷大，和 a_{12} 的无穷大比没有变小，a_{12} 不用改变；

a_{13}：因 a_{10}+a_{03}=无穷大+无穷大，和 a_{13} 的 6 比没有变小，a_{13} 不用改变；

a_{21}：因 a_{20}+a_{01}=4+1=5，和 a_{21} 的无穷大比变小了，a_{21} 的值刷新为 5；

a_{23}：因 a_{20}+a_{03}=4+无穷大，和 a_{23} 的无穷大比没有变小，a_{23} 不用改变；

a_{31}：因 a_{30}+a_{01}=2+1=3，和 a_{31} 的无穷大比变小了，a_{31} 的值刷新为 3；

a_{32}：因 a_{30}+a_{02}=2+无穷大，和 a_{32} 的 15 比没有变小，a_{32} 不用改变。

在图 5-24（c）中，两个元素 a_{21}、a_{31} 在加顶点 0 后，得到刷新，所以 pre[2][1]和 pre[3][1]都置为 0，表示现在<2,1>、<3,1>间的最短距离是因为顶点 0 的介入造成的。

用类似的方法对图 5-24（c）中的矩阵考虑加入顶点 1，a_{03}、a_{23} 得到刷新，pre[0][3]、pre[2][3]都置为 1，得到图 5-24（d）；用类似的方法对 5-24（d）中的矩阵考虑加入顶点 2，没有元素得到刷新，得到图 5-24（e）；用类似的方法对图 5-24（e）中的矩阵考虑加入顶点 3，元素 a_{02}、a_{10}、a_{12} 得到刷新，pre[0][2]、pre[1][0]和 pre[1][2]都置为 3。至此，全部计算完毕。

此时矩阵 *A* 中的元素 a[*i*][*j*]的值就是顶点 *i* 到 *j* 的最短距离，并且利用数组 pre 可以得到 *i*、*j* 之间有着最短距离的那条路径。如 a[2][3]=11，pre[2][3]=1，表示 a[2][3]的值是由 1 的插入造成的，即 a[2][3]=a[2][1]+a[1][3]；又 pre[2][1]=0，表示 a[2][1]的值是由 0 的插入造成的，即 a[2][1]=a[2][0]+a[0][1]；由此得到：a[2][3]=a[2][0]+a[0][1]+a[1][3]，最后因为 pre[2][0]=−1、pre[0][1]=−1、pre[1][3]=−1，都表示没有顶点介入，是原本顶点之间的边形成的。故顶点 2 到 3 间的最短路径为 2-0-1-3，最短距离为 11，由 4+1+6 获得。

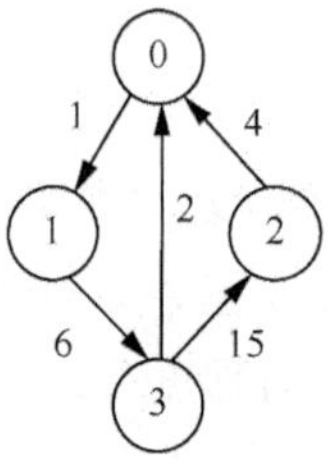

$$\begin{pmatrix} 0 & 1 & \infty & \infty \\ \infty & 0 & \infty & 6 \\ 4 & \infty & 0 & \infty \\ 2 & \infty & 15 & 0 \end{pmatrix}$$

（a）G_{24}和它的邻接矩阵G

$$\begin{pmatrix} 0 & 1 & \infty & \infty \\ \infty & 0 & \infty & 6 \\ 4 & \infty & 0 & \infty \\ 2 & \infty & 15 & 0 \end{pmatrix} \xrightarrow{+0} \begin{pmatrix} 0 & 1 & \infty & \infty \\ \infty & 0 & \infty & 6 \\ 4 & 5 & 0 & \infty \\ 2 & 3 & 15 & 0 \end{pmatrix} \xrightarrow{+1}$$

（b）邻接矩阵复制到A

（c）加顶点0后
pre[2][1]=0
pre[3][1]=0

$$\begin{pmatrix} 0 & 1 & \infty & 7 \\ \infty & 0 & \infty & 6 \\ 4 & 5 & 0 & 11 \\ 2 & 3 & 15 & 0 \end{pmatrix} \xrightarrow{+2} \begin{pmatrix} 0 & 1 & \infty & 7 \\ \infty & 0 & \infty & 6 \\ 4 & 5 & 0 & 11 \\ 2 & 3 & 15 & 0 \end{pmatrix} \xrightarrow{+3} \begin{pmatrix} 0 & 1 & 22 & 7 \\ 8 & 0 & 21 & 6 \\ 4 & 5 & 0 & 11 \\ 2 & 3 & 15 & 0 \end{pmatrix}$$

（d）加顶点1后
pre[0][3]=1
pre[2][3]=1

（e）加顶点2后

（f）加顶点3后
pre[0][2]=3
pre[1][0]=3
pre[1][2]=3

图 5-24　Floyd 算法示例

Floyd 算法的实现见程序 5-11。

程序 5-11　Floyd 算法的实现（用邻接矩阵表示有向图）。

```
template <class verType, class edgeType>
void Graph<verType, edgeType>::Floyd()const
{
    int i,j,k;
    edgeType **A;        //数组 A[i][j]记录顶点 i 到 j 间的最短距离
    int **pre;           //数组 pre[i][j]记录顶点对 i 到 j 的最短路径中的中介顶点
    seqStack<int> s;

    //创建动态数组 floyd 和 path
    A=new edgeType *[verts];
    pre=new int*[verts];
    for (i=0; i<verts; i++)
    {
        A[i]=new edgeType [verts];
        pre[i]=new int[verts];
    }

    //初始化数组 floyd 和 path
    for (i=0; i<verts; i++)
        for (j=0; j<verts; j++)
        {
            A[i][j]=edgeMatrix[i][j];
```

```
                pre[i][j]=-1;
        }

    //迭代计算 A 数组
    for (k=0; k<verts; k++)
    {   for (i=0; i<verts; i++)
        {   if (i==k) continue; //避开加 A[i][i]
            for (j=0; j<verts; j++)
            {   if ((j==k)||(j==i)) continue;//避开加 A[j][j]和 A[i][i]
                if (A[i][j]>(A[i][k]+A[k][j]))
                {   A[i][j]=A[i][k]+A[k][j];
                    pre[i][j]=k;
                }
            }
        }
    }

//---------------辅助调试------------------------
    //通过数组 A 显示顶点间的最短距离
    for (i=0; i<verts; i++)
    {
        for (j=0; j<verts; j++)
            cout<<A[i][j]<<"    ";
        cout<<endl;
    }
    cout<<endl<<endl;

    //通过数组 pre 显示顶点间的最短路径轨迹
    for (i=0; i<verts; i++)
    {
        for (j=0; j<verts; j++)
            cout<<pre[i][j]<<"    ";
        cout<<endl;
    }
    cout<<endl<<endl;
```

从程序 5-11 可以看出，时间代价主要取决于迭代计算数组 A，时间复杂度为 $O(n^3)$，这点似乎和将各个顶点逐次作为源点，多次调用求单源最短路径的 Dijkstra 算法的时间代价是一样的，但是 Floyd 算法形式上更简单些。

进一步思考：求单源最短路径的 Dijkstra 算法，是一个贪心算法。一旦一个顶点的距离最短，就将之作为最终源点到该顶点的最短距离，所以 Dijkstra 算法不支持边上带有负权值的情况。Floyd 算法可以允许带有负权值的边，但不允许带有负权值的边出现在回路中且回路中边的权值之和为负数的情况，因为反复绕这个回路多次，路径距离会越来越短，没有尽头。

图 5-25（a）是一个边带负权值，但带负权值的边不在回路中的情况。观察顶点对 0 到 2 之间的最短距离，如果以 0 为源点用 Dijkstra 算法计算，先将 0 并入集合 *S* 中，则顶点 2 到 *S* 的距离最短为 6，选中 2 并将 2 并入 *S* 中，0 到 2 的最短距离由此计算终结，为 6。而根据 Floyd 算法算得 a_{02}=3，最短路径为 0-1-2。因此说 Dijkstra 算法不能支持负权值，但 Floyd 算法可以支持负权值情况。

图 5-25（b）是一个边带负权值，这个带负权值的边还在一个回路中且回路中权值和为负数的情况。根据 Floyd 算法 0 到 2 的最短距离 a_{02}=−7，但事实上，路径 0-1-2-0-1-2（围绕回路再绕一圈）将会得到−8，更小，因此 Floyd 算法不支持图中带有负权值的边在一个回路中且回路中各边权值和为负值的情况。

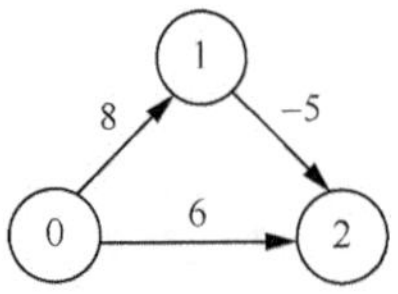

$$0\xrightarrow{8}1,\ 1\xrightarrow{-5}2,\ 0\xrightarrow{6}2:\quad \begin{pmatrix}0&8&6\\ \infty&0&-5\\ \infty&\infty&0\end{pmatrix}\xrightarrow{+0}\begin{pmatrix}0&8&6\\ \infty&0&-5\\ \infty&\infty&0\end{pmatrix}\xrightarrow{+1}\underset{pre[0][2]=1}{\begin{pmatrix}0&8&3\\ \infty&0&-5\\ \infty&\infty&0\end{pmatrix}}\xrightarrow{+2}\begin{pmatrix}0&8&3\\ \infty&0&-5\\ \infty&\infty&0\end{pmatrix}$$

（a）

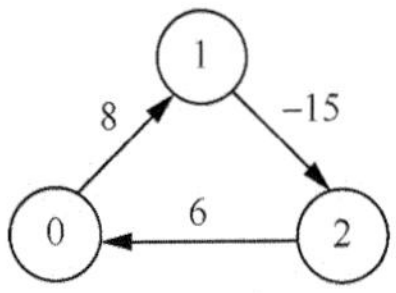

$$0\xrightarrow{8}1,\ 1\xrightarrow{-15}2,\ 2\xrightarrow{6}0:\quad \begin{pmatrix}0&8&\infty\\ \infty&0&-15\\ 6&\infty&0\end{pmatrix}\xrightarrow{+0}\underset{pre[2][1]=0}{\begin{pmatrix}0&8&\infty\\ \infty&0&-15\\ 6&14&0\end{pmatrix}}\xrightarrow{+1}\underset{pre[0][2]=1}{\begin{pmatrix}0&8&-7\\ \infty&0&-15\\ 6&14&0\end{pmatrix}}\xrightarrow{+2}\underset{pre[0][1]=2,\ pre[1][0]=2}{\begin{pmatrix}0&7&-7\\ -9&0&-15\\ 6&14&0\end{pmatrix}}$$

（b）

图 5-25　带负权值的图用 Floyd 算法计算的过程

程序 5-12 为求单源最短路径的 Dijkstra 算法，求任意点之间最短路径的 Floyd 算法的测试函数。

程序 5-12　测试函数。

```
#include <iostream>
#include "Graph.h"
using namespace std;

int main()
{
    int i, vCount, eCount;
    char v1, v2;
    int value;

    Graph<char, int> g(true,9999);

    cout<<"Input the number of verts and edges: ";
    cin >> vCount >> eCount;
    cin.get();

    for (i=0; i<vCount; i++) //插入所有顶点
        g.insertVertex('A'+i);

    cout<<"Input the edge, for example: AB 5 "<<endl;
    for (i=0; i<eCount; i++) //插入所有边,以回车分割各条边
    {
        v1=cin.get();
        v2=cin.get();
        cin >> value;
        cin.get();//读入回车
```

```
            g.insertEdge(v1,v2,value); //插入边
        }
        g.Dijkstra('E');
        g.Floyd();
        return 0;
    }
```

5.6 AOV 网和 AOE 网

在实际问题中，有向无环图的应用通常分为两种：一种是 AOV（Activity On Vertex NetWork）网，另一种是 AOE（Activity on Edge Network）网。AOV 网将活动赋予顶点之上，顶点间的有向边表示活动发生的先后顺序，表达了活动之间的前后关系。图 5-26 所示是课程的先修关系图作为 AOV 网的一个示例。AOE 网将活动赋予边之上，顶点表达了活动发生后到达的某种状态或事件。某个状态或事件既意味着射入的所有活动结束，也意味着所有射出的活动可以开始。AOE 网的一个典型应用是工程问题。一个大的工程项目通常分成了若干个子工程，每个子工程作为活动可以用 AOE 网来表达，具体示例如图 5-29 所示。

下面分别讨论用 AOV 网解决拓扑排序问题和用 AOE 网解决关键路径问题。

5.6.1 拓扑排序

拓扑排序

为了讨论拓扑排序问题，先来定义一组关系。

在一个集合 X 中，若关系 R 有如下特点：关系 R 是传递的、自反的、反对称的，就称 R 是集合 X 上的偏序关系。

若集合 X 上关系 R 是一个偏序关系，且对于每个 $a,b \in X$，必有 aRb 或 bRa，就称 R 是集合 X 上的全序关系。

拓扑排序是对集合 X 上的一个偏序关系 R，通过将集合中原本不满足 R 关系的所有元素对人为地补充设定拥有 R 关系，从而将 R 改变为集合 X 上的一个全序关系，并按照此全序关系将元素排成一个线性序列。在这个线性序列 $a_1,a_2,\cdots,a_n$ 中，如果 a_iRa_j，必有个 $i \leqslant j$，这个序列称为拓扑序列，获得拓扑序列的操作称为拓扑排序（Topological Sort）。

图 5-26 所示是一个有向无环图，反映了计算机专业部分课程的先修关系。图中顶点代表了课程，课程之间用有向边相连，表达了课程间的先修关系，可以看出它是一个偏序关系。如图中的有向边<3，4>，表示了离散数学是数据结构的先修课程；0、1 之间没有边，说明它们之间不存在先修关系。现在通过拓扑排序安排一张课程先后次序表，使得所有课程排成一个线性序列。在这个线性序列中，一门课程的先修课程一定排在这门课的前面。序列不仅满足了图中约定的课程先修关系，而且任何两个课程都有先、有后，即存在了先修关系，这时的先修关系就是这组课程集合上的一个全序关系，这个线性序列就是原本图中表达的关系的一个拓扑序列。

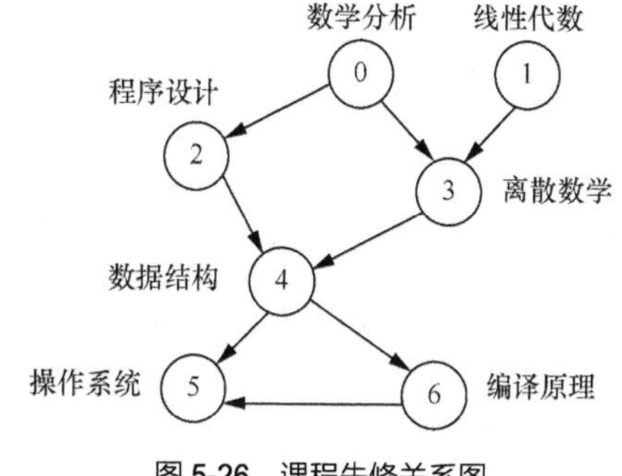

图 5-26　课程先修关系图

拓扑排序的一个方法是：首先在图中，找到入度为 0 的顶点，将这些顶点全部入栈，然后反复循环判断栈是否空，非空则执行以下操作：顶点出栈，如果由该顶点射出了 m 条有向边，射入的这 m 个邻接点的入度减 1（相当于该顶点对其 m 个邻接顶点的先修约束已经满足），在各邻接点入度减 1 的过程中，一旦发现哪个邻接点的入度变为 0，将它进栈，再次回到循环，直到栈空。在这个方法中，也可以使用队列来代替栈。

图 5-27 显示了对图 5-26 进行拓扑排序的过程，每个顶点旁的数字是其当前入度值，灰底顶点为进入拓扑序列的顶点。

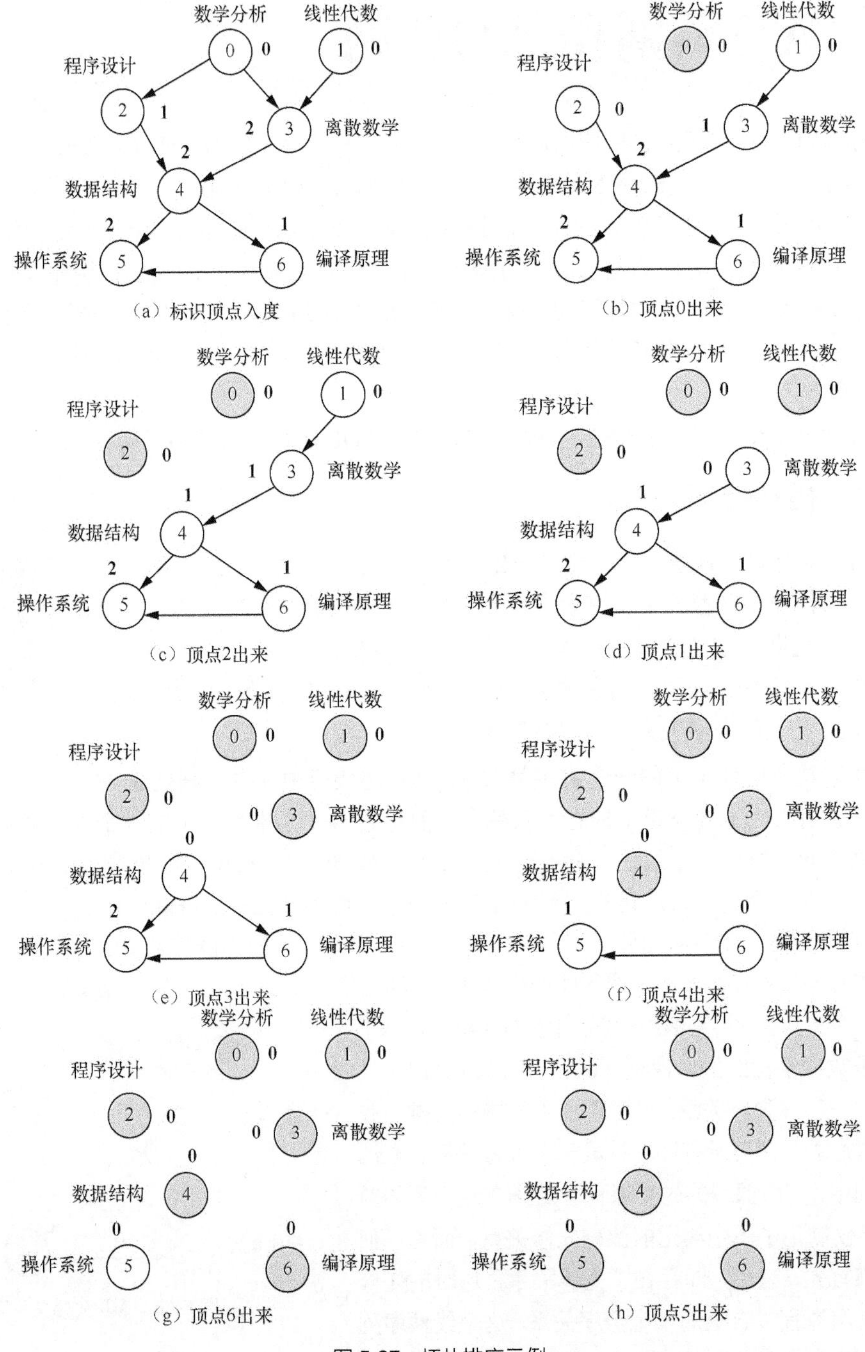

图 5-27　拓扑排序示例

在图 5-27（a）中计算出了图中每个顶点的入度，其中顶点 0、1 的入度为 0。现在选择一个入度为 0 的顶点进入最后的拓扑序列，这时 0、1 都可以作为备选，假如先选择 0 出来，则由 0 射出的边<0,2>、<0,3>失效，为了在图中明显表示其影响消失，在以上显示的图中，直接删除这些边，邻接点 2、3 的入度减 1，结果如图 5-27（b）所示；现在再选择入度为 0 的顶点，2、1 都可以作为备选，假如选择 2 出来，则由 2 射出的边消失，4 的入度减 1，结果如图 5-27（c）所示；反复进行以上操作，得到线性序列 0、2、1、3、4、6、5。

从以上操作过程可以看出，无任何先修约束的课程才可以作为第一门课程，且在第一步选择中，0 或者 1 都可以作为备选，因此一个 AOV 网的拓扑序列不一定唯一。事实上，利用拓扑排序算法也可以判断一个有向图是否存在有环。图 5-28 所示为有向图含环的例子，用以上算法进行拓扑排序时，已经找不到入度为 0 的顶点了，但选择出来的顶点个数为 0，没有达到顶点的个数 3，所以无法获得其拓扑序列。

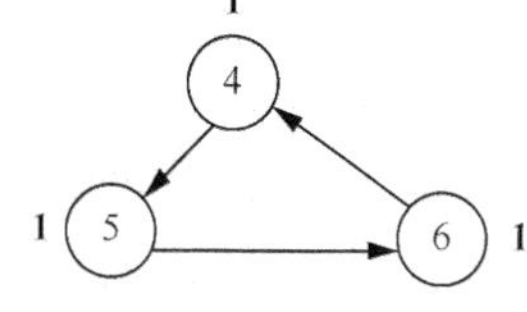

图 5-28　含环的有向图

程序 5-13 是对用邻接矩阵方式存储的有向图进行拓扑排序的算法实现。

程序 5-13　拓扑排序的实现（用邻接矩阵表示有向图）。

```
template <class verType, class edgeType>
void Graph<verType, edgeType>::topoSort()const
{
    int *inDegree;
    seqStack<int> s;
    int i, j;

    //创建空间并初始化计算每个顶点的入度
    //邻接矩阵每一列元素相加,加完入度为零的压栈
    inDegree = new int[verts];
    for (j=0; j<verts; j++)
    {   inDegree[j] = 0;
        for (i=0; i<verts; i++)
        {
            if ((i!=j)&&(edgeMatrix[i][j]!=noEdge))
              inDegree[j]++;
        }
        if (inDegree[j]==0) s.push(j);
    }

    //逐一处理栈中的元素
    while (!s.isEmpty())
    {
        i = s.top(); s.pop();
        cout<<i<<"   ";

        //将 i 射出的边指示的邻接点入度减 1，减为 0 时压栈
        for (j=0; j<verts; j++)
            if ((edgeMatrix[i][j]!=noEdge) && (i!=j))
            {
                inDegree[j]--;
                if (inDegree[j]==0) s.push(j);
            }
    }
    cout<<endl;
}
```

在程序 5-13 中，用了动态数组 inDegree 保存顶点的入度，用一个栈 s 保存入度为 0 的顶点。

程序在执行过程中，逐个检查了邻接矩阵中的每个元素，计算出了每个顶点的入度，存入 inDegree，然后检查数组 inDegree 中的值，入度为 0 的压入栈 s 中。反复循环出栈、检查出栈顶点所在行，对其邻接点的入度减 1，如果减为 0，加入到栈 s 中。如此反复，直到栈中顶点为空。

算法的时间代价是 $O(n^2)$。很明显，如果图用邻接表来存储，时间代价为 $O(n+e)$。

5.6.2 关键路径

一个工程通常由若干个子工程构成。大多子工程在开始实施时既要有前期子工程完成作为条件，自身也需要一定的时间来完成。如何根据这些信息求得工程的总工期？在整个工程项目中哪些子工程是关键的子工程？所有的关键子工程必须在可以开始时马上开始，中间不得拖延工期，必须按照计划如期完成，否则将影响整个工程工期。每个不是关键子工程的工程有多少时间余量？这些问题都是工程施工前要精心计算的。关键子工程会形成一条从总体工程开始和完工之间的路径，这条路径便是**关键路径**。

关键路径

为了表达工程和子工程，以及子工程之间的关系，可以使用 AOE 网。在 AOE 网中，顶点表示事件或者状态，边表示活动（这里就是子工程活动），边上的权值表示完成活动所需要的时间。一个顶点如果有 *n* 条边射入，表示只有这 *n* 个活动全部完成才说该顶点表达的事件发生或者说达到了该顶点表示的状态，由该顶点发出的边表示的活动才可以启动。通常 AOE 网会至少有一个起点（或称源点），起点没有边射入，入度为 0，说明该状态不需要任何条件已经到达或者说事件不需要任何条件就可以发生了；AOE 网也会有一个终点（或称汇点），终点没有边射出，出度为 0，说明当到达该顶点表示的状态时就意味着整个工程的结束。图 5-29 所示就是用一个 AOE 网表示的工程图，其中 C 是起点、H 是终点，其他顶点如顶点 B 表示了一个事件，此事件必须在活动<*A,B*>、<*E,B*>都完成后才能发生。

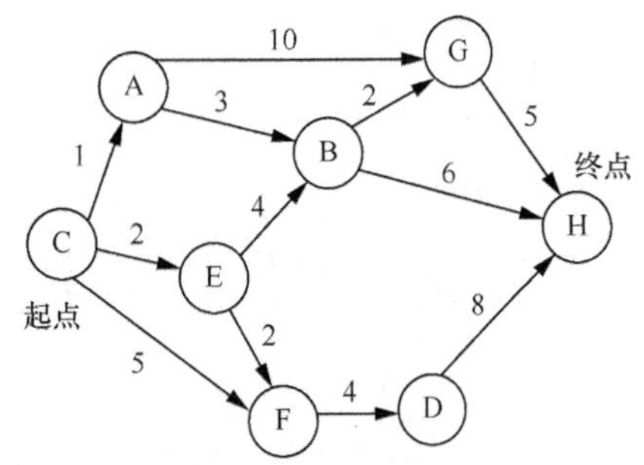

图 5-29 AOE 网

利用 AOE 网求工程中的关键活动的过程如下：

（1）求每个顶点事件的最早发生时间，即从起点到达顶点表示的状态所需要的最短时间。

（2）求每个顶点事件的最迟发生时间，即从起点到达顶点表示的状态所能容忍的最长时间。

（3）求每个活动的最早发生时间，即每条边表示的活动最早何时能具备条件开始。

（4）求每个活动的最迟发生时间，即每条边表示的活动最晚何时必须开始，否则影响整个工程工期。

（5）当某个活动的最早发生时间和最迟发生时间相同时，这些活动便是关键活动。

1．求顶点事件的最早发生时间

如果一个顶点有若干条边射入，即说明该顶点表示的事件只有从起点到经由这些边到达该顶点的全部路径上的活动都完成才能发生，因此事件的最早发生时间是最长路径所消耗的时间。如图 5-30 所示，A 顶点是起点，B 顶点事件的最早到达时间是 A 到 B 间最长路径上的活动所消耗的时间 $k=\max(n_1,n_2,n_3,\cdots n_t)$，$k$ 时间后由顶点 B 发出的所有活动才可以开始。

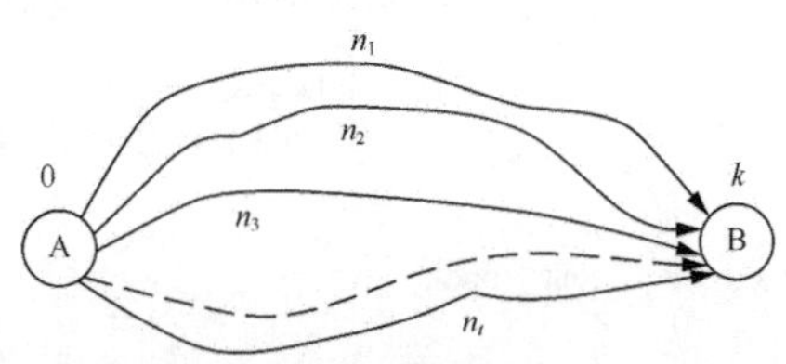

图 5-30 顶点事件的最早发生时间计算原理

图 5-31 所示是图 5-29 中 AOE 网顶点事件的最早发生时间的具体计算过程，图中顶点旁标出的黑体数字为该顶点当前的最早发生时间。

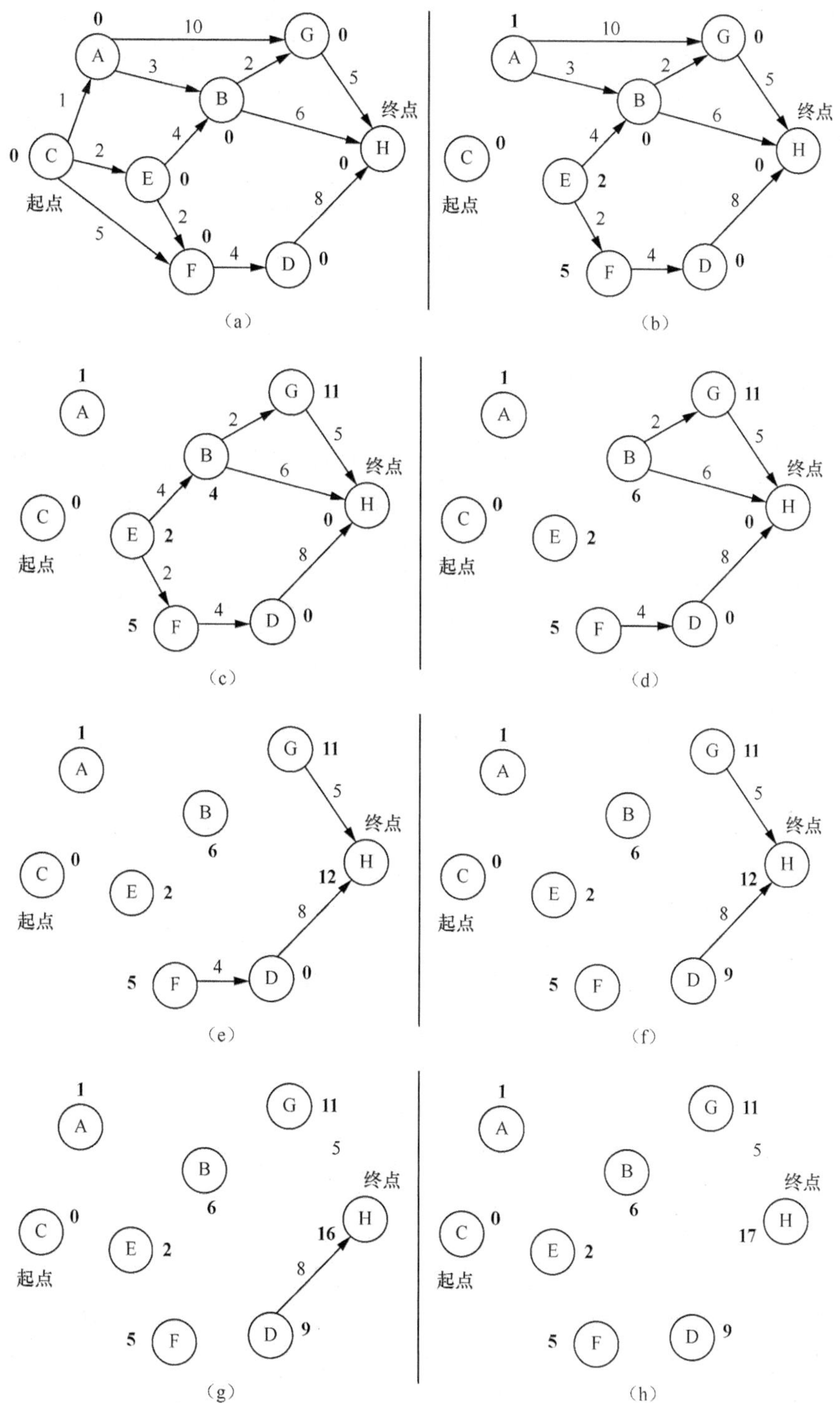

图 5-31 顶点事件最早发生时间计算过程

因每个顶点最早发生时间是求到达它的所有路径中的最大值，故初值都设置为 0，以后见到大者刷新它。对图 5-29 中 AOE 网，以起点 C 开始，观察由它射出的边，图中有<*C*,*A*>、<*C*,*E*>、

<C,F>三条边，比较顶点 A 上的最早时间 0 以及 C 上最早时间 0 加边<C,A>的权值 1，用比较得出的较大值 1 刷新 A 上的最早时间，同理刷新 E、F 上的最早时间为 2、5，结果如图 5-31（b）所示。为了看得清楚，在图中将如上使用过的边消掉。之后再找一个入度为 0 的顶点，进行以上操作。一个入度为 0 的结点，说明所有射入它的边都使用过了，它目前的最早发生时间已经是所有射入它的路径的最大值及最终的值了。所以下一步可以选择 A 或者 E，不妨先选择 A。观察 A 射出的边<A,G>、<A,B>，比较 G 上的最早发生时间 0 以及 A 上的最早发生时间 1 加上边<A,G>的权重 10，比较下来 0<（1+10=11），故顶点 G 上的最早发生时间被 11 刷新；比较 B 上的最早发生时间 0 和 A 上的 1 加上<A,B>权值 3，因 0<4，B 上的最早发生时间被 4 刷新，消除边<A,G>、<A,B>，结果如图 5-31（c）所示；同理观察 E 射出的边，刷新 B 为 6，F 点因原来的 5 比 E 点的 2 加上<E,F>权值 2 要大，故不改变，结果如图 5-31（d）所示；然后依次观察 B、F、G、D、H，最终得到每个顶点事件的最早发生时间，如图 5-31（h）所示。图 5-31（h）中终点 H 的最早发生时间为 17，如果权值以天为单位，它表示了工程工期为 17 天。

2．求顶点事件的最迟发生时间

如果一个工程终点的最早时间已知，这个最早时间就是工程需要的总的最短工期，为了达到这个工期目标，可以设定这个时间就是终点事件的最迟发生时间，然后对余下的顶点倒推回去，可以获得其余顶点事件的最迟发生时间。如图 5-32 所示，如果终点事件 B 的最迟发生时间为 k，顶点事件 A 的最迟发生时间要满足 $m=k-\max(n_1,n_2,n_3,\cdots,n_t)$，即要保证有足够的时间完成 A、B 间最长路径上的所有活动。

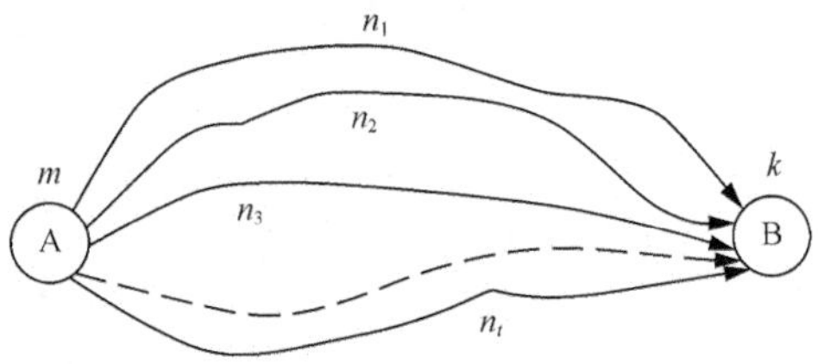

图 5-32　顶点事件的最迟发生时间计算原理

图 5-33 所示是图 5-29 中 AOE 网顶点事件的最迟发生时间的具体计算过程。

上面说过，终点的最迟发生时间即最早发生时间为 17，所有其他顶点的最迟发生时间是由终点最迟发生时间 17 减去终点到这个顶点的所有路径长度中的最大值，因此结果反而是一个最小值，结果必然不大于被减数 17，所以每个顶点可以先赋予一个和终点 H 一样的最迟发生时间 17，以后见到小者刷新它。观察计算顶点最早发生时间时顶点计算顺序的逆序 H、D、G、F、B、E、A、C，从左到右，每个顶点出现时，所有射出它的边的弧头都考虑（出现）过了，即它的最迟发生时间已经可以最终确定，因此可以按照这个顺序逐一计算顶点的最迟发生时间。

如 H，观察所有射入顶点 H 的边<G,H>、<B,H>、<D,H>。根据<G,H>，将 G 目前的最迟发生时间 17 和 H 最迟发生时间 17 减去<G,H>边的权值 5 比较，用较小的值 12 刷新 G 的最迟发生时间。为了看起来更清楚，将考虑过的边<G,H>消除。然后观察<B,H>，将 B 的最迟发生时间 17 和 H 的最迟发生时间 17 减去<B,H>边的权值 6 比较，用较小的值 11 刷新 B 的最迟发生时间，同样将边<B,H>消除。同理，顶点 D 的最迟发生时间刷新为 9，结果如图 5-33（b）所示。按序再看顶点 D，射入 D 的边只有<F,D>，F 的最迟发生时间刷新为 5，消除边<F,D>，结果如图 5-33（c）所示。再按序看 G，分别刷新 A、B 为 2、10，如图 5-33（d）所示；再按序看 F，刷新 C、E 为 0、3，如图 5-33（e）所示；再按序看 B，A、E 因原本值 2、3 分别小于 10−3=7、10−4=6，故 A、E 的值不刷新，如图 5-33（f）所示；再按序看 E，C 点因原本值 0 小于 3−2=1，不刷新；再按序看 A，C 点因原本值 0 小于 3−2=1，不刷新；当留下最后一个顶点（即起点）时，计算顶点的最迟发生时间工作结束。图 5-33（h）中的每个顶点旁黑体标识的数字即其最迟发生时间。

至此，顶点的最早发生时间和最迟发生时间计算完毕，结果如表 5-2 所示。从表中可以看出，顶点 C、F、D、H 的最早和最迟发生时间是相等的，这些顶点就是后面计算出的关键路径上的所有顶点。

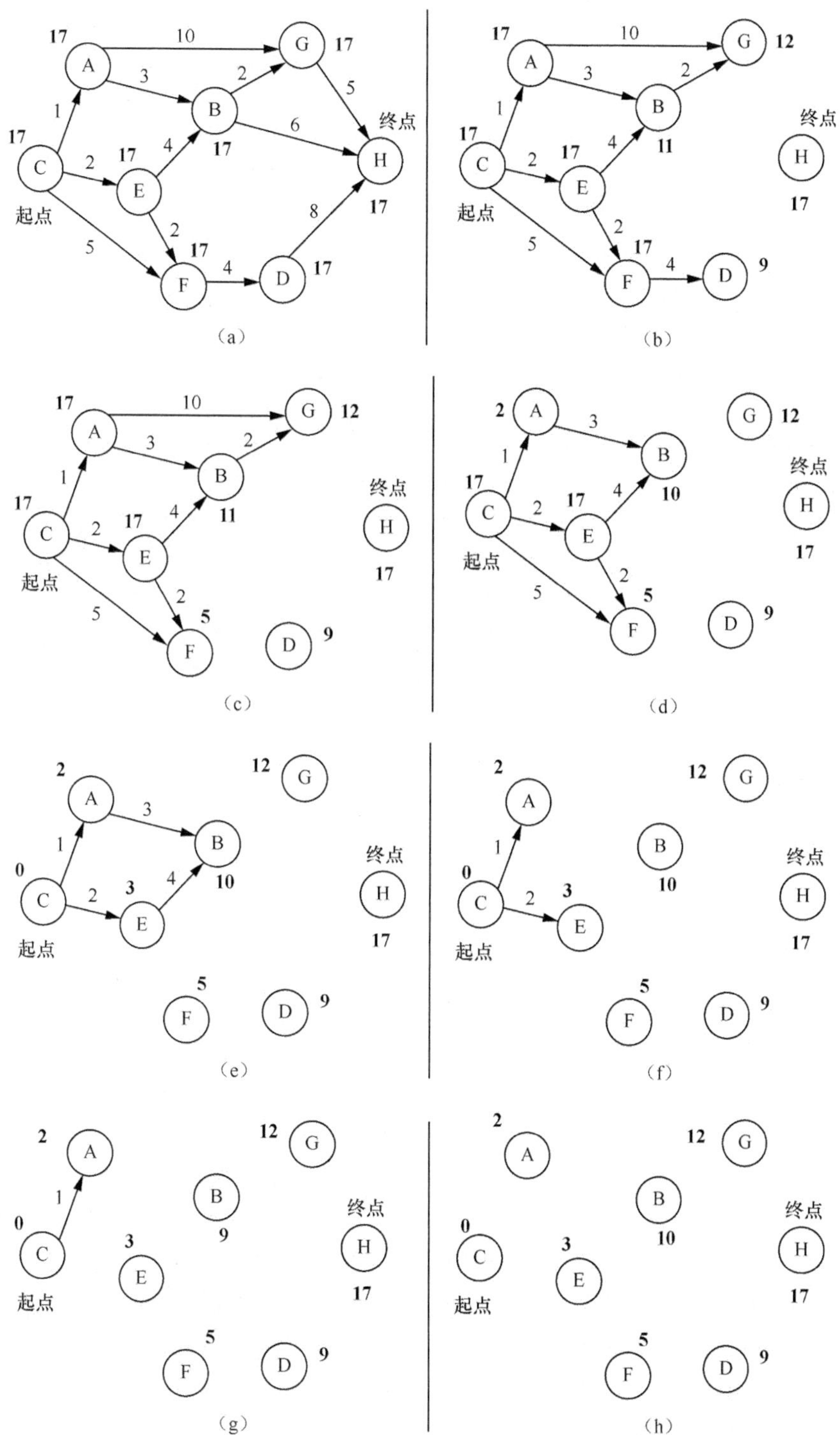

图 5-33　顶点事件最迟发生时间计算过程

表 5-2 顶点事件的最早、最迟发生时间

C	0	0
A	1	2
E	2	3
B	6	10
F	5	5
G	11	12
D	9	9
H	17	17

3．求活动的最早发生时间和最迟发生时间

对于 AOE 网中的一个活动<*u*,*v*>，一旦顶点 *u* 事件发生，由 *u* 射出的边<*u*,*v*>所表示的活动就可以进行了，因此活动<*u*,*v*>的最早发生时间是顶点 *u* 事件的最早发生时间。而活动<*u*,*v*>的最迟进行（发生）时间是顶点 *v* 事件的最迟发生时间减去边<*u*,*v*>的权值，否则无法保证 *v* 事件在最迟发生时间内能发生。图 5-29 中 AOE 网中各个活动的最早发生时间和最迟发生时间如表 5-3 所示。

表 5-3 活动的最早、最迟发生时间

<*C*,*A*>	0	2−1=1
<*C*,*E*>	0	3−2=1
<*C*,*F*> ■	0	5−5=0
<*A*,*G*>	1	12−10=2
<*A*,*B*>	1	10−3=7
<*E*,*B*>	2	10−4=6
<*E*,*F*>	2	5−2=3
<*B*,*G*>	6	12−2=10
<*B*,*H*>	6	17−6=11
<*F*,*D*> ■	5	9−4=5
<*G*,*H*>	11	17−5=12
<*D*,*H*> ■	9	17−8=9

4．求关键路径

当活动的最早发生时间和最迟发生时间一致时，表示该活动为**关键活动**（如表 5-3 中旁边加灰色方块的边），这些关键活动组成的由起点到终点的路径称为**关键路径**。关键活动在最早发生时间时就必须马上开始，不得延缓，因为这个时间也是活动的最迟发生时间，一旦活动开始时间晚于这个最迟发生时间或者活动中没有按预定的活动时间（边的权值）完成，都会影响整个工程工期，因此在项目设计和施工中要精心计算、严密监控关键路径上的所有活动。

图 5-29 中 AOE 网的关键活动如图 5-34 所示，其中 C-F-D-H 就是一条关键路径（长 17），其上的每一个活动都是关键活动。从表 5-2 和表 5-3 也可以看出，事件 C、F、D、H 的最早和最迟发生时间相等，活动<*C*,*F*>、<*F*,*D*>、<*D*,*H*>的最早和最迟发生时间也相等。**特别注意**:关键路径不一定唯一，但关键路径长度一定是最长的，也是唯一的。如果要缩短工期，也是首先注意这些关键路径，在保持原有关键路径的前提下，缩减关键活动时间就能缩短工期。但不能无限制地缩短工期，当缩短到一定程度时，原本的关键路径不再是关键路径而是出现了新的关键路径，那么工程工期又由新的关键路径决定了。

对于图 5-34 中的非关键活动，表 5-3 也给出了每个活动的时间情况。如活动<*B*,*G*>，其最早发生时间为 6，最迟发生时间为 10，如果这个数字的单位是天，就意味着这个活动<*B*,*G*>在保证

2 天完成的前提下，既可以从第 6 天开始，也可以休息 4 天后从第 10 天才开始，但不得晚于第 10 天，中间的时间余量有 4 天。

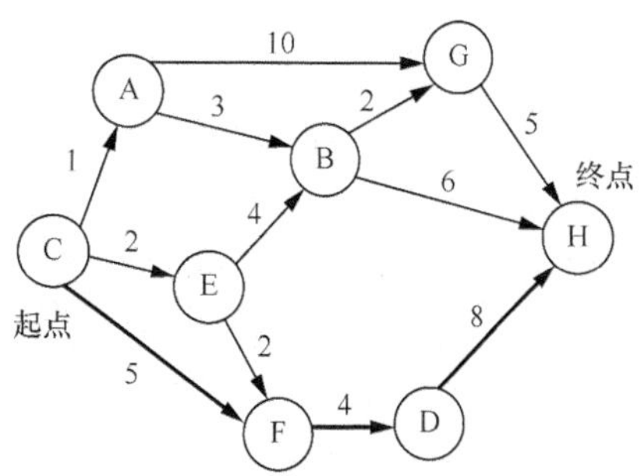

图 5-34　AOE 网中的关键活动

程序 5-14 是关键路径的算法实现，其中图假设用邻接矩阵表示。程序首先定义边结点结构，包括和边相邻的两个顶点 u 和 v、权重 weight、活动的最早发生时间 early 以及最迟发生时间 last，定义了记录顶点入度的数组 indegree，记录顶点的最早发生时间数组 verEarly，最迟发生时间数组 verLast。定义了两个栈 s1 和 s2，其中 s1 保存入度为 0 的顶点，s2 保存确定顶点最早发生时间的顶点顺序。s1 中顶点出栈的顺序就是顶点确定最早发生时间的顺序，s2 中顶点出栈的顺序是计算最早发生时间时顶点序列的逆序，此逆序用于计算顶点的最迟发生时间。

程序 5-14　求关键路径（用邻接矩阵表示有向图）。

```
//保存边信息
template <class edgeType>
struct keyEdge
{
    int u, v;
    edgeType weight;
    edgeType early, last;
};

template <class verType, class edgeType>
void Graph<verType, edgeType>::keyActivity (verType start, verType end)const
{
    int *inDegree;
    edgeType *verEarly, *verLast; //事件——顶点的最早发生时间、最迟发生时间
    keyEdge<edgeType> *edgeEL; //记录每个活动——边的最早发生时间、最迟发生时间
    seqStack<int> s1; //s1 保存入度为 0 的顶点
    seqStack<int> s2; //s2 保存确定顶点最早发生时间的顶点顺序

    int i, j, k;
    int u, v;
    int intStart, intEnd;

    //创建动态数组空间
    inDegree=new int[verts];
    verEarly=new edgeType[verts];
    verLast=new edgeType[verts];
    edgeEL=new keyEdge<edgeType>[edges];

    //找到起点和终点的下标
    intStart=intEnd=-1;
    for (i=0; i<verts; i++)
    {   if (verList[i]==start)
            intStart = i;
        if (verList[i]==end)
            intEnd = i;
    }
    if ((intStart==-1)||(intEnd==-1)) throw outOfBound();

    //计算每个顶点的入度，邻接矩阵每一列有边的元素个数相加
    for (j=0; j<verts; j++)
    {
```

```
        inDegree[j] = 0;
        for (i=0; i<verts; i++)
        {
            if ((i!=j)&&(edgeMatrix[i][j]!=noEdge))
                inDegree[j]++;
        }
    }

    //初始化顶点最早发生时间
    for (i=0; i<verts; i++)
    {
        verEarly[i]=0;
    }

    //计算每个顶点的最早发生时间
    //初始化起点的最早发生时间
    verEarly[intStart]=0;
    s2.push(intStart);
    i=intStart;

    //计算其他顶点的最早发生时间
    while (i!=intEnd) //当终点因为入度为零压栈、出栈时，计算结束
    {
        for (j=0; j<verts; j++)
        {
            if ((i!=j)&&(edgeMatrix[i][j]!=noEdge))
            {
                inDegree[j]--;
                if (inDegree[j]==0) s1.push(j); //入度为 0，进栈
                if (verEarly[j]<verEarly[i]+edgeMatrix[i][j])
                    verEarly[j]=verEarly[i]+edgeMatrix[i][j];
            }
        }
        i=s1.top(); s1.pop();
        s2.push(i); //当前确定了最早发生时间的顶点入栈
    }

    //初始化顶点最迟发生时间
    for (i=0; i<verts; i++)
    {
        verLast[i]=verEarly[intEnd];
    }

    //按照计算顶点最早发生时间逆序依次计算顶点最迟发生时间
    while (!s2.isEmpty())
    {
        j = s2.top(); s2.pop();

        //修改所有射入顶点 j 的边的箭尾顶点的最迟发生时间
        for (i=0; i<verts; i++)
            if ((i!=j)&&(edgeMatrix[i][j]!=noEdge))
                if (verLast[i]>verLast[j] - edgeMatrix[i][j])
                    verLast[i]=verLast[j] - edgeMatrix[i][j];
    }

    //建立边信息数组
    k=0;
    for (i=0; i<verts; i++)
        for (j=0; j<verts; j++)
            if ((i!=j)&&(edgeMatrix[i][j]!=noEdge))
            {
                edgeEL[k].u=i;
                edgeEL[k].v=j;
                edgeEL[k].weight=edgeMatrix[i][j];
                k++;
            }
```

```
    //将边的最早发生时间<u,v>设置为箭尾顶点 u 的最早发生时间
    //将边的最迟发生时间<u,v>设置为箭头顶点 v 的最迟发生时间–<u,v>边的权重
    for (k=0; k<edges; k++)
    {
        u=edgeEL[k].u;
        v=edgeEL[k].v;
        edgeEL[k].early=verEarly[u];
        edgeEL[k].last=verLast[v] - edgeEL[k].weight;
    }

    //----------辅助调试-----------------
    //输出顶点的最早发生时间
    cout<<"顶点的最早发生时间:"<<endl;
    for (i=0; i<verts; i++)
        cout<<verEarly[i]<<" ";
    cout<<endl;

   //输出顶点的最迟发生时间
    cout<<"顶点的最迟发生时间:"<<endl;
    for (i=0; i<verts; i++)
        cout<<verLast[i]<<" ";
    cout<<endl;

    //输出活动的最早发生时间、最迟发生时间
    cout<<"活动的最早、最迟发生时间:"<<endl;
    for (k=0; k<edges; k++)
    {
        u=edgeEL[k].u;
        v=edgeEL[k].v;
        cout<<verList[u]<<"->"<<verList[v]<<endl;
        cout<<"early: "<<edgeEL[k].early<<"    "
            <<"last: "<<edgeEL[k].last;
        cout<<endl<<endl;
    }

    //输出关键活动
    cout<<"关键活动："<<endl;
    for (k=0; k<edges; k++)
        if (edgeEL[k].early == edgeEL[k].last)
        {
            u=edgeEL[k].u;
            v=edgeEL[k].v;
            cout<<verList[u]<<"->"<<verList[v]<<endl;
            cout<<"early: "<<edgeEL[k].early<<"    "
                <<"last: "<<edgeEL[k].last;
            cout<<endl<<endl;
        }
}
```

分析以上程序，找起点和终点下标需花费时间 $O(n)$，计算顶点入度需花费时间 $O(n^2)$，计算顶点最早发生时间需花费时间 $O(n^2)$，计算顶点最迟发生时间需花费时间 $O(n^2)$，建立边信息需花费时间 $O(n^2)$，计算活动的最早发生时间需花费时间 $O(e)$，计算活动的最迟发生时间需花费时间 $O(e)$，输出关键活动需花费时间 $O(e)$，因 $e<n^2$，所以总的时间代价为 $O(n^2)$。

5.7 小结

图是一种最一般的数据结构。图中的顶点表示元素，边表示元素间关系，图中任何两个元素

之间都可能有关联关系。元素及元素关系的存储如果按照线性结构、树形结构存储思路，将元素和元素关系统一在一个框架中去考虑，存储会变得异常艰难。现在换种思路：把元素和元素关系的存储分割开来，各自独立存储。如元素值单独存储在一个数组中，而元素之间的关系，可以按照顺序结构存储在一个二维数组中，也可以按照链式结构存储在邻接表中，这样存储问题的解决变得简单了。如同二叉树的遍历，图的遍历算法仍然是其他操作的基础。在遍历算法的基础上可以解决许多复杂的属性类问题，如无向图是否连通、无向图有几个连通分量、有向图是不是强连通图、有向图有几个强连通分量、每个连通分量中的顶点有哪些、有向图是否含有环等等。本章讨论了深度优先遍历和广度优先遍历两种典型的算法，它们和二叉树的先序遍历、层次遍历思路相似。图的应用非常广泛，在日常工作和生活中比比皆是。本章详细讨论了对一个图如何求出其最小代价生成树、顶点之间的最短路径、拓扑排序，以及工程中的关键路径、关键活动。可以看出，利用图结构能解决的问题很多，在本章讨论的算法也多，但具体的实现都依托于它的两种存储：邻接矩阵和邻接表方式，这两种方式的具体操作涉及的都是最基础的数组和单链表操作，因此相对来说算法实现难度并不大。

5.8 习题

1．对图 5-35（a）所示的有向图。

（1）指出每个顶点的出度、入度。

（2）画出邻接矩阵存储图。

（3）画出邻接表存储图。

（4）画出逆邻接表存储图。

（5）画出十字链表存储图。

（6）指出强连通分量个数并画出所有强连通分量。

（7）写出一个深度优先遍历序列和对应的生成树或者森林。

（8）写出一个广度优先遍历序列和对应的生成树或者森林。

（9）写出所有可能的拓扑排序序列。

（10）指出起点为 A 终点为 F 的工程项目图中的关键活动和关键路径。

（11）指出从顶点 A 到图中其他每个顶点的最短路径和最短路径长度。

2．对图 5-35（b）所示的无向图：

（1）指出每个顶点的度。

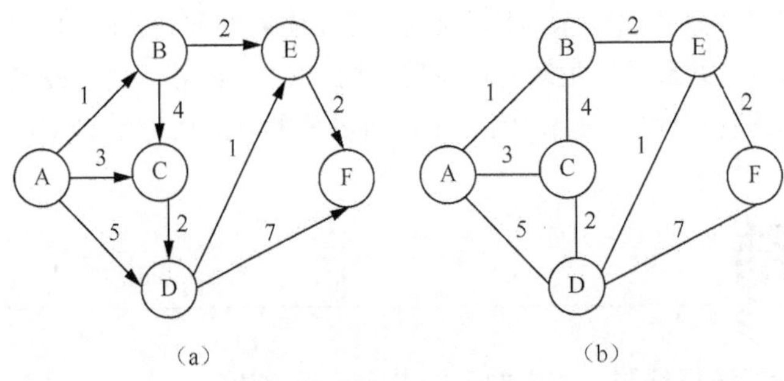

图 5-35　有向图和无向图

（2）画出邻接矩阵存储图。

（3）画出邻接表存储图。

（4）画出多重邻接表存储图。

（5）指出连通分量个数并画出所有的连通分量。

（6）写出一个深度优先遍历序列和对应的生成树或生成森林。

（7）写出一个广度优先遍历序列和对应的生成树或生成森林。

（8）画出一个最小代价生成树。

3．对无向图 5-35（b）进行遍历，则下列选项中，不是广度优先遍历序列的是　（　）。

A．A，B，C，D，E，F　　B．C，B，A，D，E，F

C．E，B，D，F，A，C　　D．B，A，C，D，E，F

4．对于一个用邻接表表示的有向图，写出算法构建一个逆邻接表。

5．设计一个算法判断图中两点是否存在路径，其中图用邻接表的形式存储。

6．如果有向图用邻接表表示，试写出算法判断图中是否存在回路。

7．假设无向图用邻接表表示，试写一个函数，找出每个连通分量所含的顶点集合。

8．假设有向图用邻接矩阵表示，试写一个函数找出每个强连通分量所含的顶点集合。

9．设有向图 $G=<V,E>$，顶点集 $V=\{v_0,v_1,v_2,v_3\}$，边集 E：$\{<v_0,v_1>, <v_0,v_2>, <v_0,v_3>, <v_1,v_3>\}$。若从顶点 v_0 开始对图进行深度优先遍历，则可能得到的不同遍历序列个数是多少？

10．假设图用邻接矩阵存储，实现深度优先和广度优先遍历算法，并分析其时间复杂度。

11．对于图 5-36 所示的有向图，给出其一条拓扑排序序列。

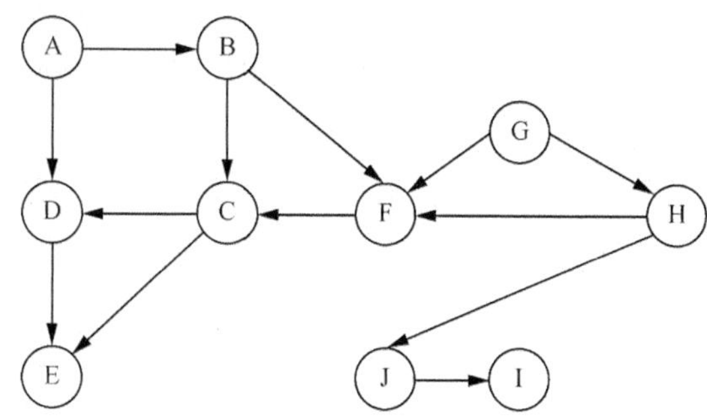

图 5-36　有向图

12．编程实现利用克鲁斯卡尔算法找出无向连通图的最小代价生成树，要求输出最小代价生成树的各条边及最小代价。

13．设计一个算法找出一个无向图的最大代价生成树。

14．假设一个 AOE 网用邻接表存储，编程实现函数求单源最短路径。

15．假设一个 AOE 网用邻接表存储，编程实现函数求关键路径。

16**．设计算法，找出所有从指定顶点出发，长度为 K 的简单路径，并以邻接表为例，实现该算法。

第6章 查找

一组数据间最简单的关系为集合关系，查找是集合关系数据中最常见的操作。如果一组数据相对稳定、鲜有变化，即可称这组数据为**静态查找表**。静态数据的存储仅需朝着有利于查找的目标来完成，最便利的存储方式是顺序存储，相应的查找技术称为**静态查找技术**。如果一组数据不太稳定，有频繁的插入、删除操作，即可称这组数据为**动态查找表**。动态数据的存储既要有利于数据的查找操作，也要有利于数据的插入、删除操作，一般采用链式存储，相应的查找技术称为**动态查找技术**。

6.1　静态查找技术

6.1.1　顺序查找

静态查找技术

顺序存储是静态查找表最方便的存储方式。对于用数组实现顺序存储的一组数据，如果用户给出了一个待查找的值，简单而直观的方法便是对这组数据逐个查找。可以用两种策略：一种是对数组从前往后查找，另一种是对数组从后往前查找。两种策略都是当查找越界时得到元素不存在的结论。从后往前查找比较常用，通常的做法是：空出下标为 0 的存储单元，不存储任何实际的数据元素，而是将其作为哨兵位，元素从 1 下标位置存到 n 下标位置。当要查找数据 x 时，首先将 x 存入哨兵位，然后从 n 下标开始向前一直找，直到 0 下标。这样查找一定成功，因为即便数据中没有 x，x 也能在哨兵位上被找到，哨兵位起到了阻止下标越界的挡板作用。假设下标为 m 的数据是要查找的 x，则当 $m>0$ 时，表示查找成功；$m=0$ 时，表示查找不成功。加哨兵位的好处是避免了逐个检查数组元素时还要首先检测下标是否越界，用增加一个空间的方式换取时间，提高了效率。顺序查找例子如图 6-1 所示，算法实现如程序 6-1 所示。

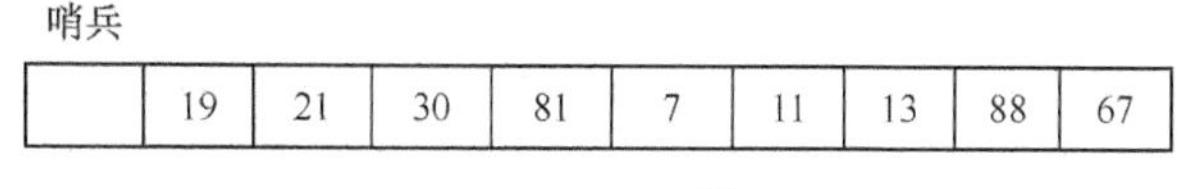

图 6-1　顺序查找例子

程序 6-1　顺序查找算法实现（main.cpp）。

```
#include <iostream>
using namespace std;

class illegalSize{};

template <class elemType>
class staticSearch
{
    private:
        elemType *data; //存储静态数据
        int len;
    public:
        staticSearch(elemType a[], int n);
        int Search(const elemType &x) const;//顺序查找
        int BSearch(const elemType &x) const;//折半查找
        ~staticSearch(){delete []data;}
};

template <class elemType>
staticSearch<elemType>::staticSearch(elemType a[], int n)
{
    len=n;
```

```
        data=new elemType[n+1]; //多一个哨兵位
        if (!data) throw illegalSize();
        for (int i=1; i<n+1; i++) data[i]=a[i-1]; //0 下标不用
    }

    template <class elemType>
    int staticSearch<elemType>::Search(const elemType &x) const//顺序查找
    {
        int i;
        data[0]=x;
        for (i=len; data[i]!=x; i--);
        return i;
    }

    int main()
    {
        int a[10]={72, 90, 25, 60, 30, 70, 80,19, 20, 35};
        int pos, x;
        staticSearch<int> sd(a,10);

        cout << "Input the data you want to seek: ";
        cin >> x;

        pos=sd.Search(x);
        if (pos==0)
            cout << x << " doesn't exist! ";
        else
            cout << x << " exists!";

        cout << endl;
        return 0;
    }
```

算法时间复杂度分析：待查找元素如果不存在，就从 n 下标比较到了 0 下标，元素比较次数为 $n+1$。待查找元素如果存在，当查找的元素为倒数第一个元素时，比较次数为 1；当查找元素为倒数第二个元素时，比较次数为 2；以此类推，当查找元素为第一个元素时，比较次数为 n。如果每个位置上的元素被查找的概率相同（均为 $1/n$），则平均查找时间即其数学期望为：

$$(1+2+3+\cdots+n)\times 1/n=(n+1)/2$$

因此无论查找成功与否，时间复杂度均为 $O(n)$。

6.1.2 折半查找

顺序查找适用于任何元素序列。当元素序列有序时，还可以使用更加高效的查找方法——折半查找法。折半查找法的思想是：首先比较中间位置元素，比较成功，查找结束；比较不成功，如果待查找元素小于中间位置元素，在前半段使用上述同样方法继续查找。特殊地，如果前半段没有了，即长度为 0，说明不存在待查找元素。如果待查找元素大于中间位置元素，在后半段使用上述同样方法继续查找。特殊地，如果后半段没有了，也说明不存在待查找元素。图 6-2 所示是折半查找的例子：图 6-1（a）为查找成功的示例，图 6-1（b）为查找不成功的示例。其中，low 指向数据段的左边界下标，high 指向数据段的右边界下标，mid 为数据段的中间位置下标。折半查找算法的实现如程序 6-2 所示。

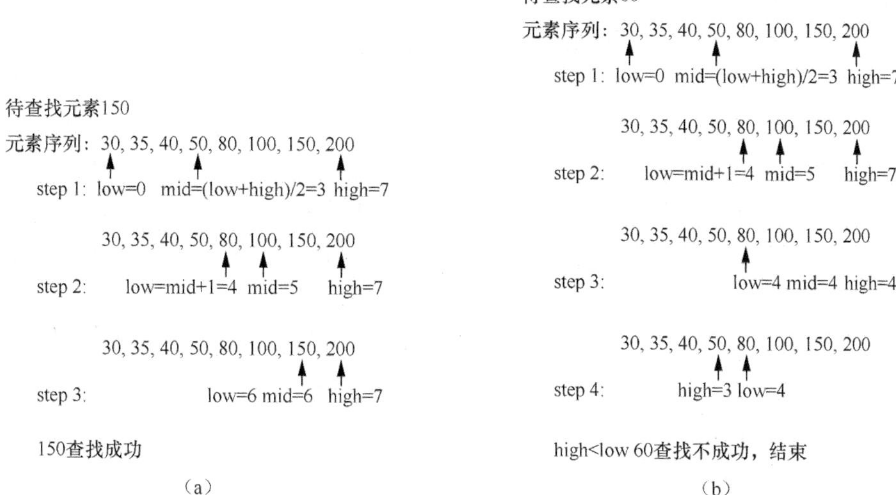

图 6-2　折半查找示例

程序 6-2　折半查找算法的实现（main.cpp）。

```
template <class elemType>
int staticSearch<elemType>::BSearch(const elemType &x) const//折半查找
{
    int mid, low, high;

    low=1; high=len;
    while (low<=high)
    {
        mid=(low+high)/2;
        if (x==data[mid])//查找成功
            break;
        else
            if (x<data[mid]) //x 小于中间位置元素
                high=mid -1;
            else   //x 大于中间位置元素
                low=mid +1;
    }

    if (low<=high) return mid;
    return 0;
}
```

算法复杂度分析：查找成功时，最少比较次数为 1，最多是 n 能折半的次数，即 $\log_2 n$。查找不成功时，是 $\log_2 n$。故算法时间复杂度为 $O(\log_2 n)$。$\log_2 n$ 级别比 n 级好很多，如当 n=1024 时，$\log_2 n$ 只有 10。

6.1.3　插值查找

折半查找每次简单地找中间位置，插值查找是根据待查元素值和两个端点（即最大最小元素值）的距离来计算或估算下次查找的位置：$\text{mid} = \text{low} + (\text{high} - \text{low})(\text{x} - \text{a[low]}) / (\text{a[high]} - \text{a[low]})$。理想的插值查找的时间复杂度为 $O(1)$。

使用插值查找的条件是：不仅数据是有序的，而且这组数据值的分布是均匀的。比如一组值为{1，3，5，7，9，11，13，15，17}，数组有序且分布非常均匀，查找 11 只需要通过计算 mid=0+

(8-0)(11-1)/(17-1)= 5 便可以得到 11 的下标位置。

即便不是均匀分布，知道了分布函数，也能通过计算定积分的方式找到具体的位置。事实上，在生活、学习中，如果仅知道大致分布，也可以采用比简单折半法更快的方式找到待查元素的位置。如在英文词典中查单词 xeric，英文字典中单词是有序的，非均匀分布，也不知道具体的分布函数，但知道 26 个字母中每个字母为首的单词大致的量比，如 x、y、z 开头的单词很少，a 开头的单词相对 x、y、z 开头的单词要多得多，即知道单词的大致分布，查找时就不会用折半法翻到词典一半的页数，而是一下翻到了近尾部的页上，再根据翻到的页中单词比 xeric 大还是小，决定下一步的微调是朝前还是朝后。

插值法问题在于：如果位置计算很复杂，一次计算可能比多次的数据访问更耗时，该方法就不占优势了。

6.1.4 分块查找

折半查找虽具有好的性能，但要求顺序存储时按照关键字排序，这在元素动态变化时耗时较多。顺序存储虽然可以应对元素的动态变化，但查找效率低。综合两者我们提出了**分块查找**方法，即把一个大的线性表分解成若干块，块中数据可以无序，任意存放，但块间必须有序。假设块间按关键字非递减排序，第 i 块中的所有元素关键字值都必须小于等于第 i+1 块中的元素的关键字值。此外，还要建立一个索引表，把每块中最大关键字值作为索引表的关键字，按从小到大的顺序存放在一个辅助数组中。查找时，首先在索引表中进行折半查找，确定要找的元素所在的块，然后在相应的块中采用顺序查找，即可找到对应的元素。

分块查找只要求索引表是有序的，块内元素不需要有序，因此特别适合于元素动态变化的情况。当增加或减少元素时，只需将该元素调整到所在的块。

分块查找可以有两种方式：索引文件顺序查找+块内顺序查找，索引文件折半查找+块内顺序查找。如果采用第一种方式，当分块数量和块内数据个数相等时，时间效率达到最高。如一共有 10000 个数据，当每个块中元素个数为 100，块的个数也为 100 时，时间消耗最短。请大家思考下为什么。总的来说，在时间复杂度上，分块查找的速度虽然不如折半查找算法，但比顺序查找算法快得多。

6.2 二叉查找树

6.2.1 二叉查找树的定义

动态查找技术

静态查找表通常采用顺序存储法，表无序时查找时间为 $O(n)$，表有序时查找时间为 $O(\log_2 n)$。但一旦有插入、删除操作，都会如顺序表的插入、删除一样，引起数据的大量移动。通过第 2 章对线性表的链式结构的分析，我们得知利用链式结构可以有效消除数据移动。如何构造这个链式结构才能有利于查找？

下面再回到静态有序表的顺序存储。对某一元素而言，比它小的存储在其左边，比它大的存储在其右边，依照这一原则，把数组换成二叉链表，便形成了二叉查找树。**二叉查找树**的定义是：对于二叉树中任何一个结点，其值比其左子树中所有结点的值都大，比其右子树上所有结点的值都小。为了简化，假设数据序列中没有元素相等的情况。二叉查找树的一个例子如图 6-3 所示。二叉查找树也是二叉树的一种应用。

常见错误：将二叉查找树定义为，对任意一个结点而言，其值比左孩子值大、比右孩子值小。这一定义和上一段二叉查找树的定义并不等价。图 6-4 所示显示了满足这种定义的二叉树，显然它不是二叉查找树。

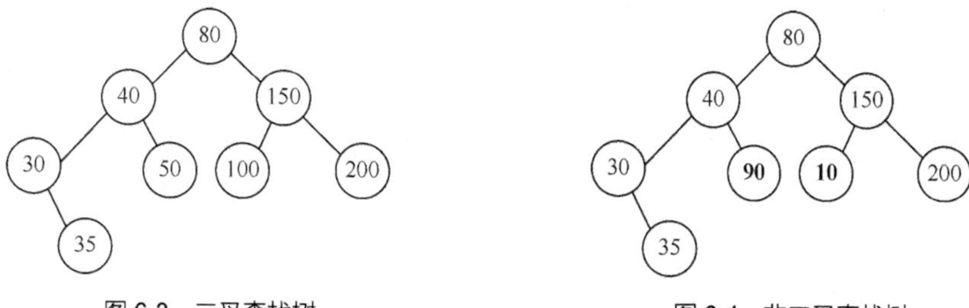

图 6-3　二叉查找树　　　　图 6-4　非二叉查找树

程序 6-3 所示为二叉查找树类的定义。

程序 6-3　二叉查找树类的定义（binarySearchTree.h）。

```
#ifndef BINARYSEARCHTREE_H_INCLUDED
#define BINARYSEARCHTREE_H_INCLUDED

#include <iostream>
#include "seqQueue.h"
using namespace std;

template <class elemType>
class binarySearchTree;

template <class elemType>
class Node
{
    friend class binarySearchTree<elemType>;
    private:
        elemType data;
        Node *left, *right;
    public:
        Node() {left=NULL; right=NULL;}
        Node(const elemType &x, Node *l=NULL, Node *r=NULL)
        { data=x; left=l; right=r; }
};

template <class elemType>
class binarySearchTree
{
    private:
        Node<elemType> *root;
        bool search(const elemType &x, Node<elemType> *t) const;
        void insert(const elemType &x, Node<elemType> *&t);
        void remove(const elemType &x, Node<elemType> *&t);
    public:
        binarySearchTree(){root = NULL; }
        bool search(const elemType &x) const;
        void insert(const elemType &x);
        void remove(const elemType &x);
        void levelTravese() const;//层次遍历，用于验证插入、删除操作
};
#endif // BINARYSEARCHTREE_H_INCLUDED
```

6.2.2 基本操作实现

1．二叉查找树的查找操作

首先看根是否空，为空时查找结束。否则将待查找元素和根结点比较，相同则查找成功；不相同但比根结点值小，在以其左孩子为根的二叉查找树中继续如上操作；不相同但比根结点值大，在以其右孩子为根的二叉查找树中继续如上操作。在查找中，每一层最多比较一个元素，总的查找时间最差为该二叉查找树的高度。当二叉树为完全二叉树，甚至不是完全二叉树，但相对于满二叉树只在最后一层缺部分结点时，二叉树的高度都是$[\log_2 n]+1$，即时间复杂度是$O(\log_2 n)$。但极端情况下，当二叉树中任何一个结点都只有一个孩子，即二叉树是一个单支树时，二叉树的高度是n，查找的时间复杂度将达$O(n)$。

二叉查找树的查找

根据上述查找算法思路，用递归方式实现非常直观，也可以采用迭代的方法。程序 6-4 和 6-5 分别采用了查找的递归和非递归算法实现。

程序 6-4　二叉查找树查找的递归算法实现（binarySearchTree.h）。

```
template <class elemType>
bool binarySearchTree<elemType>::search(const elemType &x) const
{    return search(x,root);    }

template <class elemType>
bool binarySearchTree<elemType>::search(const elemType &x, Node<elemType> *t) const
{
     if (!t) return false;

     if (x==t->data) return true;
     if (x < t->data)
          return search(x, t->left);
     else
          return search(x, t->right);
}
```

程序 6-5　二叉查找树查找的非递归算法实现（binarySearchTree.h）。

```
template <class elemType>
bool binarySearchTree<elemType>::search(const elemType &x) const
{
     if (!root) return false;

     Node<elemType> *p;
     p=root;

     while (p)
     {
          if (x==p->data) return true;
          if (x<p->data) p=p->left;
          else p=p->right;
     }
     return false;
}
```

2．二叉查找树的插入操作

二叉查找树的插入

在图 6-3 所示示例中欲插入元素 90。和查找的方法类似，首先将 90 和根结点的 80 比较，比 80 大，沿 80 的右子树比较；90 比右孩子 150 小，沿 150 的左子树比较；90 比左孩子 100 小，沿 100 的左孩子树比较；100 的左孩子为空，于是比较结束。90 直接作为 100 的左孩子插入。可以看出，插入总在空结点位置上进行。插入首先经历了一个查找操作，寻找用于插入的位置，故插入的时间消耗也是二叉查找树的高度。具体插入的非递归和递归算法实现如程序 6-6 和程序 6-7 所示。

程序 6-6　二叉查找树的插入的非递归算法实现（binarySearchTree.h）。

```
template <class elemType> //非递归算法实现
void binarySearchTree<elemType>::insert(const elemType &x)
{
    Node<elemType> *p;

    if (!root)   //如果查找树的根为空，直接建立一个结点并作为根结点
    {
        root=new Node<elemType>(x);
        return;
    }

    p=root;
    while (p)
    {
        if (x==p->data) return; //已经在二叉树中
        if (x<p->data)
        {   if (!p->left)   //左孩子为空，插入位置即此地
            {
                p->left=new Node<elemType>(x);
                return;
            }
            p=p->left;
        }
        else
        {
            if (!p->right)   //右孩子为空，插入位置即此地
            {
                p->right=new Node<elemType>(x);
                return;
            }
            p=p->right;
        }//if
    }//while
}
```

程序 6-7　二叉查找树的插入的递归算法实现（binarySearchTree.h）。

```
template <class elemType>
void binarySearchTree<elemType>::insert(const elemType &x)
{
    insert(x,root);
}
```

```
template <class elemType> //递归算法实现
void binarySearchTree<elemType>::insert(const elemType &x, Node<elemType> *&t)
{
    if (!t) { t=new Node<elemType>(x); return; }
    if (x==t->data) return; //已存在，结束插入
    if (x<t->data)
        insert(x, t->left);
    else
        insert(x, t->right);
}
```

插入的递归算法实现中，似乎未见新结点如何链到其父结点的左孩子或者右孩子字段上，但实际上已经链接成功。秘诀就在于形参声明 Node<elemType> *&t 中的引用符号&，用了它就能将新结点和父结点链接起来。形参 t 带&，说明 t 自身是没有空间的，它是实参的别名。当二叉查找树为空（即 root=NULL）时，调用 insert(x,root)，root 为实参，形参 t 就是 root 的别名，函数中执行 t = new Node<elemType>(x)就相当于执行 root = new Node<elemType>(x)。当二叉查找树不为空时，如果位置已找到且新结点要插入到父结点的左孩子字段上，本次执行的 t = new Node<elemType>(x)中的形参 t 是上一次函数调用中实参 t->left 的别名，即当前 t 就是父结点 left 字段的别名，父、子结点就此链接上；如果新结点要插入到父结点的右孩子字段上，和左孩子同理，当前 t 是父结点 right 字段的别名，父、子结点也就此链接上。

3．二叉查找树的删除操作

删除相对复杂一些。现以图 6-3 所示的查找树为例进行分析。删除有三种情况：当待删除的结点为叶子结点时，直接删除即可，如图 6-5（a）所示；当待删除的结点只有一个子结点时，删除该结点，让其唯一的子结点占据删除结点原来的位置，如图 6-5（b）所示；当待删除结点有两个子结点时，可以在其左子树或者右子树中找到一个替身结点，用该结点的值替换待删除结点中的值，然后删除替身结点。显然该替身结点最多只有一个孩子，这样就把删除有两个子结点的情况转为删除没有孩子或者只有一个孩子的情况。以上三种情况经过删除操作后，能保证它依然是一棵二叉查找树。

二叉查找树的删除

在其左子树或者右子树中找替身结点的方法有两种：一是在待删结点的左子树中找最大结点，即沿着待删除结点的左孩子一路右寻，左子树中的最右侧结点就是左子树中最大结点。此结点要么是叶子结点，要么只有一个左孩子结点。二是在待删结点的右子树中找最小结点，即沿着待删除结点的右孩子一路左寻，右子树中的最左侧结点就是右子树中最小结点。此结点要么是叶子结点，要么只有一个右孩子结点。具体示例如图 6-5（c）所示。

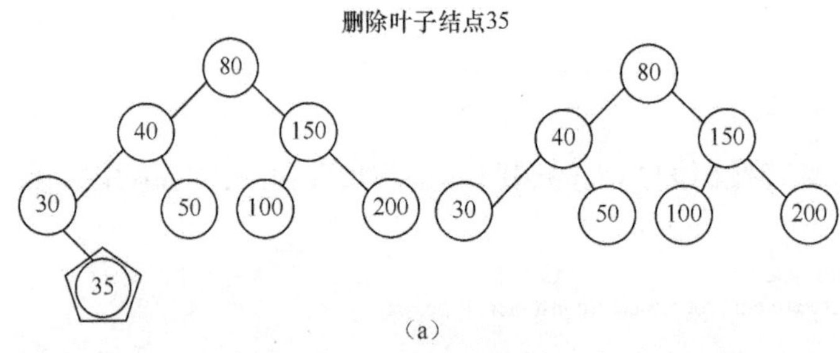

图 6-5　二叉查找树的删除示例

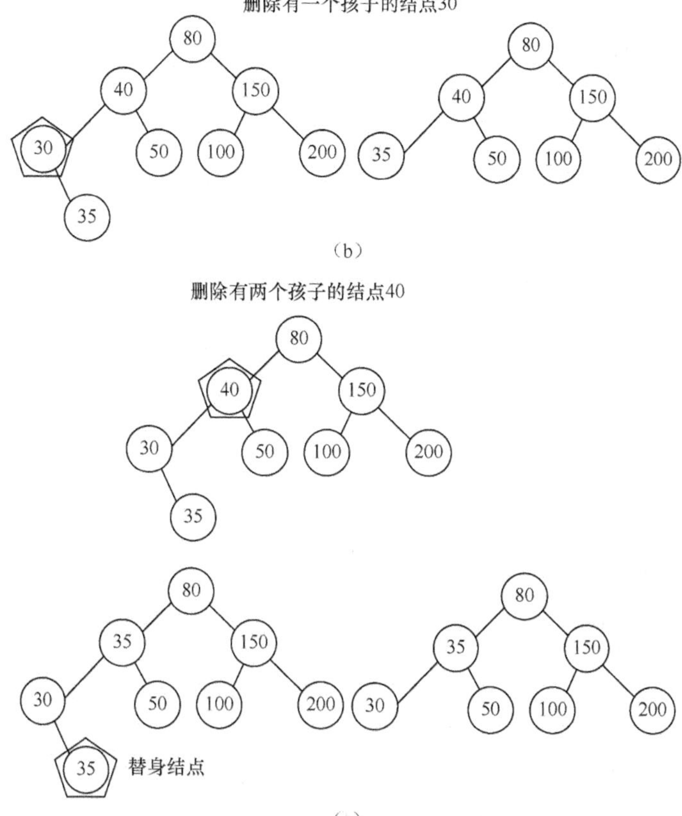

（b）

（c）

图 6-5　二叉查找树的删除示例（续）

从时间效率上看，删除一个结点也如同插入，首先要进行查找，时间消耗为树的高度。如果待删除结点是叶子结点或者有一个孩子结点，单纯删除的时间消耗为常量级，查找加删除，故总时间消耗为树的高度；如果待删除的结点有两个孩子，除了从根向下层找待删除结点，找到后还要继续往下找替身结点，两次查找加起来最多也是树的高度，之后删除的替身结点属于叶子结点或只有一个孩子的结点，单纯删除时间也为常量级，故总时间消耗仍为树的高度。

删除的递归算法的实现如程序 6-8 所示，非递归算法的实现如程序 6-9 所示。

程序 6-8　二叉查找树删除的递归算法实现（binarySearchTree.h）。

```
template <class elemType>
void binarySearchTree<elemType>::remove(const elemType &x)
{
    remove(x,root);
}

template <class elemType> //递归算法实现
void binarySearchTree<elemType>::remove(const elemType &x, Node<elemType> *&t)
{
    if (!t) return;
    if (x<t->data)
        remove(x, t->left);
    else
        if (x>t->data )
            remove(x, t->right);
```

```
        else
        {
            if (!t->left && !t->right) //叶子结点
            {
                delete t;     //释放待删除结点
                t=NULL;   //父结点和叶子结点的链接断开
                return;
            }

            if (!t->left || !t->right)//只有一个孩子
            {
                Node<elemType> *tmp;
                tmp=t;
                t=(t->left)? t->left : t->right;   //父结点链接其唯一孩子结点
                delete tmp;//释放待删除结点
                return;
            }

            //待删除结点有两个孩子的情况
            Node<elemType> *p, *substitute;
            p=t->right;
            while (p->left) p=p->left;
            substitute=p;

            t->data=substitute->data;
            remove(substitute->data, t->right);
        }
    }
```

删除的递归算法实现中也将形参 t 声明为引用，其在函数的两次调用中起到了共用空间的作用，通过引用巧妙地完成了删除结点时对父结点孩子字段的修改任务。程序中沿右子树找到最左侧结点，可能替身结点 substitute 离待删除结点 t 已经很远了，最终也只删除替身结点，但考虑到极端的情况（待删除结点的右孩子没有左孩子，替身结点就是这个右孩子，父结点就是 t 结点），递归又返回到从 t->right 开始，执行语句 remove(substitute->data, t->right)，只有这样才能保证父结点字段均被修改，这点需要特别注意。

程序 6-9 二叉查找树删除的非递归算法实现（binarySearchTree.h）。

```
template <class elemType>
void binarySearchTree<elemType>::remove(const elemType &x)
{
    if (!root) return;

    Node<elemType> *p, *parent;

    p=root; parent=NULL;
    while (p)
    {
        if ( x<p->data)
        {
            parent=p;
            p=p->left; continue;
        }
        if ( x>p->data)
        {
            parent=p;
            p=p->right; continue;
        }
```

```
            //删除开始
            if (!p->left && !p->right) //叶子结点
            {
                delete p;

                if (!parent) {root=NULL; return;} //待删除结点为根，且根为叶子结点
                if (x<parent->data)//待删除结点为父结点的左孩子
                    parent->left=NULL;
                else
                    parent->right=NULL;
                return;
            }//叶子

            if (!p->left || !p->right) //待删除结点仅有一个孩子结点
            {
                Node<elemType> *tmp;
                tmp=p;

                if (!parent) //待删除结点为根，且根有一个孩子
                   root=(p->left)?p->left:p->right;
                else
                    if (x<parent->data)//待删除结点为父结点的左孩子
                        parent->left=(p->left)?p->left:p->right;
                    else //待删除结点为父结点的右孩子
                        parent->right=(p->left)?p->left:p->right;

                delete tmp;
                return;
            }//仅有一个孩子

            //待删除的结点有两个孩子结点
            Node<elemType> *q, *substitute;
            parent=p; q=p->left;
            while (q->right) {parent=q; q=q->right;}
            substitute = q;

            //交换待删除的结点和替身的元素值
            p->data=substitute->data;
            substitute->data=x;

            p=substitute; //待删除的结点指针变为替身，继续返回循环
        }//while
    }
```

删除的非递归算法由根向下查找，每层有一个结点参与。在这个过程中，p 指向当前结点，parent 指向其父结点。父亲一路跟随其孩子下行，最后根据 parent 和 x 的大小比较完成对父结点孩子字段的修改任务。

程序 6-10 完成了对建立二叉查找树，在查找树中进行查找、插入、删除基本操作算法实现的简单测试。

程序 6-10　二叉查找树基本操作简单测试程序（main.cpp）。

```
#include <iostream>
#include "binarySearchTree.h"
using namespace std;

int main()
{
```

```
    binarySearchTree<int> BStree;
    int a[10]={15,30,20,80,10,5,40,60,90,2};
    int x, i;

    for (i=0; i<10; i++)
        BStree.insert(a[i]);
    BStree.levelTravese();

    BStree.remove(a[9]); //删除叶子结点
    BStree.levelTravese();

    BStree.remove(a[6]); //删除有一个孩子的结点
    BStree.levelTravese();

    BStree.remove(a[0]); //删除有两个孩子的结点
    BStree.levelTravese();

    cout << "x: ";    cin >> x;
    if (BStree.search(x))
        cout << x << " is found"<<endl;
    else
        cout << x << " is not found"<<endl;

    return 0;
}
```

6.2.3 顺序统计

顺序统计

顺序统计的核心操作是在集合中查找第 i 个顺序统计量（集合中第 i 大或第 i 小的元素），以下假定找第 i 小元素。

对于静态表，常用顺序存储。顺序存储时可使用以下三种求解方法。

第一种办法，是对 n 个元素从小到大排序，然后在下标 $i-1$ 处找到目标元素，时间花费为数组排序的时间。如使用插入排序或者冒泡排序，时间复杂度为 $O(n^2)$。

第二种方法，将前 i 个元素进行从小到大排序，最后一个元素即当前的第 i 小元素，后续元素逐个和第 i 个元素比较，比它大，丢弃；比它小，插入到前面的某个位置，原来的第 $i-1$ 小元素成为新的第 i 小元素。当所有元素处理完毕，得到长度为 i 的有序序列的最后一个元素即第 i 小元素。如果最初前 i 个元素用冒泡排序，比较次数为 $i(i-1)/2$，后面所有 $n-i$ 个元素插入的时间为 $i(n-\mathrm{i})$，总时间为 $i\times n-\mathrm{i}(i-1)/2$，当 i 远远小于 n 时，时间消耗最多为 $i\times n$。

第三种方法，可以对数据依然采用冒泡的思想，从后往前冒小泡，即一趟两两比较过后，第一个元素为最小值。当进行 i 趟后，第 i 个元素即第 i 小元素。比较次数为 $(n-1)+(n-2)+\cdots+(n-i)=i\times n-i(i+1)/2$, 当 i 远远小于 n 时，时间消耗最多为 $i\times n$。

在以上三种方法的基础上，还有一个优化的手段：假设一共有 n 个元素，现在要取第 i 小元素。可以比较 i 和 $n-i+1$ 值的大小：如果 $i<n-i+1$，问题依然是取第 i 小元素；如果 $i>n-i+1$，问题变为取第 $n-i+1$ 大元素。

对于动态表，常用二叉查找树存储。在二叉查找树中可用以下求解方法：如果查找第 1 小元素，顺着根一路左孩子下去，找到最左侧结点即为最小结点，时间复杂度是二叉树的高度；如果查找第 n 小元素（即最大元素），顺着根一路右孩子下去，找到最右侧结点即最大结点，时间复杂度也是树的高度。

一个更一般的查找第 i（非 1）小元素的简单方法：对每个结点增加一个 size 字段，size 记录了以该结点为根的二叉查找树中结点的个数。查找具体步骤为：首先和根比较，如果根的 size 小于 *i* 则无第 *i* 小结点，查找结束；如果根的 size 值等于 *i*，则最大结点即第 *i* 小结点；如果根的 size 值大于 *i*，观察其左孩子，若左孩子的 size 小于 *i*，且根的 *i*−size=1，则根即为第 *i* 小结点；若 *i*−size＞1，在根的右子树中找第 *i*-左孩子的 size 值−1（根）小的结点；若左孩子的 size 值大于或者等于 *i*，在以左孩子为根的二叉查找树中重复以上操作去找第 *i* 小结点。可以看出，每层最多检查两个结点，时间消耗最大为树高的两倍。

具体示例如图 6-6 所示，图中每个结点旁的黑体数字为其 size 值大小。

例 1：假设要在图 6-6 所示的二叉查找树中找第 3 小元素的值。按照以上方法，根 80 的 size=8，比 3 大，找左孩子 40；40 的 size=4，比 3 大，继续看其左孩子，30 的 size=2，比 3 小，且 3−2=1，故 30 的父结点 40 便是第 3 小元素。

例 2：假设要在图 6-6 所示的二叉查找树中找第 6 小元素的值，按照以上方法，根 80 的 size=8，比 6 大，找左孩子 40；40 的 size=4，比 6 小，且 6−4 不等于 1，下面就在 80 的以 150 为根的右子树中找第 6−4−1=1 小的值（最小），顺着 150 一路左孩子找最左侧结点 100，它就是第 6 小结点。

可以看出，在下行的过程中，每个结点在走向右孩子前可能会多访问一次左孩子，因此时间的消耗最多为树高的 2 倍。

还有另外一个办法：对二叉树做一次中序遍历，显然遍历结果序列是从小到大有序的。如果将该结果放入一个数组中，下标为 *i*−1 的元素即第 *i* 小元素。此方法时间消耗为中序遍历花费，时间复杂度为 $O(n)$；数组为额外空间消耗，空间复杂度为 $O(n)$。

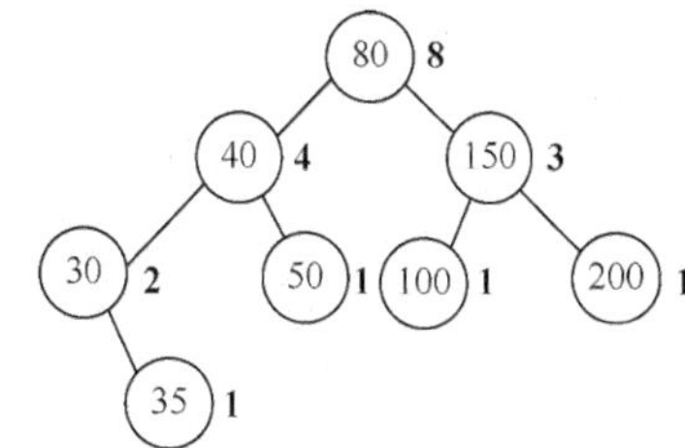

图 6-6　顺序统计示例

6.3　平衡二叉查找树

平衡二叉树定义

从二叉查找树的基本操作可以看出，时间复杂度均为二叉树的高度。如果该二叉树形态极端，是单支树，即每个结点只有一个孩子（无论这个孩子是左孩子或者右孩子），二叉树的高度都是结点的个数，时间复杂度都达到 $O(n)$如图 6-7 所示。

单支树是如何形成的？按照上面的插入算法，如果输入的数据原本是有序且是升序，就会形成右单支树；相似地，原本降序，就会形成左单支树。怎样的二叉树树高会达到最低？对于有 *n* 个元素的二叉树：如果元素的个数 $n=2^k-1$，即当二叉树的形态为满二叉树时树高最低为 *k*；如果元素个数不能凑成满二叉树的情况，完全二叉树也是树高最低的形态；事实上条件还可以更加宽松，如果一个 *k* 层的二叉树，前 *k*−1 层都是满的，第 *k* 层缺若干个元素（不一定是完全二叉树），二叉树的高度依然是最低；甚至还有第 *k* 层上有元素，第 *k*−1 层却缺些元素的某些情况，高度也是最低。

下面对二叉查找树及其中的结点给出新的特性——平衡性描述。

结点的**平衡因子**：一个结点的平衡因子等于其左子树的高度减去其右子树的高度。如果一棵二叉树中所有结点的平衡因子的绝对值不超过 1，即为−1、0、1 这三种情况，这棵二叉树就称为**平衡二叉查找树**（AVL 树）。上述描述的前三种情况都满足平衡二叉查找树的定义。非平衡和平衡二叉查找树示例如图 6-8 所示，可以看出图 6-8（b）、6-8（c）就属于上述第 4 种情况，某些情况下平衡，而其他一些情况下又不平衡。

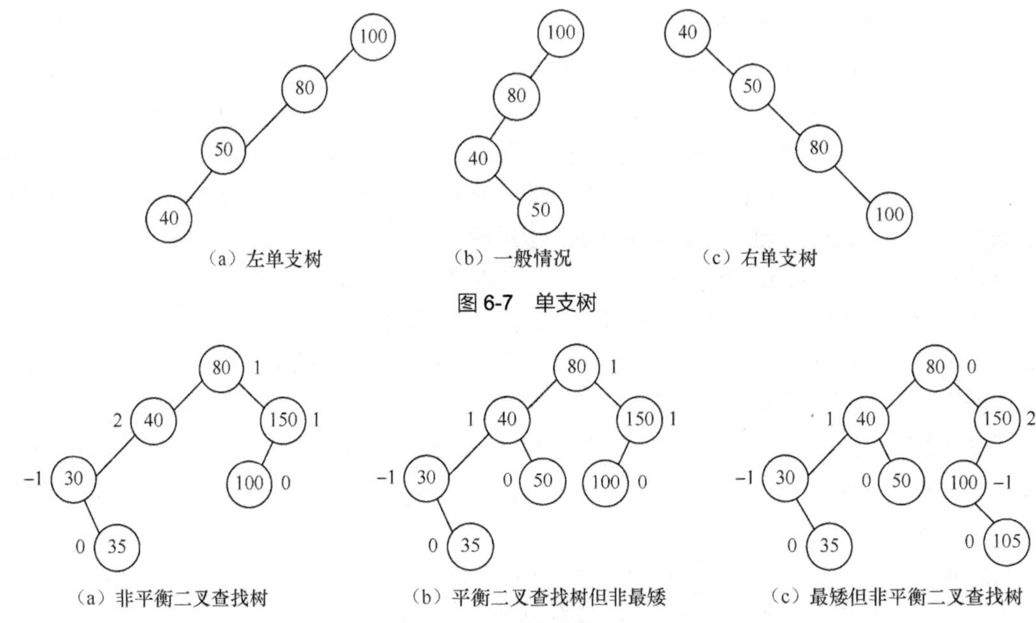

（a）左单支树　（b）一般情况　（c）右单支树

图 6-7　单支树

（a）非平衡二叉查找树　（b）平衡二叉查找树但非最矮　（c）最矮但非平衡二叉查找树

图 6-8　非平衡二叉查找树和平衡二叉查找树

从图 6-8 中的示例可以看出，平衡二叉查找树并不能直接和树高最矮画等号，但平衡二叉查找树已经接近于最矮了。

6.3.1　插入操作

平衡二叉查找树的插入

只要元素插入到一棵平衡二叉查找树中，就可能打破原有的平衡。图 6-7 所示的单支树就是在元素的逐次插入中形成的，插入导致了不平衡。如在图 6-8（b）所示的平衡树中插入元素 38，38 将作为 35 的右孩子，30 的平衡因子变成−2，仅从 30 结点看，此查找树不再平衡。

一个新结点插入，会引起哪些结点的平衡因子发生变化？

观察图 6-9（a），以插入 38 为例。新插入结点一定是叶子结点，叶子结点 38 的平衡因子是 0。38 的插入，导致父结点 35 右子树增高，其平衡因子减 1，由 0 变为−1；35 的父结点 30 也因其右子树增高而使其平衡因子减 1，由−1 变为−2；由此往上，40 因其左子树增高，平衡因子由 1 变为 2；根 80 的平衡因子由 1 变到 2。

观察图 6-9（b），插入 200。200 会作为 150 的右孩子，结点 200 的平衡因子为 0；200 的父结点 150 的平衡因子因右子树的增高而减 1，由 1 变为 0，这说明原本 150 的右子树矮、左子树高，现在右子树高度增加 1 变得和左子树一样高，以 150 为根的子树高度并未发生变化，因此其父结点 80 的平衡因子不再受影响；如果 80 向上还有父结点，影响也不再上传。

总结插入过程中结点平衡因子的变化规律：新插入结点的平衡因子为 0，一路自下而上往祖先结点传导。如果传导来自左子树，说明左子树高度增加了 1，父结点平衡因子加 1；如果传导来自右子树，说明右子树高度增加了 1，父结点平衡因子减 1。父结点平衡因子变化后，如果结果变为 0，说明原本的左右子树一边高、一边低，现在低的长高了，变得和高的一样高了，以父结点为根的子树高度没有变化，自下而上的传导行为停止，祖父包括更上层祖先结点的平衡因子保持不变；如果结果变为非 0，依然按照传导来自左子树加 1、右子树减 1 的原则向祖父结点传导，直到某一层祖先结点的平衡因子变为 0 或者到达根结点。

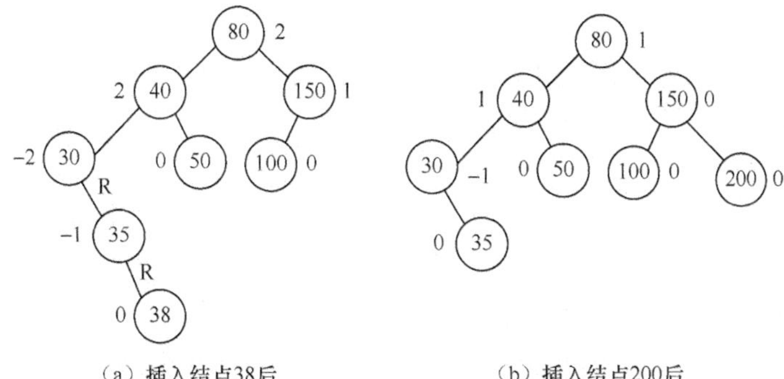

（a）插入结点38后　　（b）插入结点200后

图 6-9　平衡二叉查找树插入结点

二叉查找树中一旦有一个结点的平衡因子不在−1、0、1 的范围内，二叉树就不再平衡。在向上的传导过程中，平衡因子第一个超过−1、0、1 范围的结点称为**冲突结点**。一旦发现冲突结点，暂停沿祖先向上的传导，先对二叉树在冲突结点附近实施调整，直到它变得平衡。

以在图 6-10（a）所示的平衡二叉查找树中插入 42 为例，50 是冲突结点。在向上传导的路径上，50 到 45 是一个父亲到左孩子的关系，45 到 42 也是一个父亲到左孩子的关系，这种形态，称为 LL 型。对于 LL 型，只需以中间结点 45 为固定轴将上臂（45 至 50 间的分支）顺势向右折下，进行一次旋转，45 结点上升到 50 原来的位置成为 40 的右孩子，而 50 结点降下来成为 45 的右孩子。调整过后，50 的平衡因子变为 0，45 的平衡因子也变为 0，且 40 的右子树的高度在插入前后不变，故其祖先 40、80 的平衡因子保持原值不变。所以在冲突检测中只要找到了冲突结点，只需先对冲突结点进行相应的调整，影响不会再向上传导。

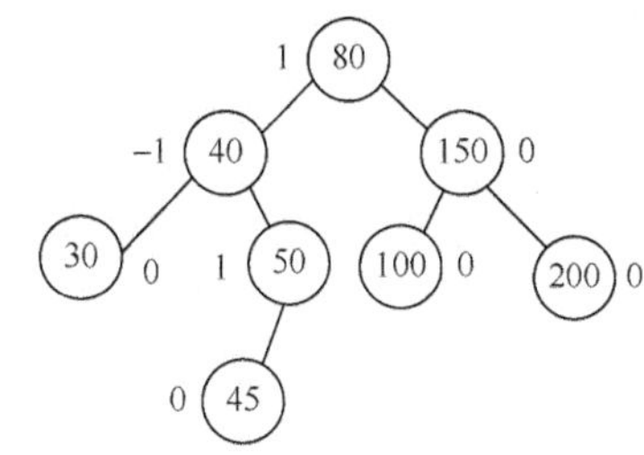

（a）平衡二叉查找树

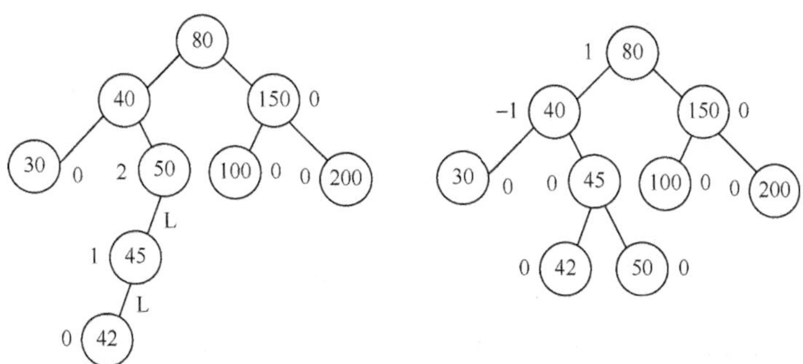

（b）插入42后的非平衡二叉查找树　　（c）LL型调整后的平衡二叉查找树

图 6-10　LL 型冲突调整示例

图 6-11 所示的是对 LL 型、RR 型调整进行理论上的描述。LL 型中 A 的平衡因子必为 2，左孩子 B 的平衡因子必为 1。上臂向右旋转调整过后，A 的平衡因子变为 0，B 成为子树新的根且

其平衡因子也一定变为 0。从该子树根位置看，插入前后二叉树的高度均为 h+1，并未改变，向上的传导结束。也就是说一旦发生 LL 型冲突，经过一次旋转调整，整个查找树一定恢复了平衡。RR 型是 LL 型的对称类型，处理方法类似。

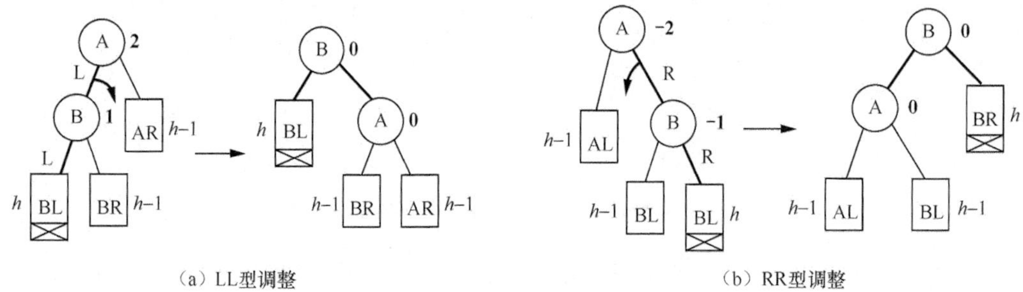

（a）LL型调整　　（b）RR型调整

图 6-11　LL 型和 RR 型冲突调整

LR 型和 RL 型比 LL、RR 型的情况要复杂些。LR 和 RL 各有三种形态，图 6-12～图 6-14 分别给出了 LR0、LR1、LR2 型的调整方法，图 6-15～图 6-17 分别给出了 RL0、RL1、RL2 型的调整方法，它们都经历了两次旋转。如 LR 型都经历了下臂左旋、上臂右旋，RL 型都经历了下臂右旋和上臂左旋。

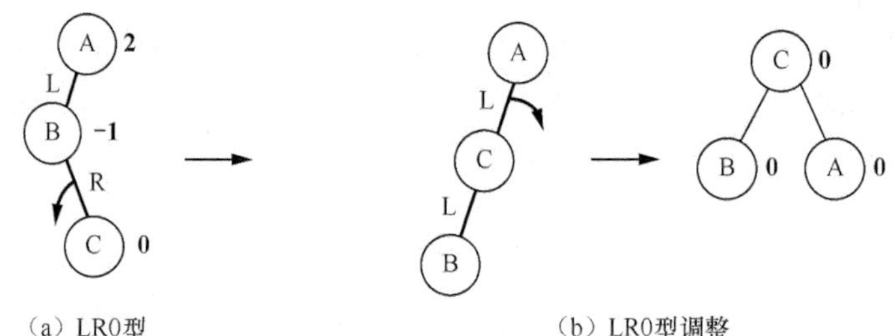

（a）LR0型　　（b）LR0型调整

图 6-12　LR0 型及其调整

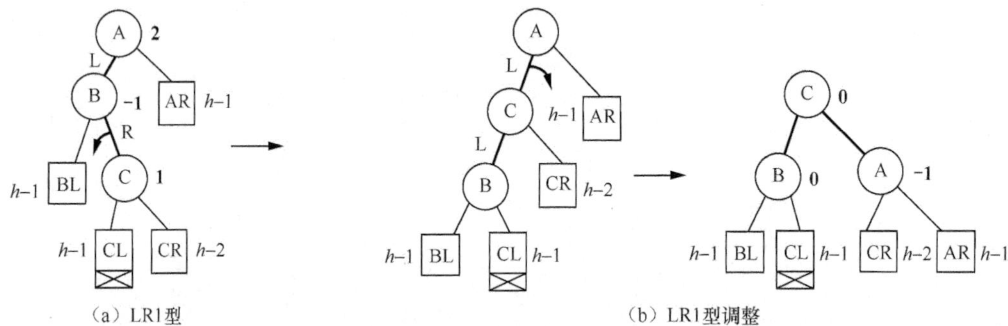

（a）LR1型　　（b）LR1型调整

图 6-13　LR1 型及其调整

图 6-13（a）中，以 C 为固定轴，将上臂 B-C 向左下方旋转，C 上升为父，B 下降为 C 的左子树。C 原本的左子树成为 B 的右子树，其余不变。旋转后变为 LL 型，再利用 LL 型旋转调整。两次旋转后，各个相关顶点的平衡因子也为定值，且这段子树新的根 C 的平衡因子为 0，不再向上对祖先进行传导，调整结束。其余几种形态，如 LR2、RL1、RL2 调整方法类似，对应图说明了调整的方法、过程和结果。

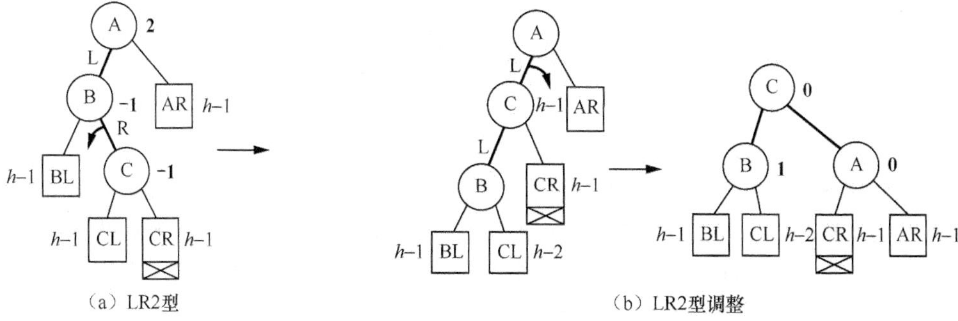

（a）LR2型　（b）LR2型调整

图 6-14　LR2 型及其调整

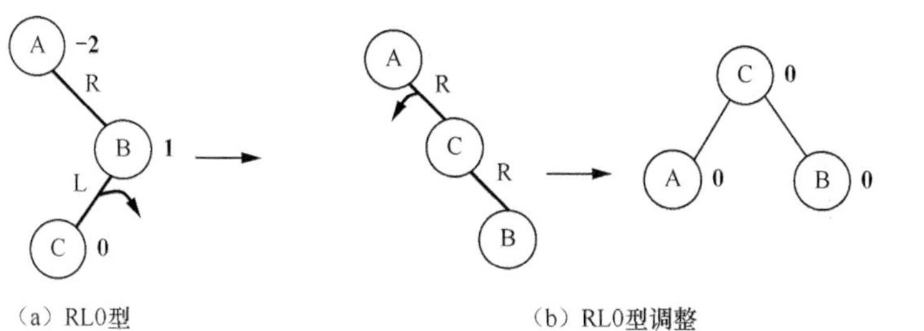

（a）RL0型　（b）RL0型调整

图 6-15　RL0 型及其调整

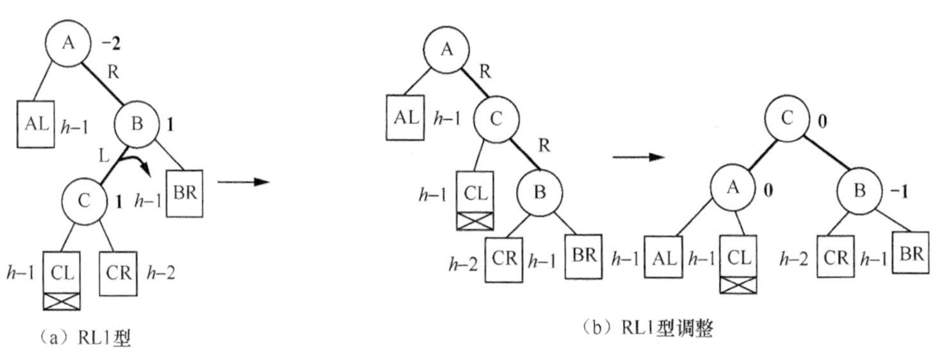

（a）RL1型　（b）RL1型调整

图 6-16　RL1 型及其调整

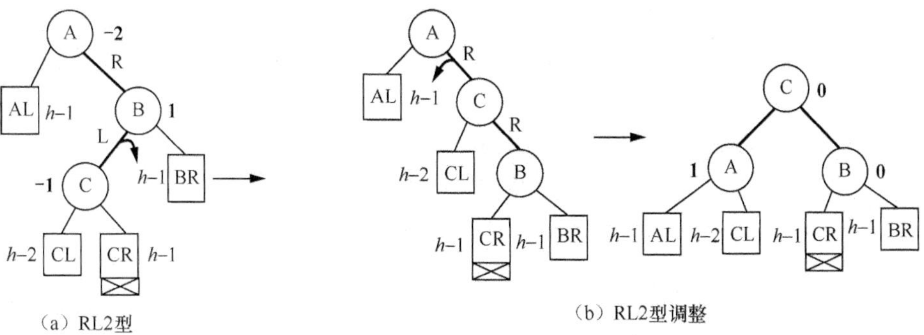

（a）RL2型　（b）RL2型调整

图 6-17　RL2 型及其调整

可以看出，每个结点附加平衡因子时，插入片段各结点平衡因子变化会分好几种情况。

下面每个结点改用附加以它为根的二叉树的高度信息，平衡情况由其左、右子的高度差临时获取。由于每个结点为根的二叉树的高度值可以简单地从左、右子结点附带的高度值中的最大值加 1 直接获得，因此更有利于设计出递归算法。**但需特别注意**：假设一个叶子结点的高度值为 1，当一个结点为空时，其高度值为 0，由于前者高度值可从结点中读出，后者无法从空结点中读取，故统一用一个函数 height 返回其高度值。

AVL 结点类模板、AVL 树类模板的定义及部分基本操作的实现见程序 6-11，其中插入递归算法实现见成员函数 insert(const elemType &x, AVLNode<elemType> *&t)。从插入算法实现程序中可以看出，失衡调整后，程序并非立即结束，而是继续向上计算各祖先结点的高度值和判定是否失衡，但 AVL 插入造成的失衡调整一次整个查找树就平衡了，对调整结点各祖先结点再去判定是否失衡其实已经没有必要了。

程序 6-11 AVL 树类的定义及部分操作实现

```
template <class elemType>
class binaryAVLSearchTree;

template <class elemType>
class AVLNode
{
    friend class binaryAVLSearchTree<elemType>;
    private:
        elemType data;
        AVLNode *left, *right;
        int height; //记录以该结点为根的二叉树的高度
    public:
        AVLNode() {left=NULL; right=NULL;}
        AVLNode(const elemType &x, AVLNode *l=NULL, AVLNode *r=NULL)
        { data = x; left = l; right = r; height=1;}
};

template <class elemType>
class binaryAVLSearchTree
{
    private:
        AVLNode<elemType> *root;
        int height(AVLNode<elemType> *t) const;
        void LL(AVLNode<elemType> * & t );
        void RR(AVLNode<elemType> * & t);
        void LR(AVLNode<elemType> * & t);
        void RL(AVLNode<elemType> * & t);
        bool search(const elemType &x, AVLNode<elemType> *t) const;
        void insert(const elemType &x, AVLNode<elemType> *&t);
        void remove(const elemType &x, AVLNode<elemType> *&t);
    public:
        binaryAVLSearchTree(){root = NULL; }
        bool search(const elemType &x) const;
        void insert(const elemType &x);
        void remove(const elemType &x);
        ~binaryAVLSearchTree();
};

int binaryAVLSearchTree<elemType>::height(AVLNode<elemType> *t) const
{   if (!t) return 0;
    return t->height;
}
```

```
template <class elemType>
void binaryAVLSearchTree<elemType>::LL(AVLNode<elemType> * & t   )
{
    AVLNode<elemType>    *newRoot = t->left; //新的根
    t->left = newRoot->right;
    newRoot->right = t;
    t->height = max( height( t->left ),    height( t->right ) ) + 1;
    newRoot->height = max( height( newRoot->left ), height(newRoot->right)) + 1;
    t = newRoot;//新的父子关联
}

template <class elemType>
void binaryAVLSearchTree<elemType>::RR(AVLNode<elemType> * & t   )
{
    AVLNode<elemType>    * newRoot = t->right; //  新的根
    t->right = newRoot->left;
    newRoot->left = t;
    t->height = max( height( t->left ),    height( t->right ) ) + 1;
    newRoot->height = max( height( newRoot->left ), height(newRoot->right)) + 1;
    t = newRoot; //新的父子关联
}

template <class elemType>
void binaryAVLSearchTree<elemType>::LR(AVLNode<elemType> * & t   )
{    RR( t->left ); LL( t ); }

template <class elemType>
void binaryAVLSearchTree<elemType>::RL(AVLNode<elemType> * & t   )
{    LL( t->right ); RR( t ); }


//插入的递归算法实现
```

程序 6-12　AVL 树类中插入的递归算法实现

```
template <class elemType>
void binaryAVLSearchTree<elemType>::insert( const elemType & x,
                                    AVLNode<elemType> * & t )
{    if(!t) t = new AVLNode<elemType>(x);
    ese if (x==t->data) return;
    else if( x<t->data)
    {  //在左子树上插入
        insert( x, t->left );
        if ( height( t->left ) - height( t->right ) == 2 ) //t 为冲突结点
            if( x< t->left->data) LL( t ); else LR(t);
    }
    else if(x>t->data)
    {  //在右子树上插入
        insert( x, t->right );
        if(height( t->left ) - height( t->right ) == - 2 ) //t 为冲突结点
            if(x> t->right->data) RR(t); else RL(t);
    }
    //重新计算 t 的高度
    t->height = max( height( t->left ) , height( t->right ) ) + 1;
}
```

程序 6-13　AVL 树类中删除的递归算法实现

```
template <class elemType>
void binaryAVLSearchTree<elemType>::remove( const elemType & x,
                                            AVLNode<elemType> * & t )
{    if( !t ) return; //未找到
     else if( x< t->data)
     {    //在左子树上删除
          remove( x, t->left );

          if ( height( t->left ) - height( t->right ) ==-2 ) //t 为冲突结点
              if   (height(t->right->right)>height(t->right->left)) RR( t );
              else RL(t);
          else //重新计算 t 的高度
              t->height = max( height( t->left ) , height( t->right ) ) + 1;
     }
     else if(x> t->data)
     {    //在右子树上删除
          remove( x, t->right );
          if(height( t->left ) - height( t->right ) == 2 ) //t 为冲突结点
                 if   (height(t->left->left)>=height(t->left->right) LL(t);
                 else LR(t);
          else //重新计算 t 的高度
                 t->height = max( height( t->left ) , height( t->right ) ) + 1;     }

      }
      else //x== t->data) 删除开始
      {    //删除 x
           if (!t->left || !t->right)//t 为叶子或者只有一个孩子
           {
               AVLNode<elemType> *tmp;
               tmp = t;
               t = (t->left)? t->left : t->right;   //父结点链接其唯一孩子结点
               delete tmp;//释放待删除结点
               return;
           }
           //待删除结点有两个孩子的情况
           AVLNode<elemType> *p, *substitute;
           p = t->right;
           while (p->left) p = p->left;
           substitute = p;

           t->data = substitute->data;
           remove(substitute->data, t->right);
       }
}
```

6.3.2　删除操作

在一个平衡二叉查找树中删除结点，也可能造成冲突结点的出现。根据6.2.2节对删除结点的情况分析：删除分为删除叶子结点、删除只有一个孩子的结点、删除有两个孩子的结点。有两个孩子的结点在删除时，可以通过找替身结点，最终转化为删除叶子结点或只有一个孩子结点的情况。

平衡二叉查找树的删除

无论是删除叶子结点还是只有一个孩子的结点，删除都可能导致其所属子树高度降低，自下而上各级祖先结点的平衡因子就可能发生变化。下面对删除的各种情况做详细的分析。

（1）当待删除结点的父结点平衡因子原本为 0，即其左、右子树一样高时，设子树高为 h。

① 当待删除结点为父结点的左孩子，即左子树变矮时，父结点的平衡因子减 1，变为−1，以父结点为根的子树的高度因其右子树高度不变，依然为 h，因此平衡因子变化传导结束，不再往祖父结点传导。

② 当待删除结点为父结点的右孩子，即右子树变矮时，父结点的平衡因子加 1，变为 1，以父结点为根的子树的高度因其左子树高度不变，依然为 h，因此平衡因子的变化传导也到此结束。

（2）当待删除结点的父结点平衡因子原本为 1，即其左子树高为 h、右子树高为 $h-1$ 时。

① 当待删除结点为父结点的左孩子时，左子树变矮后和右子树高度一样为 $h-1$，父结点平衡因子变为 0，这样以父结点为根的子树变矮为 h，因此平衡因子的变化还需要向祖父结点传导，且一直向上，直到某一层父结点平衡因子由 0 变为非 0 或者到达根结点。

② 当待删除结点为父结点的右孩子时，右子树更矮一层，父结点的平衡因子加 1，变为 2，成为冲突结点，直接进入调整阶段。

（3）当待删除结点的父结点平衡因子原本为−1，即其左子树矮为 $h-1$、右子树高为 h 时。

① 当待删除结点为父结点的左孩子，即左子树变矮时，父结点的平衡因子减 1，变为−2，成为冲突结点，进入调整阶段。

② 当待删除结点为父结点的右孩子，即右子树变矮时，父结点的平衡因子加 1，变为 0，因此平衡因子的变化还需要向祖父结点传导，且一直向上，直到某一层父结点平衡因子由 0 变为非 0 或者到达根结点。

图 6-18～图 6-20 所示分别描述了以上 3 种情况。

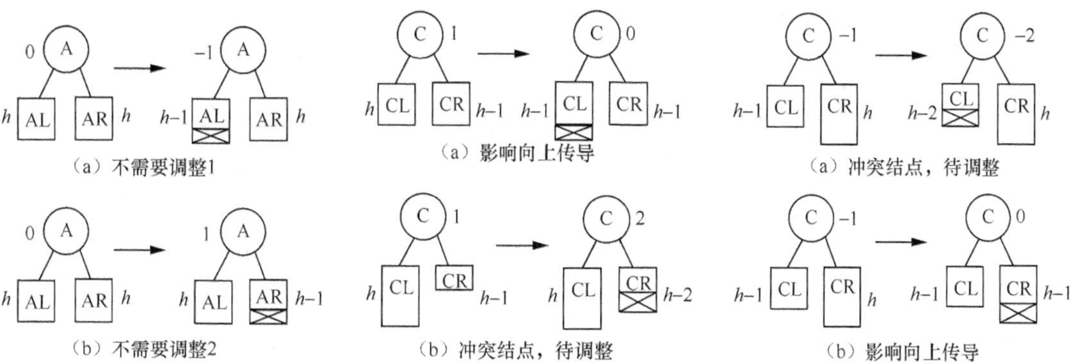

（a）不需要调整1
（b）不需要调整2
（a）影响向上传导
（b）冲突结点，待调整
（a）冲突结点，待调整
（b）影响向上传导

图 6-18　父结点平衡因子原本为 0　　图 6-19　父结点平衡因子原本为 1　　图 6-20　父结点平衡因子原本为−1

图 6-21～图 6-23 所示分别给出了 3 个示例，以展示删除结点的处理方法和过程。

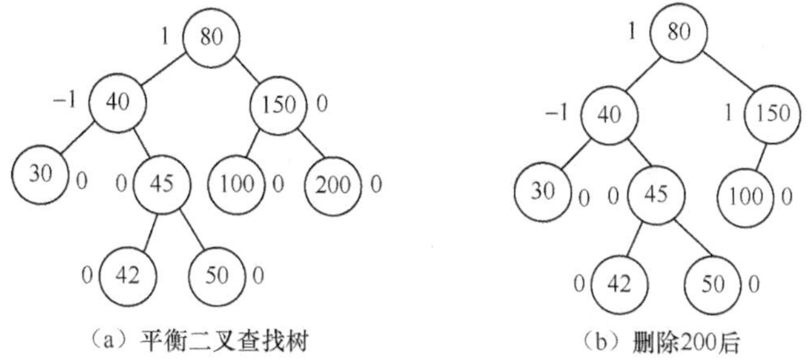

图 6-21　删除结点 200

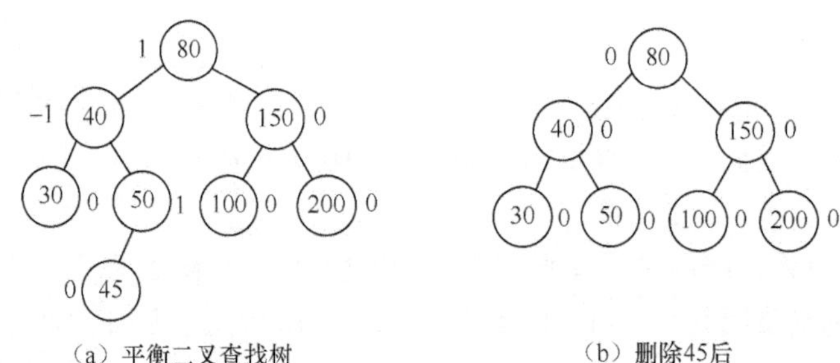

（a）平衡二叉查找树　　（b）删除45后

图 6-22　删除结点 45

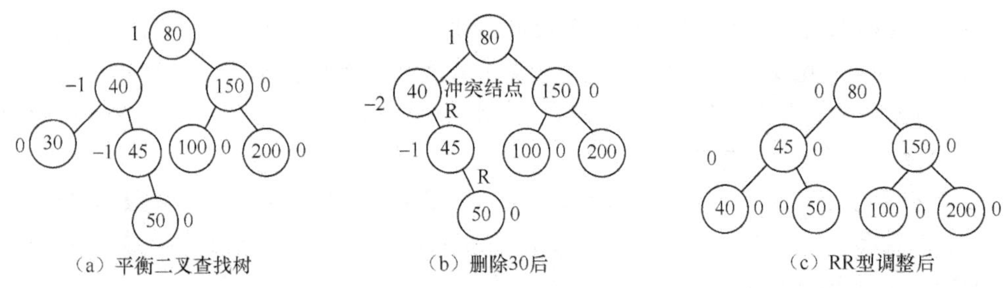

（a）平衡二叉查找树　　（b）删除30后　　（c）RR型调整后

图 6-23　删除结点 30

在图 6-23（b）中，冲突结点 40 形成了 RR 型。参照插入时 RR 型的处理方法，对其上臂进行一次左旋，得到图 6-23（c）。这段调整中，新的根结点 45 的平衡因子变为 0，如果是插入，平衡因子变 0，调整结束；删除正好相反，平衡因子变 0 反而需要继续向上传导，于是向上对 80 传导。因删除来自 80 的左子树，80 的平衡因子减 1，变为 0，按理要再往上传导，因 80 是根才得以结束，此时得到的图 6-23（c）是一棵平衡二叉查找树。

总之，对平衡二叉查找树删除时，影响会沿删除结点的祖先由下而上传导。如果变化来自左孩子树，平衡因子减 1；如果变化来自右孩子树，平衡因子加 1。一个祖先结点的平衡因子由 0 变为非 0，传导结束；由非 0 变为 0 时，继续向上传导；由非 0 变为+2 或者−2 时，冲突结点确定。根据 LL、RR、LR、RL 四种形态分别做和插入时一样的旋转调整、做同样的平衡因子修正。但需注意的是，调整的分支不是自冲突结点向下到删除结点的分支，而是自冲突结点向下到不含删除结点的分支。如图 6-23 所示，删除 30，调整的是冲突结点 40 向下的 40-45-50 分支。调整后，影响继续向上传导。因此删除时，冲突结点可能出现多次，需要做多次调整，最差时调整次数近 $\log_2 n$；而插入结点，冲突只会出现一次，做一次调整就会恢复平衡。

AVL 树的删除递归算法实现见程序 6-11 中成员函数 remove(const elemType &x, AVLNode <elemType> *&t)，可以看出失衡调整后，还需要继续向上计算各祖先结点的高度值和判定是否失衡，如果失衡会再次调整，故它可支持多次失衡的调整。

6.3.3　最大高度

具有 n 个结点的二叉平衡查找树的最大高度为：$F(H+2)-1 \leqslant n \leqslant F(H+3)-1$，其中 H 为树的最大高度，$F(m)$为斐波那契数列{1，1，2，3，5，8，13，21，…}。下面观察下 n 取具体值的情况：

平衡二叉查找树的最大高度

当 $n=0$ 时，$F(0+2)=1$，$F(0+3)=2$，满足 $0\leqslant 0\leqslant 1$，故 $H=0$；

当 $n=1$ 时，$F(1+2)=2$，$F(1+3)=3$，满足 $1\leqslant 1\leqslant 2$，故 $H=1$；

当 $n=2$ 时，$F(2+2)=3$，$F(2+3)=5$，满足 $2\leqslant 2\leqslant 4$，故 $H=2$；

当 n=3 时，$F(2+2)=3$，$F(2+3)=5$，满足 $2\leqslant 3\leqslant 4$，故 H=2；

……

当 n=12 时，$F(5+2)=13$，$F(5+3)=21$，满足 $12\leqslant 12\leqslant 20$，故 H=5。

也就是说，结点个数为 12 时，二叉平衡查找树的最大高度为 5，而最小高度当然就是完全二叉树，其高度为$[\log_2 12]+1=4$。

当 n=20 时，因 $F(7)-1\leqslant n\leqslant F(8)-1$，故 H=5。即结点个数为 20 时，二叉平衡查找树的最大高度为 5，最小高度为$[\log_2 20]+1=5$。

反过来看：高度为 3 的二叉平衡查找树，最少的结点个数为 $F(H+2)-1$，即 $F(5)-1=5-1=4$，最多的结点个数为 $F(H+3)-2=8-2=6$。

如果一个有序序列是{1，3，5，7，9，11，13，15，17}，如何折成最矮的二叉查找树？可以按照折半查找 mid =(high+low)/2，折成图 6-24 所示的二叉查找树。

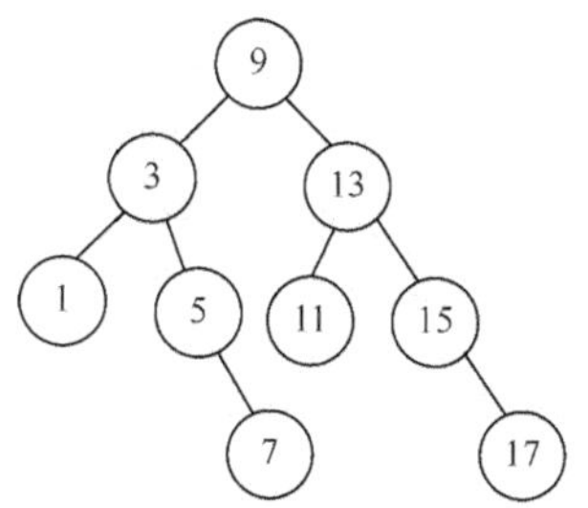

图 6-24　最矮的二叉查找树

6.4　红黑树

AVL 树对平衡性要求很高，左、右子树高度只能相差 1，这就很容易在插入、删除时打破平衡，引起调整。尤其删除时调整可能是一连串的。红黑树要求一个更宽松的平衡，左右子树高度差最大可达一倍。**红黑树**中所有结点分为红、黑两色，其平衡性需要满足以下 3 点。

红黑树

（1）树中任何一个结点，在以它为根的子树中，由它到达其子树中任何一个空链域的路径上黑结点个数相等。

（2）根结点是黑色的。

（3）任何红结点不得有红色孩子，或者说任何分支上不得有连续的红结点。

从以上条件可以看出，红、黑结点有着一定的约束：在父子关系中，黑色结点可以连续，但红结点不可以连续，也就是说黑结点可以有红色孩子结点或者黑色孩子结点，红色结点只能有黑色孩子结点。从红黑树中的某个结点出发，在众多的到空链域的路径中，最长的一条是红黑均匀相间的，最短的一条是全为黑结点的，即最长的一条和最短的一条比，前者长度是后者长度的两倍，这个差比平衡树中左右子树高度差的条件松弛很多，因此是平衡性较弱的查找树。如果换个角度看，忽略所有的红结点，即对红色结点视而不见，眼中只有黑结点，认为红结点不占有高度，此时的红黑树是一棵满二叉树，是棵非常标准的平衡树。在这个平衡树中，每个结点的平衡因子都是 0。

图 6-25（a）所示是一个红黑树的具体示例。其中未涂黑的结点表示红结点，涂黑的结点表

示黑结点。可以逐个验证每个结点，看是否满足红黑树的 3 个条件。如观察值为 50 的结点，它到 20 的左空链域的路径上有：50、30、20 及 20 的左空链域，该路径上黑结点有 3 个；50 到 60 的右空链域的路径上有：50、80、65、55、60 及 60 的右空链域，该路径上黑结点也是 3 个。再观察结点 90 和 90 到 85 的右空链域的路径为 90、85、85 的右空链域，在这个路径上黑结点为 1 个；90 到 95 的左空链域的路径为 90、95、95 的左空链域，在这个路径上黑结点也是 1 个。总之，判定一棵二叉查找树是红黑树，需要对每个结点做这样的验证；但要判定它不是一棵红黑树，只需要找到一个结点，如果存在它到任意两个子孙结点的空链域上黑结点个数不等，就可得出它不是红黑树的结论。如图 6-25（b）所示，虽然二叉树的形态和图 6-25（a）所示一模一样，但因 40 的颜色不同，就不是一棵红黑树。

现在为图 6-25（a）所示的红黑树中每个结点标上平衡因子，发现它并不满足 AVL 树的约束条件。反之一个 AVL 树，如果把其所有的结点染成黑色，它也不一定满足红黑树的定义。如图 6-26（a）所示是一棵满二叉树却不是红黑树的例子；6-26（b）所示是一棵平衡树但不是红黑树的示例。一棵平衡二叉树，甚至一棵满二叉树都可能不是红黑树，那么是不是红黑树的条件更苛刻？事实上我们通过后面红黑树的插入、删除可知，有些颜色方案是不可能实际存在的。平衡二叉树一定存在符合红黑树颜色要求的颜色搭配方案，即通过颜色调整，AVL 树也一定能变为红黑树。

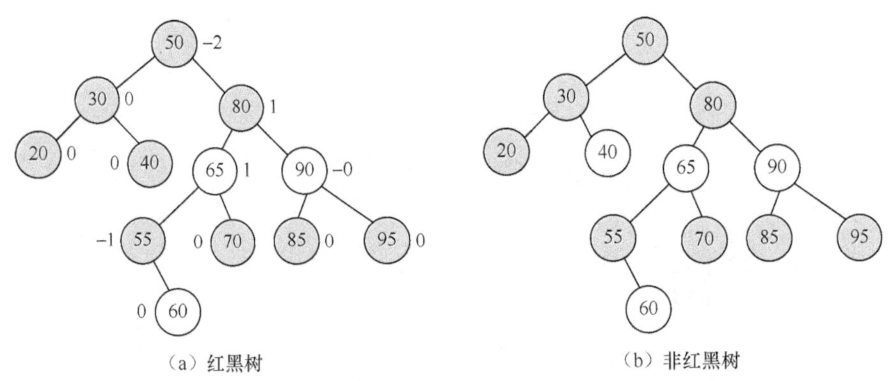

图 6-25　红黑树和非红黑树示例

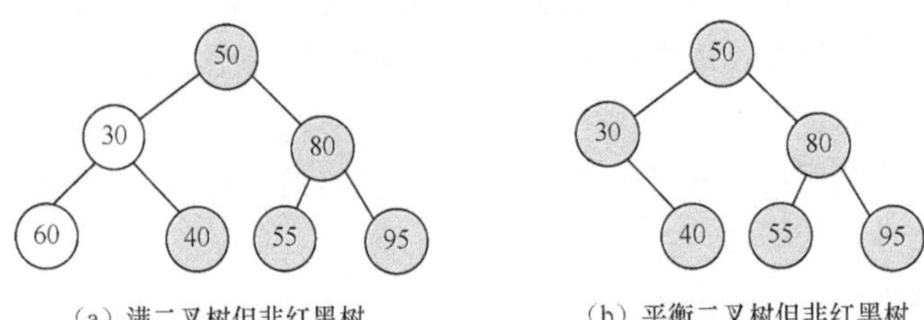

图 6-26　两种特殊的非红黑树示例

如果在一棵红黑树中，从根结点到任何空链域的路径上黑色结点有 h 个。结点个数最少的红黑树就是每条路径上不含红色结点，红黑树此时一定是一棵高度为 h 的满二叉查找树，结点的个数为 2^h-1；结点个数最多的红黑树就是从根结点到每个空链域的路径上都是红黑相间的情况。如第 1 层都是黑色的，第 2 层都是红色的，第 3 层都是黑色的，等等。此时路径上黑结点加红结点个数为 $2h$，这也是一棵满二叉树，树的高度为 $2h$，结点的个数为 $2^{2h}-1$。

AVL 树、红黑树的查找操作和在一棵普通的二叉查找树上进行查找的方法完全一样，只是 $n>2$ 时树高不会走向树高为 n 的极端情况。

6.4.1　插入操作

红黑树的插入

当一个结点插入一棵二叉查找树时，总是插入到某个路径末端的空链域上，原本的空链域指向这个新的结点，即新结点必是叶子结点。对于红黑树来说，新加入的结点会有哪些情况？插入前的红黑树示例如图 6-27 所示。

按照红黑树条件，新加入的结点肯定是红结点。否则从根到这个新结点的路径上，黑结点的个数就多出一个了。对于新的红结点（以下称子结点），如果：父结点是黑色的，它依然保持为一棵红黑树，插入操作结束，示例如图 6-28 所示，插入了结点 88；父结点是红色的，就有了父子两个连续的红结点，这时就需要调整了。具体示例如图 6-29 所示，插入了结点 10。

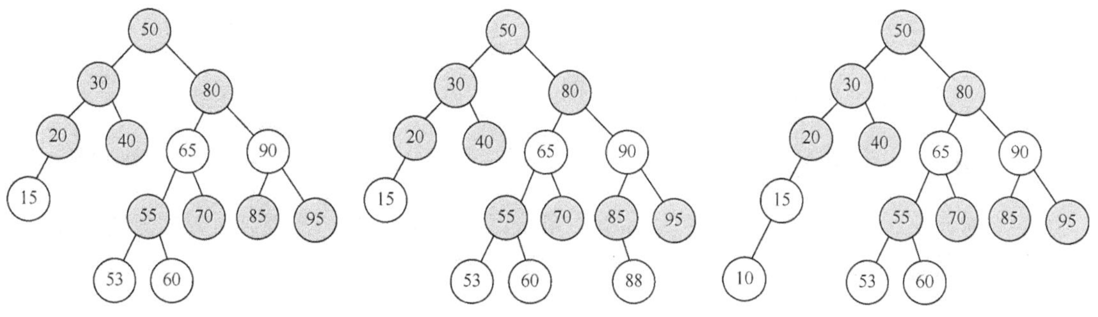

图 6-27　插入结点前的红黑树　　图 6-28　插入结点 88 后　　图 6-29　插入结点 10 后

父结点为红结点时又有多种情况，现在就一般情况做具体分析。以下祖父结点、父结点、子结点分别简称为祖、父、子。

1．父结点有黑兄弟（或者无兄弟，无兄弟也视作有黑兄弟，两种情况处理方法相同）

（1）祖、父、子结点形成 LL 形态如图 6-30 所示。假设父有黑兄弟，即端点 A 处为黑结点，又红父结点不可能有红右孩子，故端点 3 处为黑结点。调整方法是：对其上臂进行一次向右下旋，再进行一次祖、父结点换色，即完成调整。调整过程和结果如图 6-30 所示。

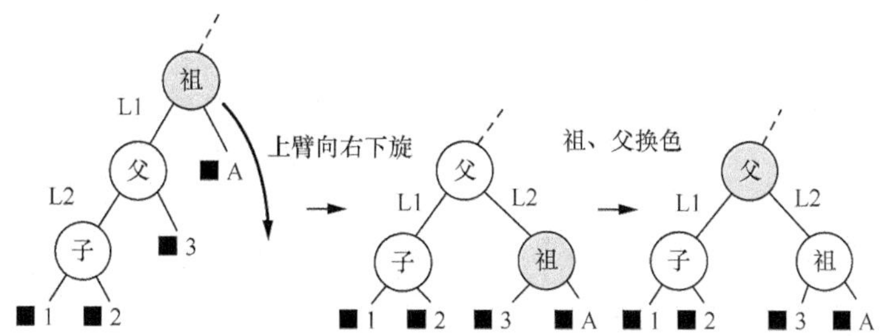

图 6-30　父结点有黑兄弟 LL 型调整

这种调整一定会获得一棵红黑树。原因有以下 3 个。

（a）因为对祖的父亲，调整前后虽然其子结点变了，但其子结点颜色仍为黑色，这样无论祖的父亲的颜色是红是黑，都不冲突，影响不会继续上传。

（b）调整前，父结点因是红色，所以端点 3 上如果有右孩子，右孩子必为黑色。因假设父结点有黑兄弟，故端点 A 有黑结点。而调整后，祖父结点的两个孩子分别为端点 3 和端点 A，均为黑色，故祖父结点变红色不会向下引起冲突。

另外，这里也知道为什么要假设父结点有黑兄弟，就是为祖变红做准备的。如果父没有兄弟，即端点 A 为空，那更不影响祖父结点变红。故讨论中，没有兄弟结点视为有黑兄弟。

（c）对向下的 4 个端点 1、2、3、A 而言，从新的根结点（父）往下看，到各个端点上的黑结点个数在调整前、后没有发生变化，故向下没有影响。

图 6-31、图 6-32 所示为对图 6-30 中红黑树进行调整的过程和结果。

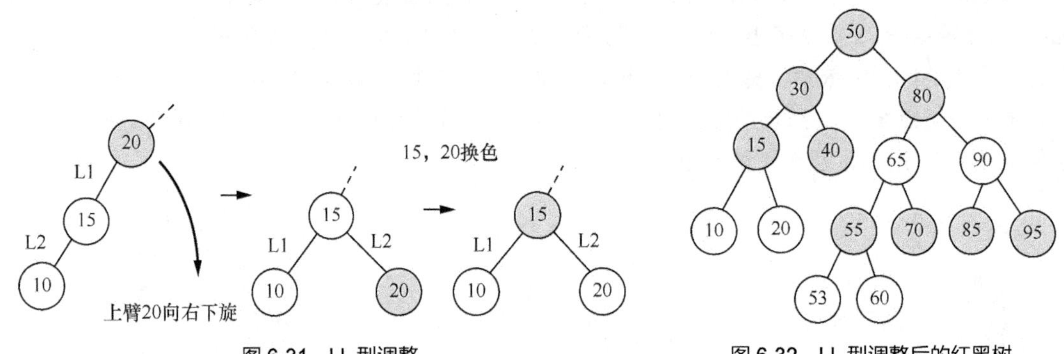

图 6-31　LL 型调整　　　　图 6-32　LL 型调整后的红黑树

（2）祖、父、子形成 RR 形态，如图 6-33 所示。处理方法和 LL 型类似，对其上臂进行一次向左下旋，再进行一次祖父结点、父结点换色即完成调整。

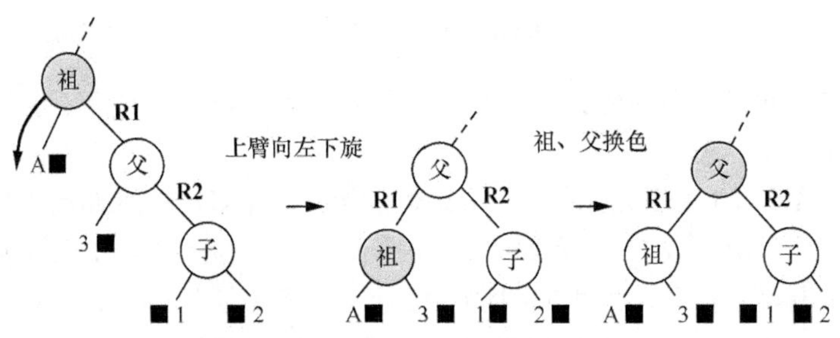

图 6-33　父结点有黑兄弟 RR 型调整

（3）祖、父、子形成 LR 形态，如图 6-34（a）所示。调整方法是：对其下臂进行一次向左下旋，变成 LL 型，然后按照 LL 型对其完成调整。调整过程和结果如图 6-34 所示。

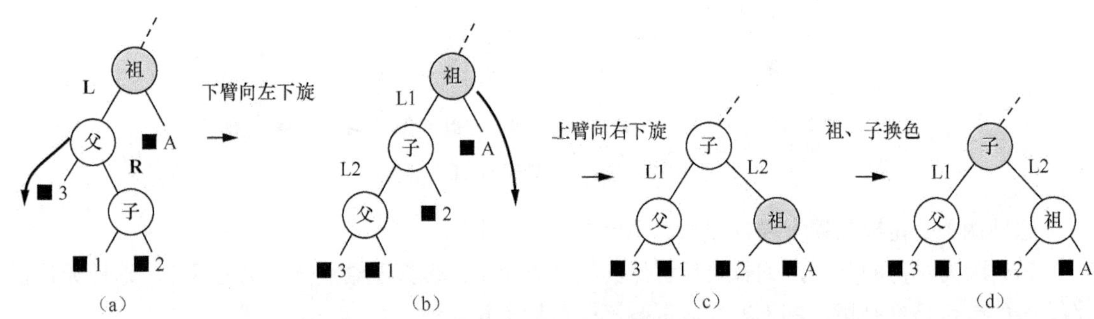

图 6-34　父结点有黑兄弟 LR 型调整

（4）祖、父、子形成 RL 形态，如图 6-35（a）所示。调整方法是：对其下臂进行一次向右下旋，变成 RR 型，然后按照 RR 型对其完成调整。调整过程和结果如图 6-35 所示。

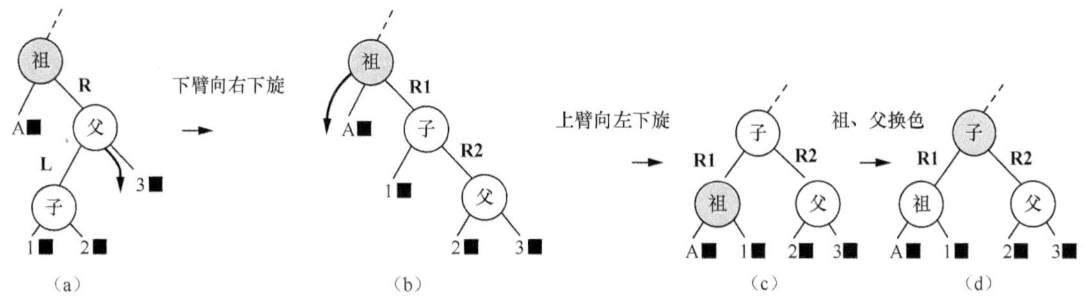

图 6-35　父结点有黑兄弟 RL 型调整

可见，父结点有黑兄弟的情况对连续红结点只需要进行一次 LL 或者 RR 或者 LR 或者 RL 调整即可结束，所以调整还是简单的。图 6-36 所示为父结点有黑兄弟的 LR 型示例，图 6-37 及图 6-38 所示为其调整过程和结果。

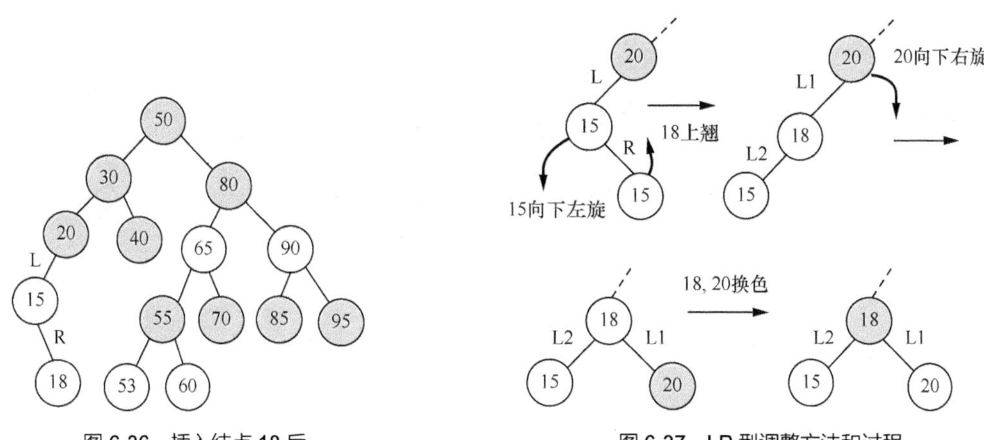

图 6-36　插入结点 18 后　　　图 6-37　LR 型调整方法和过程

2．父结点有红兄弟

父结点有红兄弟，调整方法是：简单将祖父结点和两孩子结点换色，即黑色下沉。

祖、父、子形成 LL 形态及其调整如图 6-39 所示。观察这个冲突片段，连续红结点是消除了，但片段的根结点即祖父结点变成了红色，因此要继续观察祖父的父结点。如果祖父的父结点为黑色，调整结束；如果祖父的父结点为红色，冲突向上移，需要再根据连续红结点中父的兄结点的颜色分门别类地继续调整。

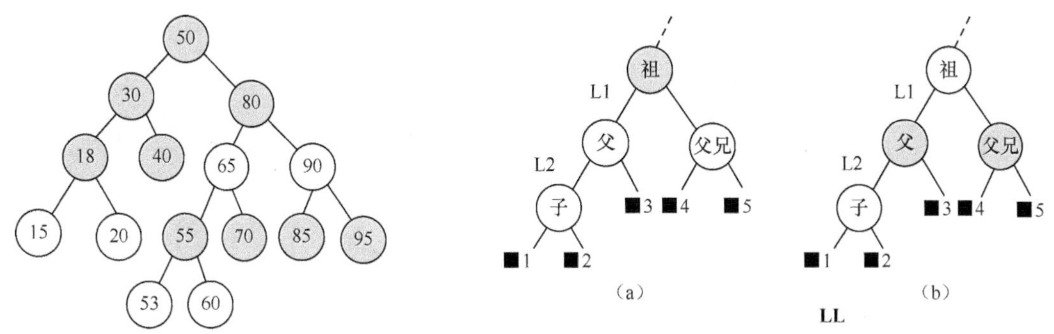

图 6-38　LR 型调整后的红黑树　　　图 6-39　父结点有红兄弟 LL 型调整

祖、父、子形成的 RR、LR、RL 形态如图 6-40（a）、图 6-40（b）和图 6-40（c）所示，处理方法都和 LL 型一样。因此父结点有红兄弟时，不用区分是哪种类型，处理方法都是将祖父结点和两孩子结点换色。

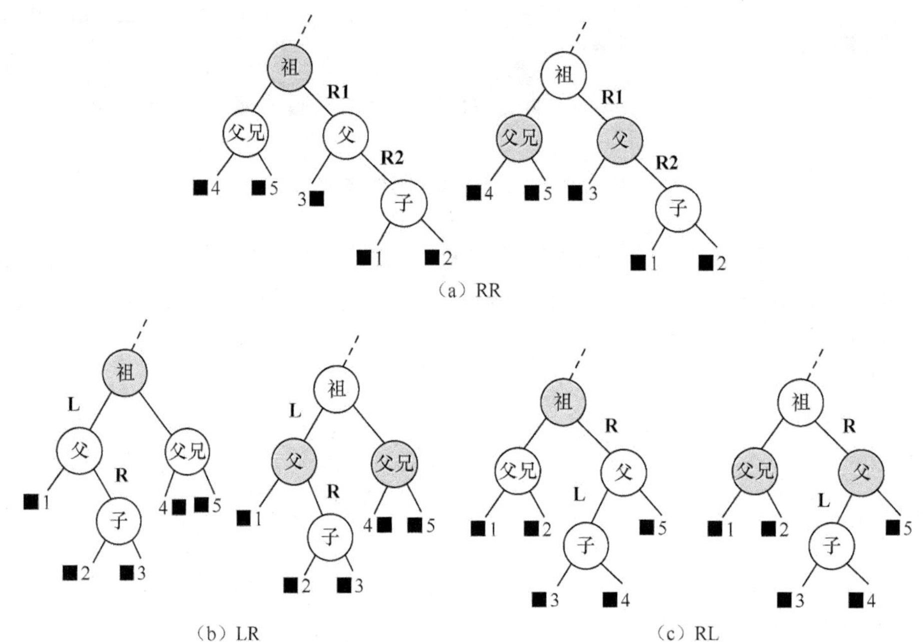

图 6-40　父结点有红兄弟 RR、LR、RL 型调整

图 6-41、图 6-42、图 6-43 所示为父结点有红兄弟的一个示例。

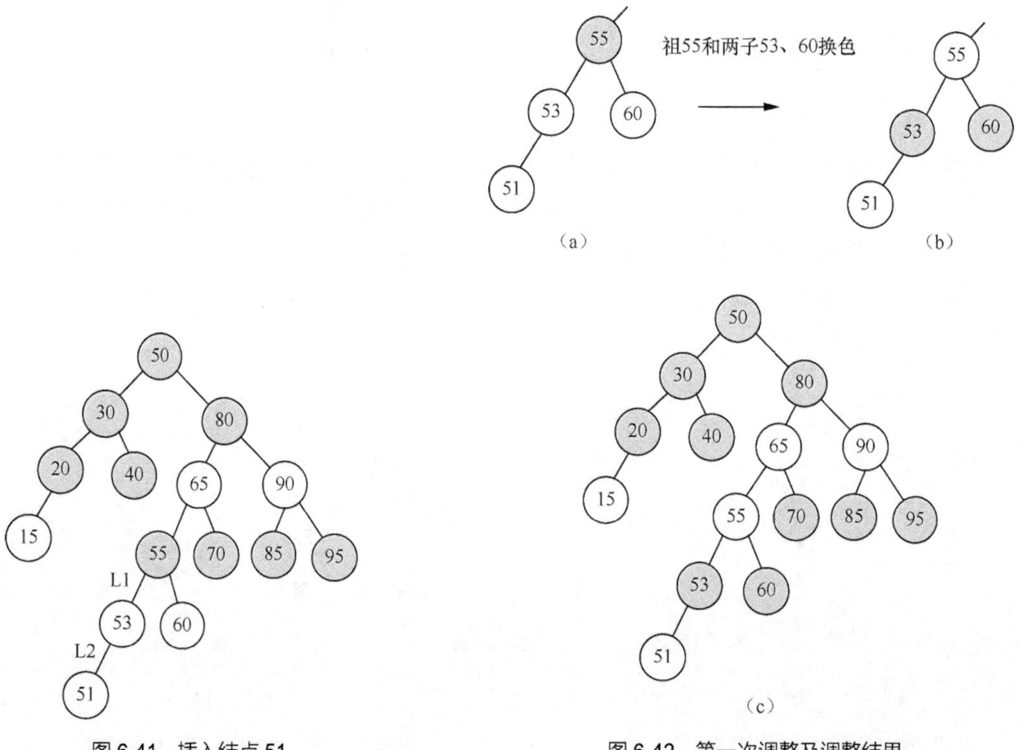

图 6-41　插入结点 51

图 6-42　第一次调整及调整结果

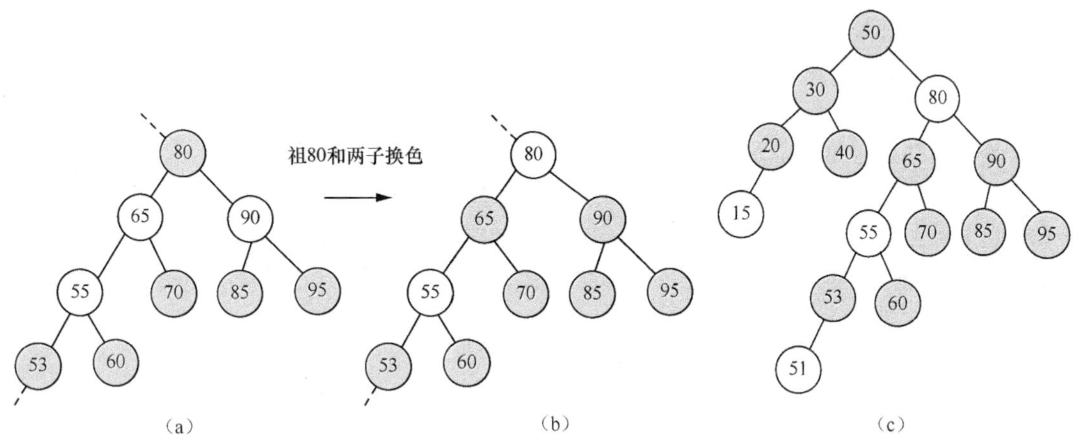

图 6-43　第二次调整及调整结果

图 6-44 所示为父结点有红兄弟的另外一个示例。

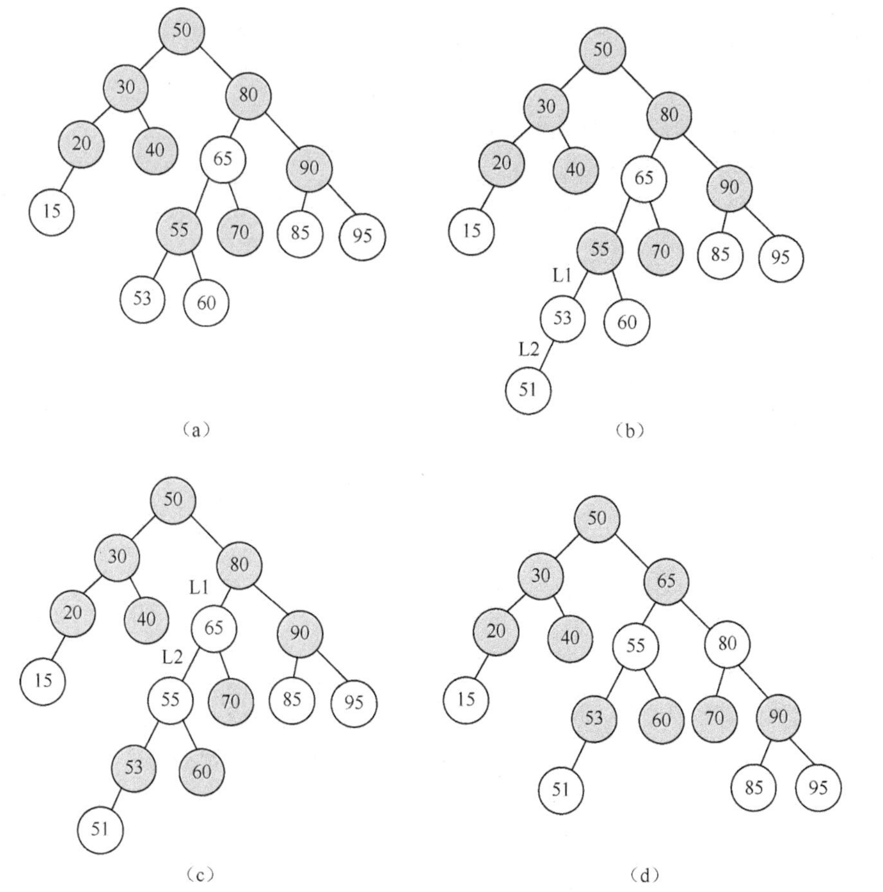

图 6-44　插入结点 51

6.4.2　删除操作

从查找树删除讨论中可知，删除可以归为删除叶子结点、只有一个孩子的结点和有两个孩子的结点三种情况。有两个孩子的结点删除时，可以先找替身结点，和替身结点交换元素的值，再删除替身结点。替身结点最多只有一个孩子，因此最终只需要考虑删除叶子结点和删除只有一个孩子的结点两种情况。

红黑树的删除

1．删除只有一个孩子的结点

在原本是红黑树的前提下，它只可能是黑结点，唯一的孩子只可能是红结点，且该红结点是叶子结点。处理时，用这个红孩子结点替代待删除结点的位置和颜色即可。这样从删除结点位置往下到各空链域的路径上黑色结点的个数仍然如删除前一样保持为 1 个，且新的根依然为黑色，向上无影响。一般情况如图 6-45 所示，具体示例如图 6-46 所示。

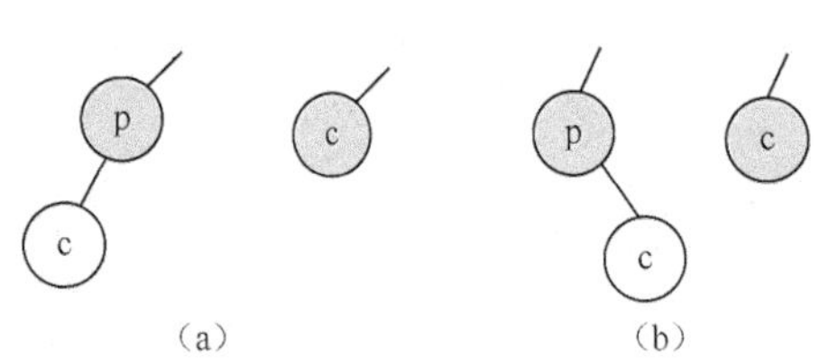

图 6-45　删除只有一个孩子的结点一般情况

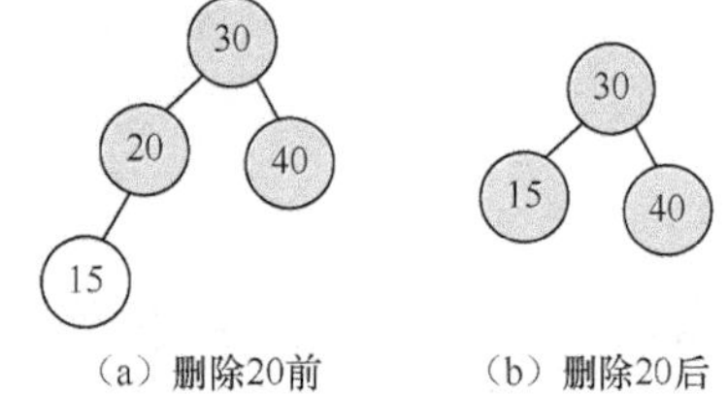

图 6-46　删除只有一个孩子的结点示例

2．删除叶子结点

（1）当叶子是红结点时：直接删除，不破坏原来的红黑树条件，仍是一棵红黑树。

（2）当叶子是黑结点时：删除了黑叶子结点，途经该黑叶子到各个空链域的路径上黑结点个数都少了 1 个，破坏了红黑树的条件，产生了冲突。具体示例如图 6-47 所示。

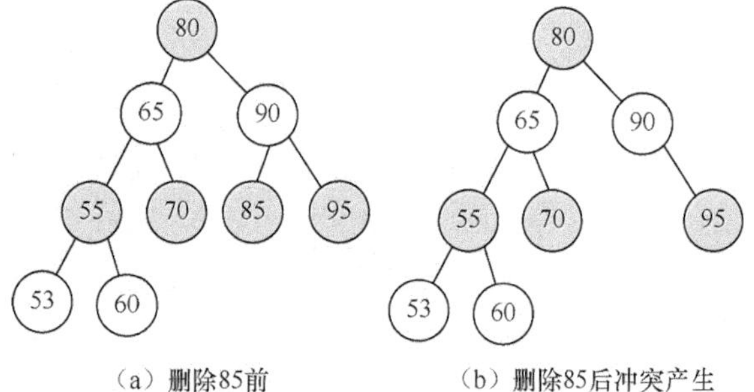

图 6-47　删除黑叶子前后示例

删除黑叶子后产生的冲突处理起来比较复杂，要看删除结点的兄结点情况。下面根据兄结点的不同颜色分别进行分析，分析中首先设删除结点为待调整结点 X，设 X 的兄弟结点为 B，设 X 的父结点为 P。

① 兄结点为黑色。

兄结点为黑色时，又要根据兄结点的孩子的不同情况分别处理。

（a）兄结点无红子。

情况如图 6-48、图 6-49。处理很简单：删除 X 后，兄结点变红、父结点变黑。图 6-48 中原本父结点红，调整后父结点变黑，从父结点往下到各空链域的路径上黑色结点保持原来的个数 1，调整结束。图 6-49 中原本父结点黑，调整后父结点保持黑色，从父结点往下到各空链域的路径上黑色结点减少 1，P 成为新的待调整结点，如果 P 非根结点，则以 P 为待调整结点 X，继续向上调整。具体示例如图 6-50、图 6-51 所示。

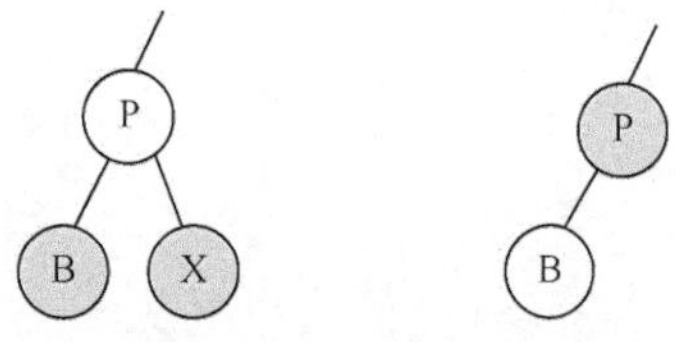

图 6-48　父结点红、兄结点黑、兄结点无红子

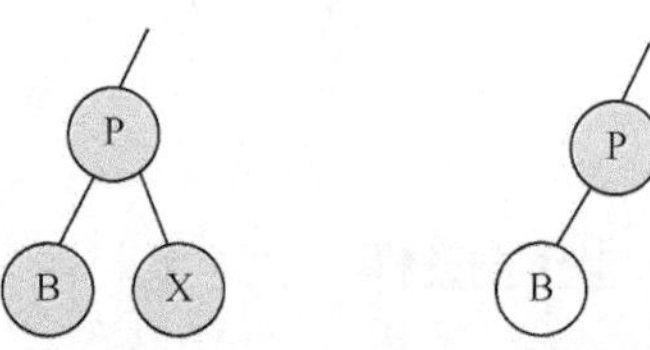

图 6-49　父结点黑、兄结点黑、兄结点无红子

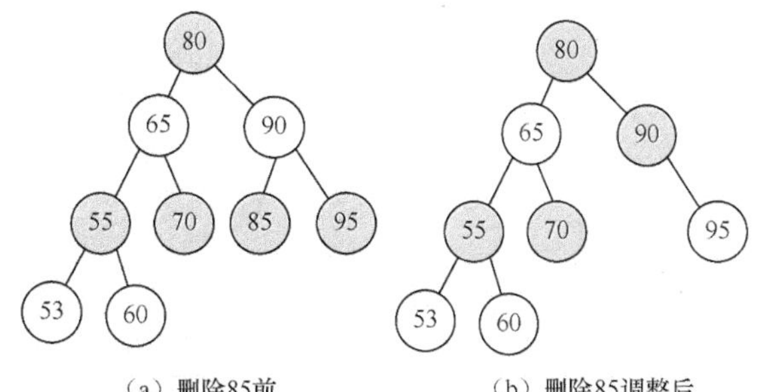

（a）删除85前　　（b）删除85调整后

图 6-50　父结点红、兄结点黑、兄结点无子删除示例

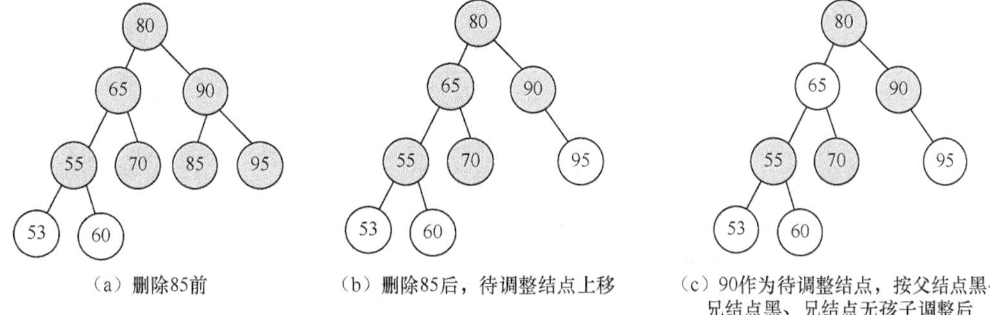

（a）删除85前　　（b）删除85后，待调整结点上移　　（c）90作为待调整结点，按父结点黑、兄结点黑、兄结点无孩子调整后

图 6-51　父结点黑、兄结点黑、兄结点无红子删除示例

（b）兄结点有一个红子。

当父结点为红色时，情况如图 6-52 和图 6-53 所示。在图 6-52 中，父、兄、子呈 LL 型，处理方法为：删除 X 后，做 LL 旋转后结束。在图 6-53 中，父、兄、子呈 LR 型，处理方法为：删除 X 后，兄结点和兄的红子结点换色，做 LR 旋转，结束。

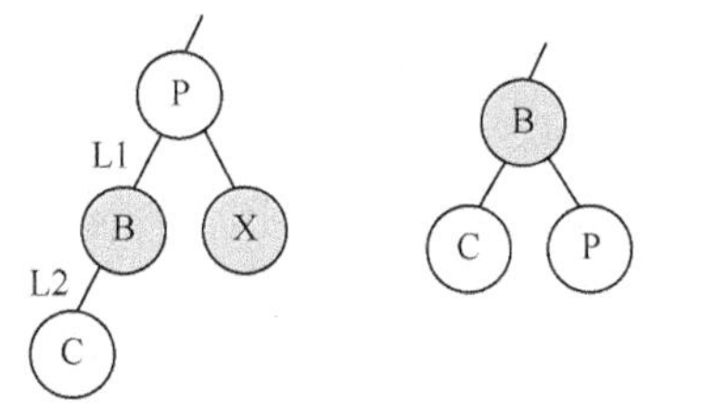

（a）删除X前　（b）删除X后，做LL旋转

图 6-52　父结点红、兄黑、兄结点有一个红子的删除情况一

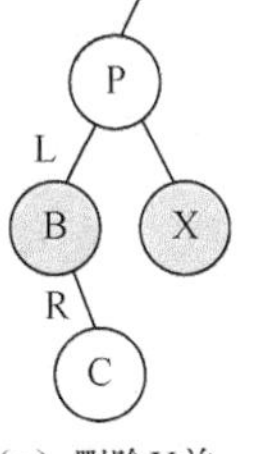

（a）删除X前　　（b）删除X后，LR旋转、兄子换色

图 6-53　父结点红、兄结点黑、兄结点有一个红子的删除情况二

父、兄、子呈 RR 型，处理和 LL 型类似；父、兄、子呈 RL 型，处理和 LR 型类似。

父、兄、子呈 LR 型示例如图 6-54 所示。

当父为黑色时，情况如图 6-55 和图 6-56 所示。在图 6-55 中，父、兄、红子呈 LL 型，处理方法为：删除 X 后，红子变黑，做 LL 旋转后结束。在图 6-56 中，父、兄、子呈 LR 型，处理方法为：删除 X 后，红子变黑，做 LR 旋转后结束。

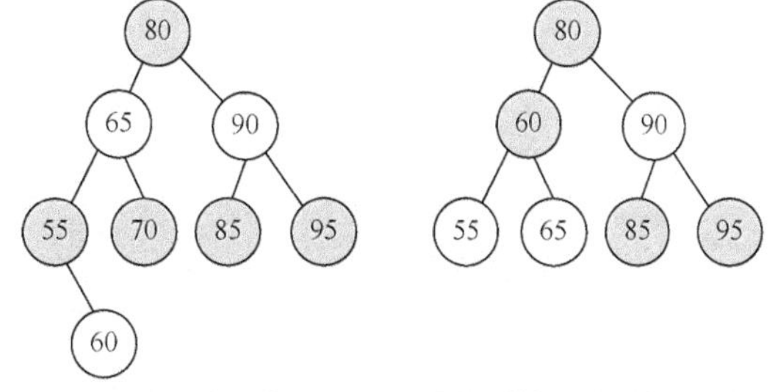

（a）删除70前　　（b）删除70后，做LR型调整

图 6-54　父结点红、兄结点黑、兄结点有一个红子删除示例

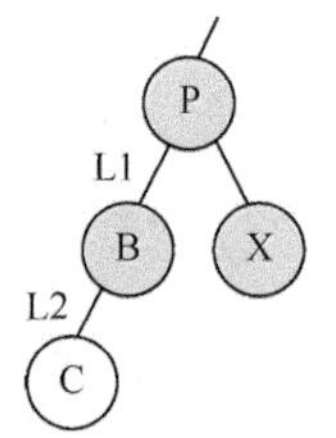

（a）删除X前

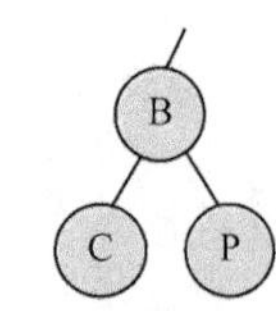

（b）删除X后，做LL旋转，子变黑色

图 6-55　父结点黑、兄结点黑、兄结点有一个孩子的删除情况一

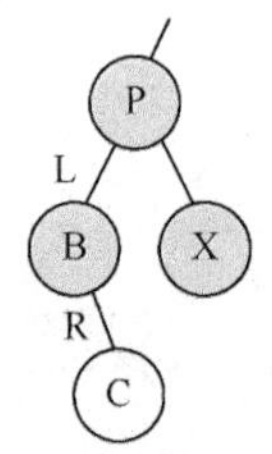

（a）删除X前

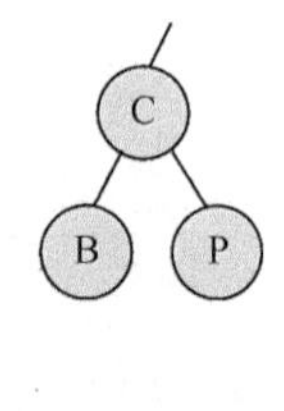

（b）删除X后，做LR旋，子变黑色

图 6-56　父结点黑、兄结点黑、兄结点有一个孩子的删除情况二

父、兄、子呈 RR 型，处理和 LL 型类似；父、兄、子呈 RL 型，处理和 LR 型类似。

父、兄、子呈 LR 型示例如图 6-57 所示。

（c）兄结点有两红子。

当父结点为红色时，一种情况如图 6-58 所示，此时父、兄及兄结点的左孩子可呈 LL 型。删除 X 的处理方法为：删除 X 后，做 LL 旋，然后根结点黑色下移，处理即可结束。

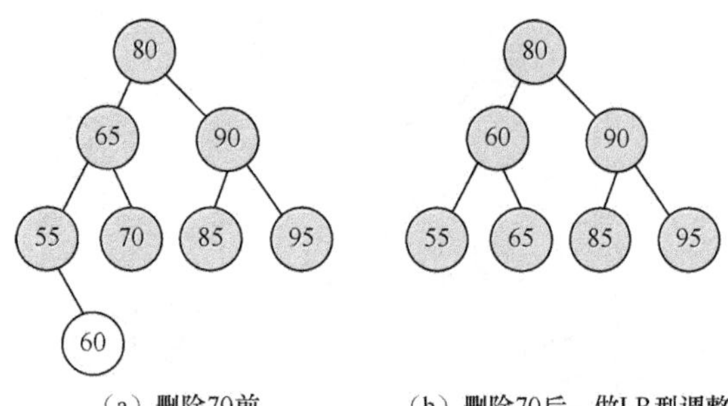

（a）删除70前　　（b）删除70后，做LR型调整

图 6-57　父结点黑、兄结点黑、兄结点有一个孩子删除示例

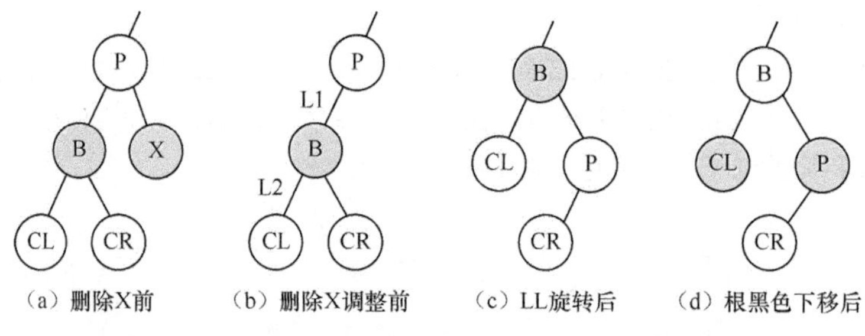

（a）删除X前　（b）删除X调整前　（c）LL旋转后　（d）根黑色下移后

图 6-58　父结点红、兄结点黑、兄结点有两个孩子的删除情况一

另外一种情况，父、兄及兄结点的右孩子可呈 RR 型，如图 6-59 所示。处理方法和 LL 型类似。因为兄结点有两红子，故不用考虑 LR 和 RL 型，都可归为 LL 型或者 RR 型。LL 型示例如图 6-60 所示。

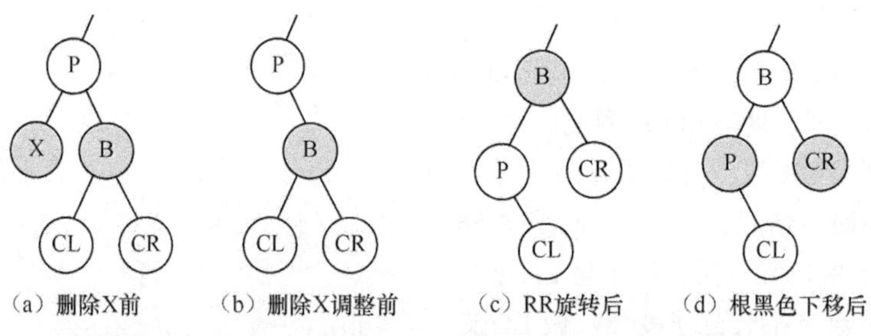

（a）删除X前　（b）删除X调整前　（c）RR旋转后　（d）根黑色下移后

图 6-59　父结点红、兄结点黑、兄结点有两红子的删除情况二

当父结点为黑色时，一种情况如图 6-61 所示，此时父、兄及兄结点的左孩子可呈 LL 型。删除 X 的处理方法为：删除 X 后，兄结点的左孩子变黑，做 LL 旋后结束。

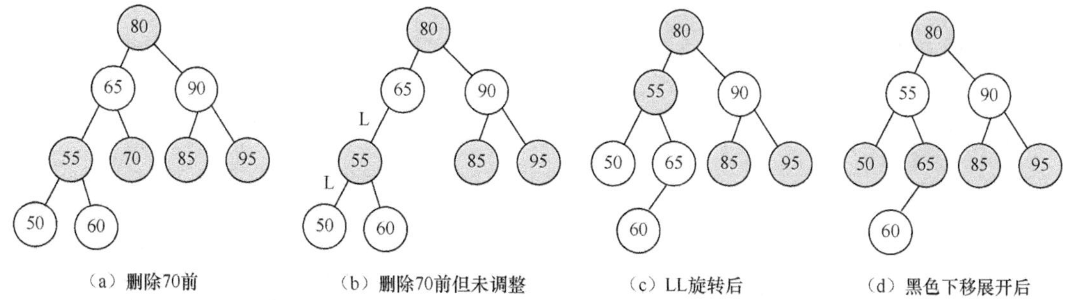

图 6-60　父结点红、兄结点黑、兄结点有两红子的删除示例

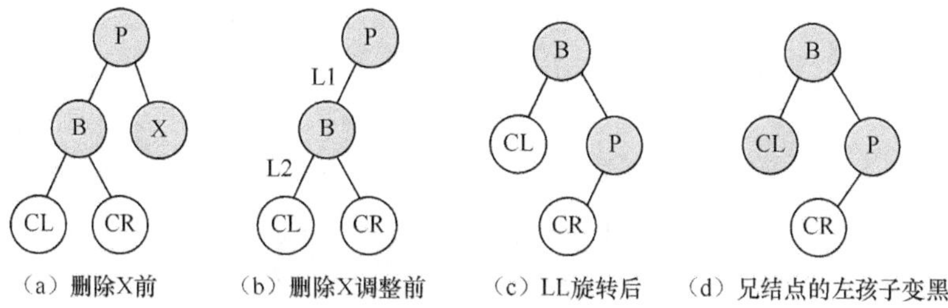

图 6-61　父结点黑、兄结点黑、兄结点有两红子的删除情况一

另外一种情况为 RR 型，如图 6-62 所示。处理同 LL 型类似。LL 型示例如图 6-63 所示。

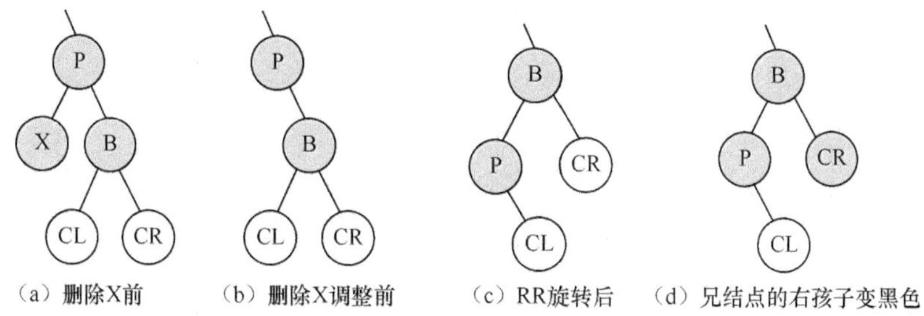

图 6-62　父结点黑、兄结点黑、兄结点有两红子的删除情况二

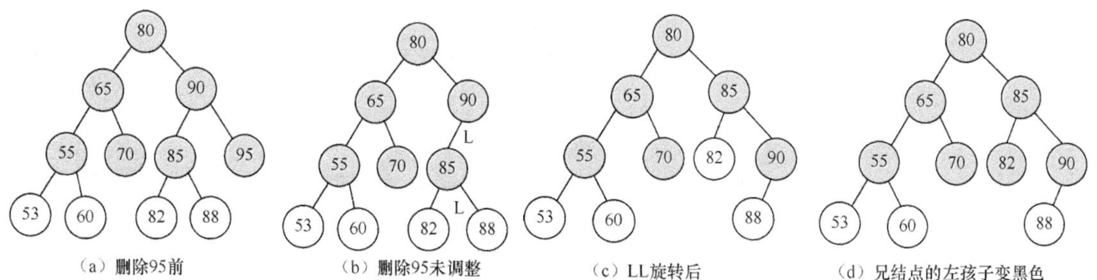

图 6-63　父结点黑、兄结点黑、兄结点有两红子的删除示例

② 兄结点为红色。

这种情况下，父结点一定是黑色，且兄结点一定有两个黑子，结构如图 6-64 及图 6-65 所示。处理方法：进行一次 LL 旋转或者 RR 旋转，然后父、兄结点换色，调整结点 X 即转为兄黑情况。具体示例如图 6-66 所示。

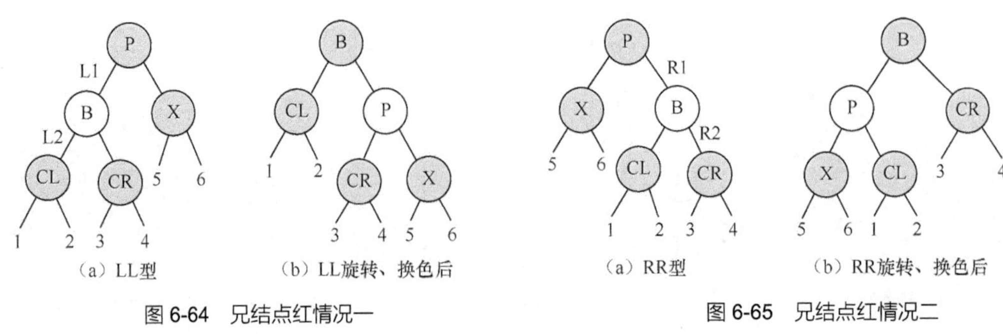

（a）LL型　（b）LL旋转、换色后

图 6-64　兄结点红情况一

（a）RR型　（b）RR旋转、换色后

图 6-65　兄结点红情况二

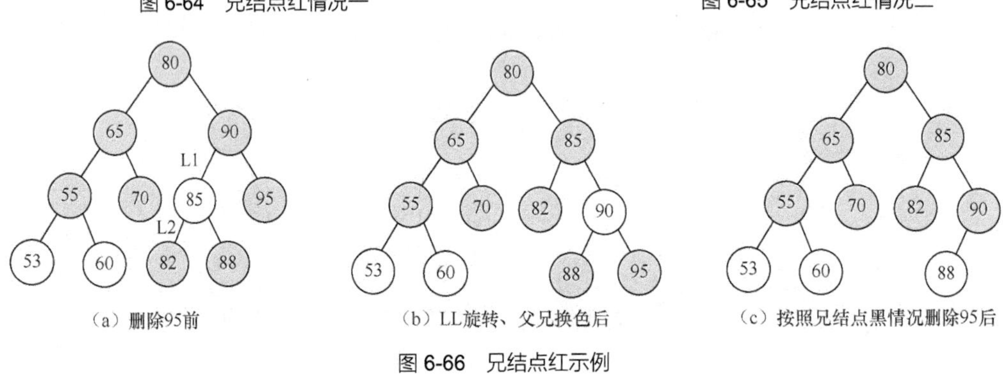

（a）删除95前　（b）LL旋转、父兄换色后　（c）按照兄结点黑情况删除95后

图 6-66　兄结点红示例

6.5　B 树和 B+树

以上各种查找树都是基于数据元素能够全部载入内存来讨论其存储结构和算法的。在实际应用中，数据量往往很大，需存储在外存储器上的文件中，数据无法一次性载入内存。又因为文件中的数据元素量大，数据的存储常是按其写入时间的先后顺序存储的。为了加快数据的查找速度，建立索引文件是最普遍的做法。比如，索引文件可以按照索引关键字的顺序存储了关键字和数据在原始文件中地址的对应关系。查找时首先在索引文件中按关键字查找，找到待查关键字后，通过对应的地址信息，再到原始数据文件中按查到的地址读取目标数据。下文中的 B 树、B+树也是可以用来建立索引的结构。

6.5.1　B 树

B 树

B 树是一棵可以用来建立索引的**多路查找树**，也称**多路搜索树**，M 阶的 B 树须满足以下定义：

（1）或者为空，或者只有一个根结点，或者除了根还有多个结点。

（2）根结点如果有孩子，则至少有两个孩子，至多有 M 个孩子。

（3）除了根结点外，每个非叶子结点至少有$\lceil M/2 \rceil$个孩子，至多有 M 个孩子。

（4）非叶子结点的结构如下：

$$(n, A_0, K_1, R_1, A_1, K_2, R_2, A_2, \cdots, K_n, R_n, A_n)$$

其中：n 为结点中关键字的个数，K_i 为关键字，R_i 为关键字为 K_i 的数据在原始文件中的地址，A_{i-1} 为在树中关键字值小于 K_i 的结点的地址，A_i 为在树中关键字值大于 K_i 的结点的地址。n 个关键字就意味着该结点有 n+1 个孩子。

（5）叶子结点都在同一层上，且不带任何信息，可以视作空结点、表示查找失败。

为什么根结点作为非叶子结点规定却不同？为什么叶子结点都在同一层上？稍后我们在树的插入过程中可以了解到。

图 6-67 所示是一棵 5 阶 B 树的示例。示例中根结点有 2 个孩子，其余非叶子结点至少有⌈5/2⌉=3 个孩子（即至少有 2 个关键字）。每个关键字后的空心箭头表示其数据在原始数据文件中的地址。所有关键字都会出现在图中某个非叶子结点中，叶子结点都是空结点，是查找失败的标志。

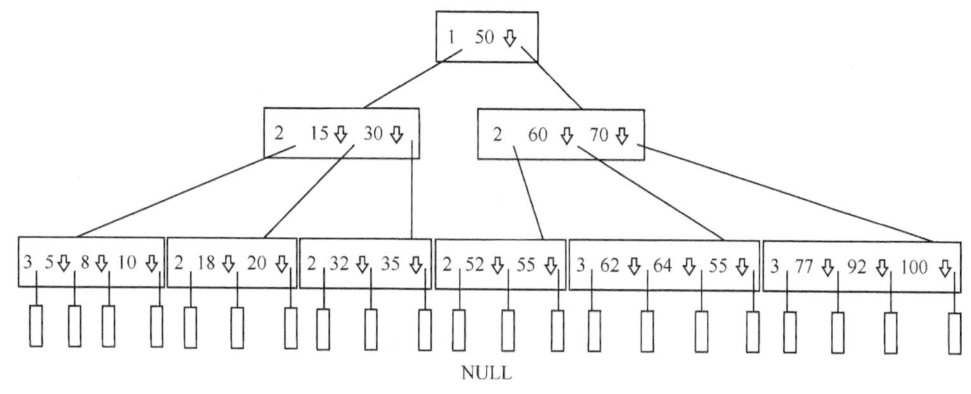

图 6-67　5 阶 B 树

6.5.2　B 树的查找

在图 6-67 所示的 B 树中，如果要查找关键字值为 30 的元素：首先从 B 树的根结点入手，关键字 30 不在根结点中，值小于 50，因此顺着 50 左侧指针走向第二层的第一个结点；30 在这个孩子结点中，是该孩子结点的第二个关键字。关键字 30 找到后，其右侧空心箭头即标识其数据在原始数据文件中的具体地址。下面再查找关键字为 33 的元素：顺着根到第一个孩子；33 大于第一个孩子的第二个关键字 30，再顺着 30 右侧指针走到第三层的第三个结点；在第三个结点中，有关键字 32 和 35，顺着 32 和 35 之间的指针走向第四层结点；发现指向第四层结点的指针为空，说明关键字为 33 的结点不在原始数据文件中，即告查找失败。

B 树的查找

从以上查找过程可以看出：B 树每层只查找一个结点，如果 B 树作为原始数据文件的索引文件驻留在外存储器上，走向下一层时，只需根据指向的地址将 B 树中的一个结点读入内存，即对应着一次磁盘的访问，因此 B 树中一个结点的大小通常也取一次磁盘读取的数据量（称一个数据块）。外存储器访问速度比内存访问速度要慢得多，降低 B 树的层次就能减少读取外存储器的次数。B 树因为是多路搜索树，孩子的数量大于 2，所以它比二叉查找树要矮。一棵 *m* 阶 *n* 层的 B 树最多有多少个结点？最少有多少个结点？或者说 *n* 个结点组成的一棵 B 树最多有多高？最矮有多矮？这几个问题留待课后思考。

6.5.3　B 树的插入

如何在 B 树中插入元素？如在图 6-67 所示的树中插入关键字 90，按照上节查找方法，找到最后一层的最后一个结点，将 90 插入到 77 和 92 之间，该结点关键字个数由 3 变为 4，如图 6-68（a）所示。现在再插入关键字 105，因插入后所在结点的关键字个数大于 4（孩子个数大于 5），须将结点一分为二分裂。分裂时，将中间关键字 92 上升到父结点。如果父结点关键字个数超量，父结点也要分裂、上升。这里父结点关键字个数未满，最后结果如图 6-68（b）所示。

B 树的插入

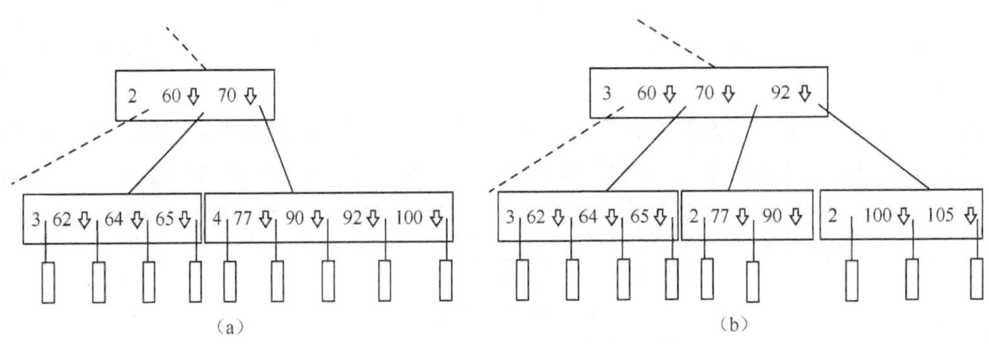

图 6-68　5 阶 B 树先后插入 90、105 的示例

新建一棵 B 树，可以视作是在一棵 B 树中逐个插入关键字的过程，具体如图 6-69 所示。首先有一棵空树；插入 60，成为只有一个根结点的 B 树，根结点目前有两个孩子；然后先后逐个插入 70、80、90，此时依然只有一个根结点，根结点中关键字有 4 个（孩子有 5 个）；然后插入 85，根结点就有 5 个关键字。根结点分裂成两个结点，其中一个关键字上升，其余 4 个关键字一分为二，分裂后的每个结点中关键字有 4/2=2 个。有 2 个关键字的结点就有 3 个孩子；之后再依次插入 65、75、63，最后得到图 6-69（i）中的 B 树。

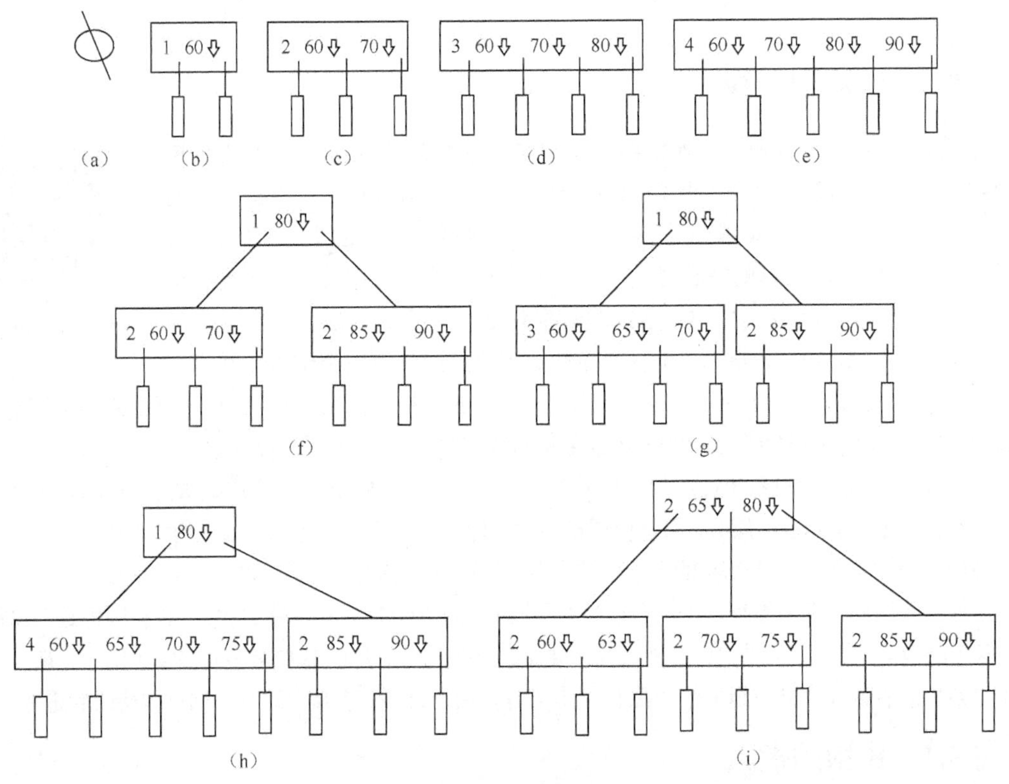

图 6-69　新建一棵树的示例

从新建 B 树的过程可以看出：B 树定义中，为什么 B 树可以为空；为什么 B 树中根最少有 2 个孩子（1 个关键字），而不是$\lceil M/2 \rceil$即 3 个；为什么 B 树中非根的中间结点，孩子个数最少为$\lceil M/2 \rceil$个。

插入操作总结如下：首先找到最后一层空结点位置，在其父结点处插入一个关键字，如果父结点中关键字个数在插入前已达上限（M-1），就需逐级向上进行结点分裂，直到某层结点中关键字个数少于上限。树的高度，就是在所有结点逐个插入的过程中分裂结点并向上建立新结点形成的。

插入操作的时间消耗：首先从根结点逐层向下移动查找，需要比较的次数为 B 树的高度。插入后如果引起结点分裂，最差情况是每一层都分裂、上移，直到根结点。所以总的时间消耗是 B 树高度的两倍。

6.5.4 B 树的删除

在原始数据文件中删除数据，只需要在其 B 树索引文件中删除该数据关键字。原始文件中数据可以暂时不作处理，留在之后做定期批量数据维护时清理。

B 树的删除

删除首先也要进行查找，查找待删数据关键字在 B 树的哪个结点上。然后根据结点的情况，将删除按照以下几种情况分别处理：

（1）待删除的关键字在最下面的非叶子结点层，再下层就是空结点了。

如果所在结点中原本关键字个数就大于⌈M/2⌉−1：直接删除关键字，并将结点前的关键字个数减 1 即可。具体示例如图 6-70 所示，它是在图 6-67 所示的 B 树中删除关键字 92。

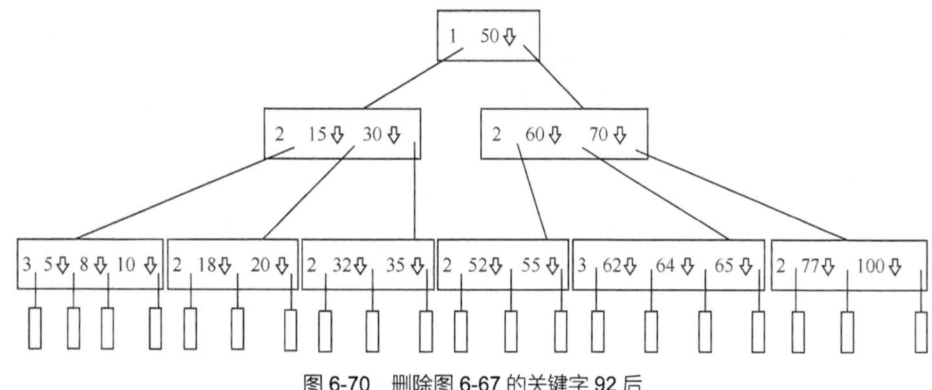

图 6-70 删除图 6-67 的关键字 92 后

如果所在结点中原本关键字个数等于⌈M/2⌉−1，且左、右兄弟结点中有孩子个数非最小值，处理方法是从关键字个数非下限的兄弟处借过来一个。如果是从左边兄弟结点处借，借最大关键字；如果是从右边兄弟结点处借，借最小关键字。借来的关键字和父结点的一个关键字交换，将换来的父结点关键字追加到删除关键字的结点中。具体示例如图 6-71 所示，它是在图 6-67 中删除关键字 20。

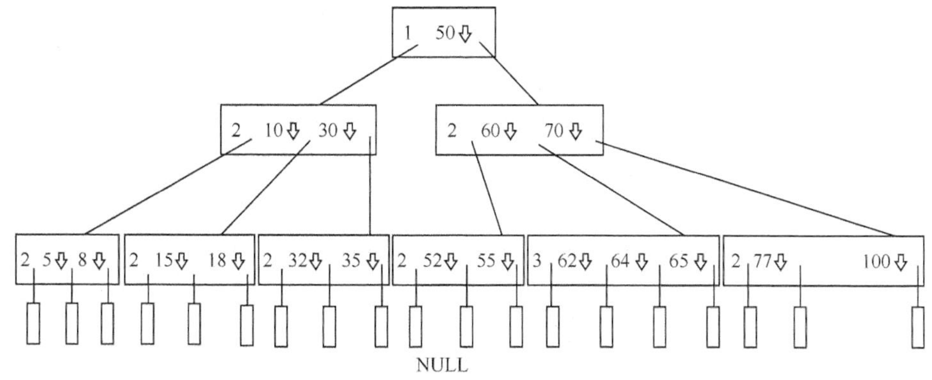

图 6-71 删除图 6-67 的关键字 20 后

如果所在结点中原本关键字个数等于⌈M/2⌉−1，且左、右兄弟结点孩子个数均为最小值：删除关键字的结点和左兄弟或者右兄弟结点合并，将父结点中介于两个合并孩子间的关键字下移加入合并结点。如果父结点中关键字下移后，关键字个数少于⌈M/2⌉−1 个，调整继续上移。具体示例如图 6-72 所示，它对图 6-71 删除了关键字 18，合并第三层的左兄弟结点，父结点中介于两子之间的关键字 10 下移，父结点中关键字少于 2 个，继续和右兄弟合并，并将父结点中 50 下移，变成新的根结点，且整个 B 树高度降低一层。

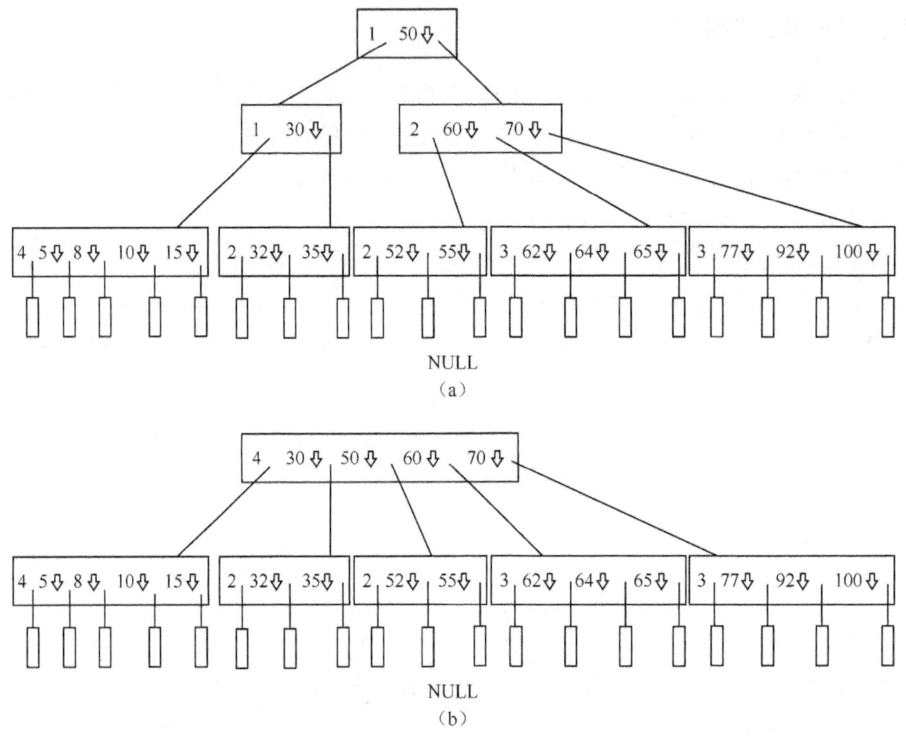

图 6-72　对图 6-71 删除 18 后结果

（2）待删的关键字在中间层，下层仍为非叶子结点层。

在 B 树中找到待删关键字，顺着关键字左侧孩子结点找到最大关键字或者顺着关键字右侧孩子结点找到最小关键字结点，然后层层下移，直到找到的替身结点为最后一层非叶子结点，删除变为情况（1）。

具体示例如图 6-73 所示，它是删除图 6-73（a）中的关键字 50。在 50 的左侧子树中找到最大关键字 35（必在最后一层非子结点中）作为替身，用 35 替换 50，问题转换为删除最后一层的关键字 35。最后删除关键字的替身位置，即 6-73（b）图中黑色标识的位置，然后按照上面情况（1）处理即可。

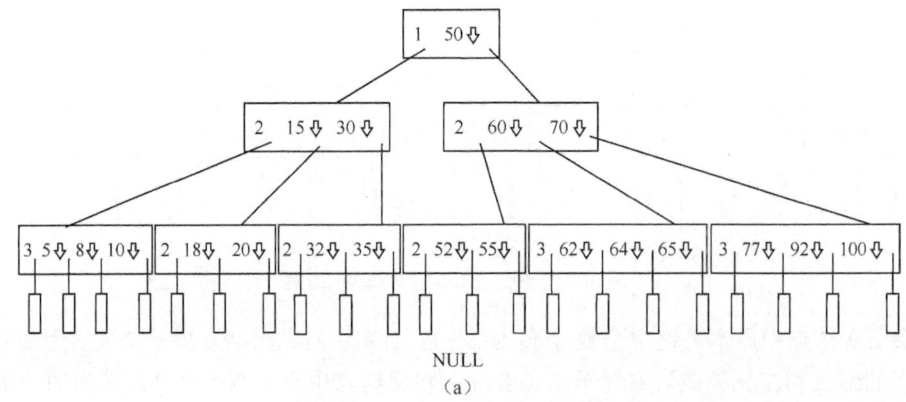

图 6-73　删除关键字 50 的前期处理

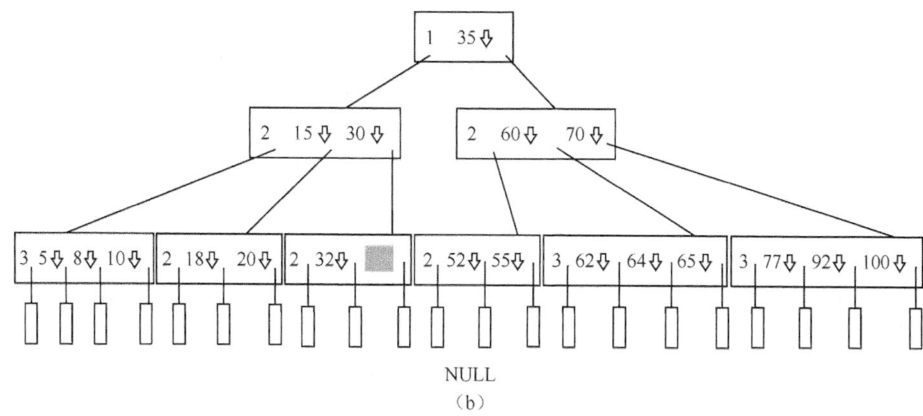

图 6-73　删除关键字 50 的前期处理（续）

6.5.5　B+树

B+树

B 树是一棵多线索查找树，所有的数据关键字都挂在了树的非叶子结点中，每个关键字右侧字段（空心箭头）标明了其对应数据记录在原始数据文件中的具体地址，因此根据数据关键字和作为索引的 B 树的帮助，就能非常方便地在原始数据文件中找到它。这时，原始数据文件中的数据记录不需要有序，插入可在文件尾部追加。B 树的缺点也是明显的，因每个关键字都在 B 树上，造成 B 树过于庞大；另外如果要按关键字大小顺序访问所有数据，B 树没有任何优势。就此，B+树对 B 树进行了改进。在 B+树中，将结点分为索引结点和数据结点两类。索引结点有些类似 B 树中的结点，但不包含所有的数据关键字，这样索引部分就不似 B 树那样庞大；数据结点即原始数据文件中的存储块，块内所有的数据记录按照关键字大小有序存放，数据块通常不满存，留有一定空间，这样插入新数据记录时通常只会引起块内记录的移动。另外 B+树对数据结点使用了一个辅助的单链表管理，使得按照关键字大小顺序访问文件中所有数据记录方便且快捷。

M 阶的 B+树定义如下：

（1）B+树分为索引结点和数据结点，数据结点在 B+树索引层中叶子结点层的下一层。

（2）索引结点或者为空、或者只有一个叶结点作为根结点、或者除了根还有多个结点。

（3）除了根结点外，每个索引结点至少有$\lceil M/2 \rceil$、至多有 *M* 个孩子。

（4）索引结点结构如下：

$$(K_i, A_1, K_2, A_2, \cdots, K_n, A_n)$$

K_i 为关键字，索引结点并不包含所有数据的关键字。

（5）数据结点用于存储数据的所有原始记录。每个数据结点存储$\lceil L/2 \rceil$～L 个数据记录。每个数据结点尾部增加一个指针，指向其右侧相邻数据结点的地址，最右侧数据结点中该指针指向空，这样便形成了一个单链表结构。

图 6-74 是一棵 3 阶（M=3，L=5）B+树的示例。可以看出 B+树额外提供了一个描述单链表首结点的指针 head。利用 head 指针可以快速完成对原始数据按照关键字大小的顺序遍历数据记录的任务。

B+树的查找：查找成功情况，如找 30，第一层从根结点找，30 小于等于 50，顺着 50 右侧指针向下指向的第二层最左侧结点，该结点中，30 小于等于 30，顺着 30 右侧指针向下指向第三层第 2 个结点，该结点中，30 小于等于 30，顺着 30 右侧指针向下找到第 5 个数据结点，在该结点用顺序或折半查找方法，找到 30，查找成功。找不到情况，如找 33，同样顺着以上过程找到第 6 个数据结点，在该数据结点中找不到 33，查找失败。

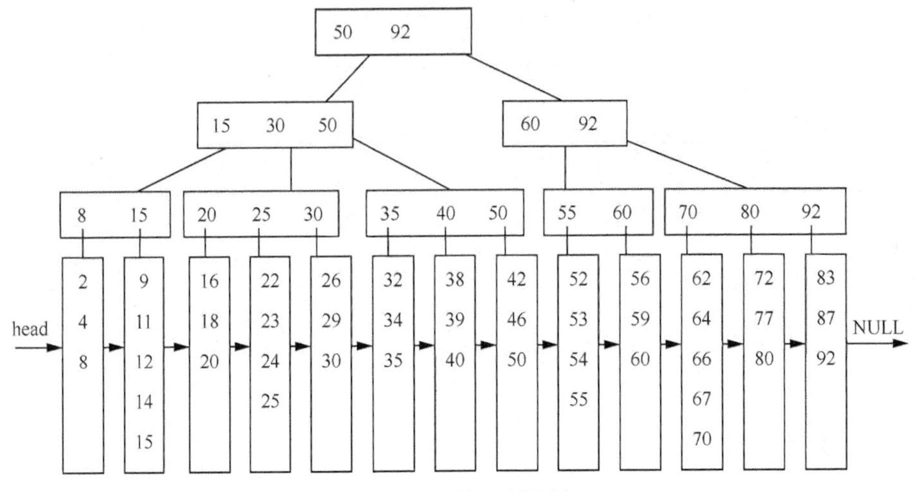

图 6-74　3 阶 B+树示例

B+树的插入和删除关键字的操作和 B 树类似：先查找，再进行插入、删除。数据记录的插入总在数据结点上进行，在插入过程中面临着结点分裂的可能，在删除过程中也面临着借用、合并的可能，各种情况的处理方式和 B 树相同。

B+树规模的计算问题：计算机读写磁盘或其他外部存储设备时，通常一次的存取单位为一个数据块（如磁盘中的一个扇区），为达最大利用率，无论是索引结点还是数据结点，都是一个结点被设计为占据一个数据块，读入一个数据块就刚好是一个索引结点或一个数据结点。假设一个数据块大小为 4KB（4×1024 字节），每个数据记录中关键字的大小为 16 个字节、数据块号为 4 个字节、原始数据文件中每个数据记录的大小为 200 个字节。如果用一个 M 阶的 B+树来表示其索引信息，则每个索引结点最多 M 个关键字、M 个分支，故有 $16M+4M \leqslant 4\times1024$，即 $M=204$；对数据结点，每个结点除了存储最多 L 个数据记录，还存储了一个指向右侧数据结点的指针和记录个数，故有 $200L+4+4 \leqslant 4\times1024$，即 $L=20$。图 6-74 中，受篇幅所限，所举例中 $M<L$，通常 M 远大于 L。

B 树和 B+树的比较：B 树关键字和对应数据记录地址信息可能分布在非叶子结点的任何结点中，所以查找可能停止在任何一层，时间消耗小于等于树的高度，最差为树的高度。而 B+树中，查找必须从根到达数据结点，时间消耗一定是树的高度。B+树插入和删除操作的时间消耗，因 B 树和 B+树中的查找时间不同而不同；B 树插入、删除可能出现中间结点上，但 B+树的插入、删除要么在索引结点中不体现，要么从索引中的叶子结点开始变化。但 B 树和 B+树的插入、删除，最差时间消耗都是树高度的 2 倍（一个高度用于向下的查找，一个高度用于向上的分裂和合并）。由此可见，B 树和 B+树的基本操作的时间效率上是接近的，鉴于 B+树的相对小规模和顺序遍历数据记录的便捷性，B+树在索引结构中更加常用。

6.6 哈希方法

无论是静态查找还是动态查找，都是通过对数据关键字值的比较来完成的，查找时间的消耗也和数据的规模有关。如时间消耗上，顺序查找为 $O(n)$、折半查找和平衡二叉树查找为 $O(\log_2 n)$。

能否找到查找时间耗费和数据规模 n 完全无关的方法？答案是肯定的。具体做法是对数据关键字 key，通过一个函数映射 $H(\text{key})$计算出数据在内存中的存储地址，这种方法称为**哈希**（Hash）**方法或散列方法**。

哈希查找

为简单起见，以一个可以存储 m 个数据的连续存储空间（数组）为基础，对数据关键字 $k_1,k_2,\cdots,k_n$ 中的任意一个关键字 k_i，函数 $H(k_i)$的值为 0 到 m-1 之间的整数，且 $m \geqslant n$。这段连续的存储空间称为**哈希表**或散列表，m 为哈希表的大小，函数 H 称为**哈希函数**或**散列函数**，实际存储的元素和哈希表大小的比值 $\partial = n/m$，称为哈希表的**负载因子**或者**负载系数**。

理想的哈希函数是将不同的数据根据其关键字分别映射到哈希表不同的地址中，且负载因子高，此时的查找会达到最理想的时间复杂度 $O(1)$。但事实上，负载因子越大，空间利用率越高，这样的哈希函数就越难找到。负载因子越小，不同关键字通过哈希函数得到相同的地址（即冲突）的可能性越小，空间利用率越低。为了协调二者的矛盾，通常允许存在少量的冲突。好的哈希函数，通常需要满足以下条件：

（1）计算速度快。哈希函数在元素的插入、删除和查找时都要用到，简单而快速的计算是一个必要的条件。

（2）哈希到的地址均匀、冲突少。不同的数据元素经过哈希函数计算后得到的地址，尽可能在哈希表中均匀分布，不同元素映射到同一地址的情况尽可能少，这样查找速度才不会因为多次冲突而增加过多的时间消耗。

（3）哈希表的负载因子高。尽量减少空间的浪费。

6.6.1　常用的哈希函数

哈希函数的选择没有一个统一的方法，通常和实际应用中数据元素值的具体特点和分布有关。以下是一些常见的散列函数选取方法：

哈希函数

1．直接定址法

哈希函数为 $H(\text{key}) = a*\text{key}+b$。

该方法通过对元素关键字的线性映射，计算出它的存放地址。如元素关键字序列{100,200,330,520,600,815}，通过函数 $H(\text{key}) = \text{key}/100-1$，将以上序列映射到{0,1,2,4,5,7}下标分量中。哈希表的大小（m）既和数据元素的数量有关，也和数据元素的分布有关。此例中哈希表的大小可以取 m=8，负载因子为$\partial = 6/8=0.75$。

2．除留余数法

哈希函数为 $H(\text{key}) = \text{key} \bmod p$。

该方法通过对关键字除以 p 取余数计算出地址。如元素关键字序列{35,192,64,5,76,653}，通过函数 $H(\text{key}) = \text{key} \bmod 7$，将以上序列映射到{0,3,1,5,6,2}下标分量中。此例哈希表的大小可以取 m=7，负载因子为$\partial = 6/7=0.86$。函数中 p 通常取大于元素个数 n 的最小的素数，因 p 大于 n，能保障元素全部入表，p 取素数是为了尽量减少规律性的空间浪费。假如 p 不取素数，取 8，那么当数据元素都是偶数时，哈希到的地址便全部为偶数，这样便有一半的空间无法被利用上。又如当 p 和数据元素的关键字都是 5 的倍数时，映射出来的地址就会是 0、5、10、15、20 等，这样会有 4/5 的空间浪费。

3．数据分析法

数据的关键字中如果有一些位上数据分布比较均匀，能区分出不同的数据元素，就可以将这些位取出来作为数据元素的存储地址用。如下面这组元素关键字：

3 4 2 0 4 2 2 6
3 4 2 0 5 8 7 9
3 4 2 0 3 2 9 6
5 4 7 4 2 2 0 6
5 4 7 4 0 1 7 7
5 4 7 4 7 5 0 0

这组元素前面 4 位不能区分出不同元素，单用第 5 位就能区分出不同元素，再加上数据元素的个数不超过 10，故取第 5 位作为哈希函数值就可以了，它们被映射到{4,5,3,2,0,7}下标分量上。取其中的几位取决于元素个数的多少，如果元素近百位，可以取其中的两位组合起来，如第 5、6 两位。

4．平方取中法

如果关键字分布不均匀，也可以首先将关键字平方，有时平方后的结果中的几位就会变得均匀，这时再用直接定址或者数据分析法即可获得合适的哈希地址。如关键字 136，平方后为 18496，取其中的第 2、3 位得 49，49 便为关键字 136 的数据元素的哈希地址。

5．折叠法

当关键字位数比数据元素的个数大得多时，也可以将其按照哈希表大小分割成若干段，并将这些段相加，得到的和中几位作为哈希地址。如有 100 个数据元素，其中一个关键字为：1 3 5 7 6 3 4 2 0 8 7 5，以长度为 2 折叠相加 13+57+63+42+08+75=250，取后两位得 50，作为其哈希地址。

在具体实际应用中，采用哪种方法完全取决于数据元素的大小和分布情况。事实上，在考虑到空间负载因子的情况下，很难找到一个函数能将所有数据都映射到不同的地址上，也就是说势必会存在两个关键字值不同的数据却得到了相同的哈希地址，这就叫**冲突**。一旦发生了冲突，即一个关键字通过哈希函数得到了一个地址，但该地址上已经存有元素，这时就要采取一定的措施解决冲突了。常见的解决冲突的办法有线性探测法、二次探测法、链地址法等。其中前两种方法，冲突时重新计算哈希地址，再计算出的地址仍然在原来的哈希表中，因此称为**闭哈希表**。相反，如果冲突时在原来的哈希表外寻找一个存储地址，则称为**开哈希表**，链地址法就是这种。

6.6.2 线性探测法

线性探测法是指当冲突发生时用(H(key)+i)%m 的方法重新定址。其中 i 为冲突的次数，m 为哈希表的大小。如元素关键字序列{100,200,330,520,550,600,815}，设 m=10，采用哈希函数 H(key) = key/100-1 时，550 被散列到 4 下标位置，它和 520 发生冲突。因为是 550 和其他元素的第 1 次冲突，于是被散列到(4+1)%10 即 5 的位置上。由于 600 尚未到来，下标为 5 的位置空闲，550 被散列到这个位置上。之后，600 经过哈希函数被散列在下标为 5 的位置上，因为已经存储了 550，故发生冲突，按照线性探测法，被分配到下标为(5+1)%10=6 的位置上。图 6-75 所示为以上数据序列具体的散列情况。

冲突解决

常见错误：发生冲突时，将关键字搁置一边，将所有非冲突关键字哈希完毕后才处理冲突关键字。上例中，错误的做法是将冲突的 550 搁置，先将 600 映射到 5 下标位置。

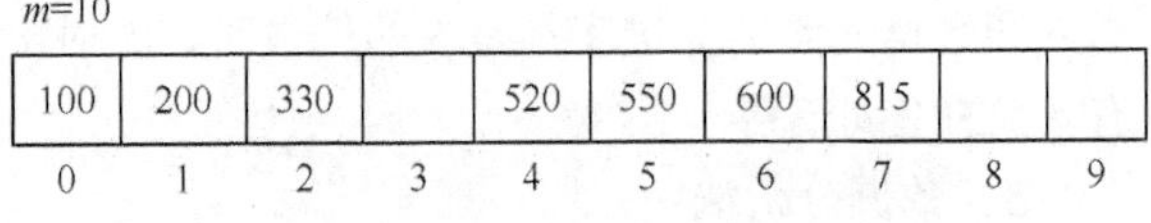

图 6-75 线性探测法解决冲突的示例

事实上，可以把关键字想象成按照先后在不同时刻到来，先来的关键字无法等待后续关键字处理完才处理。

6.6.3　二次探测法

二次探测法是指当冲突发生时，按照$(H(\text{key}) \pm i^2)\%m$（i=1,2,3,…）解决冲突，第 1 次冲突，取$(H(\text{key})+1^2)\%m$；第 2 次冲突，取$(H(\text{key})-1^2)\%m$；第 3 次冲突，取$(H(\text{key})+2^2)\%m$；以此类推。这种方法较线性方法比，位置移动的幅度大，不容易造成二次冲突。

6.6.4　链地址法

链地址法，不在原来的散列表中找地址，散列表中根本就不存储实际的元素，而是存储一个单链表的首结点地址，元素存储在单链表中。如果不同的元素被散列在同一位置，则把它们放到同一个单链表中，不同元素如果被散列在不同位置，它们就被放在不同的单链表中。具体示例如图 6-76 所示，哈希函数为 $H(\text{key}) = \text{key} \bmod 17$。

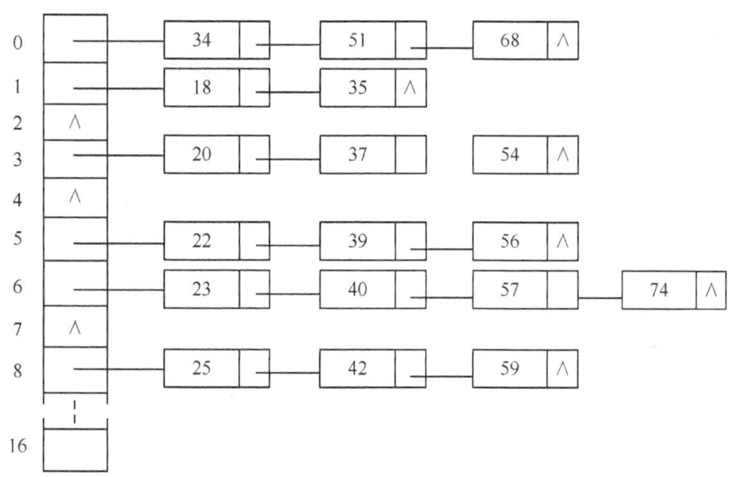

图 6-76　链地址法示例

6.7　小结

查找是在一组具有松散关系的元素集合中进行的。在很少进行插入、删除的一组数据中进行的查找称为静态查找。静态查找的数据集合最简单的存储方法是采用顺序存储。数据元素顺序存储时，如果元素无序，可采用顺序查找，时间复杂度达到 $O(n)$；如果元素有序，可采用折半查找，时间复杂度达到 $O(\log_2 n)$。在频繁进行插入、删除的一组数据中进行的查找称为动态查找。动态查找适合的存储方式是二叉查找树。二叉查找树在平衡的情况下，查找时间将达 $O(\log_2 n)$，和有序表的折半查找时间消耗一样。红黑树是比平衡树条件更宽松的二叉查找树，平衡树中的每个结点，其向下的各条分支高度差不超过 1；红黑树中的每个结点，其向下的各条分支高度差最多为一倍。

以上方法都是基于数据全部载入内存的情况，对于数据量很大，数据只能存储在外存储器上的情况，可以利用多线索树：B 树、B+树，为原始数据文件建立索引文件。B 树上所有的关键字都在，都分布在非叶子结点中，每个关键字在所有结点中只出现一次。每个关键字对应的原始数据记录地址附着在关键字后。叶子结点为空结点。B+树中仅一些关键字分布在非叶子结点中，很多关键字在所有结点中不只出现一次。所有原始数据记录都分布在各个叶子结点中。相比而言 B+树比 B 树规模小，且支持按照关键字从小到大顺序遍历。故 B+树在建立索引文件时更加常用。

以上方法都是基于关键字的比较，致力于怎样减少关键字的比较次数。哈希方法试图完全摆脱关键字的比较，希望通过一个函数将关键字直接映射到哈希表中的某个地址上。常见的哈希函数有将关键字进行简单线性变换获得地址的直接定址法，有分析并抽取数据中某些位的数据分析法，有将数据自身变化（如平方）后再取某些中间位的平方取中法，有将长关键字序列进行折叠相加后再分析处理的折叠法。理想的哈希函数是将不同的关键字映射到不同的地址上，但综合考虑到哈希表的负载因子，这样的函数比较难找，通常找到的哈希函数都会造成一定程度的冲突。常见的冲突解决办法有线性探测法、二次探测法和链地址法。

6.8 习题

1．已知一个有序序列为 15、23、45、50、80、88、93、100，分别写出用二分法查找 23、66 的过程中都比较过哪些元素。

2．下列选项中，不能构成折半查找中关键字比较序列的是________。

A．500,200,450,180　　B．500,450,200,180

C．180,500,200,450　　D．180,200,500,450

3．设包含 4 个数据元素的集合 *S*={ "do"，"for"，" repeat"，" while"}，各元素的查找概率依次为：*p*1=0.35，*p*2 =0.15，*p*3=0.15，*p*4=0.35。将 *S* 保存在一个长度为 4 的顺序表中，采用折半查找法，查找成功时的平均查找长度为 2.2。请回答：

（1）若采用顺序存储结构保存 *S*，且要求平均查找长度更短，则元素应如何排列？应使用何种查找方法？查找成功时的平均查找长度是多少？

（2）若采用链式存储结构保存 *S*，且要求平均查找长度更短，则元素应如何排列？应使用何种查找方法？查找成功时的平均查找长度是多少？

4．按照 15、80、100、88、23、45、93、50、20、10 的插入顺序画出建好的二叉查找树，再画出删除结点 80 后的二叉查找树。

5．在任意一棵非空二叉查找树 T_1 中，删除某结点 *v* 后形成二叉查找树 T_2，再将 *v* 插入 T_2 形成二叉查找树 T_3。下列关于 T_1 与 T_3 的叙述中，正确的________。

i　若 *v* 是 T_1 的叶结点，则 T_1 与 T_3 不同

ii　若 *v* 是 T_1 的叶结点，则 T_1 与 T_3 相同

iii　若 *v* 不是 T_1 的叶结点，则 T_1 与 T_3 不同

iv　若 *v* 不是 T_1 的叶结点，则 T_1 与 T_3 相同

A．仅 i、iii　　B．仅 i、iv　　C．仅 ii、iii　　D．仅 ii、iv

6．分别给出在题 4 得到的二叉查找树中查找 45 和 44 的查找路径（即比较过哪些元素）。

7．按照 15、80、100、88、23、45、93、50、20、10 的插入顺序画出建好的 AVL 树，再画出删除结点 45 后的 AVL 树。

8．将关键字序列{8,10,13,3,6,7}依序插入一棵初始为空的 AVL 树，请逐一画出各结点插入后的结果。

9．现有一棵无重复关键字的平衡二叉树(AVL 树)，对其进行中序遍历可得到一个降序序列。下列关于该平衡二叉树的叙述中，正确的是________。

A．根结点的度一定为 2　　　　B．树中最小元素一定是叶结点

C．最后插入的元素一定是叶结点　　　　D．树中最大元素一定无左子树

10．若将关键字 1，2，3，4，5，6，7 依次插入到初始为空的平衡二叉树 T 中，则 T 中平衡因子为 0 的分支结点的个数是多少？

11．按照 15、80、100、88、23、45、93、50、20、10 的插入顺序画出建好的红黑树，再画出删除结点 80 后的红黑树。

12．已知一组元素分别具有关键字 15、80、100、88、23、45、93、50、20、10、28、44、99、21、66，试按照这个顺序依次插入建立一棵 5 阶的 B 树，再画出删除 23 后的 B 树。

13．在一棵二叉查找树中，如何用 $\log_2 n$ 的时间分别找到最大和最小结点？

14*．一棵 m 阶 n 层的 B 树最多有多少个结点？最少有多少个结点？

15．在一棵高度为 2 的 5 阶 B 树中，所含关键字的个数最少是________。

A．5　　B．7　　C．8　　D．14

16*．n 个结点组成的一棵 B 树最多有多高？最矮有多矮？

17．画出对图 6-77 所示的 5 阶 B 树删除 40 后的 B 树。

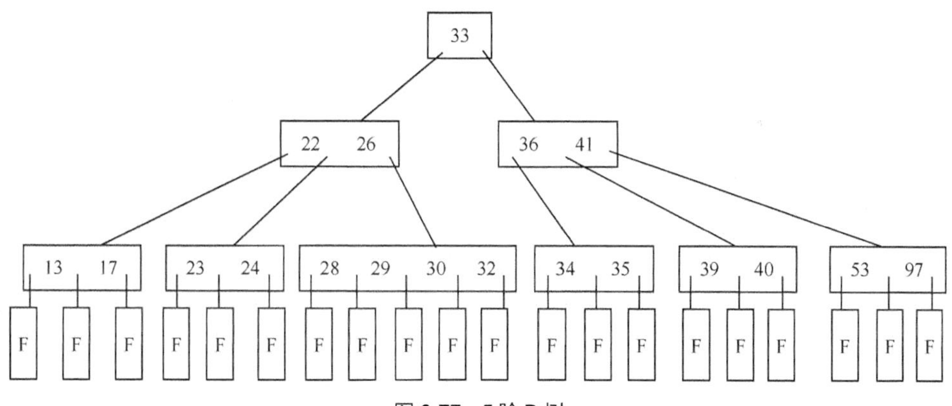

图 6-77　5 阶 B 树

18．已知一个文件中有 2560000 个记录，每个记录有 128 个字节，记录关键字为 24 个字节，数据块号为 4 个字节。试问如果构成 B+树，M 和 L 分别是多少，B+树最多和最少需要多少层？

19．在图 6-74 所示的 B+树中插入元素 10，试问将有几次磁盘读？几次磁盘写？

20．编写一个程序实现二叉查找树的判定。

21**．编写一个程序在二叉查找树中找到第 i 大的元素。

22**．编写一个程序在一棵二叉查找树中删除所有大于一个给定值的元素。

23．用哈希函数 H(key)=key%17 将具有关键字 15、80、100、88、23、45、93、50、20、10、28、44、99、21、66 的一组元素映射到长度为 17 的哈希表中，冲突时采用线性探测再散列的方法，试画出这组元素在哈希表中的存储情况。

24．假设线性表采用顺序存储结构，试实现函数（int DelRepeat()），用以删除所有重复元素，并返回被删除元素的个数。假设元素个数不超过 1000 个，要求算法的时间复杂度为 $O(n)$。

线性表的定义如下：

```
template <class elemType>
class seqList:
{
    private:
        elemType* data;
        int currentLength;
......
public:
int DelRepeat(); //删除所有重复元素
......
}
```

25．B+树不同于 B 树的特点之一是________。

A．能支持顺序查找　　B．结点中含有关键字

C．根结点至少有两个分支　　D．所有叶结点都在同一层上

第7章

排序

查找表明，有序表的查找可远远快于无序表。如对于静态查找表，二分查找就能使时间复杂度从 $O(n)$ 降到 $O(\log_2 n)$，因此排序也是常见的数据操作之一。

7.1 引言

排序

如何将一个无序表经过排序变成一个有序表，是本章研究的内容。通常待处理的数据不是一个单一的值，而是含有若干个字段的复杂数据记录，选择其中一个字段的值作为排序中比较的依据，则该字段称作**关键字**。如果没有特别的说明，以下文中数据的值便是指该数据的关键字值。

待排序数据中如果有关键字值相同的元素，如数据 *Ri* 和 *Rj* 关键字值相同，且在排序前的无序表中二者的相对位置是 *Ri* 在 *Rj* 之前，经过某种排序算法后得到了一个有序表，该有序表中依然能保证 *Ri* 和 *Rj* 的相对位置一定不变，即 *Ri* 在 *Rj* 之前，该排序称为**稳定排序**。反之如果不能保证 *Ri* 和 *Rj* 的相对位置一定不变，即可能变为 *Ri* 在 *Rj* 之后，该排序称为**不稳定排序**。

如果待排序数据可以全部一次性载入内存，排序操作中只是和内存打交道，在程序中的具体表现就是数据可以全部放入声明的一组变量中，该排序操作称为**内排序**。反之，如果待排序数据不能一次性全部载入内存，在排序过程中还需要进行内、外存之间的数据交换，在程序中的具体表现是数据只能分批从文件中读入内存变量，该排序称为**外部排序**。

在排序算法中，比较和交换是基础。计算机编程语言提供的比较操作是一个二元操作，它给出了>、>=、<、<=、==五种关系的比较操作，所有的比较操作均以此为基础，因此如何反复利用二元操作中的两两比较来完成排序任务是以下几乎所有算法的主线。

下述各节排序结果如无特殊说明，都假定是非递减的序列。本章先讨论内排序的几种算法，包括冒泡排序、插入排序、归并排序、快速排序、选择排序、堆排序和基数排序，再讨论外排序。

7.2 冒泡排序

冒泡排序

冒泡排序的思想：首先比较第 1 个和第 2 个元素，如果第 1 个元素大于第 2 个元素，两者交换；然后比较第 2 个和第 3 个元素，如果第 2 个元素大于第 3 个元素，两者交换。如此进行，直到第 $n-1$ 个元素和第 n 个元素比较、交换。经过 $n-1$ 组这样的比较过后，最大元素被换到了序列尾部，即第 n 个位置上。依次类推，在前 $n-1$ 个元素中进行如上操作，次大元素被换到了第 $n-1$ 的位置上。依此方法操作，直到前面余下的元素个数为 1 时停止。至此，无序序列变为有序序列。

分析以上过程，每次都是两两比较，大者换到后面位置，相邻两组比较总有一个共同元素（上次比较中的大者），因此首轮的 $n-1$ 次比较之后，保证了最大值能被换到尾部。图 7-1 所示的示例显示了每趟操作后的结果，图中带下画线元素为已经调换好最终位置的元素。

待排序序列：　18, 26, 31, 72(a), 8, 15, 88, 72(b), 35, 20
第一趟排序序列：18, 26, 31, 8, 15, 72(a), 72(b), 35, 20, 88
第二趟排序序列：18, 26, 8, 15, 31, 72(a), 35, 20, 72(b), 88
第三趟排序序列：18, 8, 15, 26, 31, 35, 20, 72(a), 72(b), 88
……
第九趟排序序列：8, 15, 18, 20, 26, 31, 35, 72(a), 72(b), 88

图 7-1　冒泡排序

在冒泡排序算法实现程序的设计上可以采用自

下而上（即原型法）：先解决第一趟排序问题，i 在[0,n−2]区间依次取整数，程序段如下：

```
for (i=0; i<n-1; i++)
    if (a[i]>a[i+1])
    {
        tmp=a[i];
        a[i]=a[i+1];
        a[i+1]=tmp;
    }
```

特别注意检查循环的两个端点：当 i=0 时，是下标为 0 的元素和下标为 1 的元素比；当 i=n−2 时，是下标为 n−2 的元素和下标为 n−1 的元素比，没有越界。

继而进行泛化，逐渐递减 i 取值的右边界，从 n−2、n−3 逐步递减到 1，最后得到整个有序序列。程序段如下：

```
for (j=n-1; j>0; j--)
    for (i=0; i<j; i++)
        if (a[i]>a[i+1])
        {
            tmp=a[i];
            a[i]=a[i+1];
            a[i+1]=tmp;
        }
```

依然要注意检查外循环的两个端点：j=n−1 时，即最初的原型；j=1 时，只进行 a[0]和 a[1]比较。算法还可以优化吗？可以看出，一旦某一轮比较过程中没有交换，就意味着序列已经有序了，这可以通过加一个交换标志来判断算法是否可以提前终止。优化后的完整程序如程序 7-1 所示。

程序 7-1　冒泡排序。

```
template <class elemType>
void bubbleSort (elemType a[], int n)
{
    int i,j;
    elemType tmp;
    bool changeFlag=true;

    for (j=n-1; j>0; j--)
    {
        if (!changeFlag) break;

        changeFlag=false;
        for (i=0; i<j; i++)
            if (a[i]>a[i+1])
            {
                tmp=a[i];
                a[i]=a[i+1];
                a[i+1]=tmp;
                changeFlag=true;
            }
    }
}
```

算法分析：从交换条件可以看出，仅当一组比较中前面的值大于后者时才交换，相等时并不交换，且每次交换只发生在相邻的两个位置上，不涉及其他元素，故值相等元素一定能保持排序前后的相对位置不变，冒泡排序为稳定排序。

时间消耗上，观察程序 7-1 中的双重循环：打开外循环，当 $j=n-1$ 时，内循环中的循环体执行 $n-1$ 遍；当 $j=n-2$ 时，内循环中的循环体执行 $n-2$ 遍；最后当 $j=1$ 时，内循环中的循环体执行 1 遍；所以内循环体即比较交换共执行了 $(n-1)+(n-2)+\cdots+1=n(n-1)/2$ 遍，时间复杂度为 $O(n^2)$。算法加了个交换标志位进行优化后，如果待排序序列原本就是正序，第一遍序列元素两两比较后，没有交换，算法即告结束，此时为最优情况，时间复杂度为 $O(n)$；如果待排序序列原本是逆序，每次比较都有元素交换，算法没有中途终止的可能，此时为最差情况，时间复杂度为 $O(n^2)$。一般称其复杂度为最差情况的 $O(n^2)$。

7.3 插入排序

7.3.1 简单插入排序

假如已经有了一个有序序列，现在来了一个新元素，如何能为这个新元素找到合适的位置并将其插入？这就要求插入后仍保持序列的有序性。明显地，可以让新元素和序列中的元素从后往前逐一比较，当遇到第一个比它小的元素时，紧跟着这个元素便是新元素的插入位置了。插入前，将该位置元素及之后所有元素全部后移一个位置，为新元素腾出位置后，将新元素存入该位置。具体程序如 7-2 所示。

插入排序

程序 7-2 插入程序。

```
template <class elemType>
void insert(elemType a[], int n, const elemType &x)
//n 为有序表 a 中当前元素的个数，x 为待插入新元素
{
      int i;

      //从后往前找第一个不比 x 大的元素，大者后移一位
      for (i=n-1; i>=0; i--)
            if (a[i]<=x) break;
            else a[i+1]=a[i];

      a[i+1]=x; //在腾出的位置上存新元素 x
}
```

如何利用以上插入的思想将一个无序的序列排成有序序列？可以首先将序列中仅由第 1 个元素构成的序列视作一个有序序列，将序列中的第 2 个元素插入到前面有 1 个元素的有序序列中，形成一个有 2 个元素的有序序列；再将序列中的第 3 个元素插入到前面有 2 个元素的有序序列中，形成一个有 3 个元素的有序序列。如此操作，直到将第 n 个元素插入到前面有 $n-1$ 个元素的有序序列中，最终形成有 n 个元素的有序序列。图 7-2 所示为每趟操作

待排序序列:　18, 26, 31, 72(a), 8, 15, 88, 72(b), 35, 20
第一趟排序结果:　18, 26, 31, 72(a), 8, 15, 88, 72(b), 35, 20
第二趟排序结果:　18, 26, 31, 72(a), 8, 15, 88, 72(b), 35, 20
第三趟排序结果:　18, 26, 31, 72(a), 8, 15, 88, 72(b), 35, 20
第四趟排序结果:　8, 18, 26, 31, 72(a), 15, 88, 72(b), 35, 20
第五趟排序结果:　8, 15, 18, 26, 31, 72(a), 88, 72(b), 35, 20
……
第九趟排序结果:　8, 15, 18, 20, 26, 31, 35, 72(a), 72(b), 88

图 7-2　插入排序

后的结果，图中带下画线部分为已经排好序的序列。

插入排序算法实现如程序 7-3 所示。

程序 7-3　插入排序程序。

```
template <class elemType>
void insertSort(elemType a[], int n)
{   int i;
    elemType tmp;

    //将第 i 个元素插入到前 i-1 个元素的有序序列中
    for (i=1; i<n; i++)
    {   tmp=a[i];   insert(a, i, tmp);   }
}
```

算法分析：在从后往前找第一个小于等于 x 的元素过程中可以看出，找到的插入位置上及之后所有元素都大于 x，原本在 x 前又和 x 值相等的元素依然保留在 x 插入位置之前，因此插入排序为稳定排序。

时间上，观察程序 7-2 可知：当待排序序列原本是正序，每次插入一个元素时，只需要比较一次，数据无须移动，此时算法的时间复杂度为 $O(n)$，为最优情况；当待排序序列原本是逆序，每次插入一个元素时，都需要比较前面所有的元素，数据全部需要移动，此时比较次数和移动次数都为 $n(n-1)/2$，算法的时间复杂度达到 $O(n^2)$，为最差情况，一般称其复杂度为最差情况的 $O(n^2)$。

7.3.2　折半插入排序

分析上面的简单插入程序 7-2，第 k 个元素在前 k-1 个元素组成的有序序列中查找位置时，采用的是逐一查找的方法。事实上，因为前面序列的有序性，我们也可以采用折半查找的方法进行优化，这样查找过程的时间复杂度就可以由 $O(n)$降到 $O(\log_2 n)$。当查找到插入位置后，数据移动仍然为 $O(n)$，加上 n 次外循环，总时间复杂度仍为 $O(n^2)$。但当原始数据是正序时，因为数据不再是从后往前比，而是从中间位置开始比较，因此比较次数反而增加，效率变差。

7.3.3　希尔排序

希尔排序

在分析直接插入排序的时间复杂度时，可以看出：当原始数据是正序时，比较次数为 n 次、移动 0 次；当原始数据是逆序时，比较次数和移动次数都达 $n(n-1)/2$ 次。可见比较次数一般情况下是介于 n 和 $n(n-1)/2$ 之间的，当然如果事先知道原始数据完全正序，就不用排了。如果原始数据不是完全有序，而是比较有序，在前面有 m 个元素的有序序列的插入操作中，有些比较就不是 m 次，而是小于 m 次，如 2 到 3 次，移动也就是 2 到 3 次，这样总的时间复杂度就往 $O(n)$靠近，而不是靠近 $O(n^2)$了。基于这个想法，花点时间将原始序列做个快速的预处理，将杂乱无章的数据序列处理成比较有序，是希尔排序的目的。

预处理算法的思想如下：从待处理的序列中，每隔一个固定 step 距离抽出一个元素，由这些元素组成一个子序列，这样会获得 step 个子序列。对每个子序列单独进行排序，子序列依然可采用简单插入法排序，这样就达到了远距离快速调整元素位置的目的，结果会使得小的元素靠前，大的元素靠后。按照固定 step=5 提取子序列并分别排序的示例如图 7-3 所示。从图 7-3 中 15、18

位置的交换，可以看出它们之间进行了远距离（step=5）的位置改变，大步伐地将小的元素往前移、大的元素往后移，与之前的序列比较相对有序些，但有序的程度不是太高。以上便是进行了一趟预处理的结果。

下面让步伐变小一些，取 step=2, 进行第二趟的预处理，如图 7-4 所示。最后进行 step=1 的处理，如图 7-5 所示。显然当 step=1 时的处理方法，就是简单插入算法了。step=5 和 step=2 的两趟预处理使得小的尽量往前移、大的尽量往后移的目标逐次得到完善。通过最后一趟的简单插入排序，可以发现每个元素在往前面的有序序列中插入时，比较和移动次数已经变得很小了。

一般来说，step 的取值可以从 $n/2$ 开始，之后再逐次减半，用此方法，step 将会取到 $\log_2 n$ 个值。最后当 step 取 1 时，共取了 $\log_2 n$ 个 step。随着趟数增长，序列有序程度越来越高，当 step 取 1 时，时间消耗趋于 $O(n)$。注意：step 慎取偶数，否则下次子序列中有一半元素曾在同一子序列出现过。

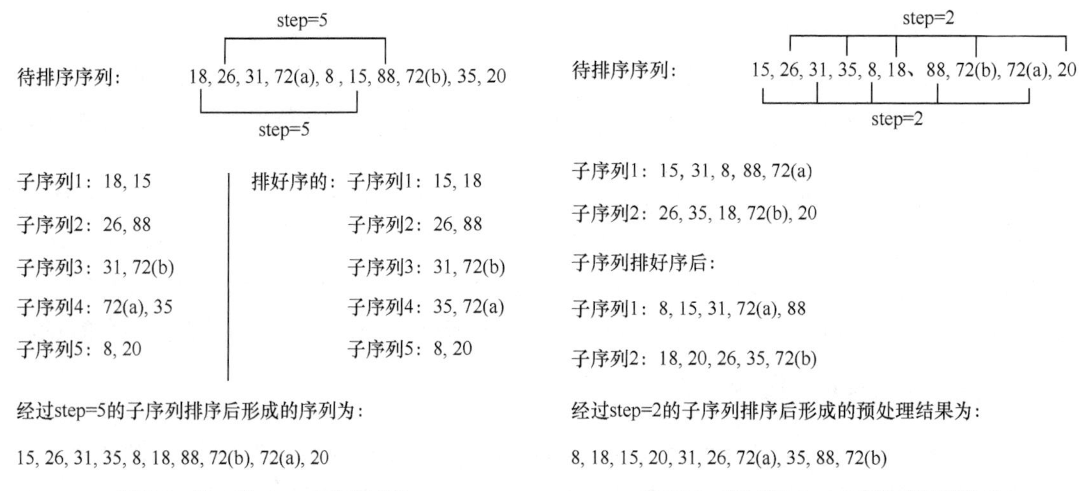

图 7-3　第一趟 step=5 的预处理　　图 7-4　第二趟 step=2 时的预处理结果

希尔排序预处理时间分析较复杂，这里不作分析。关于希尔排序的稳定性，再看图 7-6 所示的例子，因为值相等的元素在预处理时可能分在不同的子序列中，经过在各自子序列中位置的调整，原本的相对前后位置就可能发生改变，因此希尔排序是不稳定排序。

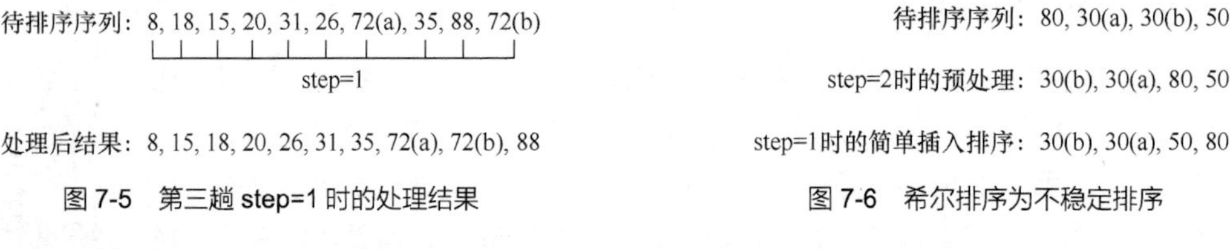

图 7-5　第三趟 step=1 时的处理结果　　图 7-6　希尔排序为不稳定排序

希尔排序算法实现如程序 7-4 所示。

程序 7-4　希尔排序算法实现。

```
template <class elemType>
void shellSort(elemType a[], int n)
{
    int step, i, j;
    elemType tmp;

    for (step=n/2; step>0; step/=2)
```

```
    for (i=step; i<n; i++)
     {
         tmp=a[i];
         j=i;
         while ((j-step>=0)&&(tmp<=a[j-step]))
         {
              a[j]=a[j-step];
              j-=step;
         }
         a[j]=tmp;
     }
}
```

7.4 归并排序

如果有两个有序序列，可以利用图 7-7 所示示例的方法将其归并为一个有序序列。

归并排序

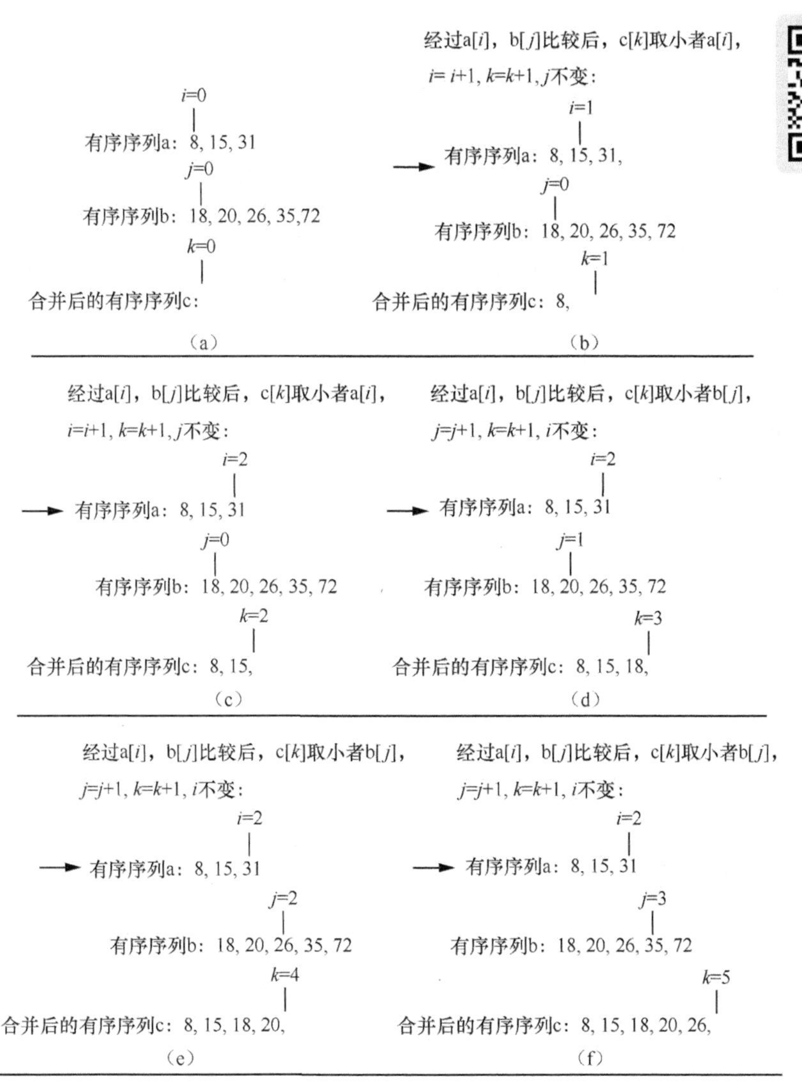

图 7-7　两个有序序列合并示例

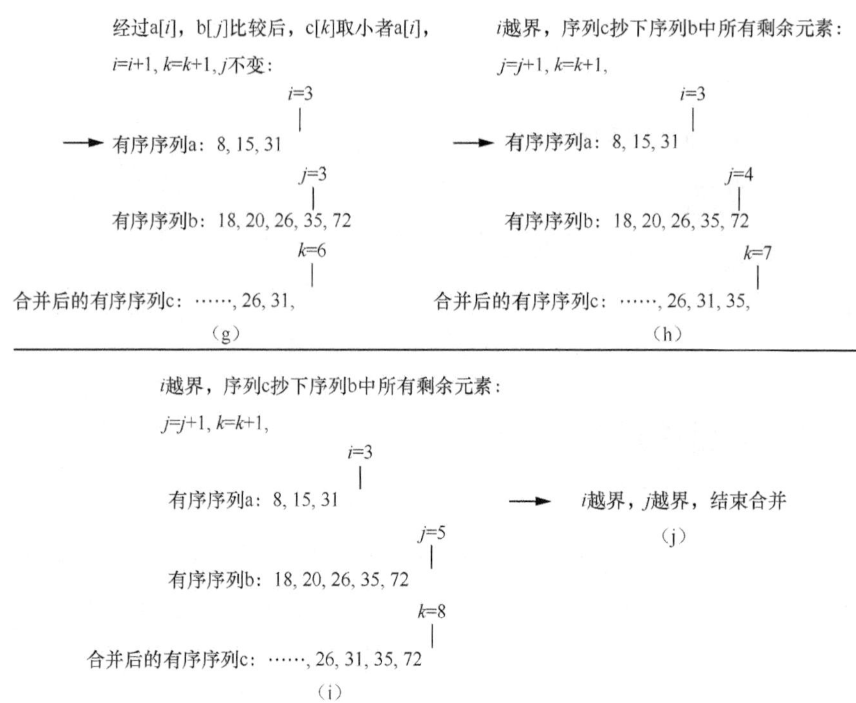

图 7-7　两个有序序列合并示例（续）

假设两个有序序列放在同一个数组 a 中，第 1 个有序序列下标范围为[low,mid]，第 2 个有序序列下标范围为[mid+1,high]，将 a 中两个有序序列合并成一个有序序列的算法实现如程序 7-5 所示。

程序 7-5　两个有序序列合并为一个有序序列的算法实现。

```
template <class elemType>
void merge(elemType a[], int low, int mid, int high)
{
    int i, j, k;
    elemType *c;

    //创建实际空间存储合并后结果
    c=new elemType[high-low+1];
    i=low;
    j=mid+1;
    k=0;

    //两个有序序列中元素的比较合并
    while ((i<=mid)&&(j<=high))
    {
        if (a[i]<=a[j])
        {
            c[k]=a[i];
            i=i+1;
        }
        else
        {
            c[k]=a[j];
            j=j+1;
        }
        k=k+1;
    }
```

```
        //若 a 序列中 i 未越界，抄写剩余元素
        while (i<=mid)
        {
            c[k]=a[i];
            i=i+1;
            k=k+1;
        }

        //若 b 序列中 j 未越界，抄写剩余元素
        while (j<=high)
        {
            c[k]=a[j];
            j=j+1;
            k=k+1;
        }

        for (i=0;i<high-low+1; i++)
            a[i+low]=c[i];
        delete []c;
    }
```

归并算法时间复杂度分析：设两个有序序列长度分别为 n、m，每次比较时，两个序列各有一个元素参与，有的元素只参与比较一次，有的却参与多次，没有规律，从这个角度分析，时间消耗就很难统计出来。不妨换个角度，在两两比较过程中，无论哪两个元素参与，从合并结果序列看，每次循环都会且只会得到一个元素。比较循环结束时，如果合并结果序列只得到 k 个元素，剩余的（$m+n-k$）个元素将会在后面未越界的那个序列中全部抄写回来，故最终结果序列会有 $m+n$ 个元素，因此时间消耗为 $O(m+n)$，或者说 $O(\max(m,n))$。

合并排序正是利用了两个有序序列合并的思想：首先将待排序序列前后平分为两个子序列（如果不能平分，两个子序列的长度差为 1）。假设两个子序列都是有序的，用上面合并的算法思路可以得到一个有序序列。当然这个假设是不存在的，但可以采用同样的方法先分别对前后两个子序列进行排序，这明显是一个递归算法的思路。

具体示例如图 7-8 所示，图 7-8（a）按照分割箭头方向展示了待排序序列逐步分割的过程，而图 7-8（b）按照合并箭头的方向展示了有序子序列逐步合并的过程。这正是合并排序递归算法实际运行的过程。

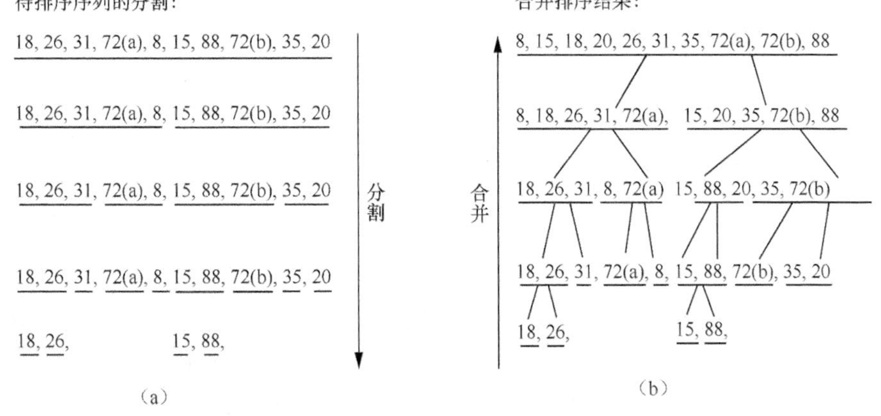

图 7-8　合并排序示例

归并排序算法实现如程序 7-6 所示。

程序 7-6 归并排序算法实现。

```
template <class elemType>
void mergeSort(elemType a[], int n)
{
    mergeSort(a, 0, n-1);
}

template <class elemType>
void mergeSort(elemType a[], int low, int high)
{
    int mid;

    if (low>=high) return;
    mid=(low+high)/2;
    mergeSort(a, low, mid);
    mergeSort(a, mid+1, high);
    merge(a, low, mid, high);
}
```

归并排序算法时间复杂度分析：假设原始序列长度为 n，消耗的时间函数为 $t(n)$，计算如下。

$$
\begin{aligned}
t(n)&=t(n/2) + t(n/2) + 2*n/2\\
&=2t(n/2)+n = 2(t(n/4)+t(n/4)+2*n/4)+n\\
&=4t(n/4)+2n = 4(t(n/8)+t(n/8)+2*n/8)+2n\\
&=8t(n/8)+3n = 2^3t(n/2^3)+3n\\
&=\cdots=2^kt(1)+kn
\end{aligned}
$$

我们来分析什么时候 $n/2^k=1$？假设 $n=4$，分割两次后，每一段长度为 1；假设 $n=6$，分割三次后每段长度为 1，所以 $k=\log_2 n+1$ 时 $n/2^k=1$。图 7-8 中分割的层次有 $\log_2 n+1$ 层，每层虽然是多对子序列两两合并，合并结果中每个元素都是在自己所在合并对的一次比较后得出的，只有最后一层元素有时会不足于 n 个，其他各层元素的个数都是 n 个，即每层时间消耗都是 n，所以合并排序的时间复杂度是 $O(n\log_2 n)$。

稳定性分析：在程序 7-5 所示的两两合并算法中，比较前后两个有序序列中的元素时，后者元素大才能胜出，因此值相同的元素在合并中能保持原本的相对前后位置，合并排序是一个稳定的排序算法。

7.5 快速排序

快速排序

合并排序算法的递归实现给出了一个思路，能否将待排序的数据进行分段处理，然后对分段处理后的结果做进一步的处理并得出最终的排序结果，每一段数据的排序再用同样的方法处理，这种思路对应的方法称为**分治法**。快速排序正是基于这样的思路，先从待排序序列中，任意选择一个元素作为标杆，对剩余元素做以下处理：所有小于它的元素移到它的前面，大于等于它的元素移到它的后面，以此形成一个新的序列。在新序列中，标杆元素将序列分成了两部分，前一部分所有元素都比标杆元素小，后一部分所有元素都不比标杆元素小。对标杆前后两个部分分别排序后，整个序列就有序了。前后两部分的排序再参照上面的方法对元素进行分步处理。图 7-9 所示是该算法的一个示例，在示例中总是选择待处理序列的第一个元素为标杆元素。

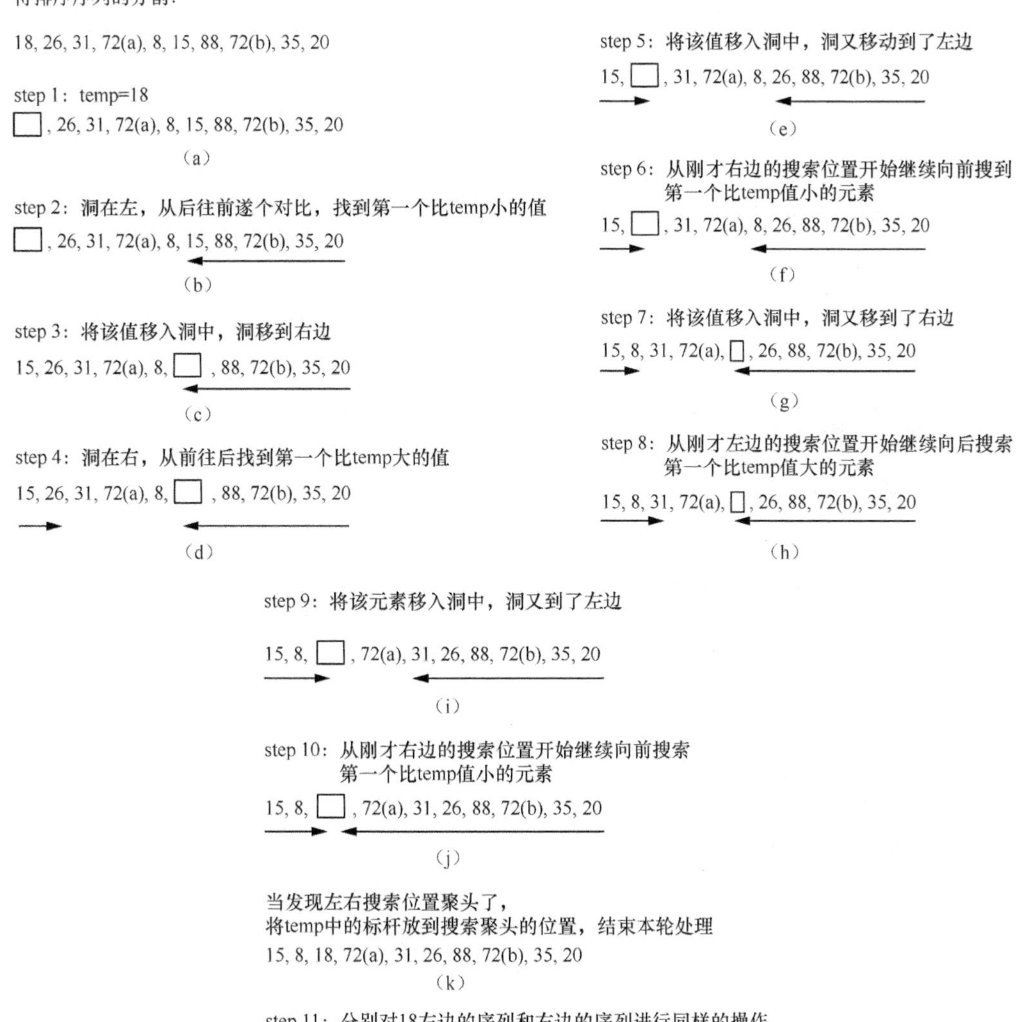

图 7-9　快速排序示例

快速排序算法实现如程序 7-7 所示。

程序 7-7　快速排序算法实现。

```
template <class elemType>
void quickSort(elemType a[], int n)
{
    quickSort(a, 0, n-1);
}

template <class elemType>
void quickSort(elemType a[], int start, int end)
{
    int i, j, hole;
```

```
        elemType temp;

        //序列中没有元素或只有一个元素，递归结束
        if (end<=start) return;

        temp=a[start];
        hole=start;
        i=start;  //从左到右搜索的指针
        j=end;    //从右到左搜索的指针

        while (i<j)
        {
            //从 j 位置开始从后往前找第一个小于 temp 的值
            while ((j>i)&&(a[j]>=temp)) j--;
            if (j==i) break;
            a[hole]=a[j];
            hole = j;

            //从 i 位置开始从前往后找第一个大于等于 temp 的值
            while ((i<j)&&(a[i]<temp)) i++;
            if (j==i) break;
            a[hole]=a[i];
            hole = i;
        }
        a[hole] = temp;

        //对标杆位置左边的序列实施同样的方法
        quickSort(a,start, hole-1);
        //对标杆位置右边的序列实施同样的方法
        quickSort(a,hole+1, end);
    }
```

算法复杂度分析：通过图 7-9 的过程可以看出，无论标杆元素最后落在什么位置上，从左向右的搜索和从右向左的搜索次数加起来都是 n，因此一趟的时间花费是 $O(n)$。那么一共有几趟呢？如果每一趟都很幸运，标杆都落在中间位置上（图 7-9 的示例没有幸运地落在中间位置），即将待处理元素分成长度最多差 1 的两部分，这种情况趟数最少，为 $\log_2 n$ 趟，时间复杂度为 $O(n\log_2 n)$。如果最不幸，每次标杆落定后，其左边或者右边序列都有一个序列元素个数为 0，那么下趟序列仅比上趟少一个元素，如原本待处理数据为完全逆序或正序时，比较次数为 $n+(n-1)+\cdots+1$，时间复杂度为 $O(n^2)$。

算法的稳定性：当序列中有两个关键字值相同的元素，且均小于标杆元素，其中一个居于序列最右侧时，第一次移动就将最右侧元素移到了最左端，这样两个关键字值相同的元素相对位置就发生了变化，快速排序是**不稳定排序**。观察图 7-10 所示的示例，经过快速排序后，72（a）和 72（b）的相对前后位置发生了改变。

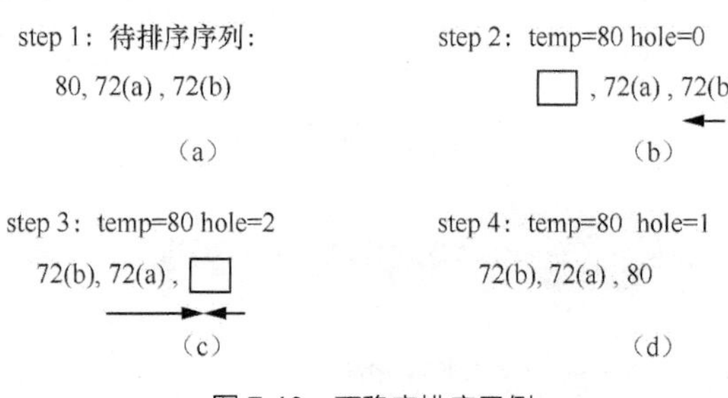

图 7-10　不稳定排序示例

为了避免最不幸情况出现，可采用 2 种改进办法：第一，取中间位置的值作为标杆；第二，在首、尾、中间三个位置的值中找到中间值，将该中间值作为标杆。改进中，无论标杆取什么位置上的元素，在排序前，需先将该标杆元素换到首位置上，保证第一个洞一定在最左侧。当然，也可以将首洞位置定在最右侧，前面的处理就先从左向右搜索，而不是先从右向左搜索。

7.6 选择排序和堆排序

7.6.1 选择排序

换个思路：为有序序列的每个位置寻找合适的元素，这就是选择类排序的思想。本节介绍的选择排序和堆排序都属于这类思想的排序。

选择排序

选择排序：首先为第 1 个位置找合适的元素，这个元素应是序列中从第 1 到第 n 个元素中最小的元素，找到后将其换到第 1 个位置上；然后为第 2 个位置找合适的元素，这个元素应是序列中从第 2 个到第 n 个元素中的最小元素，找到后将其换到第 2 个位置上，……，为第 i 个位置找合适元素，即从第 i 个到第 n 个元素中找到最小值，并把它换到第 i 个位置上去。如此反复，直到为第 n−1 个位置找到合适的元素。

图 7-11 所示是选择排序的一个示例。

选择排序算法实现见程序 7-8。

待排序序列：

18, 26, 31, 72(a), 8, 15, 88, 75(b), 35, 20

step 1：为第1个位置找到合适的元素，并换到第1个位置上去

18, 26, 31, 72(a), 8, 15, 88, 72(b), 35, 20

8, 26, 31, 72(a), 18, 15, 88, 72(b), 35, 20

step 2：为第2个位置找到合适的元素，并换到第2个位置上去

8, 26, 31, 72(a), 18, 15, 88, 72(b), 35, 20

8, 15, 31, 72(a), 18, 26, 88, 72(b), 35, 20

step 3：为第3个位置找到合适的元素，并换到第3个位置上去

8, 15, 31, 72(a), 18, 26, 88, 72(b), 35, 20

8, 15, 18, 72(a), 31, 26, 88, 72(b), 35, 20

step 4，……，step 9：

8, 15, 18, 20, 31, 26, 88, 72(b), 35, 72(a)

8, 15, 18, 20, 26, 31, 88, 72(b), 35, 72(a)

8, 15, 18, 20, 26, 31, 88, 72(b), 35, 72(a)

8, 15, 18, 20, 26, 31, 35, 72(b), 88, 72(a)

8, 15, 18, 20, 26, 31, 35, 72(b), 88, 72(a)

8, 15, 18, 20, 26, 31, 35, 72(b), 72(a), 88

图 7-11　选择排序示例

程序 7-8　选择排序算法实现。

```
template <class elemType>
void selectSort(elemType a[], int n)
{
    int i, j,minIndex;
    elemType temp;

    //为每个位置找合适的数据
    for (i=0; i<n; i++)
    {
        //为第 i 个位置找合适的数据
        minIndex=i;
        for (j=i+1; j<n; j++)
            if (a[j]<a[minIndex])
                minIndex=j;

        //将 minIndex 位置上的数据和位置 i 上数据交换
        if (minIndex==i) continue;
```

```
            temp=a[i];    a[i]=a[minIndex];    a[minIndex]=temp;
        }
    }
```

算法时间复杂度分析：通过图 7-11 的过程可以看出，为第 1 个即下标为 0 的位置找元素，需要比较 $n-1$ 次；为第 2 个即下标为 1 的位置找元素，需要比较 $n-2$ 次；为第 i 个即下标为 i 的位置找元素，需要比较 $n-i$ 次；最后为第 $n-1$ 个元素找位置需要比较 1 次。时间消耗主要是在比较上面，交换的时间消耗是 1，故算法的时间消耗是：$(n-1)+(n-2)+\cdots+1$，时间复杂度是 $O(n^2)$。通过图 7-11 所示的示例也可以看出，值相等的元素可能因为中途和其他元素调换位置而改变了相等元素最初的相对先后位置，因此选择排序是不稳定排序。

事实上，通过上述各种排序算法分析，可以看出，只要发生的元素交换不是在相邻位置上，都不能保证其稳定性。

7.6.2 堆排序

在选择排序中，对位置 i 找到合适的元素需要线性阶的时间，那么能否在这方面优化呢？回顾二叉树这个工具，利用它是否可以将时间降到对数级？下面尝试把二叉树引入到选择排序的方法中。

堆排序

首先定义堆的概念：在一个完全二叉树中，如果每个结点都满足其左、右子结点元素值比之大或者小，该二叉树称为**堆**。满足完全二叉树称为堆的结构性，每个结点比左、右子结点的值大或者小则称为堆的有序性。堆分为小顶堆和大顶堆。大顶堆中每个结点的值都比其左、右子结点的值大，根结点的值最大；小顶堆中每个结点的值都比其左、右子结点的值小，根结点的值最小。当手中有了一个小顶堆，取下根结点就获得了最小值，然后花费对数阶的时间就可以将剩余元素重新调整为小顶堆，由此达到了花费对数阶的时间为**堆**排序中每个位置找到合适元素的目标。

图 7-12 所示就是一个具体的示例，其中 7-12（a）是一个小顶堆，摘走小顶后，空出一个结点，在其左右孩子 15 和 31 中选择值小的 15，将其移入空的父结点中，达到状态 7-12（c），再次比较两个孩子 20 和 35，将小值 20 移入空的父结点中。如此下行，直到空结点不再有孩子结点，这样最小值又出现在根上。这个过程时间的花费是二叉树的高度，但结果不能保证它依然是一棵完全二叉树。可以改进以上操作，以保证二叉树始终为完全二叉树。如图 7-13 所示，当摘走小顶 8 后，将完全二叉树中最后一个元素 88 移到二叉树根中，调整新的根结点 88，从 88 左、右孩子中找到最小元素 15，因 15 小于 88，15 上移，88 下移，88 的新位置上其左、右孩子的最小值 20 又小于 88，20 上移，88 下移，此时 88 无左、右孩子，调整结束。事实上，调整不是一定要到叶子位置，只要途中 88 不比其左、右孩子中最小值大，调整即结束，因此时间最多为对数级。

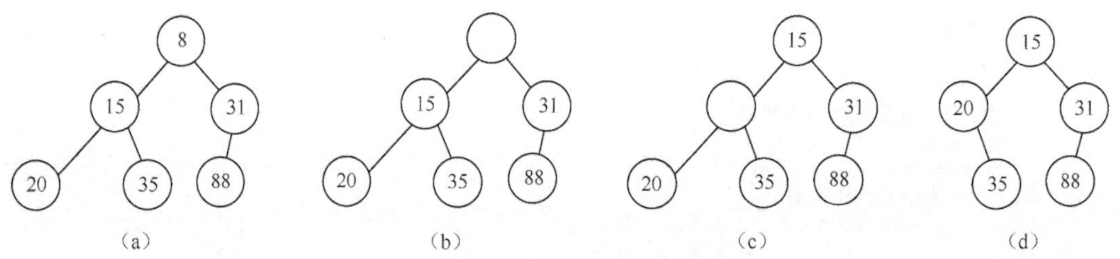

图 7-12　小顶堆获取最小值并调整堆的过程

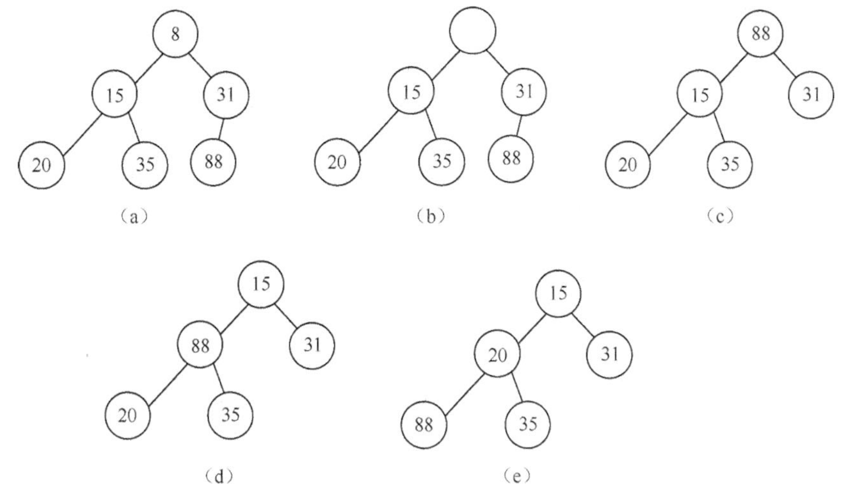

图 7-13　改进小顶堆获取最小值并调整堆的过程

下面按照堆的概念，对原始的待排序序列进行处理：

首先将存于数组中的原始序列看作是一棵完全二叉树的顺序存储。按照堆的概念调整之，使之成为一个大顶堆。具体调整方法是对序列从后往前逐一检查元素并调整使得以该元素为根的二叉树满足大顶堆的定义。摘取大顶，换到待处理元素最后位置，继续调整新的根使之满足大顶堆概念，得到次大元素，继续后移，直到序列中元素全部有序。

原始序列：

18, 26, 31, 72(a), 8, 15, 88, 72(b), 35, 20

看作顺序存储的完全二叉树：

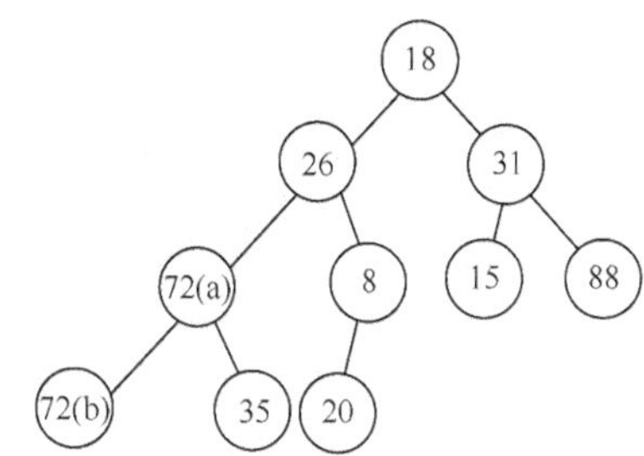

图 7-14　将原始序列看作顺序存储的完全二叉树

Step 1：将原始序列看作顺序存储的完全二叉树，见图 7-14。

Step 2：对序列从后往前逐一检查元素，调整使得以该元素为根的二叉树满足大顶堆的定义。具体过程和结果示例如图 7-15 所示。先对图 7-14 从后往前看，所有的叶子结点因无孩子结点，都满足以它为根的二叉树为大顶堆的要求。所以 20、35、72(b)、88、15，这些叶子结点都不用检查。可以从倒数第一个非叶子结点 8 开始，其孩子中的最大值 20 和 8 比，20 比 8 大，20 上 8 下，倒数第一个非叶子结点检查及调整结束，得到结果如图 7-15（a）所示。下面检查倒数第二个非叶子结点 72(a)，…，直到根结点 18。这时得到一个大顶堆，根结点为最大的元素 88，如图 7-15（e）所示。将根结点 88 和最后一个元素 8 交换，最大元素 88 便得到最后的定位。第 10 个元素 88 不再参与以后调整，调整只在前 9 个元素中进行。继续调整根结点 8，8 的孩子中的最大值 72(b)大于 8，72(b)上 8 下，8 的孩子中最大值 72(a)大于 8，72(a)上 8 下，8 的孩子中的最大值 35 大于 8，35 上 8 下，8 无孩子，结束。至此，又得到一个新的大顶堆，如图 7-15（g）所示。根结点 72(b)和最后的元素 8 交换，72(b)得到最终的定位，以后调整只剩下前 8 个元素参与。如此进行，直到参与调整的元素只剩下 1 个时结束,如图 7-15（i）所示。

在二叉树中，假设度为 0 的结点有 m 个，根据二叉树的性质 3，度为 2 的结点就有 $m-1$ 个。又因为该二叉树是一棵完全二叉树，所以度为 1 的结点最多有 1 个。当没有度为 1 的结点时：n 为奇数，且 $2m-1=n$，$m=(n-1)/2$；当度为 1 的结点有 1 个时：n 为偶数，且 $2m-1+1=n$，$m=n/2$。

兼顾所有非叶子结点，统一从倒数下标为 $n/2-1=(n-2)/2$ 开始向前检查。

调整倒数第一个非叶子结点8：

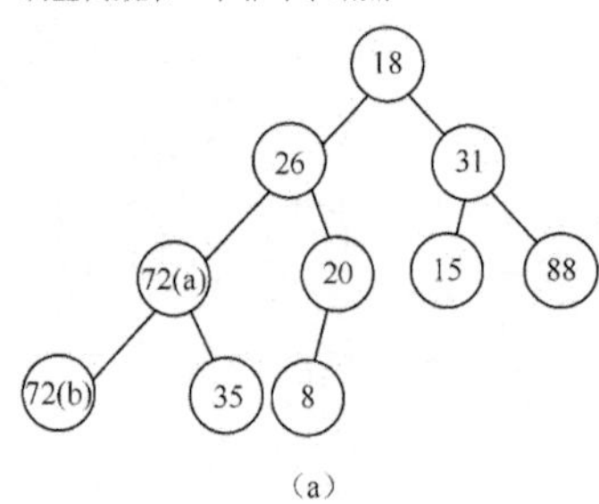

（a）

调整倒数第二个非叶子结点72(a)：

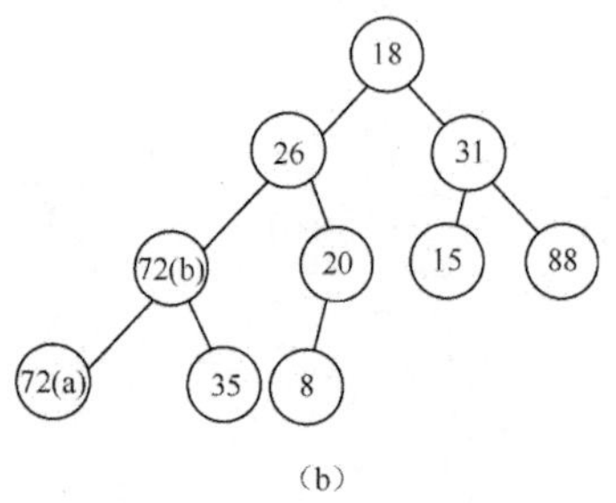

（b）

调整倒数第三个非叶子结点31：

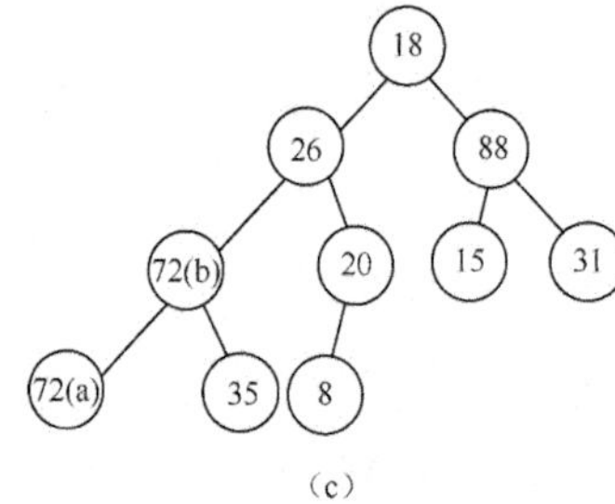

（c）

调整倒数第四个非叶子结点26：

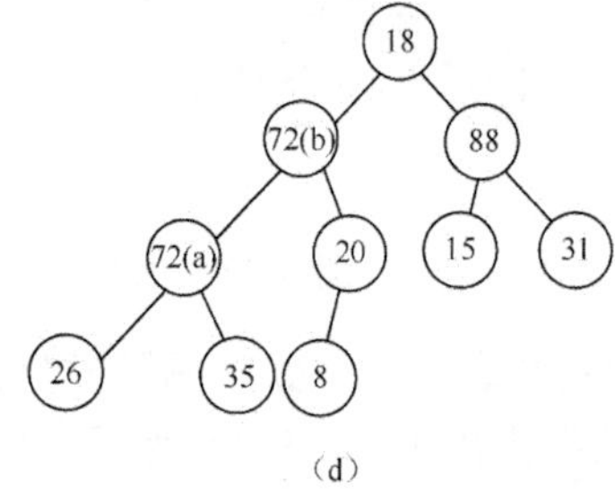

（d）

调整倒数第五个非叶子结点18，获得大顶堆：

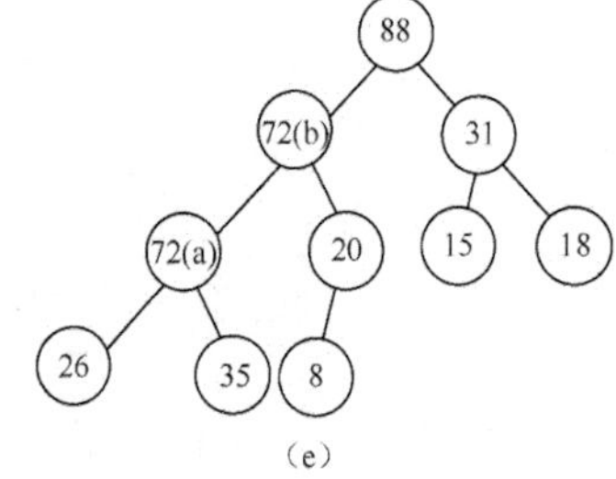

（e）

将大顶和最后一个元素交换，88获得最终定位：

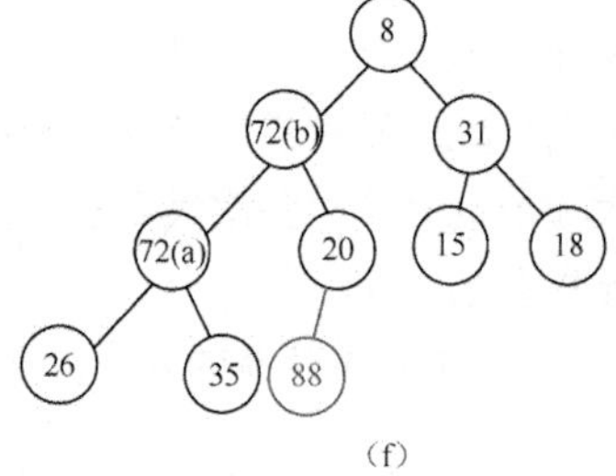

（f）

最后一个元素88不参与调整，调整新的根结点8：

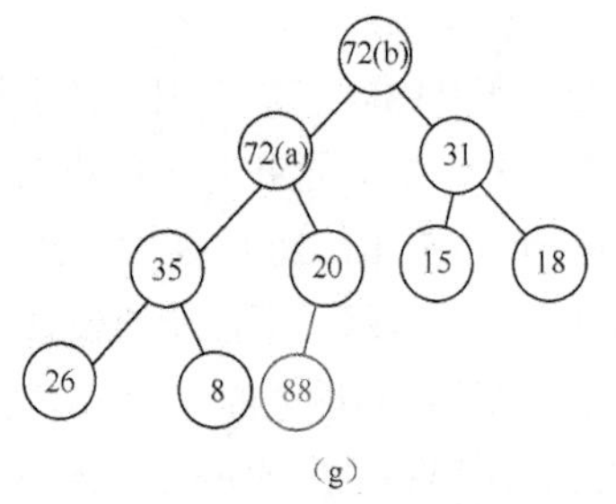

（g）

将大顶和最后的元素8交换，72(b)获得最终定位：

（h）

如此继续操作，直到参与调整的个数为1，便得到最后的状态。
该状态在数组中就是一个有序序列：

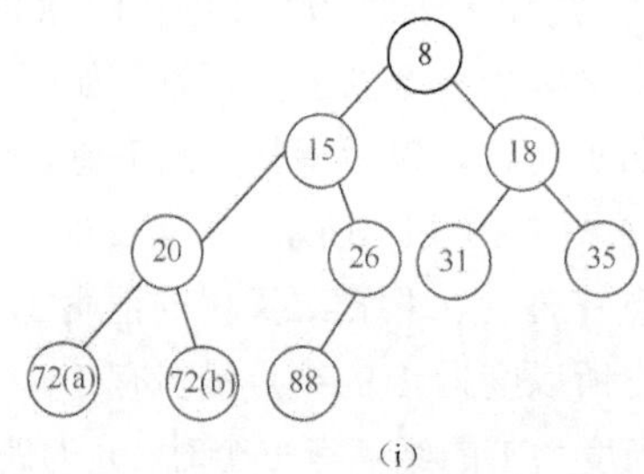

（i）

图 7-15　堆排序过程示例

堆排序算法实现如程序 7-9 所示。

程序 7-9　堆排序算法实现。

```
template <class elemType>
void heapSort(elemType a[], int n)
{
    int i, j;
    elemType temp;

    //从倒数第一个非叶子结点开始调整，首次建立大顶堆
    for (i=(n-2)/2; i>=0; i--)
        adjust(a, n, i);

    //换大顶，逐次减少参与的元素，重新调整为大顶堆
    for (j=n-1; j>=1; j--)
    {
        //大顶和第 i 个位置元素交换
        temp=a[0];
        a[0]=a[j];
        a[j]=temp;

        //调整第 0 个元素
        adjust(a, j, 0);
    }
}

template <class elemType>
void adjust(elemType a[], int n, int i)
//对尺寸为 n 的数组 a，假设根为 0 下标元素，
//调整下标为 i 的元素，使得以 i 为根的二叉树为一个大顶堆
{
    int maxChild;
    elemType temp;

    while (true)
    {
        maxChild=2*i+1;   //i 的左子下标

        if (maxChild>n-1) return;
        if (maxChild+1<=n-1) //i 还有右子
        {
            if (a[maxChild+1]>= a[maxChild]) //右孩子大于等于左孩子
            maxChild++; //右孩子最大
        }

        if (a[i]>a[maxChild]) return; //最大孩子小于父结点
        //最大孩子大于等于父结点，父结点向下调整
        temp=a[i];
        a[i]=a[maxChild];
        a[maxChild]=temp;

        i=maxChild;   //继续向下调整
    }
}
```

算法的时间复杂度分析：堆排序时间消耗由初次建堆的时间消耗和摘取大顶的时间消耗两部分组成。前者从形式上看时间复杂度是 $O(n\log_2 n)$，但实际可达 $O(n)$；后者时间复杂度为 $O(n\log_2 n)$。故总的时间复杂度是 $O(n\log_2 n)$。

建堆时间复杂度分析：假设堆的高度为 h+1，总的元素个数为 n。当堆是一个满二叉树时，有

$$n = 2^{h+1} - 1$$

观察此堆，从后往前逐个检查并调整各个非叶子结点时，比较并调整的最大次数为以该结点为根的堆的高度−1。第一批非叶子结点在倒数第二层，倒数第二层总的结点个数为 2^{h-1} 个，各结点的比较调整最大次数为 1；倒数第三层总的结点个数为 2^{h-2} 个，各结点的比较调整最大次数为 2；根结点这层的结点个数为 $2^{h-h}=2^0=1$ 个，结点比较调整最大次数为 h。故总的比较调整次数最多如下。

$$\begin{aligned}
t &= \sum_{i=h-1}^{0} 2^i (h-i) \\
&= h + 2(h-1) + 4(h-2) + \cdots + 2^{h-2}(2) + 2^{h-1}(1) \\
2t &= 2h + 4(h-1) + 8(h-2) + \cdots + 2^{h-1}(2) + 2^h(1) \\
&= 0 + 2h + 4(h-1) + 8(h-2) + \cdots + 2^{h-1}(2) + 2^h(1) \\
t &= 2t - t \\
&= -h + 2 + 4 + 8 + \cdots + 2^{h-1} + 2^h \\
&= -h - 1 + 1 + 2 + 4 + 8 + \cdots + 2^{h-1} + 2^h \\
&= -(h+1) + \frac{1-2^{h+1}}{1-2} \\
&= -(h+1) + 2^{h+1} - 1 \\
&= n - (h+1)
\end{aligned}$$

又因 h 为 n 的对数阶，故建堆的时间复杂度为 $O(n)$。

堆排序的稳定性分析：从以上算法中可以看出，左、右孩子中选择最大元素时，右孩子是优先的。即如果左、右孩子一样大，选择右孩子为最大子，优先进入堆顶，并先于左孩子被替换到序列尾部。右孩子相对于左孩子，原本在数组序列中的位置就居于后面。当父结点值和最大孩子结点的值相同时，该孩子也被换到上层，优先进入排序结果序列的尾部，此时排序是稳定排序；但当父结点值和最小结点的值相同时，情况可能发生反转，排序结果显示为不稳定排序。各种情况具体示例如图 7-16～图 7-18 所示，由此得出结论：堆排序是不稳定排序。

原始序列：2, 5(a), 5(b)

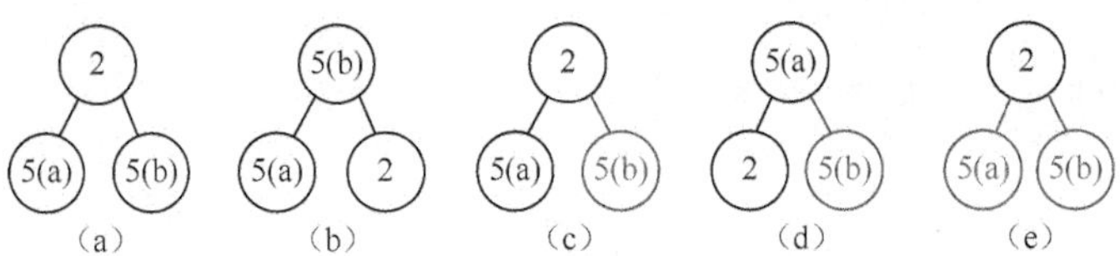

已排序序列：2, 5(a), 5(b)

图 7-16　堆排序示例 1

原始序列：5(a), 2, 5(b)

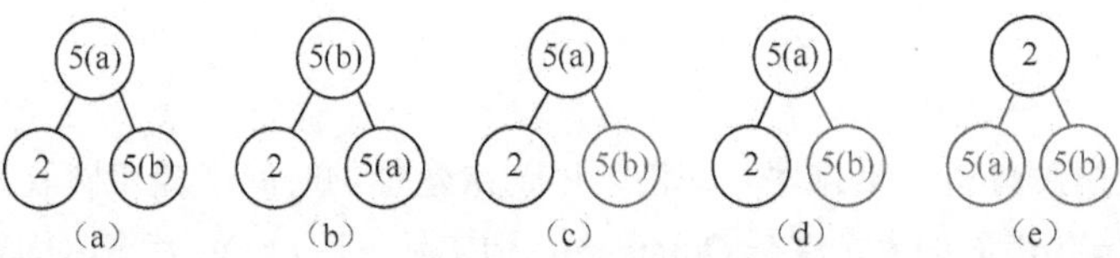

已排序序列：2, 5(a), 5(b)

图 7-17　堆排序示例 2

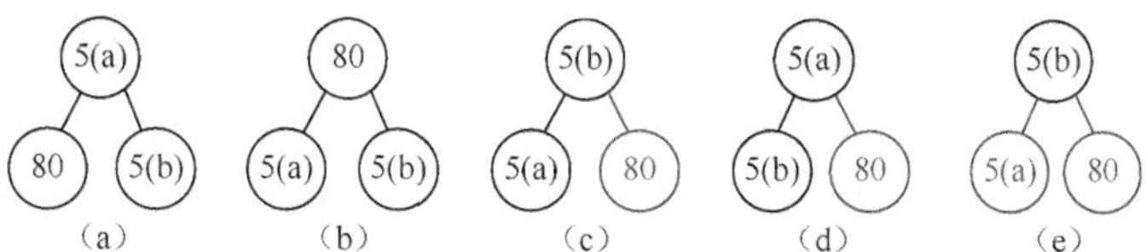

图 7-18　堆排序示例 3

7.6.3　堆和优先队列

在 3.3.4 节定义并讨论了优先队列及优先队列的顺序存储和链式存储。无论是顺序存储还是链式存储，进出队列都有一个操作时间复杂度是 $O(1)$而另外一个是 $O(n)$。现在尝试用堆，假设元素的值用其优先级的级别值来标识，级别值小的优先级高，反之则优先级低。出队是优先级高者先出队，因此可以用一个小顶堆来实现优先队列。

优先队列

当一个优先队列用小顶堆来表示后，堆顶是优先级最高的元素。出队直接读取堆顶（即二叉树的根），时间花费为 $O(1)$；摘取堆顶后，将尾部元素写入堆顶，并对 a[0]做如上算法中的 adjust 调整操作，时间花费为此完全二叉树的高度 $O(\log_2 n)$。因此出队的时间复杂度为 $O(\log_2 n)$。进队时将新元素加入到序列尾部成为最后的叶子结点，它可能破坏了堆的有序性，因此需要向上检查父结点，如果新结点值不小于父结点，结束检查；如果新结点值小于父结点，交换两者的值，并进一步往更高层祖先检查比较，直到不小于父结点或者祖先结点，或到达根，因此进队的时间花费也是完全二叉树的高度 $O(\log_2 n)$。下面用图 7-19 显示优先队列出队、进队的过程。

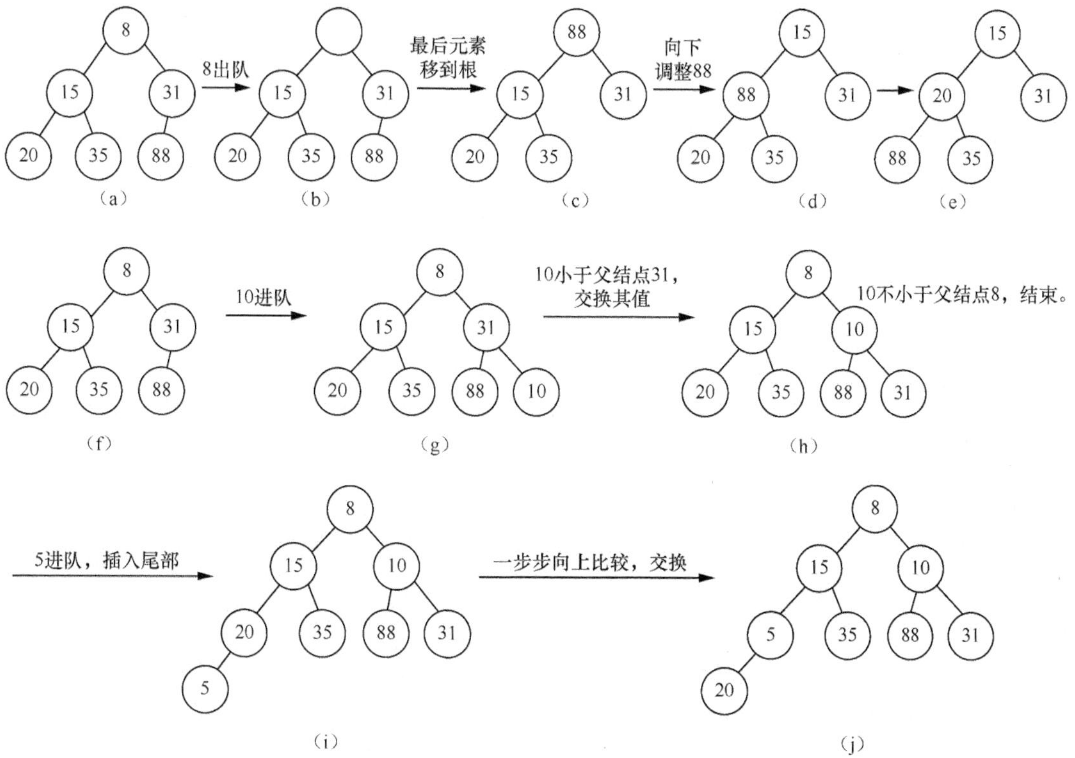

图 7-19　优先队列出队、进队过程示例

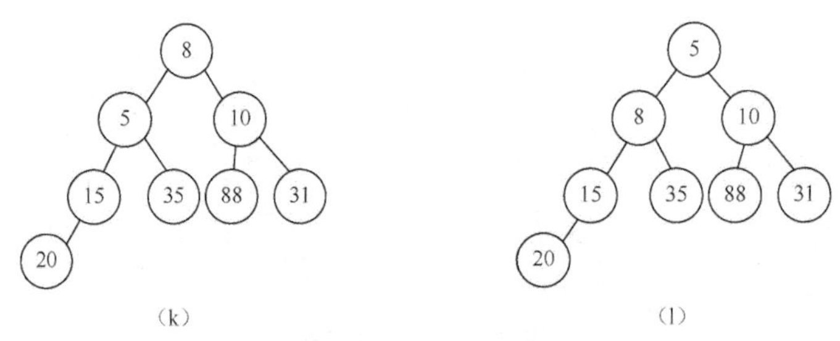

图 7-19　优先队列出队、进队过程示例（续）

7.7　基数排序

7.7.1　多关键字排序

前面的排序都是通过比较元素的某个单一关键字进行的。例如每个元素是一个学生的数据，数据包括了学号、姓名、年龄、身高。如果排序是按照学号排序，学号即其关键字。现实生活中有时又需要按照多个关键字进行排序，如学生数据先按照年龄排序，年龄相同者再按照身高排序。在多关键字排序中关键字有主次之分，排序中先考虑的关键字称为主关键字，其他称为次关键字。学生先按年龄再按身高排序示例中，年龄是主关键字，身高是次关键字。图 7-20 所示为一个多关键字排序的示例，其中每个元素为显示其年龄、身高的二元组。它们按照年龄和身高排序，其中年龄为主关键字。

排序前：(19, 165), (20, 167), (18, 170), (20, 160), (19, 172)

排序后：(18, 170), (19, 165), (19, 172), (20, 160), (20, 167)

图 7-20　多关键字排序示例

7.7.2　基数排序法

基数排序

基数排序正是基于多关键字排序的思想，解决单一关键字排序问题，具体方法是：把单一关键字中的不同位数视作多关键字进行排序。如原始序列 18、26、31、72(a)、8、15、88、72(b)、35、20 中，数字位数最长为 2 位，它们分别是十位和个位。将十位视作主关键字，个位视作次关键字，按照 7.7.1 节多关键字排序的方法，可以先根据十位上的值按序将数据分到 10 个不同的子序列中，然后对每个子序列中的数据单独再按个位分到 10 个子序列中，将各个子序列顺序连接起来便得到最终的有序序列。这种方法称作**最高位优先法**（Most Significant Digital，MSD）。示例如图 7-21 所示，图中空的子序列省略不画。

原始序列：18, 26, 31, 72(a), 8, 15, 88, 72(b), 35, 20

第一步：按照十位数将元素分到10个不同子序列中：
子序列0（十位为0）：8
子序列1（十位为1）：18、15
子序列2（十位为2）：26、20
子序列3（十位为3）：31、35
子序列7（十位为7）：72(a)、72(b)
子序列8（十位为8）：88

第二步：每个子序列单独按照个位数值排序：
子序列0（十位为0）：8
子序列1（十位为1）：子子序列5：15
　　　　　　　　　　子子序列8：18
子序列2（十位为2）：子子序列0：20
　　　　　　　　　　子子序列6：26
子序列3（十位为3）：子子序列1：31
　　　　　　　　　　子子序列5：35
子序列7（十位为7）：子子序列2：72(a)、72(b)
子序列8（十位为8）：子子序列8：88

第三步：将所有子序列按序连接起来形成最终的有序序列：
8、15、18、20、26、31、35、72(a)、72(b)、88

图 7-21　按照多关键字排序方法排序

另外一种方法是**低位优先法**（Least Significant Digital，LSD），它先将原始序列根据个位数值按序分割成 10 个子序列，然后将 10 个子序列收集形成一个新的序列，再次将该序列按照十位数值按序分割成 10 个子序列，将 10 个子序列按序连接后便得到了最终的有序序列。该方法和 MSD 方法不同处在于：按照个位数值分割的子序列不再各自进一步分割成子序列，而是按序收集后统一参加下次按照十位数值的分割，无论是存储还是处理都变得更加便捷简单。具体示例如图 7-22 所示。

原始序列：18, 26, 31, 72(a), 8, 15, 88, 72(b), 35, 20

第一趟分配：
口袋0：20
口袋1：31
口袋2：72(a)、72(b)
口袋3：空
口袋4：空
口袋5：15、35
口袋6：26
口袋7：空
口袋8：18、8、88
口袋9：空

第一趟收集：
20、31、72(a)、72(b)、15、35、26、18、8、88

第二趟分配：
口袋0：8
口袋1：15、18
口袋2：20、26
口袋3：31、35
口袋4：空
口袋5：空
口袋6：空
口袋7：72(a)、72(b)
口袋8：88
口袋9：空

第二趟收集：
8、15、18、20、26、31、35、72(a)、72(b)、88

图 7-22　基数排序法示例

在以上基数排序的示例中，两趟分配、收集之后一定完全有序吗？下面对图 7-22 中的示例进行分析。

以下按照口袋标号来论大小。如相对于口袋 3，口袋 5 为大号口袋，口袋 1 为小号口袋。设原始序列中有两个元素 x 和 y ($x \leqslant y$) 。

（1）如果 x 和 y 在十位数上数字不同，即$(x/10)<(y/10)$：无论第一趟分配收集后谁在前谁在后，根据第二趟分配的原则，x 分在小号口袋，y 分在大号口袋；第二趟收集后，按照口袋从小号到大号的收集原则，x 在前，y 在后。

（2）如果 x 和 y 在十位数上数字相同但个位数上数字不同，即$(x\%10)<(y\%10)$：第一趟分配后，x 分在小号口袋，y 分在大号口袋；第一趟收集后，按照口袋先小后大收集原则，x 在前，y 在后。第二趟分配后，x、y 分在同一个口袋里，且根据分配原则，保持了 x、y 本趟分配前的先后位置；第二趟收集后，x 在前，y 在后。

（3）如果 x 和 y 在十位数上数字相同且个位数上数字也相同，即$(x/10)=(y/10)$、$(x\%10)=(y\%10)$，且 x 在前，y 在后：第一趟分配后，因个位相同 x、y 分在了同一个口袋里，且根据分配原则，在这个口袋中，保持了 x、y 本趟分配前的先后位置，即 x 在前，y 在后；第一趟收集后，x 在前，y 在后。第二趟分配后，因十位相同 x、y 分在了同一个口袋里，且根据分配原则，在这个口袋中，保持了 x、y 本趟分配前的先后位置，即 x 在前，y 在后；第二趟收集后，根据收集原则，依然 x 在前，y 在后。故整个序列必然有序，且为稳定排序。

基数排序算法实现如程序 7-10 所示。

程序 7-10　基数排序算法实现。

```
template <class elemType>
struct Node
{
    elemType data;
    Node *next;
};

template <class elemType>
struct pocketList
{
    Node<elemType> *front;
    Node<elemType> *rear;
};

template <class elemType>
```

```
void pocketSort(elemType a[], int n)
{
    Node<elemType> *collectHead, *collectRear, *tmp;
    pocketList<elemType> list[10];
    elemType max;
    int i, j, k, count=0; //count 记录最大值的位数
    int base=1;

    //在原始序列中找到最大值，计算最大值的位数
    max = a[0];
    for (i=0; i<n; i++)
        if (max<a[i]) max=a[i];

    //计算最大数值的位数
    while (max!=0)
    {
        count++;
        max=max/10;
    }

    //根据数组中元素建立单链表
    collectHead=collectRear=NULL;
    for (i=0; i<n; i++)
    {
        tmp=new Node<elemType>;
        tmp->data=a[i];
        tmp->next=NULL;

        if (!collectHead) //收集链表为空
        {
            collectHead=tmp;
            collectRear=tmp;
        }
        else
        {
            collectRear->next=tmp;
            collectRear=tmp;
        }
    }//for

    //count 次的分配和收集
    for (j=0; j<count; j++)
    {
        //10 个口袋初始化为空
        for (i=0; i<10; i++)
            list[i].front=list[i].rear=NULL;

        //将收集链表中的每个结点根据单个位进行一趟分配
        while (collectHead)
        {
            k=collectHead->data;
            k=k/base%10;  //从后向前分割出单个位

            if (!list[k].front)
            {
                list[k].front=collectHead;
                list[k].rear=collectHead;
            }
            else                {
                list[k].rear->next=collectHead;
                list[k].rear=collectHead;
            }
            collectHead=collectHead->next;
        }//while

        //将 10 个口袋按序进行一趟收集，注意空链表口袋不收集
```

```
        collectHead=collectRear=NULL;
        k=0;
        while (k<10)
        {
            if (!list[k].front) {k++; continue;}
            if (!collectHead)
            {
                collectHead=list[k].front;
                collectRear=list[k].rear;
            }
            else
            {
                collectRear->next=list[k].front;
                collectRear=list[k].rear;
            }
            k++;
        }//while
        collectRear->next=NULL;
        base *=10; //向前取下一位
    }//for

    //在收集链表中排好序的数据写回到数组中去
    for (i=0; i<n; i++)
    {
        a[i]=collectHead->data;
        collectHead=collectHead -> next;
    }
}
```

可以看出基数排序属于 LSD，它是基于若干次的分配和收集，每次分配都是将元素分配到若干个不同的口袋中，每次收集也是将若干个口袋中的元素顺次收集成新的序列，因此基数排序又称为**口袋排序法**。基数排序方法是个例外，它不再以两两比较和交换为基础。

算法时间复杂度分析：10 个口袋是根据每位数字的所有取值定出的，和元素的个数没有关系。从上面程序可以看出，和元素个数相关的是两趟分配工作，每趟分配的时间复杂度是 $O(n)$，将最后一趟收集结果写回数组的时间消耗也是 $O(n)$；每次收集工作时间消耗都是常量次数 10。假如元素的最大值位数为 m，分配、收集要各自进行 m 趟，故整个算法复杂度是 $O(mn)$。

7.8　内部排序算法的比较

以上 7 节介绍了若干种内部排序算法，表 7-1 对各种排序算法的时间复杂度和稳定性做了一个汇总和比较。

表 7-1　各种排序算法的时间复杂度和稳定性

算法	时间复杂度	算法稳定性
冒泡排序	最差 $O(n^2)$，最优 $O(n)$	稳定
简单插入排序	最差 $O(n^2)$，最优 $O(n)$	稳定
折半插入排序	$O(n^2)$	稳定
希尔排序	复杂	不稳定
归并排序	$O(n\log_2 n)$	稳定
快速排序	最差 $O(n^2)$，最优 $O(n\log_2 n)$	不稳定
选择排序	$O(n^2)$	不稳定
堆排序	$O(n\log_2 n)$	不稳定
基数排序	$O(mn)$	稳定

7.9 外部排序

7.9.1 外部排序处理过程

外排序

外部排序是指元素个数太多，无法一次性载入内存，而数据处理要在内存中进行，因此需要在内外存间进行多次数据交换。外存数据处理速度要慢得多，因此时间的耗费主要体现在外存的访问上。数据交换时的规模取决于内存的大小，直观的做法是根据内存容量的大小一次调入一定量的数据，形成一个数据序列，该序列在内存中可以按照某种内排序的方法进行排序，然后将排好的序列写入外存，之后再调入其他未排序的数据，以此类推。最终在外存上原始的待排序序列被分割成了多个有序序列，之后再设法将数据分段调入内存，进行有序数据段的归并。例如：数据规模为 900MB，内存一次只能存储 100MB，由此可以把外存上的数据分为 9 段，每次读入一段，在内存中排好序后，移出内存，读入下一段，反复，直到所有段排序完毕。全部完成后，外存上就有 9 个有序序列。现在在内存中开辟 10 个 10MB 的缓冲区，其中 9 个用于读入 9 个归并段的部分数据，作为输入缓冲区，1 个 10MB 用于存储归并结果，即作为输出缓冲区。假如 9 个归并段都是非递减有序的，在归并中，最小的元素必然出现在 9 个归并段的第一个元素中，输出该最小元素到输出缓冲区，以此类推，找到次小元素，归并过程中，如果输出缓冲区满，可将数据移出内存，清空缓冲区，继续存储后面的归并数据，最终在外存上形成了一个规模为 900MB 的非递减有序序列。实际情况中，一次归并中归并段的多少还取决于外存储器的情况。

7.9.2 *K* 路归并

k 路归并

最简单的归并应属二路归并，二路归并是将两个有序序列归并为一个有序序列。在外排序中，二路归并需要 4 条磁带，这 4 条磁带假设为 A1、A2、B1、B2，原始数据在磁带 A1 上，经过处理后形成了 m 个有序序列，分别放置在磁带 B1、B2 上，此后从 B1、B2 上分别取出第一个有序序列，进行二路合并，形成一个新的有序序列放到 A1 上；再次从 B1、B2 上分别取出下一个有序序列，进行二路合并，形成一个新的有序序列放到 A2 上；如此反复，直到 B1、B2 中所有有序序列处理完毕。然后同上面操作，从 A1、A2 中取有序序列，归并后放在 B1、B2 上，如此反复直到在某个磁带上只有一个有序序列，其余磁带为空。图 7-23 所示为一个二路归并的示例。

按照这一思路，如果有 2k 个磁带，就可以实现 K 路归并。磁带可以分为 A1、A2、…、Ak、B1、B2、…、Bk，和上面二路归并类似，将分别来自 B1、B2、…、Bk 的 k 个有序序列 K 路归并为一个有序序列，放入 A1；再从 B1、B2、…、Bk 分别取下一个有序序列 k 路归并为一个有序序列，放入 A2；以此类推，最终获得一个有序序列。K 路归并所需的归并次数为 $\log_k m$，其中 m 为初始归并段的个数。

事实上，如果只有 k+1 个磁带，也可以进行 K 路归并。假设有 k+1 个磁带，分别为 A、B1、B2、…、Bk，将分别来自 B1、B2、…、Bk 的 k 个有序序列 k 路归并为一个有序序列，放入 A；再从 B1、B2、…、Bk 分别取下一个有序序列 K 路归并为一个有序序列，继续放入 A；如此操作，直到某个磁带 Bi 中没有有序序列，此时又变成 k 个磁带上有有序序列，一个磁带上没有有序序列的情况。按照上面的方法从 k 个有数据的磁带上继续逐次进行 K 路归并到空磁带上，最后直到只有一个磁带上有数据，该数据序列是一个有序序列。这一方法称**多阶段归并**。

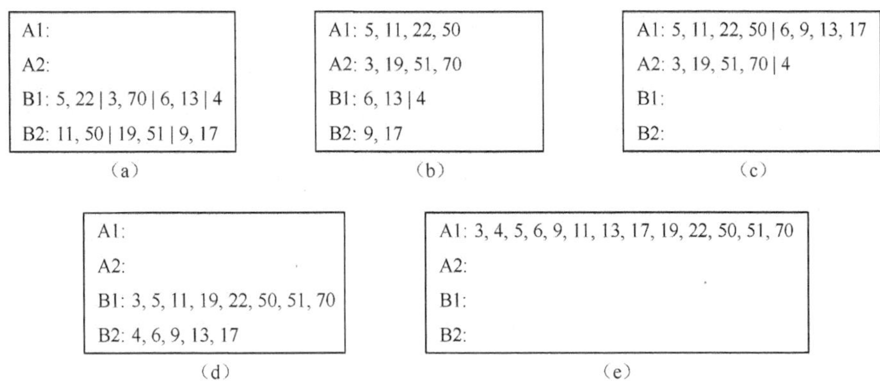

图 7-23　二路归并

示例如图 7-24 所示：其中 T1、T2、T3、T4 为 4 条磁带，进行 3 路归并。初始时，T1 空，T2、T3、T4 分别有 8、13、21 个有序序列，现在在 T2、T3、T4 各取一个有序序列进行 3 路归并形成一个有序序列放入 T1，循环如此，直到 T2、T3、T4 上最少的有序序列 8 耗尽，这样就有 8 次 3 路归并，在 T1 上留下 8 个有序序列，此时 T2 上的 8 个有序序列在归并中使用完毕，T3 中的 13 个用掉 8 个余 5 个，T4 中的 21 个用掉 8 个余 13 个。现在 T2 磁带空出，其余 3 个磁带分别有若干条有序序列，再同第一轮方法类似进行归并处理，直到最后只有某一条磁带上有 1 个有序序列，其余磁带为空。

T1		8	3		2	1		1
T2	8		5	2		1		
T3	13	5		3	1		1	
T4	21	13	8	5	3	2	1	

图 7-24　有 4 条磁带的 3 路归并

在以上例子中可以尝试在 T2、T3、T4 上分别按个数悬殊很大方式放置 1、15、26 个初始归并段，这样就会发现归并的次数非常多，如按个数平均方式放置，如 14、14、14，则一次归并后甚至无法进行下去。初始归并段在 K 条磁带上的分布怎样设置最好？我们发现，如果已排序片段的数目是一个斐波纳契数 F_N，那么最好的分布方法是把它们分解成 k 个连续的斐波纳契数。否则，就在磁带上填充长度为 0 的、虚拟的已排序片段，将已排序片段数增加到一个向上最靠近的斐波纳契数。

7.9.3　初始归并段

假如有 n 个元素，内存一次性只能存储 P 个元素，按常理初始归并段的个数是 $m=n/p$。对于 K 路归并时间消耗 $\log_k m$ 来说，m 越小时间花费越少。下面介绍一种方法：**置换选择**，它是通过拉长每个有序序列的长度来减少初始归并段的个数。下面观察如何将第一个初始归并段拉长。

置换选择

首先将磁带 A 上的 p 个元素读入内存，在其中选出最小值，将最小值写入输出缓冲区，空出的位置从 A 上再读入一个元素，如果该元素不小于刚刚在内存中被选为最小值并写入 B 中的元素，该新元素可以参加下一轮的最小值求解，即它可以进入第一个初始归并段，由此第一个初始归并段就突破了 p 大小的限制。图 7-25 所示是用置换选择输出初始归并段的示例。

在图 7-25 中，首先内存中的最小值 3 写出，空位 6 进入，因为 6>3，故 6 可参与当前有序序列数据的选择；然后最小值 5 写出，2 进入，因为 2<5，故 2 不能参与，为了区别，不能参与的元素用灰底标出；最小值 6 写出，0 进入，因 0<6，故 0 也不能参与；最小值 8 写出，9 进入，因 9>8，故 9 可参与；最小值 9 写出，4 进入，因 4<9，故 4 不能参与，于是可参与当前有序序列形成的元素为空，第一个有序序列形成过程结束，有序序列为 3、5、6、8、9，序列长度为 5，突破了 3 的限制。如此操作，直到所有待排序元素读入内存并写出，最后获得图中所示的 3 个有序的初始归并段。大量统计数据说明，如果内存大小为 p，初始归并段长度可达 $2p$。

内存中 a(0)	内存中 a(1)	内存中 a(2)	磁带中 待读入序列	磁带中 输出的有序序列
			3, 8, 5, 6, 2, 0, 9, 4, 1, –5	
3	8	5	6, 2, 0, 9, 4, 1, –5	
6	8	5	2, 0, 9, 4, 1, –5	3
6	8	2	0, 9, 4, 1, –5	3, 5
0	8	2	9, 4, 1, –5	3, 5, 6
0	9	2	4, 1, –5	3, 5, 6, 8,
0	4	2	1, –5	3, 5, 6, 8, 9
0	4	2	1, –5	3, 5, 6, 8, 9
1	4	2	–5	3, 5, 6, 8, 9：0
–5	4	2		3, 5, 6, 8, 9; 0、1
–5	4			3, 5, 6, 8, 9; 0、1、2
–5				3, 5, 6, 8, 9; 0、1、2、4
–5				3, 5, 6, 8, 9; 0、1、2、4
				3, 5, 6, 8, 9; 0、1、2、4：–5

图 7-25 置换选择输出初始归并段

数据读入内存中后，每次都只是找最小值。如果按照图 7-25 所示的方法输出一个元素，在输出元素的位置上再读入一个新的数据，最小值的选择就只能逐个比对，时间消耗为 $O(p)$；如果内存中元素按照最小化堆来存储，输出元素就总是下标为 0 的元素，新读入的元素一开始放入空出的位置，紧接着对它进行调整，使得整个序列仍然保持堆结构，时间消耗为 $O(\log_2 p)$。

7.9.4 最佳归并树

最佳归并树

从 7.9.3 节可知，用置换选择方法获得的初始归并段长度并不一致，这样在 k 路归并时有序段的不同组合就可能造成对磁带读写的次数不同。下面假设有 9 个初始归并段进行 3 路归并，这 9 个归并段中数据元素的个数分别为 6、8、13、9、30、7、20、15、18，如果采用图 7-26 所示的归并方法，总的磁带读写次数为 504；如果采用图 7-27 中类似哈夫曼树的归并策略：小者优先，总的磁带读写次数为 486，方法更优。

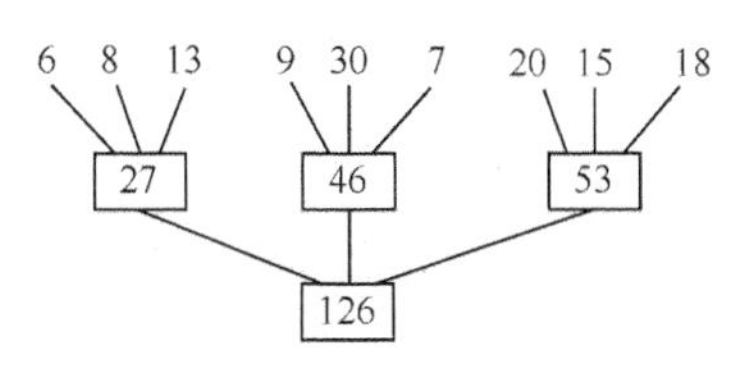

图 7-26　3 路归并树

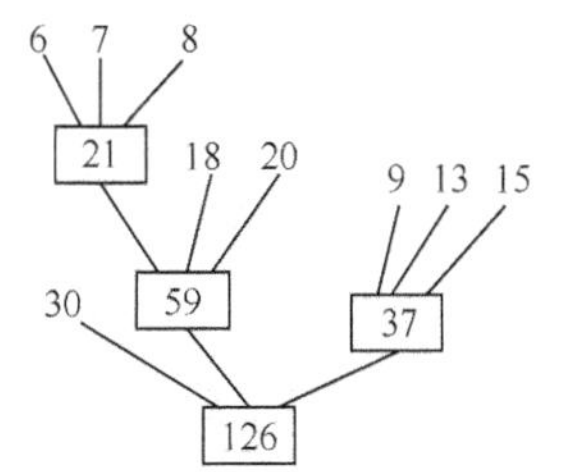

图 7-27　3 路最佳归并树

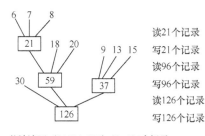

初始归并段的个数并不总是正好使得每次归并都有 3 个可用，如果有缺少，可增补 t 个长度为 0 的虚段。下面分析 t 的计算方法：

假设归并树中结点的个数为 n，叶子结点数量为初始归并段个数 m，非叶子即中间结点个数为 n_k 个，显然 $n = m + n_k$；另外，树中除了根结点，每个结点都向下和父结点有一个分支相连，因此共有 $n-1$ 个分支，而这些分支又由非叶子结点产出，n_k 个非叶子结点产出 kn_k 个分支，所以 $n-1 = kn_k$，综合 $n = m + n_k$ 和 $n-1 = kn_k$ 得：$n_k = (m-1)/(k-1)$，n_k 为整数，故 $(m-1)\%(k-1)$ 必为 0。所以如果$(m\text{-}1)\%(k\text{-}1)$不为 0 时，增大 m 至其整除，增加的大小为$t=(k-1)-(m-1)\%(k-1)$，此 t 为需要增加的虚段数量。图 7-28 中有 4 个归并段进行 3 路归并，就要增加 1 个虚段，长度为 0。

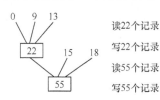

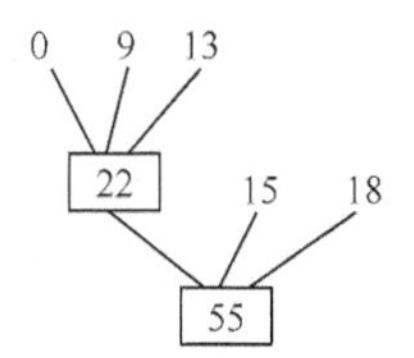

图 7-28　有虚初始归并段的 3 路归并

7.10　小结

排序是数据存储后支持快速查找最重要的操作。排序根据数据的规模分为两种：当数据量不大，能一次性全部载入内存时，可利用内部排序的方法；当数据量大，内存中只能存下部分数据时，需要多次进行内外存之间数据的读写，可利用外部排序的方法。

常见的内部排序方法有很多，如冒泡排序、插入排序、归并排序、快速排序、选择排序、堆排序、基数排序。衡量一个内部排序算法的优劣除了看时间、空间复杂度，还要看算法是不是稳定排序。冒泡排序、插入排序、选择排序、快速排序的最坏情况下时间复杂度都是 $O(n^2)$，特别地，在数据原本正序的基础上，冒泡排序和插入排序时间复杂度可以达到 $O(n)$，基数排序在一般情况下时间复杂度就能达到 $O(n)$。归并排序、堆排序最坏情况和快速排序最好情况时间复杂度能达到 $O(n\log_2 n)$。冒泡排序、插入排序、归并排序、基数排序都是稳定排序，而快速排序、希尔排序、选择排序、堆排序都是不稳定排序。

外部排序采用分批将数据载入内存，经过内部排序后形成若干个初始归并段（有序子序列）、然后利用归并的方法，最终形成一个有序序列。其时间消耗主要体现在内外存的数据读写上。在形成初始归并段阶段，利用置换选择方法可以拉长每个归并段长度，达到减少归并段数量的目的；在归并阶段，可以采用类似构造哈夫曼树的方法，利用最佳归并树达到减少数据读写次数的目的；采用多阶段归并，在磁带资源一定的情况下，可以最大限度地提高归并路数。

7.11 习题

1．简述什么是内排序、外排序、稳定排序、不稳定排序。

2．已知内存中的一个数据序列为 20、4、12、8、23、5、10、45、15，试用冒泡排序、插入排序、选择排序、归并排序、快速排序、堆排序、基数排序算法对其排序，需要给出排序的每一步过程。

3．如果外存上的原始数据序列为 20、4、12、8、23、5、10、45、15、7、11、50、18，内存一次只能存储 3 个元素，利用置换选择法给出所有的初始归并段。

4．假如在排序中有 3 条磁带可用，试对上题获得的初始归并段进行 2 路归并。要求写出归并的过程。

5．写出实现折半插入排序算法的程序。

6**．设计两个算法实现在一组 n 个元素组成的无序序列中，找到第 k 大的元素。要求时间复杂度分别为 $O(n+k\log_2 n)$ 和 $O(n\log_2 n)$ 。

7．对图 7-25 进行改造，使内存中存储的数据成为一个最小化堆结构。

8．请给出一组元素（18,23,47,13,5,27,54）通过逐一插入法建立大顶堆的执行过程，即写出逐一插入过程中堆的层次遍历序列。

9．对给定的关键字序列 110,119,007,911,114,120,122 进行基数排序，则第 2 趟分配收集后得到的关键字序列是________。

A．007,110,119,114,911,120,122　　B．007,110,119,114,911,122,120

C．007,110,911,114,119,120,122　　D．110,120,911,122,114,007,119

10．对 10 TB 的数据文件进行排序，应使用的方法是________。

A．希尔排序　　B．堆排序　　C．快速排序　　D．归并排序

11．下列排序算法中，元素的移动次数与关键字的初始排列次序无关的是________。

A．直接插入排序　　B．冒泡排序　　C．基数排序　　D．快速排序

12．已知小顶堆为 8,15,10,21,34,16,12，删除关键字 8 之后需重建堆，在此过程中，关键字之间的比较次数是________。

A．1　　B．2　　C．3　　D．4

13．希尔排序的组内排序采用的是________。

A．直接插入排序　　B．折半插入排序　　C．快速排序　　D．归并排序